北大社普通高等教育"十三五"规划教材

高 等 数 学

（基 础 版）

主 编　　赵立军　吴奇峰　宋 杰
副主编　　孙宇锋　黄优良　呙立丹　陈 忠

北京大学出版社
PEKING UNIVERSITY PRESS

内 容 简 介

本教材是在国家教育教学改革的要求下,编者根据多年的教学实践经验和研究成果,结合应用型高等学校本科层次的教学要求编写而成的.

本书共有 9 章,内容包括函数、极限与连续、导数与微分、微分中值定理与导数的应用、一元函数的积分、微分方程与差分方程、多元函数的微分学、二重积分、无穷级数. 书后附有初等数学常用公式、积分表、常用曲线和习题参考答案.

本书可作为应用型高等学校本科非数学专业的"高等数学"或"微积分"课程的教材,也可作为部分专科学校及职业学院的同类课程教材.

前　言

随着教育改革的不断深入以及高校规模的迅速扩大,高等学校的层次加快分化,各学校学生的水平也存在明显差异,加之不同层次的学校对学生的培养目标不同,使得原来的一种或几种教材就能满足需要的状况早已不复存在,对于数学教材来说更是如此.正是在这种形势下,我们根据当前应用型高等学校非数学专业的人才培养方案和所开设的"高等数学"或"微积分"等课程的实际情况,参照国家有关部门所规定教学内容的深度和广度,组织有关院校的专家学者,特别是工作在数学教学第一线,教学经验丰富的骨干教师,共同编写了这本适合应用型高等学校非数学专业本科(或专科)学生使用的教材.希望这能够在一定程度上解决在数学教学过程中教材针对性差、与学生情况不相适应的问题,从而更好地达到因材施教的目的.

党的二十大报告首次将教育、科技、人才工作专门作为一个独立章节进行系统阐述和部署,深刻说明了教育、科技创新和人才培养对于民族发展、社会进步的重要意义.而教师作为人才培养的主力军,更要切实担负起为党育人、为国育才的时代重任,在全面提高人才自主培养质量,着力造就拔尖创新型人才上下重功夫.

本书的主要特点是:保证知识的科学性、系统性、严密性;坚持直观理解与严密逻辑的结合,深入浅出;力求以实例引入概念,淡化纯数学的抽象,侧重于计算及应用.本书根据应用型高等学校的特点,突出实用性,通俗易懂,既注重培养学生解决实际问题的能力,又注重学生知识面的拓宽.

本书的编写分工如下:赵立军编写第1,2,3,4,7章,吴奇峰编写第5,6章,宋杰编写第8,9章.孙宇锋、黄优良、吕立丹、陈忠、黄端山、郭树敏、李萃萃、罗静、徐文锋、盛维林、朱春娟、谢瑞芳、祝文康等老师对本书的编写也提出了许多宝贵的建议,袁晓辉编辑了教学资源,魏楠、苏娟提供了版式和装帧设计方案,在此深表感谢.

由于水平有限,书中难免有疏漏与错误之处,希望广大教师和学生多提宝贵建议.

编　者

目 录

第 1 章

函　数

§1.1　变量与函数

一、变量与区间

在自然现象或工程技术中,会遇到各种量.有一类量,在某一过程中是不断变化的,这种量叫**变量**.另一类量,在某一过程中保持不变,取相同的值,这一类量叫**常量**.变量的变化有离散的和连续的,如自然数从小到大的变化是离散的,而实数从小到大的变化是连续的、稠密的.我们重申中学学过的几个特殊数集的记号:自然数集 **N**,整数集 **Z**,有理数集 **Q**,实数集 **R**.这些数集的关系如下:

$$\mathbf{N} \subset \mathbf{Z} \subset \mathbf{Q} \subset \mathbf{R}.$$

连续变化的变量的取值范围经常用区间来表示.区间是高等数学中经常使用的实数集的子集,主要包括以下几种:

$$[a,b] = \{x \mid a \leqslant x \leqslant b, x \in \mathbf{R}\};$$
$$(a,b] = \{x \mid a < x \leqslant b, x \in \mathbf{R}\};$$
$$[a,b) = \{x \mid a \leqslant x < b, x \in \mathbf{R}\};$$
$$(a,b) = \{x \mid a < x < b, x \in \mathbf{R}\};$$
$$(-\infty, +\infty) = \{x \mid -\infty < x < +\infty\} = \mathbf{R};$$
$$(-\infty, b] = \{x \mid -\infty < x \leqslant b, x \in \mathbf{R}\};$$
$$(-\infty, b) = \{x \mid -\infty < x < b, x \in \mathbf{R}\};$$
$$[a, +\infty) = \{x \mid a \leqslant x < +\infty, x \in \mathbf{R}\};$$
$$(a, +\infty) = \{x \mid a < x < +\infty, x \in \mathbf{R}\}.$$

二、邻域

定义 1　设 x_0 与 δ 是实数,且 $\delta > 0$,数集 $\{x \mid x_0 - \delta < x < x_0 + \delta\}$ 称为点 x_0 的 δ **邻域**,记为

$$U(x_0, \delta) = \{x \mid x_0 - \delta < x < x_0 + \delta\}$$

或

$$U(x_0, \delta) = \{x \mid |x - x_0| < \delta\},$$

其中点 x_0 叫该邻域的**中心**,δ 叫该邻域的**半径**.

若仅把邻域 $U(x_0,\delta)$ 的中心点 x_0 去掉,所得到的集合称为点 x_0 的**去心 δ 邻域**,记为 $\mathring{U}(x_0,\delta)$,即

$$\mathring{U}(x_0,\delta) = \{x \mid 0 < |x-x_0| < \delta\} = (x_0-\delta,x_0) \bigcup (x_0,x_0+\delta).$$

当不考虑邻域的半径 δ 的大小时,可把点 x_0 的 δ 邻域简记为 $U(x_0)$.

下面两个数集

$$\mathring{U}(x_0^-) = \{x \mid x_0-\delta < x < x_0\},$$

$$\mathring{U}(x_0^+) = \{x \mid x_0 < x < x_0+\delta\}$$

分别称为点 x_0 的**左邻域**和**右邻域**.

三、绝对值

绝对值及其运算主要有下列性质:

(1) $\sqrt{x^2} = |x| = \begin{cases} x, & x \geqslant 0, \\ -x, & x < 0; \end{cases}$

(2) $-|x| \leqslant x \leqslant |x|$;

(3) 如果 $a > 0$,则下面两个集合相等:

$$\{x \mid |x| < a\} = \{x \mid -a < x < a\};$$

(4) 如果 $a > 0$,则下面两个集合相等:

$$\{x \mid |x| > a\} = \{x \mid x < -a\} \bigcup \{x \mid x > a\};$$

(5) $\bigl| |x| - |y| \bigr| \leqslant |x \pm y| \leqslant |x| + |y|$;

(6) $|xy| = |x| \, |y|$;

(7) $\left| \dfrac{x}{y} \right| = \dfrac{|x|}{|y|}$.

四、函数

1. 函数的定义

定义 2　设 A,B 是两个非空数集. 如果有某一法则 f,使得对于任意数 $x \in A$,都有唯一确定的数 $y \in B$ 与之对应,则称 f 是从 A 到 B 的**函数**,也称 y 是 x 的**函数**,记作

$$y = f(x), \quad x \in A,$$

其中 x 称为**自变量**,y 称为**因变量**,$f(x)$ 表示函数 f 在 x 处的**函数值**. 数集 A 称为函数 f 的**定义域**,记为 $D(f)$;数集

$$f(A) = \{y \mid y = f(x), x \in A\}$$

称为函数 f 的**值域**,记为 $R(f)$.

例如,函数 $y = f(x) = \sqrt{1-x^2}$ 的定义域为 $D(f) = [-1,1]$,值域为 $R(f) = [0,1]$.

函数的定义域和对应法则称为函数的两个**要素**. 两个函数相等的充分必要条件是它们的定义域和对应法则都相同.

2. 函数的图形

在平面直角坐标系中,点的集合

$$\{(x,y) \mid y = f(x), x \in D(f)\}$$

称为函数 $y = f(x)$ 的图形(见图 $1-1-1$).

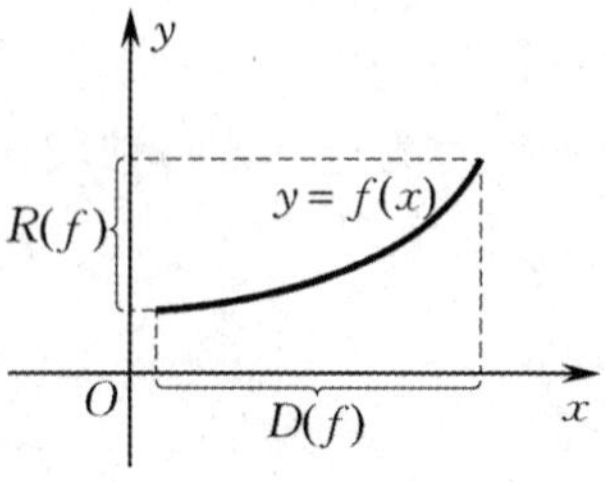

图 $1-1-1$

3. 函数的常用表示法

（1）**公式法（解析法）** 将自变量和因变量之间的对应关系用数学表达式来表示的方法.

（2）**图像法** 在坐标系中用图形来表示函数的方法.

（3）**表格法** 将自变量的值和对应的因变量的值列成表格的方法.

4. 显函数、隐函数和分段函数

（1）**显函数** 因变量 y 由自变量 x 的解析表达式直接表示的函数,例如 $y = 2x^3 + 1$.

（2）**隐函数** 自变量 x 与因变量 y 之间的对应关系由方程 $F(x, y) = 0$ 所确定的函数,例如,$e^{xy} + 1 = \sin y$,即方程 $F(x, y) = e^{xy} + 1 - \sin y = 0$ 所确定的函数 $y = y(x)$ 是隐函数.

（3）**分段函数** 函数在其定义域的不同范围内具有不同的解析表达式的函数,例如 $y = |x - 1|$.

例 1 符号函数（分段函数）

$$y = \operatorname{sgn} x = \begin{cases} 1, & x > 0, \\ 0, & x = 0, \\ -1, & x < 0 \end{cases}$$

的定义域为 $D(f) = (-\infty, +\infty)$,值域为 $R(f) = \{-1, 0, 1\}$,其图形如图 1 - 1 - 2 所示.

例 2 取整函数 $y = [x]$,其中 $[x]$ 表示不超过 x 的最大整数.例如 $[\sqrt{2}] = 1$,$[-2.13] = -3$,$[\pi] = 3$,其图形如图 1 - 1 - 3 所示.

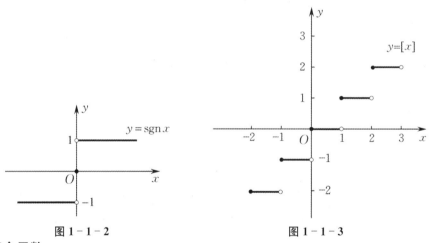

图 1 - 1 - 2　　　　　　　　　　　图 1 - 1 - 3

5. 复合函数

定义 3 设函数 $y = g(u)$ 的定义域为 $D(g)$,函数 $u = f(x)$ 的定义域为 A,值域为 $R(f)$,且 $R(f) \bigcap D(g) \neq \varnothing$,则由下式确定的函数

$$y = g(f(x)), \quad x \in \{x \mid f(x) \in D(g)\}$$

称为由函数 $y = g(u)$ 与函数 $u = f(x)$ 构成的**复合函数**,其中 x 称为自变量,y 称为因变量,u 称为中间变量.

例如,由 $y = g(u) = \sqrt{u}$ 和 $u = f(x) = 1 - x^2$ 可以构成复合函数

$$y = g(f(x)) = \sqrt{1 - x^2}, \quad x \in [-1, 1].$$

由 $y = g(u) = \sqrt{u}$ 和 $u = f(x) = -1 - x^2$ 不可以构成复合函数.

6. 反函数

定义 4 设函数 $y = f(x)$ 的定义域为 $D(f)$，值域为 $R(f)$. 如果对任意 $y \in R(f)$，都有唯一确定的 $x \in D(f)$，使 x 与 y 对应，且满足 $y = f(x)$，这样就确定了一个定义在 $R(f)$ 上的函数，称为 $y = f(x)$ 的**反函数**，记作 $x = f^{-1}(y)$. 习惯上，把 x 看作自变量，y 看作因变量，交换 x 与 y 的位置得 $y = f^{-1}(x)$，故我们通常把 $y = f(x)$ 的反函数记作 $y = f^{-1}(x)$.

注：函数 $y = f(x)$ 和 $y = f^{-1}(x)$ 的图形关于直线 $y = x$ 对称，但函数 $y = f(x)$ 与 $x = f^{-1}(y)$ 的图形相同.

练 习 1.1

1. 求下列函数的定义域：

$(1) y = \dfrac{1}{\sqrt{x-1}} + \sqrt{9 - x^2}$;

$(2) y = \arcsin(x - 1)$;

$(3) y = \dfrac{\ln(2 - x)}{|x| - 1}$;

$(4) y = \log_{x-1}(4 - x^2)$.

2. 判断下列各组函数是否相等，为什么？

$(1) y = |x|$ ，$y = \sqrt{x^2}$;

$(2) f(x) = x + 1, g(x) = \dfrac{x^2 - 1}{x - 1}$.

3. 已知函数 $\varphi(x) = x - 1, f(\varphi(x)) = x^3 + x^2 + x + 1$，求 $f(1), f(x)$.

4. 用区间表示满足下列不等式的所有 x 的集合：

$(1) |x - 2| > 1$;

$(2) |x - a| < \delta \quad (a$ 为常数$, \delta > 0)$.

§1.2 函数的几种特性

一、函数的有界性

定义 1 设函数 $y = f(x)$ 在数集 E 上有定义. 若存在数 L（或 N），使得对任一 $x \in E$，都有

$$f(x) \leqslant L \quad (\text{或 } f(x) \geqslant N),$$

则称 $y = f(x)$ 在数集 E 上有**上界**（或**下界**）. 若函数 $y = f(x)$ 在数集 E 上既有上界又有下界，则称 $y = f(x)$ 在数集 E 上**有界**. 若 $y = f(x)$ 在定义域 $D(f)$ 上有界，则称 $y = f(x)$ 是**有界函数**.

显然，$y = f(x)$ 在数集 D 上有界的充分必要条件是存在常数 $M > 0$，使得对任一 $x \in D$，都有

$$|f(x)| \leqslant M.$$

例如，$y = \sin x$ 在其定义域 **R** 上是有界函数；$y = \dfrac{1}{x^2}$ 在数集 $(0, 1)$ 内有下界，但无上界.

二、函数的单调性

定义 2 设函数 $y = f(x)$ 在数集 E 上有定义. 若对 E 中任意的 $x_1 < x_2$，恒有

$$f(x_1) \leqslant f(x_2) \quad (\text{或 } f(x_1) \geqslant f(x_2)),$$

则称函数 $y = f(x)$ 在数集 E 上是**单调增加**（或**单调减少**）的. 若对 E 中任意的 $x_1 < x_2$，恒有

$$f(x_1) < f(x_2) \quad (\text{或 } f(x_1) > f(x_2)),$$

则称函数 $y = f(x)$ 在数集 E 上是**严格单调增加**(或**严格单调减少**)的.

例如,函数 $y = x^2$ 在 $(0, +\infty)$ 上是严格单调增加的,在 $(-\infty, 0)$ 上是严格单调减少的.

三、函数的奇偶性

定义 3　设函数 $y = f(x)$ 的定义域 $D(f)$ 关于原点对称. 如果对任意的 $x \in D(f)$,都有
$$f(-x) = -f(x) \quad (\text{或 } f(-x) = f(x)),$$
则称函数 $y = f(x)$ 是**奇函数**(或**偶函数**).

奇函数的图形关于坐标原点对称,偶函数的图形关于 y 轴对称.

例如,$y = x^3$,$y = \sin x$ 都是奇函数,而 $y = x^6 - 3x^2$,$y = \cos x$,$y = |x|$ 都是偶函数.

例 1　讨论下列函数的奇偶性:

(1)$f(x) = \ln(x + \sqrt{1 + x^2})$;　　　　　　(2)$g(x) = \dfrac{e^x + e^{-x}}{2}$.

解　(1) 因为该函数的定义域 $(-\infty, +\infty)$ 关于原点对称,且
$$f(-x) = \ln(-x + \sqrt{1 + x^2}) = \ln \frac{(-x + \sqrt{1 + x^2})(x + \sqrt{1 + x^2})}{x + \sqrt{1 + x^2}}$$
$$= \ln \frac{1}{x + \sqrt{1 + x^2}} = \ln(x + \sqrt{1 + x^2})^{-1}$$
$$= -\ln(x + \sqrt{1 + x^2}) = -f(x),$$
所以函数 $f(x)$ 是奇函数.

(2) 因为该函数的定义域 $(-\infty, +\infty)$ 关于原点对称,且
$$g(-x) = \frac{e^{-x} + e^x}{2} = g(x),$$
所以函数 $g(x)$ 是偶函数.

四、函数的周期性

定义 4　设函数 $f(x)$ 的定义域为 $D(f)$. 如果存在常数 $T > 0$,使得对一切 $x \in D(f)$,有 $x \pm T \in D(f)$,且
$$f(x + T) = f(x),$$
则称 $f(x)$ 为**周期函数**,其中 T 称为 $f(x)$ 的**周期**.

例如,$\sin x$,$\cos x$ 都是以 2π 为周期的周期函数;$\tan x$,$\cot x$ 都是以 π 为周期的周期函数.

练　习　1. 2

1.指出下列函数的奇偶性:

(1)$y = x\sin x$;　　　　　　　　　　(2)$y = x\cos x$;

(3)$y = x^2 - 2x + 1$;　　　　　　　　(4)$y = \dfrac{e^x - 1}{e^x + 1}$.

2.下列函数在给定区间上有界的是:

(1)$y = \dfrac{1}{x}, x \in (0, 1)$;　　　　　　　(2)$y = x^2 - 1, x \in [0, 2]$;

(3)$y = \tan x, x \in \left[0, \dfrac{\pi}{2}\right)$;　　　　　(4)$y = \cos^2 x, x \in \mathbf{R}$.

3.指出函数 $y = |\sin x|$ 的周期.

§1.3　初等函数

一、基本初等函数

下列函数称为基本初等函数.

1. 常数函数

常数函数 $y = C$（C 是常数）的定义域为 $(-\infty, +\infty)$，值域为 $\{C\}$，其图形如图 1-3-1 所示.

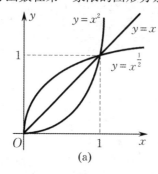

图 1-3-1

2. 幂函数

幂函数 $y = x^\mu$（μ 是常数）的定义域和值域与 μ 的取值有关. 当 $\mu = 1, 2, \dfrac{1}{2}, -\dfrac{1}{2}, -1,$ -2 时，幂函数在第一象限的图形分别如图 1-3-2(a) 和图 1-3-2(b) 所示.

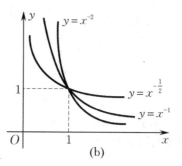

图 1-3-2

3. 指数函数

指数函数 $y = a^x$（a 是常数且 $a > 0, a \neq 1$）的定义域为 $(-\infty, +\infty)$，值域为 $(0, +\infty)$，其图形如图 1-3-3 所示.

4. 对数函数

对数函数 $y = \log_a x$（a 是常数且 $a > 0, a \neq 1$）的定义域为 $(0, +\infty)$，值域为 $(-\infty, +\infty)$，其图形如图 1-3-4 所示.

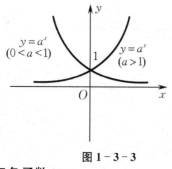

图 1-3-3

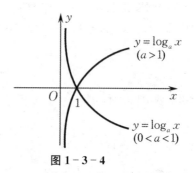

图 1-3-4

5. 三角函数

常用的三角函数有

$$y = \sin x, \quad y = \cos x, \quad y = \tan x, \quad y = \cot x,$$

其中正弦函数 $y = \sin x$ 和余弦函数 $y = \cos x$ 的定义域为 $(-\infty, +\infty)$，值域为 $[-1, 1]$，周期为 2π. 正弦函数是奇函数，余弦函数是偶函数，它们的图形分别如图 1-3-5 和图 1-3-6 所示.

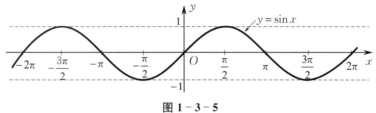

图 1 - 3 - 5

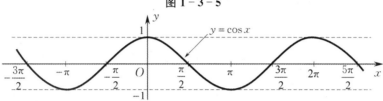

图 1 - 3 - 6

正切函数 $y = \tan x$ 是奇函数,它的定义域为

$$\left\{x \,\middle|\, x \in \mathbf{R}, x \neq \frac{\pi}{2} + k\pi, k \in \mathbf{Z}\right\},$$

值域为 $(-\infty, +\infty)$,周期为 π.

余切函数 $y = \cot x$ 是奇函数,它的定义域为

$$\{x \mid x \in \mathbf{R}, x \neq k\pi, k \in \mathbf{Z}\},$$

值域为 $(-\infty, +\infty)$,周期为 π.

正切函数和余切函数的图形分别如图 1 - 3 - 7(a) 和图 1 - 3 - 7(b) 所示.

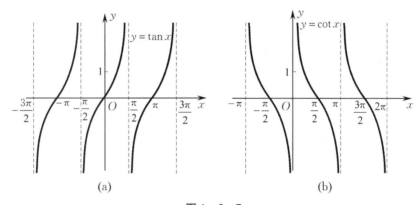

(a)　　　　　　　　　　　　(b)

图 1 - 3 - 7

另外,常用的三角函数还有

正割函数 $y = \sec x$,　　余割函数 $y = \csc x$,

它们都是以 2π 为周期的周期函数,而且有下面的关系式成立:

$$\sec x = \frac{1}{\cos x}, \quad \csc x = \frac{1}{\sin x}.$$

6. 反三角函数

对于正弦函数 $y = \sin x$,在其值域 $[-1, 1]$ 上任取一个数 y_0,都有无数个 $x_0 \in (-\infty, +\infty)$,满足 $y_0 = \sin x_0$,所以 $y = \sin x$ 在其定义域 $(-\infty, +\infty)$ 上不存在反函数. 但若把正弦函数定义域限制在 $\left[-\frac{\pi}{2}, \frac{\pi}{2}\right]$ 上,则 $y = \sin x$ 存在反函数,即对任意 $y \in [-1, 1]$,都存在唯一的 $x \in$

$\left[-\dfrac{\pi}{2},\dfrac{\pi}{2}\right]$，满足 $y=\sin x$. 这样就定义了一个定义域为 $[-1,1]$，值域为 $\left[-\dfrac{\pi}{2},\dfrac{\pi}{2}\right]$ 的函数，该函数称为正弦函数 $y=\sin x$ 在 $\left[-\dfrac{\pi}{2},\dfrac{\pi}{2}\right]$ 上的反函数，记作 $x=\arcsin y$. 习惯上，把自变量用 x 来表示，因变量用 y 来表示，于是我们把 $y=\arcsin x$ 称为**反正弦函数**. 因为 $y=\sin x$ 与 $y=\arcsin x$ 的图形关于直线 $y=x$ 对称，把 $y=\sin x$ 图形沿直线 $y=x$ 翻转 $180°$，再把 x 和 y 轴标示互换，即得反正弦函数 $y=\arcsin x$ 的图形，如图 $1-3-8$(a) 中实线部分所示.

与反正弦函数的定义类似，可以定义**反余弦函数** $y=\arccos x$，其定义域为 $[-1,1]$，值域为 $[0,\pi]$，其图形如图 $1-3-8$(b) 中实线部分所示.

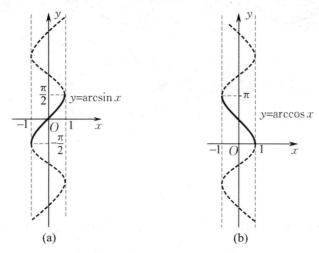

图 $1-3-8$

同样可以定义**反正切函数**和**反余切函数**，它们分别记作

$$y=\arctan x \quad 和 \quad y=\text{arccot}\,x.$$

反正切函数 $y=\arctan x$ 的定义域为 $(-\infty,+\infty)$，值域为 $\left(-\dfrac{\pi}{2},\dfrac{\pi}{2}\right)$. 反余切函数 $y=\text{arccot}\,x$ 的定义域为 $(-\infty,+\infty)$，值域为 $(0,\pi)$. 它们的图形分别如图 $1-3-9$(a) 和图 $1-3-9$(b) 中实线部分所示.

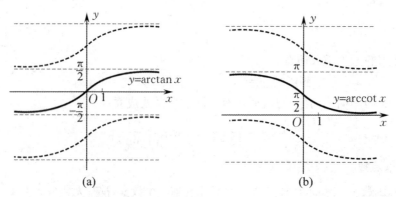

图 $1-3-9$

函数 $y=\arcsin x$，$y=\arccos x$，$y=\arctan x$，$y=\text{arccot}\,x$ 是 4 种常见的反三角函数. 常数函数、幂函数、指数函数、对数函数、三角函数、反三角函数统称为**基本初等函数**.

二、初等函数

由基本初等函数经有限次四则运算和复合运算得到,并且能用一个式子表示的函数,称为**初等函数**.

例如,$y = \dfrac{x^2 + \arcsin x}{\mathrm{e}^x - \ln x}$,$y = 1 + \sin(\sin x)$ 都是初等函数. 有些分段函数也可能是初等函数,例如

$$f(x) = |x| = \sqrt{x^2} = \begin{cases} x, & x \geqslant 0, \\ -x, & x < 0 \end{cases}$$

是初等函数.

练 习 1.3

1. 下列函数哪些不是基本初等函数?若不是,指出其是由哪些基本初等函数构成的:

(1) $y = \left(\dfrac{1}{2}\right)^x$;   (2) $y = \ln \dfrac{1}{x^2}$;

(3) $y = \arcsin \sqrt{x}$;   (4) $y = \sqrt{\tan \mathrm{e}^x}$.

2. 设

$$f(x) = \begin{cases} -1, & x < 0, \\ 0, & x = 0, \\ 1, & x > 0, \end{cases}$$

求 $f(x-1)$.

§1.4 常用的经济函数及其应用

一、单利与复利

利息是借款者向贷款者支付的报酬,它是根据本金的数额按一定比例计算出来的. 利息又有存款利息、贷款利息、债券利息、贴现利息等几种主要形式. 我们主要介绍单利与复利计算公式.

1. 单利计算公式

设初始本金为 p 元,年利率为 r,则

第一年末本利和为 $s_1 = p + rp = p(1+r)$;

第二年末本利和为 $s_2 = p(1+r) + rp = p(1+2r)$;

……

第 n 年末本利和为 $s_n = p(1+nr)$.

2. 复利计算公式

设初始本金为 p 元,年利率为 r,则

第一年末本利和为 $s_1 = p + rp = p(1+r)$;

第二年末本利和为 $s_2 = p(1+r) + rp(1+r) = p(1+r)^2$;

……

第 n 年末本利和为 $s_n = p(1+r)^n$.

例1　现有初始本金100元，若银行年储蓄利率为5%，问：

（1）按单利计算，第三年末本利和为多少？

（2）按复利计算，第三年末本利和为多少？

（3）按复利计算，需多少年才能使本利和超过初始本金的一倍？

解　（1）$s_3 = p(1+3r) = 100(1+3\times0.05) = 115$（元），

即按单利计算，第三年末本利和为115元.

（2）$s_3 = p(1+r)^3 = 100\times(1+0.05)^3 = 115.762\ 5$（元），

即按复利计算，第三年末本利和为115.762 5元.

（3）若第n年末本利和超过初始本金的一倍，则有

$$p(1+r)^n > 2p,\quad 即\quad 100\times(1.05)^n > 200,$$

解得

$$n > \frac{\ln 2}{\ln 1.05} \approx 14.2.$$

所以需15年才能使本利和超过初始本金的一倍.

二、需求函数、供给函数与市场均衡

1. 需求函数

需求函数是指在某一特定时期内，市场上某种商品的各种可能的需求量和决定这些需求量的诸因素之间的数量关系.

假定其他因素（如消费者的货币收入、偏好和相关商品的价格等）不变，则决定某种商品需求量的因素就是这种商品的价格. 此时，需求函数表示的就是商品需求量和价格这两个经济量之间的数量关系：

$$Q_d = f(P),$$

其中Q_d表示需求量，P表示价格.

一般地，当商品涨价时，需求量会减少，当商品降价时，需求量就会增加，因此需求函数为单调减少函数. 如下面的函数：

（1）线性函数　　$Q_d = b - aP$　$(a, b > 0)$；

（2）反比例函数　$Q_d = \dfrac{a}{P+c} - b$　$(a, b > 0)$；

（3）指数函数　　$Q_d = ae^{-bP}$　$(a, b > 0)$

都是需求函数，可以根据实际问题找出比较贴切的函数类型来拟合.

需求函数的反函数$P = f^{-1}(Q_d)$称为**价格函数**. 习惯上，也将价格函数称为需求函数.

2. 供给函数

供给函数是指在某一特定时期内，市场上某种商品的各种可能的供给量和决定这些供给量的诸因素之间的数量关系. 若Q_s表示供给量，P表示价格，则供给函数可表示为

$$Q_s = f(P).$$

一般说来，当商品的价格提高时，供给量将会相应增加，当商品的价格降低时，供给量将会相应减少，因此供给函数是关于价格的单调增加函数.

3. 市场均衡

对一种商品而言，如果需求量等于供给量，则这种商品就达到了**市场均衡**. 以线性需求函

数和线性供给函数为例,令

$$Q_d = Q_s,$$

得

$$b - aP = d + cP, \quad a, b, c, d > 0,$$

解得

$$P = \frac{b-d}{a+c} \triangleq P_0.$$

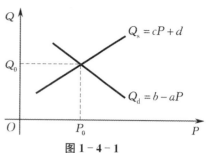

图 1-4-1

这个价格 P_0 称为该商品的**市场均衡价格**(见图1-4-1).

市场均衡价格就是需求函数和供给函数所表示的两条直线的交点的横坐标. 当市场价格高于均衡价格时,将出现供过于求的现象,而当市场价格低于均衡价格时,将出现供不应求的现象. 当市场均衡时,有

$$Q_d = Q_s = Q_0,$$

称 Q_0 为**市场均衡数量**.

例2 设某商品的需求函数和供给函数分别为

$$Q_d = 190 - 5P, \quad Q_s = 25P - 20,$$

求该商品的市场均衡价格和市场均衡数量.

解 由均衡条件 $Q_d = Q_s$,得

$$190 - 5P = 25P - 20,$$

解得 $P = 7$. 因此,该商品的市场均衡价格为 $P_0 = 7$;市场均衡数量为

$$Q_0 = 25P_0 - 20 = 155.$$

三、成本函数、收益函数与利润函数

1. 成本函数

产品成本是以货币形式表现的企业生产和销售产品的全部费用支出,成本函数表示费用总额与产量(或销售量)之间的依赖关系. 产品成本可分为固定成本和可变成本两部分. 所谓固定成本,是指在一定时期内不随产量变化的那部分成本,如厂房及设备折旧费等;所谓可变成本,是指随产量变化而变化的那部分成本,如材料费、燃料费等. 一般地,以货币计值的(总)成本 C 是产量 x 的函数,即

$$C = C(x) \quad (x \geqslant 0),$$

称为**成本函数**. 当产量 $x = 0$ 时,对应的成本函数值 $C(0)$ 就是产品的固定成本值.

成本函数是单调增加函数,其图形称为**成本曲线**.

在讨论总成本的基础上,还要进一步讨论均摊在单位产量上的成本. 均摊在单位产量上的成本称为**平均单位成本**. 设 $C(x)$ 为成本函数,称

$$\overline{C} = \frac{C(x)}{x} \quad (x > 0)$$

为**平均单位成本函数**或**平均成本函数**.

2. 收益函数与利润函数

销售某种产品的收益 R 等于该产品的单位价格 P 乘以销售量 x,即

$$R = Px,$$

称为**收益函数**.

销售利润 L 等于收益 R 减去总成本 C，即

$$L = R - C,$$

称为**利润函数**.

当 $L = R - C > 0$ 时，生产者盈利；

当 $L = R - C < 0$ 时，生产者亏损；

当 $L = R - C = 0$ 时，生产者盈亏平衡，其中使 $L(x) = 0$ 的点 x_0 称为**盈亏平衡点**（或**保本点**）.

例3   某产品的成本函数为

$$C = C(x) = 100 + \frac{x^2}{4},$$

求该产品的固定成本及当 $x = 10$ 时的总成本、平均单位成本.

解   该产品的固定成本为 $C = C(0) = 100$.

当 $x = 10$ 时，总成本为 $C = C(10) = 100 + \frac{10^2}{4} = 125$. 因为

$$\overline{C} = \frac{C(x)}{x} = \frac{100}{x} + \frac{x}{4},$$

所以当产量 $x = 10$ 时的平均单位成本为

$$\overline{C} = \frac{100}{10} + \frac{10}{4} = 12.5.$$

练　习　1.4

1. 现有初始本金 100 元，若银行年储蓄利率为 7%，问：

(1) 按单利计算，第三年末本利和为多少？

(2) 按复利计算，第三年末本利和为多少？

(3) 按复利计算，需多少年能使本利和超过初始本金的一倍？

2. 某种商品的供给函数和需求函数分别为

$$Q_s = 25P - 10, \quad Q_d = 200 - 5P,$$

求该商品的市场均衡价格和市场均衡数量.

3. 某工厂生产某产品，每日最多生产 200 单位，它的日固定成本为 150 元，生产一个单位产品的可变成本为 16 元. 求该厂日总成本函数及平均成本函数.

习　题　一

1. 下列函数是否相同，为什么？

(1) $y = \ln x^2$ 与 $y = 2\ln x$；

(2) $y = \sin(x+1)$ 与 $s = \sin(t+1)$；

(3) $y = x$ 与 $y = \frac{x^2}{x}$；

(4) $y = x + 1$ 与 $y = \begin{cases} \dfrac{x^2-1}{x-1}, & x \neq 1, \\ 2, & x = 1. \end{cases}$

2. 求下列函数的定义域：

(1) $y = \arccos\dfrac{x-1}{2}$；

(2) $y = \dfrac{1}{1-x^2} + \sqrt{2-x}$；

$(3) y = \sqrt{\ln \dfrac{5x - x^2}{4}}$;

$(4) y = \dfrac{\arcsin \dfrac{2x - 1}{7}}{\sqrt{x^2 - x - 6}}$.

3. 已知 $f(x) = x^2 - 3x + 2$, 求 $f(2), f(-x), f\left(\dfrac{1}{x}\right), f(x+1)$.

4. 判断下列函数中哪些是奇函数, 哪些是偶函数, 哪些是非奇非偶函数:

$(1) y = x + \tan 2x$；

$(2) y = x^3 \sin x \cos x$；

$(3) y = x^2 + x + 1$；

$(4) y = \ln \dfrac{1 - x}{1 + x}$；

$(5) F(x) = f(x) - f(-x)$；

$(6) F(x) = f(x) + f(-x)$.

5. 指出下列函数中哪些是初等函数:

$(1) f(x) = \dfrac{x^2 - 1}{x - 1}$；

$(2) f(x) = \begin{cases} \dfrac{x^2 - 1}{x - 1}, & x \neq 1, \\ -1, & x = 1; \end{cases}$

$(3) f(x) = \dfrac{\mathrm{e}^x - \arcsin x}{1 + \ln(1 + x^2)}$；

$(4) f(x) = \sqrt{-3 + \sin x}$.

6. 已知 $f(\cos x) = 1 - \cos 2x$, 求 $f(\sin x)$.

7. 已知 $f(x) = \ln(x - 1), f(g(x)) = x$, 求 $g(x)$.

8. 已知 $f\left(\dfrac{x + 1}{x - 1}\right) = 3f(x) - 2x$, 求 $f(x)$.

第 2 章

极限概念是微积分的理论基础,极限方法是微积分的基本分析方法.以后我们将知道,导数、定积分、级数收敛等概念都是通过极限来给出定义的.因此,掌握好极限方法是学好微积分的关键.函数的连续性也是微积分的一个重要概念.本章将介绍极限与连续的基本知识及性质.

§2.1　数列的极限

一、数列的定义

定义 1　数列是定义在正整数集 $\mathbf{N}^*$ 上的函数,记为
$$x_n = f(n) \quad (n = 1, 2, 3, \cdots).$$
当自变量按 $1, 2, 3, \cdots$ 次序取值时,函数值就按相应的顺序排列成**数列**:
$$x_1, x_2, \cdots, x_n, \cdots,$$
可以简记为 $\{x_n\}$.数列中的每个数称为该数列的**项**,其中 x_n 称为该数列的**一般项**或**通项**.

例如,有下面的数列:

(1) $1, 2, 3, \cdots, n, \cdots$;

(2) $1, 0, 1, \cdots, \dfrac{1 + (-1)^{n-1}}{2}, \cdots$;

(3) $1, 1, 1, \cdots, 1, \cdots$;

(4) $\dfrac{1}{2}, \dfrac{1}{4}, \dfrac{1}{8}, \cdots, \dfrac{1}{2^n}, \cdots$;

(5) $2, \dfrac{1}{2}, \dfrac{4}{3}, \dfrac{3}{4}, \cdots, 1 + \dfrac{(-1)^{n-1}}{n}, \cdots$.

二、数列的极限

不难看出,当 n 无限增大时,数列 $\left\{\dfrac{1}{2^n}\right\}$ 在数轴上的对应点从原点的右侧无限接近于 0;当 n 无限增大时,数列 $\left\{1 + \dfrac{(-1)^{n-1}}{n}\right\}$ 在数轴上的对应点从 $x = 1$ 的两侧无限接近于 1.一般地,可以给出下面的定义.

定义 2　对于数列 $\{x_n\}$,如果当 n 无限增大时,其一般项 x_n 的值无限接近于一个确定的常数 A,则称当 n 趋于无穷大时数列 $\{x_n\}$ 以 A 为**极限**,记为

$$\lim_{n\to\infty} x_n = A \quad 或 \quad x_n \to A(n \to \infty).$$

此时,也称数列 $\{x_n\}$ **收敛于** A,而称 $\{x_n\}$ 为**收敛数列**.如果数列的极限不存在,则称它为**发散数列**.

例如,数列 $\left\{\dfrac{1}{3^n}\right\}$, $\left\{1 + \dfrac{(-1)^{n-1}}{n}\right\}$ 是收敛数列,且

$$\lim_{n\to\infty}\frac{1}{3^n} = 0, \quad \lim_{n\to\infty}\left[1 + \frac{(-1)^{n-1}}{n}\right] = 1,$$

而 $\left\{\dfrac{1+(-1)^n}{2}\right\}$ 是发散数列.

定义 2 是数列极限的直观定义,下面我们用精确、定量化的数学语言来给出数列极限的定义.

现在考察数列 $\{x_n\} = \left\{1 + \dfrac{(-1)^{n-1}}{n}\right\}$ 的变化趋势.由于 $|x_n - 1| = \dfrac{1}{n}$,因此当项数 n 充分大时, $|x_n - 1|$ 可任意小.例如,取很小的正数 $\varepsilon = \dfrac{1}{100}$,若要使 $|x_n - 1| = \dfrac{1}{n} < \dfrac{1}{100} = \varepsilon$,则只要 $n > 100$ 即可.这意味着数列 $\left\{1 + \dfrac{(-1)^{n-1}}{n}\right\}$ 的第 101 项 x_{101} 及后面所有的项 $x_{101}, x_{102}, \cdots$ 都满足不等式 $|x_n - 1| < \dfrac{1}{100}$.

同样,取很小的正数 $\varepsilon = \dfrac{1}{1\,000}$,若要使 $|x_n - 1| = \dfrac{1}{n} < \dfrac{1}{1\,000} = \varepsilon$,则只要 $n > 1\,000$ 即可.这意味着数列的第 1\,001 项 $x_{1\,001}$ 及后面所有的项 $x_{1\,001}, x_{1\,002}, \cdots$ 都满足不等式 $|x_n - 1| < \dfrac{1}{1\,000}$.

由此可见,无论给定的正数 ε 多么小,要使 $|x_n - 1| = \dfrac{1}{n} < \varepsilon$ 成立,只要 $n > \dfrac{1}{\varepsilon}$ 即可.如果取自然数 $N \geqslant \dfrac{1}{\varepsilon}$,则当 $n > N$ 时,对于数列中满足 $n > N$ 的一切 x_n,不等式 $|x_n - 1| = \dfrac{1}{n} < \varepsilon$ 都成立.

定义 3（数列极限的精确定义）　如果对于任意给定的正数 ε（无论多么小）,总存在正整数 N,使得对于满足 $n > N$ 时的一切项 x_n,都有不等式

$$|x_n - A| < \varepsilon$$

成立,则称常数 A 为数列 $\{x_n\}$ 当 $n \to \infty$ 时的**极限**,或称数列 $\{x_n\}$ **收敛于** A,记为

$$\lim_{n\to\infty} x_n = A \quad 或 \quad x_n \to A(n \to \infty).$$

注:定义 3 中用 ε 刻画 x_n 与 A 的接近程度,用 N 刻画总有那么一个时刻（即刻画 n 充分大的程度）能满足所需结论.这里 ε 是任意给定的正数, N 是根据 ε 来确定的.

为了以后叙述方便,这里介绍几个证明极限时常用的符号:

符号"$\forall$"表示:"对于任意给定的""对于所有的""对于每一个";

符号"$\exists$"表示:"存在一个""有一个""存在某个";

符号"$\max\{a_1, a_2, \cdots, a_n\}$"表示数 $a_1, a_2, \cdots, a_n$ 中的最大数;符号"$\min\{a_1, a_2, \cdots, a_n\}$"表示数 $a_1, a_2, \cdots, a_n$ 中的最小数.

下面给出数列极限的几何意义.

将数列 $\{x_n\}$ 中的每一项 $x_1,x_2,\cdots$ 都用数轴上的对应点来表示. 若数列 $\{x_n\}$ 的极限为 A，则对于任意给定的正数 ε，总存在正整数 N，使数列从第 $N+1$ 项开始，后面所有的项 x_n 都满足不等式 $|x_n-A|<\varepsilon$，即 $A-\varepsilon<x_n<A+\varepsilon$. 所以数列在数轴上的对应点中有无穷多个点 $x_{N+1},x_{N+2},\cdots$ 都落在开区间 $(A-\varepsilon,A+\varepsilon)$ 内，而在开区间以外，至多只有有限个点 x_1，$x_2,\cdots,x_N$（见图 $2-1-1$）.

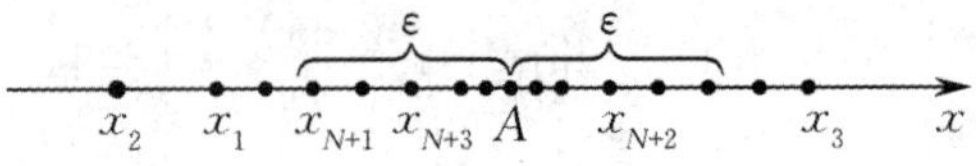

图 $2-1-1$

例 1　证明：$\lim\limits_{n\to\infty}\dfrac{3n+2}{n}=3$.

证　对于任给的正数 ε，要使 $|x_n-3|=\left|\dfrac{3n+2}{n}-3\right|=\dfrac{2}{n}<\varepsilon$，只要 $n>\dfrac{2}{\varepsilon}$ 即可，所以可取正整数 $N\geqslant\dfrac{2}{\varepsilon}$.

因此，$\forall\varepsilon>0$，$\exists$ 正整数 N，当 $n>N$ 时，总有 $\left|\dfrac{3n+2}{n}-3\right|<\varepsilon$，所以

$$\lim\limits_{n\to\infty}\dfrac{3n+2}{n}=3.$$

例 2　证明：$\lim\limits_{n\to\infty}\dfrac{1}{3^n}=0$.

证　对于任给的正数 $\varepsilon<1$，要使 $|x_n-0|=\left|\dfrac{1}{3^n}-0\right|=\dfrac{1}{3^n}<\varepsilon$，即 $3^n>\dfrac{1}{\varepsilon}$，只要 $n>\log_3\dfrac{1}{\varepsilon}$ 即可，所以可取正整数 $N\geqslant\log_3\dfrac{1}{\varepsilon}$. 当 $n>N$ 时，总有

$$\left|\dfrac{1}{3^n}-0\right|<\varepsilon,$$

所以

$$\lim\limits_{n\to\infty}\dfrac{1}{3^n}=0.$$

下面是几个应记住的常用数列的极限：

（1）$\lim\limits_{n\to\infty}C=C$　（C 为常数）；

（2）$\lim\limits_{n\to\infty}\dfrac{1}{n^\alpha}=0$　（$\alpha>0$）；

（3）$\lim\limits_{n\to\infty}q^n=0$　（$|q|<1$）.

三、收敛数列的性质

定理 1（唯一性）　若数列收敛，则其极限唯一.（证明略）

定义 4　设有数列 $\{x_n\}$. 若 $\exists M>0$，使对一切 $n=1,2,3,\cdots$，有

$$|x_n|\leqslant M,$$

则称数列 $\{x_n\}$ 是**有界**的，否则称它是**无界**的.

例如，数列 $\left\{\dfrac{1}{n+1}\right\}$，$\{\sin n\}$ 有界；数列 $\{2n\}$ 无界.

定理 2（有界性）　若数列 $\{x_n\}$ 收敛，则数列 $\{x_n\}$ 有界.

证 设 $\lim\limits_{n\to\infty}x_n=a$,由极限定义,对于 $\varepsilon=1$,$\exists$ 正整数 N,当 $n>N$ 时,$|x_n-a|<\varepsilon=1$,从而 $|x_n|=|(x_n-a)+a|\leqslant|x_n-a|+|a|<1+|a|$. 取

$$M=\max\{1+|a|,|x_1|,|x_2|,\cdots,|x_N|\},$$

则有 $|x_n|\leqslant M$ 对一切 $n=1,2,3,\cdots$ 成立,即 $\{x_n\}$ 有界.

定理 2 的逆命题不成立,例如数列 $\{(-1)^{n-1}\}$ 有界,但它不收敛.

在数列 $\{x_n\}$ 中任意抽取无限多项并保持这些项在原数列 $\{x_n\}$ 中的先后次序,这样得到的一个数列称为原数列 $\{x_n\}$ 的一个**子数列**. 例如,数列

$$1,\frac{1}{2},\frac{1}{3},\cdots,\frac{1}{n},\cdots;$$

$$\frac{1}{2},\frac{1}{4},\cdots,\frac{1}{2n},\cdots;$$

$$1,\frac{1}{3},\frac{1}{5},\cdots,\frac{1}{2n-1},\cdots$$

都是数列 $1,\frac{1}{2},\frac{1}{3},\cdots,\frac{1}{n},\cdots$ 的子数列.

定理 3 数列 $\{x_n\}$ 收敛于 a 的充分必要条件是:$\{x_n\}$ 的任何子数列都收敛于 a.

(证明略)

定理 3 用来判别某些数列发散非常方便. 例如数列 $\{(-1)^{n-1}\}$ 的一个子数列 $1,1,1,\cdots$ 收敛于 1;但 $\{(-1)^{n-1}\}$ 的另一个子数列 $-1,-1,-1,\cdots$ 收敛于 -1,由定理 3 知数列 $\{(-1)^{n-1}\}$ 发散.

练 习 2.1

1.观察一般项 x_n 如下的数列的变化趋势,对于有极限的数列,给出它的极限:

(1)$x_n=\dfrac{1}{2^n}$;

(2)$x_n=(-1)^{n-1}\dfrac{1}{n}$;

(3)$x_n=(-2)^n$;

(4)$x_n=\dfrac{n-1}{n+1}$;

(5)$x_n=\sin\dfrac{n\pi}{2}$;

(6)$x_n=\dfrac{1}{1\cdot 2}+\dfrac{1}{2\cdot 3}+\cdots+\dfrac{1}{n(n+1)}$.

2.判断下列说法是否正确:

(1) 有界数列一定收敛;

(2) 在数列 $\{x_n\}$ 中任意增加或去掉有限项,不影响 $\{x_n\}$ 的收敛或发散性;

(3) 无界数列一定发散;

(4) 极限值大于 0 的数列的各项也一定大于 0.

*3.用数列极限的精确定义证明下列极限:

(1) $\lim\limits_{n\to\infty}\dfrac{1}{n^2}=0$;

(2) $\lim\limits_{n\to\infty}\dfrac{\sin n}{n}=0$;

(3) $\lim\limits_{n\to\infty}\dfrac{2n-1}{3n+1}=\dfrac{2}{3}$.

§2.2 函数的极限

一、自变量趋向于无穷大时函数的极限

自变量趋向无穷大(记为 $x\to\infty$)是指 $|x|$ 无限增大,它包含两种情况:一是 $x>0$ 且 $|x|$ 无限

增大(记为 $x \to +\infty$)，二是 $x < 0$ 且 $|x|$ 无限增大(记为 $x \to -\infty$)．

当 $x \to \infty$ 时，考察函数 $y = f(x) = 1 + \dfrac{1}{x}$ 的变化趋势．可以看出，当 $x \to \infty$ 时，对应的函数 $f(x) = 1 + \dfrac{1}{x}$ 的值无限接近于常数 1，则称常数 1 为函数 $f(x) = 1 + \dfrac{1}{x}$ 当 $x \to \infty$ 时的极限．

定义 1 若当 $x \to \infty$ 时，函数 $f(x)$ 的值无限接近于一个常数 A，则称常数 A 为函数 $f(x)$ **当 $x \to \infty$ 时的极限**，记作

$$\lim_{x \to \infty} f(x) = A \quad 或 \quad f(x) \to A \quad (x \to \infty).$$

对一般函数 $y = f(x)$ 而言，当自变量无限增大时，函数值无限接近一个常数的情形与数列极限类似，所不同的是，在函数极限中，自变量的变化可以是连续的．用精确的"ε-X"数学语言定义 $f(x) \to A(x \to \infty)$ 如下．

定义 1′(函数极限的精确定义) 设函数 $f(x)$ 当 $|x|$ 大于某一正数时有定义，A 为一常数．若 $\forall \varepsilon > 0$，$\exists X > 0$，当 $|x| > X$ 时，都有不等式

$$|f(x) - A| < \varepsilon$$

成立，则称常数 A 为**函数 $f(x)$ 当 $x \to \infty$ 时的极限**，记作

$$\lim_{x \to \infty} f(x) = A \quad 或 \quad f(x) \to A \quad (x \to \infty).$$

下面给出 $\lim\limits_{x \to \infty} f(x) = A$ 的几何意义．

对于任给的正数 ε，存在正数 X，当点 $(x, f(x))$ 的横坐标 x 落入区间 $(-\infty, -X)$ 及 $(X, +\infty)$ 内时，纵坐标 $f(x)$ 的值必定落入区间 $(A - \varepsilon, A + \varepsilon)$ 内，此时，函数 $y = f(x)$ 的图形就介于两平行直线 $y = A - \varepsilon$ 与 $y = A + \varepsilon$ 之间(见图 2-2-1)．

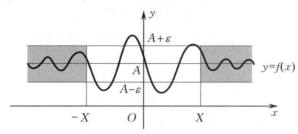

图 2-2-1

例 1 证明：$\lim\limits_{x \to \infty} \dfrac{2}{x} = 0$．

证 $\forall \varepsilon > 0$，要使 $|f(x) - 0| = \left| \dfrac{2}{x} \right| = \dfrac{2}{|x|} < \varepsilon$，只要 $|x| > \dfrac{2}{\varepsilon}$ 即可．所以，对 $\forall \varepsilon > 0$，取 $X = \dfrac{2}{\varepsilon}$，当 $|x| > X$ 时，都有 $\left| \dfrac{2}{x} - 0 \right| < \varepsilon$，从而

$$\lim_{x \to \infty} \dfrac{2}{x} = 0.$$

下面分别给出当 $x \to +\infty$ 与 $x \to -\infty$ 时，函数 $f(x)$ 极限的定义．这时，只要将定义 1 中的 $x \to \infty$ 分别改为 $x \to +\infty$ 与 $x \to -\infty$ 即可．

定义 2 若当 $x \to +\infty$ 时，函数 $f(x)$ 的值无限接近于一个常数 B，则称常数 B 为**函数 $f(x)$ 当 $x \to +\infty$ 时的极限**，记作

$$\lim_{x \to +\infty} f(x) = B \quad 或 \quad f(x) \to B(x \to +\infty).$$

定义 3　若当 $x \to -\infty$ 时,函数 $f(x)$ 的值无限接近于一个常数 C,则称常数 C 为**函数** $f(x)$ **当** $x \to -\infty$ **时的极限**,记作

$$\lim_{x \to -\infty} f(x) = C \quad 或 \quad f(x) \to C (x \to -\infty).$$

极限 $\lim\limits_{x \to +\infty} f(x) = B$ 与 $\lim\limits_{x \to -\infty} f(x) = C$ 称为**单侧极限**.

读者可以尝试用精确的"ε - X"数学语言给出 $\lim\limits_{x \to +\infty} f(x) = B$ 和 $\lim\limits_{x \to -\infty} f(x) = C$ 的定义.

例 2　考察下列极限是否存在:

(1) $\lim\limits_{x \to +\infty} \arctan x$;　　　　(2) $\lim\limits_{x \to -\infty} \arctan x$;　　　　(3) $\lim\limits_{x \to \infty} \arctan x$.

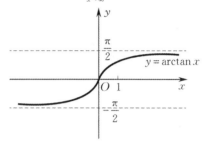

解　(1) $\lim\limits_{x \to +\infty} \arctan x = \dfrac{\pi}{2}$.

(2) $\lim\limits_{x \to -\infty} \arctan x = -\dfrac{\pi}{2}$.

(3) $\lim\limits_{x \to \infty} \arctan x$ 不存在(见图 2 - 2 - 2).

我们有下面的定理.

定理 1　$\lim\limits_{x \to \infty} f(x) = A$ 的充分必要条件是

$$\lim_{x \to +\infty} f(x) = \lim_{x \to -\infty} f(x) = A.$$

图 2 - 2 - 2

二、自变量趋向于某一常数时函数的极限

1. 当 $x \to x_0$ 时,函数 $f(x)$ 的极限

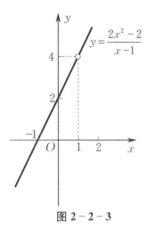

图 2 - 2 - 3

现讨论当 $x \to x_0$ 时函数 $f(x)$ 的极限问题.考察当 $x \to 1$ 时,函数 $f(x) = \dfrac{2x^2 - 2}{x - 1}$ 的变化趋势.因为当 $x \neq 1$ 时,函数 $f(x) = \dfrac{2x^2 - 2}{x - 1} = 2(x + 1)$,所以当 $x \neq 1$ 且 $x \to 1$ 时,$f(x)$ 的值无限接近于常数 4(见图 2 - 2 - 3).我们称常数 4 为函数 $f(x) = \dfrac{2x^2 - 2}{x - 1}$ 当 $x \to 1$ 时的极限.

对上面的例子再做进一步的分析.要使 $|f(x) - 4|$ 任意小,也就是说,对于任意给定的正数 ε(无论多么小),当 $x \neq 1$ 时,要使

$$|f(x) - 4| = \left| \frac{2x^2 - 2}{x - 1} - 4 \right| = |2(x + 1) - 4| = 2|x - 1| < \varepsilon,$$

只要 $|x - 1| < \dfrac{\varepsilon}{2}$ 即可.取 $\delta = \dfrac{\varepsilon}{2}$,则对于满足不等式 $0 < |x - 1| < \delta$ 的一切 x,总有不等式 $|f(x) - 4| < \varepsilon$ 成立.

定义 4　设函数 $f(x)$ 在点 x_0 的某一去心邻域内有定义.若 $\forall \varepsilon > 0, \exists \delta > 0$,使得当 $0 < |x - x_0| < \delta$(即 $x \in \mathring{U}(x_0, \delta)$)时,都有不等式

$$|f(x) - A| < \varepsilon$$

成立,则称常数 A 为函数 $f(x)$ **当** $x \to x_0$ **时的极限**.记为

$$\lim_{x \to x_0} f(x) = A \quad 或 \quad f(x) \to A (x \to x_0).$$

注:(1) 定义中用 ε 刻画 $f(x)$ 与常数 A 的接近程度,用 δ 刻画 x 与 x_0 的接近程度.这里 ε 是任意给定的,δ 是根据 ε 来确定的.

(2) 定义中的 $0 < |x - x_0| < \delta$ 表示 $x \neq x_0$,且 x 与 x_0 的距离小于 δ,即

$$x \in \mathring{U}(x_0, \delta) = (x_0 - \delta, x_0) \bigcup (x_0, x_0 + \delta).$$

下面给出 $\lim\limits_{x \to x_0} f(x) = A$ 的几何意义.

对于任给的正数 ε（无论多么小），总存在正数 δ，当点 $(x, f(x))$ 的横坐标落入点 x_0 的去心 δ 邻域 $(x_0 - \delta, x_0) \bigcup (x_0, x_0 + \delta)$ 内时，纵坐标 $f(x)$ 的值必落入区间 $(A - \varepsilon, A + \varepsilon)$ 内，此时，曲线 $y = f(x)$ 必然介于两条平行直线 $y = A - \varepsilon$ 与 $y = A + \varepsilon$ 之间（见图 2-2-4）.

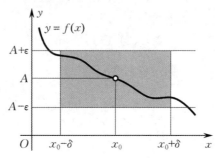

图 2-2-4

例 3　证明：$\lim\limits_{x \to 1}(3x - 1) = 2$.

证　对于任给的正数 ε，要使

$$|f(x) - 2| = |(3x - 1) - 2| = 3|x - 1| < \varepsilon,$$

只要 $|x - 1| < \dfrac{\varepsilon}{3}$，故取 $\delta = \dfrac{\varepsilon}{3}$. 所以对任意 $\varepsilon > 0$，存在 $\delta = \dfrac{\varepsilon}{3} > 0$，当 $0 < |x - 1| < \delta$ 时，都有不等式

$$|f(x) - 2| < \varepsilon$$

成立，故

$$\lim\limits_{x \to 1}(3x - 1) = 2.$$

例 4　证明：$\lim\limits_{x \to x_0} x = x_0$.

证　设函数 $f(x) = x$，则对于任给的正数 ε，要使

$$|f(x) - x_0| = |x - x_0| < \varepsilon,$$

只要取 $\delta = \varepsilon$. 所以对任意 $\varepsilon > 0$，存在 $\delta = \varepsilon > 0$，当 $0 < |x - x_0| < \delta$ 时，都有不等式

$$|f(x) - x_0| < \varepsilon$$

成立，故

$$\lim\limits_{x \to x_0} x = x_0.$$

2. 函数 $f(x)$ 在 x_0 处的左、右极限

在定义 4 中，$x \to x_0$ 是指 x 从 x_0 的两侧趋向于 x_0. 但有些问题只需要考虑当 x 从 x_0 的一侧趋向于 x_0 时，函数 $f(x)$ 的变化趋势，因此引入下面的函数左、右极限的概念.

定义 5　如果当 x 从 x_0 的左侧趋向于 x_0（记作 $x \to x_0^-$）时，对应的函数值 $f(x)$ 无限接近于一个常数 A，则称 A 为函数 $f(x)$ 当 $x \to x_0$ 时的**左极限**，记为

$$\lim\limits_{x \to x_0^-} f(x) = A \quad \text{或} \quad f(x_0 - 0) = A.$$

如果当 x 从 x_0 的右侧趋向于 x_0（记作 $x \to x_0^+$）时，对应的函数值 $f(x)$ 无限接近于一个常数 B，则称 B 为函数 $f(x)$ 当 $x \to x_0$ 时的**右极限**，记为

$$\lim_{x \to x_0^+} f(x) = B \quad 或 \quad f(x_0 + 0) = B.$$

读者可以尝试用精确的"$\varepsilon - \delta$"数学语言给出 $\lim_{x \to x_0^-} f(x) = A$ 和 $\lim_{x \to x_0^+} f(x) = B$ 的定义.

定理 2 $\lim_{x \to x_0} f(x) = A$ 的充分必要条件是 $\lim_{x \to x_0^-} f(x) = \lim_{x \to x_0^+} f(x) = A$.

例 5 设 $f(x) = \begin{cases} x, & x \geqslant 0, \\ 1, & x < 0, \end{cases}$ 讨论当 $x \to 0$ 时,$f(x)$ 的极限是否存在.

解 因为 $x = 0$ 是函数定义域中两个区间的分界点,且

$$\lim_{x \to 0^-} f(x) = \lim_{x \to 0^-} 1 = 1, \quad \lim_{x \to 0^+} f(x) = \lim_{x \to 0^+} x = 0,$$

即有

$$\lim_{x \to 0^-} f(x) \neq \lim_{x \to 0^+} f(x),$$

所以 $\lim_{x \to 0} f(x)$ 不存在(见图 2 - 2 - 5).

例 6 设 $f(x) = |x - 1|$,讨论当 $x \to 1$ 时,$f(x)$ 的极限是否存在.

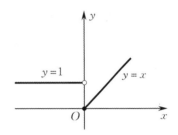

图 2 - 2 - 5

解
$$\lim_{x \to 1^-} f(x) = \lim_{x \to 1^-} (1 - x) = 0,$$
$$\lim_{x \to 1^+} f(x) = \lim_{x \to 1^+} (x - 1) = 0,$$

即有

$$\lim_{x \to 1^-} f(x) = \lim_{x \to 1^+} f(x) = 0,$$

所以当 $x \to 1$ 时,$f(x)$ 的极限存在,且 $\lim_{x \to 1} f(x) = 0$.

三、函数极限的性质

下面仅以 $x \to x_0$ 的极限形式为代表给出函数极限的一些性质,至于其他形式极限的性质,只需做些修改即可. 根据函数极限的定义,可以证明函数的极限具有如下几个性质.

性质 1(唯一性) 若极限 $\lim_{x \to x_0} f(x)$ 存在,则其极限是唯一的.

性质 2(局部有界性) 若 $\lim_{x \to x_0} f(x) = A$,则存在常数 $M > 0$ 和 $\delta > 0$,使得当 $x \in \mathring{U}(x_0, \delta)$ $= (x_0 - \delta, x_0) \bigcup (x_0, x_0 + \delta)$(即 $0 < |x - x_0| < \delta$)时,有

$$|f(x)| \leqslant M.$$

注:性质 2 的逆命题不成立. 例如 $f(x) = \begin{cases} 1, & x \geqslant 0, \\ -1, & x < 0 \end{cases}$ 是有界函数,但 $\lim_{x \to 0} f(x)$ 不存在.

性质 3(局部保号性) 若 $\lim_{x \to x_0} f(x) = A$,且 $A > 0$(或 $A < 0$),则存在点 x_0 的某一去心 δ 邻域 $\mathring{U}(x_0, \delta) = (x_0 - \delta, x_0) \bigcup (x_0, x_0 + \delta)$,当 x 属于该邻域时,有 $f(x) > 0$(或 $f(x) < 0$).

推论 1 若 $\lim_{x \to x_0} f(x) = A$,且在点 x_0 的某一去心邻域 $\mathring{U}(x_0, \delta)$ 内有 $f(x) \geqslant 0$(或 $f(x)$ $\leqslant 0$),则 $A \geqslant 0$(或 $A \leqslant 0$).

练 习 2.2

1. 利用函数图形,观察下列函数的变化趋势;若极限存在,则写出该极限:

(1) $\lim\limits_{x\to\infty}\dfrac{1}{x^2}$；

(2) $\lim\limits_{x\to\frac{\pi}{2}^-}\tan x$；

(3) $\lim\limits_{x\to+\infty}e^{-x}$；

(4) $\lim\limits_{x\to-\infty}\text{arccot}\,x$；

(5) $\lim\limits_{x\to1}\dfrac{x-1}{|x-1|}$；

(6) $\lim\limits_{x\to\pi}\cos x$.

2. 判断下列命题是否正确，对错误的请举出反例：

(1) 若 $\lim\limits_{x\to x_0}f(x)=A$，则 $f(x_0)=A$；

(2) 若函数 $f(x)$ 在 $x=x_0$ 处的值不存在，则极限 $\lim\limits_{x\to x_0}f(x)$ 不存在；

(3) 若 $\lim\limits_{x\to x_0^-}f(x)$ 与 $\lim\limits_{x\to x_0^+}f(x)$ 都存在，则 $\lim\limits_{x\to x_0}f(x)$ 存在；

(4) $\lim\limits_{x\to x_0}f(x)=0$，当且仅当 $\lim\limits_{x\to x_0}|f(x)|=0$.

3. 设 a,b 为常数，且

$$f(x)=\begin{cases}e^x, & x\geqslant0,\\ ax+b, & x<0.\end{cases}$$

(1) 求 $\lim\limits_{x\to0^-}f(x)$，$\lim\limits_{x\to0^+}f(x)$；

(2) 若 $\lim\limits_{x\to0}f(x)$ 存在，求 b 的值.

4. 讨论函数 $f(x)=\dfrac{|x|}{x}$ 当 $x\to0$ 时的极限是否存在.

*5. 用极限的精确定义证明下列极限：

(1) $\lim\limits_{x\to\infty}\dfrac{\sin x}{x}=0$；

(2) $\lim\limits_{x\to1}x^2=1$；

(3) $\lim\limits_{x\to0}x\sin\dfrac{1}{x}=0$.

*6. 证明：若 $\lim\limits_{x\to x_0}f(x)=A$，且 $A>0$，则存在点 x_0 的某一去心 δ 邻域 $\mathring{U}(x_0,\delta)=(x_0-\delta,x_0)\bigcup(x_0,x_0+\delta)$，当 x 属于该邻域时，有 $f(x)>0$.

§2.3　无穷小量与无穷大量

为了叙述方便，今后将用符号 X 代替 $x_0,x_0^-,x_0^+,\infty,-\infty,+\infty$ 中的任何一个.

一、无穷小量

定义 1　若 $\lim\limits_{x\to X}\alpha(x)=0$，则称 $x\to X$ 时，$\alpha(x)$ 为**无穷小量**，简称**无穷小**.

例如，

当 $x\to0$ 时，函数 $\sin x$ 是无穷小量；

当 $x\to\infty$ 时，函数 $\dfrac{1}{x}$ 是无穷小量；

当 $x\to-\infty$ 时，函数 e^x 是无穷小量.

无穷小量就是以 0 为极限的量.

注：除 0 以外，其他任何常数都不是无穷小量.

下面的定理说明了无穷小量与函数极限的关系.

定理 1　$\lim\limits_{x\to X}f(x)=A$ 的充分必要条件是 $f(x)=A+\alpha(x)$，其中当 $x\to X$ 时，$\alpha(x)$ 是无穷小量，即 $\lim\limits_{x\to X}\alpha(x)=0$.

证 仅对 $x \to x_0$ 的情形证明.

必要性 设 $\lim\limits_{x \to x_0} f(x) = A$,则 $\forall \varepsilon > 0$,$\exists \delta > 0$,当 $0 < |x - x_0| < \delta$ 时,

$$|f(x) - A| < \varepsilon.$$

令 $\alpha(x) = f(x) - A$,则 $|\alpha(x)| = |\alpha(x) - 0| < \varepsilon$. 由极限定义可知

$$\lim\limits_{x \to x_0} \alpha(x) = 0,$$

即 $\alpha(x)$ 是 $x \to x_0$ 时的无穷小量,且

$$f(x) = A + \alpha(x).$$

充分性 若当 $x \to x_0$ 时,$\alpha(x)$ 是无穷小量,且 $f(x) = A + \alpha(x)$,则 $\forall \varepsilon > 0$,$\exists \delta > 0$,当 $0 < |x - x_0| < \delta$ 时,

$$|\alpha(x) - 0| < \varepsilon, \quad 即 \quad |f(x) - A| < \varepsilon.$$

由极限定义可知 $\lim\limits_{x \to x_0} f(x) = A$.

例如,对于函数 $f(x) = x^2 + 1$,$\lim\limits_{x \to 0} f(x) = \lim\limits_{x \to 0} (x^2 + 1) = 1$,可以看出 $\alpha(x) = f(x) - 1 = x^2$,而且 $\alpha(x) = x^2$ 当 $x \to 0$ 时是无穷小量.

二、无穷小量的性质

性质 1 有限个无穷小量的和仍为无穷小量.

证 只需对两个无穷小量的和的情形证明即可. 设 $\alpha(x)$ 及 $\beta(x)$ 都是 $x \to x_0$ 时的无穷小量. $\forall \varepsilon > 0$:

由 $\lim\limits_{x \to x_0} \alpha(x) = 0$ 知,$\exists \delta_1 > 0$,当 $0 < |x - x_0| < \delta_1$ 时,$|\alpha(x)| < \dfrac{\varepsilon}{2}$;

由 $\lim\limits_{x \to x_0} \beta(x) = 0$ 知,$\exists \delta_2 > 0$,当 $0 < |x - x_0| < \delta_2$ 时,$|\beta(x)| < \dfrac{\varepsilon}{2}$.

取 $\delta = \min\{\delta_1, \delta_2\}$,于是当 $0 < |x - x_0| < \delta$ 时,

$$|\alpha(x) + \beta(x) - 0| \leqslant |\alpha(x)| + |\beta(x)| < \frac{\varepsilon}{2} + \frac{\varepsilon}{2} = \varepsilon,$$

故 $\lim\limits_{x \to x_0} (\alpha(x) + \beta(x)) = 0$,即当 $x \to x_0$ 时,$\alpha(x) + \beta(x)$ 是一无穷小量.

性质 2 有界变量与无穷小量的乘积是无穷小量.

证 只证 $x \to x_0$ 的情形. 设当 $x \to x_0$ 时,$f(x)$ 是有界量,$\alpha(x)$ 是无穷小量,对 $\forall \varepsilon > 0$:

由 $f(x)$ 是有界量知,$\exists M > 0$ 和 $\delta_1 > 0$,当 $0 < |x - x_0| < \delta_1$ 时,$|f(x)| \leqslant M$;

由 $\lim\limits_{x \to x_0} \alpha(x) = 0$ 知,对于 $\dfrac{\varepsilon}{M}$ 来说,$\exists \delta_2 > 0$,当 $0 < |x - x_0| < \delta_2$ 时,$|\alpha(x)| < \dfrac{\varepsilon}{M}$.

取 $\delta = \min\{\delta_1, \delta_2\}$,于是当 $0 < |x - x_0| < \delta$ 时,

$$|f(x) \cdot \alpha(x) - 0| = |f(x)| \cdot |\alpha(x)| < M \cdot \frac{\varepsilon}{M} = \varepsilon.$$

这就证明了当 $x \to x_0$ 时,$f(x) \cdot \alpha(x)$ 是无穷小量.

性质 1 和性质 2 在 $x \to X(x_0, x_0^-, x_0^+, \infty, -\infty, +\infty)$ 时仍然正确.

例 1 证明:$\lim\limits_{x \to \infty} \dfrac{1}{x} \sin x = 0$.

证 因为当 $x \to \infty$ 时,$\sin x$ 是有界量,$\dfrac{1}{x}$ 是无穷小量,故

$$\lim\limits_{x \to \infty} \frac{1}{x} \sin x = 0.$$

由性质 2 可以推出下面的推论.

推论 1　常数与无穷小量的乘积为无穷小量.

推论 2　有限个无穷小量的乘积为无穷小量.

三、无穷大量

定义 2　若当 $x \to X$ 时，$|f(x)|$ 无限增大，则称函数 $f(x)$ 为当 $x \to X$ 时的**无穷大量**（简称无穷大），记作

$$\lim_{x \to X} f(x) = \infty.$$

无穷大量包括正无穷大量和负无穷大量. 分别将当 $x \to X$ 时的无穷大量、正无穷大量、负无穷大量记作

$$\lim_{x \to X} f(x) = \infty, \quad \lim_{x \to X} f(x) = +\infty, \quad \lim_{x \to X} f(x) = -\infty.$$

注：无穷大量是一个变量，这里用 $\lim_{x \to X} f(x) = \infty$ 表示 $f(x)$ 是一个无穷大量，并不意味着 $f(x)$ 的极限存在. 恰恰相反，$\lim_{x \to X} f(x) = \infty$ 意味着当 $x \to X$ 时，$f(x)$ 的极限不存在.

例如，$\lim\limits_{x \to 0} \dfrac{1}{x} = \infty$，即当 $x \to 0$ 时，$\dfrac{1}{x}$ 是无穷大量；

$\lim\limits_{x \to 0^+} \ln x = -\infty$，即当 $x \to 0^+$ 时，$\ln x$ 是负无穷大量；

$\lim\limits_{x \to \frac{\pi}{2}^-} \tan x = +\infty$，即当 $x \to \dfrac{\pi}{2}^-$ 时，$\tan x$ 是正无穷大量.

注：称一个函数为无穷大量时，必须明确地指出自变量的变化趋势. 对于一个函数，自变量趋向不同会导致函数值的趋向不同.

例如 $y = \dfrac{1}{(x-1)^2}$，当 $x \to 1$ 时，它是一个无穷大量；而当 $x \to \infty$ 时，它是一个无穷小量.

四、无穷大量与无穷小量的关系

定理 2　若当 $x \to X$ 时，$f(x)$ 为无穷大量，则当 $x \to X$ 时，$\dfrac{1}{f(x)}$ 为无穷小量；反之，若当 $x \to X$ 时，$f(x)$ 为无穷小量，且 $f(x) \neq 0$，则当 $x \to X$ 时，$\dfrac{1}{f(x)}$ 为无穷大量.

定理 2 说明，无穷大量与无穷小量之间的关系类似于倒数关系.

例 2　求 $\lim\limits_{x \to 0^+} \dfrac{1}{\cot x}$.

解　因为 $\lim\limits_{x \to 0^+} \cot x = +\infty$，所以 $\lim\limits_{x \to 0^+} \dfrac{1}{\cot x} = 0$.

练　习　2.3

1. 下列函数在给定的自变量的变化过程中，哪些是无穷小量？哪些是无穷大量？

(1) $\dfrac{x+1}{(x-1)^2}$　$(x \to 1)$；

(2) e^x　$(x \to -\infty)$；

(3) $\dfrac{x^5}{x^2+1}$　$(x \to \infty)$；

(4) $\dfrac{1+\cos x}{\sin x}$　$(x \to 0)$.

2. 指出下列函数的极限：

(1) $\lim\limits_{x \to 0} x \sin \dfrac{1}{x^2}$；

(2) $\lim\limits_{x \to \infty} \dfrac{\operatorname{arccot} x}{x^2}$；

(3) $\lim\limits_{n\to\infty}\dfrac{1+(-1)^n}{n}$　(n 为正整数).

3. 判断下列极限是否存在；若存在，写出极限值：

(1) $\lim\limits_{x\to\infty}\mathrm{e}^{1/x}$；

(2) $\lim\limits_{x\to 0^-}\mathrm{e}^{1/x}$；

(3) $\lim\limits_{x\to 0^+}\mathrm{e}^{1/x}$.

§2.4　函数极限的运算法则

本节主要介绍极限的四则运算法则，利用无穷小量的性质及无穷小量与函数极限的关系，可得极限的四则运算法则. 记号"lim"下面没有标明自变量的变化过程，是指 x 趋于 x_0，x_0^-，x_0^+，∞，$-\infty$，$+\infty$ 中的任何一个.

一、极限的四则运算法则

定理 1　若 $\lim f(x)=A,\lim g(x)=B$，则

(1) $\lim(f(x)\pm g(x))=A\pm B=\lim f(x)\pm\lim g(x)$；

(2) $\lim(f(x)\cdot g(x))=A\cdot B=\lim f(x)\cdot\lim g(x)$；

(3) $\lim\dfrac{f(x)}{g(x)}=\dfrac{A}{B}=\dfrac{\lim f(x)}{\lim g(x)}$ $(B\neq 0)$.

证　只证(2)，(1) 和(3) 略.

因为 $\lim f(x)=A,\lim g(x)=B$，由函数极限与无穷小量之间的关系得
$$f(x)=A+\alpha(x),\quad g(x)=B+\beta(x),$$
其中 $\lim\alpha(x)=0,\lim\beta(x)=0$，从而
$$\begin{aligned}f(x)\cdot g(x)&=(A+\alpha(x))(B+\beta(x))\\&=A\cdot B+A\cdot\beta(x)+B\cdot\alpha(x)+\alpha(x)\cdot\beta(x).\end{aligned}$$
又因为
$$\lim(B\cdot\alpha(x))=0,\quad\lim(A\cdot\beta(x))=0,\quad\lim(\alpha(x)\cdot\beta(x))=0,$$
所以
$$\lim(f(x)\cdot g(x))=A\cdot B=\lim f(x)\cdot\lim g(x).$$

推论 1　若 $\lim f(x)=A,C$ 为常数，则
$$\lim(Cf(x))=CA=C\lim f(x),$$
即求极限时，常数因子可提到极限符号外面.

推论 2　若 $\lim f(x)$ 存在，$n\in\mathbf{N}^*$，则
$$\lim(f(x))^n=(\lim f(x))^n.$$

注：由于数列也是函数，因此函数极限的四则运算法则对数列极限也适用.

例 1　设 $f(x)=3x^2-2x+1$，求 $\lim\limits_{x\to 2}f(x)$.

解　$\lim\limits_{x\to 2}f(x)=\lim\limits_{x\to 2}(3x^2-2x+1)=3\lim\limits_{x\to 2}x^2-2\lim\limits_{x\to 2}x+\lim\limits_{x\to 2}1$
$$=3\times 2^2-2\times 2+1=9=f(2).$$

一般地，设多项式为
$$f(x)=a_nx^n+a_{n-1}x^{n-1}+\cdots+a_1x+a_0,$$
则有
$$\lim\limits_{x\to x_0}f(x)=f(x_0).$$

例 2　求 $\lim\limits_{x \to 1} \dfrac{2x^2-1}{3x+1}$.

解　$\lim\limits_{x \to 1} \dfrac{2x^2-1}{3x+1} = \dfrac{\lim\limits_{x \to 1}(2x^2-1)}{\lim\limits_{x \to 1}(3x+1)} = \dfrac{2\lim\limits_{x \to 1}x^2-1}{3\lim\limits_{x \to 1}x+1} = \dfrac{2 \times 1^2 - 1}{3 \times 1 + 1} = \dfrac{1}{4}$.

例 3　求 $\lim\limits_{x \to 1} \dfrac{x-1}{x^2-1}$.

解　当 $x \to 1$ 时，由于分子、分母的极限均为零，这种情形称为"$\dfrac{0}{0}$"型，对此情形不能直接运用极限的四则运算法则，通常应设法去掉分母中的"零因子". 因为

$$\frac{x-1}{x^2-1} = \frac{x-1}{(x+1)(x-1)} = \frac{1}{x+1} \quad (x \neq 1),$$

所以

$$\lim_{x \to 1} \frac{x-1}{x^2-1} = \lim_{x \to 1} \frac{1}{x+1} = \frac{1}{2}.$$

例 4　求 $\lim\limits_{x \to 4} \dfrac{\sqrt{x}-2}{x-4}$.

解　此极限仍属于"$\dfrac{0}{0}$"型，可采用把根式有理化的办法去掉分母中的"零因子".

$$\lim_{x \to 4} \frac{\sqrt{x}-2}{x-4} = \lim_{x \to 4} \frac{(\sqrt{x}-2)(\sqrt{x}+2)}{(x-4)(\sqrt{x}+2)} = \lim_{x \to 4} \frac{x-4}{(x-4)(\sqrt{x}+2)} = \lim_{x \to 4} \frac{1}{\sqrt{x}+2} = \frac{1}{4}.$$

例 5　求 $\lim\limits_{x \to \infty} \dfrac{5x^2-2x+1}{6x^2+3x+2}$.

解　当 $x \to \infty$ 时，其分子、分母均为无穷大量，这种情形称为"$\dfrac{\infty}{\infty}$"型，对此情形不能运用商的极限运算法则. 设分子和分母中自变量 x 的最高指数为 n，通常的做法是：分子和分母同时除以 x^n. 本题是分子和分母同时除以 x^2，得

$$\lim_{x \to \infty} \frac{5x^2-2x+1}{6x^2+3x+2} = \lim_{x \to \infty} \frac{5-\dfrac{2}{x}+\dfrac{1}{x^2}}{6+\dfrac{3}{x}+\dfrac{2}{x^2}} = \frac{\lim\limits_{x \to \infty}\left(5-\dfrac{2}{x}+\dfrac{1}{x^2}\right)}{\lim\limits_{x \to \infty}\left(6+\dfrac{3}{x}+\dfrac{2}{x^2}\right)} = \frac{5}{6}.$$

例 6　求 $\lim\limits_{x \to \infty} \dfrac{2x+1}{5x^2-2}$.

解　当 $x \to \infty$ 时，分子、分母均趋于 ∞，把分子、分母同除以分子和分母中自变量的最高次幂 x^2，得

$$\lim_{x \to \infty} \frac{2x+1}{5x^2-2} = \lim_{x \to \infty} \frac{\dfrac{2}{x}+\dfrac{1}{x^2}}{5-\dfrac{2}{x^2}} = \frac{0+0}{5-0} = 0.$$

例 7　求 $\lim\limits_{x \to \infty} \dfrac{2x^2-1}{x+1}$.

解　因为

$$\lim_{x \to \infty} \frac{x+1}{2x^2-1} = \lim_{x \to \infty} \frac{\dfrac{1}{x}+\dfrac{1}{x^2}}{2-\dfrac{1}{x^2}} = \frac{0}{2} = 0,$$

所以

$$\lim_{x \to \infty} \frac{2x^2 - 1}{x + 1} = \infty.$$

一般地,设 $a_m \neq 0, b_n \neq 0, m, n$ 为正整数,则

$$\lim_{x \to \infty} \frac{a_m x^m + a_{m-1} x^{m-1} + \cdots + a_1 x + a_0}{b_n x^n + b_{n-1} x^{n-1} + \cdots + b_1 x + b_0} = \begin{cases} \dfrac{a_m}{b_n}, & m = n, \\ 0, & m < n, \\ \infty, & m > n. \end{cases}$$

例 8　求 $\lim\limits_{n \to \infty} \left(\dfrac{1}{n^2} + \dfrac{2}{n^2} + \cdots + \dfrac{n-1}{n^2} \right)$.

解　因为有无穷多项,所以不能用和的极限运算法则,但可以经过变形再求出极限:

$$\lim_{n \to \infty} \left(\frac{1}{n^2} + \frac{2}{n^2} + \cdots + \frac{n-1}{n^2} \right) = \lim_{n \to \infty} \frac{1 + 2 + \cdots + (n-1)}{n^2} = \lim_{n \to \infty} \frac{[1 + (n-1)](n-1)}{2n^2}$$
$$= \lim_{n \to \infty} \left(\frac{1}{2} - \frac{1}{2n} \right) = \frac{1}{2}.$$

二、复合函数的极限运算法则

定理 2(复合函数的极限运算法则)　设函数 $u = \varphi(x)$ 在点 x_0 的某邻域内有定义,$\varphi(x) \neq a$,且

$$\lim_{x \to x_0} \varphi(x) = a,$$

而函数 $y = f(u)$ 在点 a 处的极限存在,且

$$\lim_{u \to a} f(u) = A,$$

则复合函数 $y = f(\varphi(x))$ 在点 x_0 处的极限存在,且

$$\lim_{x \to x_0} f(\varphi(x)) = \lim_{u \to a} f(u) = A. \qquad \text{(证明略)}$$

定理 2 说明,若函数 $y = f(u)$ 和 $u = \varphi(x)$ 满足定理的条件,那么做变量替换 $u = \varphi(x)$,可把求极限 $\lim\limits_{x \to x_0} f(\varphi(x))$ 转化为求极限 $\lim\limits_{u \to a} f(u)$.

练　习　2.4

1.下列运算过程是否正确,为什么?

(1) $\lim\limits_{n \to \infty} \left(\dfrac{1}{n^2} + \dfrac{2}{n^2} + \cdots + \dfrac{n}{n^2} \right) = \lim\limits_{n \to \infty} \dfrac{1}{n^2} + \lim\limits_{n \to \infty} \dfrac{2}{n^2} + \cdots + \lim\limits_{n \to \infty} \dfrac{n}{n^2} = 0$;

(2) $\lim\limits_{x \to \infty} \left(\dfrac{1}{x} \cdot \sin x \right) = \lim\limits_{x \to \infty} \dfrac{1}{x} \cdot \lim\limits_{x \to \infty} \sin x = 0 \cdot \lim\limits_{x \to \infty} \sin x = 0$;

(3) $\lim\limits_{x \to 1} \dfrac{x+1}{x-1} = \dfrac{\lim\limits_{x \to 1}(x+1)}{\lim\limits_{x \to 1}(x-1)} = \infty$.

2.求下列极限:

(1) $\lim\limits_{x \to 1} \dfrac{2x+5}{x^2+1}$;

(2) $\lim\limits_{x \to 1} \dfrac{x^2-1}{x^2+2x-3}$;

(3) $\lim\limits_{x \to \infty} \dfrac{2x^3 - 3x^2 + 1}{5x^3 + x + 1}$;

(4) $\lim\limits_{x \to \infty} \dfrac{100x}{x^2+1}$;

(5) $\lim\limits_{x \to 1} \left(\dfrac{1}{1-x} - \dfrac{3}{1-x^3} \right)$;

(6) $\lim\limits_{x \to +\infty} \left(\sqrt{x^2+x} - \sqrt{x^2-x} \right)$;

(7) $\lim\limits_{x \to \infty} \dfrac{(2x-1)^{10}(x+2)^{20}}{(3x+5)^{30}}$;

(8) $\lim\limits_{n \to \infty} \dfrac{2^n + 3^n}{2^{n+1} + 3^{n+1}}$.

3. 若 $\lim\limits_{x\to 2}\dfrac{x^2-x+k}{x-2}=3$，求 k 的值.

§2.5 极限存在准则 两个重要极限

一、函数极限与数列极限的关系

定理 1 $\lim\limits_{x\to x_0}f(x)=A$ 的充分必要条件是：对任意数列 $\{x_n\}$，$x_n\in D(f)$ 且 $x_n\neq x_0$ $(n=1,2,\cdots)$，当 $x_n\to x_0(n\to\infty)$ 时，都有 $\lim\limits_{n\to\infty}f(x_n)=A$. （证明略）

定理 1 经常被用于证明某些极限不存在.

例 1 证明：$\lim\limits_{x\to 0}\sin\dfrac{1}{x}$ 不存在.

证 取 $x_n=\dfrac{1}{2n\pi}$，$x'_n=\dfrac{1}{2n\pi+\dfrac{\pi}{2}}$，显然 $\lim\limits_{n\to\infty}x_n=\lim\limits_{n\to\infty}x'_n=0$. 而

$$\lim\limits_{n\to\infty}\sin\dfrac{1}{x_n}=\lim\limits_{n\to\infty}\sin 2n\pi=0,$$

$$\lim\limits_{n\to\infty}\sin\dfrac{1}{x'_n}=\lim\limits_{n\to\infty}\sin\left(2n\pi+\dfrac{\pi}{2}\right)=1,$$

即 $\lim\limits_{n\to\infty}\sin\dfrac{1}{x_n}\neq\lim\limits_{n\to\infty}\sin\dfrac{1}{x'_n}$，由定理 1 知 $\lim\limits_{x\to 0}\sin\dfrac{1}{x}$ 不存在.

二、极限存在准则

有些函数的极限不能直接应用极限的运算法则求得，而需要先判定极限存在，然后用近似计算方法求得. 下面介绍几个判定函数极限存在的定理.

定理 2（两边夹法则） 如果函数 $g(x),f(x),h(x)$ 在自变量 x 的变化范围内满足：

(1) $g(x)\leqslant f(x)\leqslant h(x)$；

(2) $\lim\limits_{x\to X}g(x)=\lim\limits_{x\to X}h(x)=A$，

则 $\lim\limits_{x\to X}f(x)=A$. （证明略）

上面定理中 X 可表示 $x_0,x_0^-,x_0^+,\infty,-\infty,+\infty$ 中的任何一个.

我们已经知道收敛数列一定有界，但有界数列不一定收敛，但如果数列有界再加上单调增加或者单调减少的条件，就可以保证其收敛.

定理 3（收敛准则 Ⅰ） 单调增加且有上界的数列必有极限.

定理 4（收敛准则 Ⅱ） 单调减少且有下界的数列必有极限.

证明略.

例 2 已知数列 $\{x_n\}$ 满足：$x_1=\sqrt{2}$，$x_n=\sqrt{2+x_{n-1}}$ $(n=2,3,4,\cdots)$. 证明：数列 $\{x_n\}$ 收敛.

证 先用数学归纳法证明 $x_n\leqslant 2(n=1,2,3,\cdots)$，即数列 $\{x_n\}$ 有上界.

(1) 当 $n=1$ 时，$x_1=\sqrt{2}<2$，结论成立.

(2) 设当 $n=k$ 时，$x_k\leqslant 2$，则

$$x_{k+1}=\sqrt{2+x_k}\leqslant\sqrt{2+2}=2.$$

由数学归纳法知 $x_n\leqslant 2(n=1,2,3,\cdots)$，所以数列 $\{x_n\}$ 有上界.

再证明数列 $\{x_n\}$ 单调增加. 由 $x_n \leqslant 2(n=1,2,3,\cdots)$, 得

$$\frac{1}{x_n} \geqslant \frac{1}{2}, \quad \frac{1}{x_n^2} \geqslant \frac{1}{4} \quad (n=1,2,3,\cdots),$$

故

$$\frac{x_{n+1}}{x_n} = \frac{\sqrt{2+x_n}}{x_n} = \sqrt{2 \cdot \frac{1}{x_n^2} + \frac{1}{x_n}} \geqslant \sqrt{2 \times \frac{1}{4} + \frac{1}{2}} = 1,$$

所以 $x_n \leqslant x_{n+1}(n=1,2,3,\cdots)$.

综上, 由定理 3 知数列 $\{x_n\}$ 收敛.

三、两个重要极限

利用上述极限存在准则, 可得两个非常重要的极限.

1. $\lim\limits_{x \to 0} \dfrac{\sin x}{x} = 1$

证 首先证明 $\lim\limits_{x \to 0^+} \dfrac{\sin x}{x} = 1$. 因为 $x \to 0^+$, 可设 $0 < x < \dfrac{\pi}{2}$.

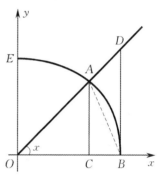

图 $2-5-1$

如图 $2-5-1$ 所示, 设单位圆与 x 轴、y 轴分别交于 B,E 两点, $\angle AOB = x$, 则有

$$|OA| = |OB| = 1, \quad |AC| = \sin x, \quad |DB| = \tan x.$$

又因为

$\triangle AOB$ 的面积 $<$ 扇形 OAB 的面积 $< \triangle DOB$ 的面积,

所以

$$\frac{1}{2}\sin x < \frac{1}{2}x < \frac{1}{2}\tan x.$$

由于 $\cos x > 0$, $\sin x > 0$, 故由上面的不等式推得

$$1 < \frac{x}{\sin x} < \frac{1}{\cos x}, \quad 即 \quad \cos x < \frac{\sin x}{x} < 1.$$

由 $\lim\limits_{x \to 0^+} \cos x = 1$, $\lim\limits_{x \to 0^+} 1 = 1$, 运用两边夹法则得

$$\lim_{x \to 0^+} \frac{\sin x}{x} = 1.$$

再证明 $\lim\limits_{x \to 0^-} \dfrac{\sin x}{x} = 1$. 由于 $\dfrac{\sin x}{x}$ 是偶函数, 从而有

$$\lim_{x \to 0^-} \frac{\sin x}{x} = \lim_{x \to 0^-} \frac{\sin(-x)}{-x} = \lim_{t \to 0^+} \frac{\sin t}{t} = 1 \quad (t=-x).$$

综上, 有

$$\lim_{x \to 0} \frac{\sin x}{x} = 1.$$

为了方便地求函数的极限, 可记住下列结果:

若 $\lim\alpha(x) = 0$, 则

(1) $\lim\cos\alpha(x) = 1$;

(2) $\lim\dfrac{\sin\alpha(x)}{\alpha(x)} = 1$.

例 3 求 $\lim\limits_{x \to 0} \dfrac{\tan x}{x}$.

解　$\lim\limits_{x \to 0} \dfrac{\tan x}{x} = \lim\limits_{x \to 0} \left(\dfrac{1}{\cos x} \cdot \dfrac{\sin x}{x} \right) = \lim\limits_{x \to 0} \dfrac{1}{\cos x} \cdot \lim\limits_{x \to 0} \dfrac{\sin x}{x} = 1 \times 1 = 1.$

例 4　求 $\lim\limits_{x \to 0} \dfrac{\sin 2x}{x}.$

解　设 $2x = t$，则当 $x \to 0$ 时，有 $t \to 0$. 于是

$$\lim\limits_{x \to 0} \dfrac{\sin 2x}{x} = \lim\limits_{t \to 0} \dfrac{\sin t}{\frac{1}{2}t} = 2 \lim\limits_{t \to 0} \dfrac{\sin t}{t} = 2 \times 1 = 2.$$

例 5　求 $\lim\limits_{x \to 0} \dfrac{2(1 - \cos x)}{x^2}.$

解　$\lim\limits_{x \to 0} \dfrac{2(1 - \cos x)}{x^2} = \lim\limits_{x \to 0} \dfrac{2 \times 2\sin^2 \frac{x}{2}}{x^2} = \lim\limits_{x \to 0} \dfrac{\sin^2 \frac{x}{2}}{\left(\frac{x}{2} \right)^2} = \lim\limits_{x \to 0} \left(\dfrac{\sin \frac{x}{2}}{\frac{x}{2}} \right)^2 = 1.$

2. $\lim\limits_{x \to \infty} \left(1 + \dfrac{1}{x} \right)^x = \mathrm{e}$

极限 $\lim\limits_{x \to \infty} \left(1 + \dfrac{1}{x} \right)^x = \mathrm{e}$ 的证明略. 我们可以通过列出函数 $y = \left(1 + \dfrac{1}{x} \right)^x$ 的部分取值，列表（见表 $2-5-1$）来观察该函数的变化趋势.

表 2 - 5 - 1

x	1	3	5	10	100	1 000	10 000	100 000	⋯
y	2	2.37	2.488	2.594	2.705	2.716 9	2.718 15	2.718 27	⋯

x	-10	-100	$-1\ 000$	$-10\ 000$	$-100\ 000$	⋯
y	2.88	2.732	2.720	2.718 3	2.718 28	⋯

从表 $2-5-1$ 可以看出：当 $x \to \infty$ 时，函数 $y = \left(1 + \dfrac{1}{x} \right)^x$ 的值无限接近于一个常数 $\mathrm{e} = 2.718\ 281\ 828\ 459\ 045 \cdots$，即 $\lim\limits_{x \to \infty} \left(1 + \dfrac{1}{x} \right)^x = \mathrm{e}.$

如果令 $t = \dfrac{1}{x}$，则当 $x \to \infty$ 时，$t \to 0$，此时有

$$\lim\limits_{x \to \infty} \left(1 + \dfrac{1}{x} \right)^x = \lim\limits_{t \to 0} (1 + t)^{\frac{1}{t}} = \mathrm{e}.$$

为了方便地求函数的极限，可记住下列结果：

(1) 若 $\lim \alpha(x) = 0$，则

$$\lim \left[1 + \alpha(x) \right]^{\frac{1}{\alpha(x)}} = \mathrm{e};$$

(2) 若 $\lim f(x) = A > 0$，$\lim g(x) = B$，则

$$\lim f(x)^{g(x)} = A^B.$$

利用 §2.4 中定理 2 的结论，上述结论(2) 的证明如下：

$$\lim f(x)^{g(x)} = \lim \mathrm{e}^{g(x)\ln f(x)} = \mathrm{e}^{B\ln A} = \mathrm{e}^{\ln A^B} = A^B.$$

凡是遇到底数趋向于 1，指数趋向于 ∞ 的形式的函数极限，可以尝试用上述结论(1) 的结果，如果该结论不能解决，再尝试其他方法.

例 6　求 $\lim\limits_{x \to \infty} \left(1 + \dfrac{3}{x} \right)^x.$

解　$\lim\limits_{x\to\infty}\left(1+\dfrac{3}{x}\right)^x=\lim\limits_{x\to\infty}\left[\left(1+\dfrac{3}{x}\right)^{\frac{x}{3}}\right]^3.$

令 $\alpha(x)=\dfrac{3}{x}$，则当 $x\to\infty$时，$\alpha(x)\to0$，所以

$$\lim_{x\to\infty}\left(1+\frac{3}{x}\right)^x=\lim_{x\to\infty}\left[\left(1+\frac{3}{x}\right)^{\frac{x}{3}}\right]^3=\lim_{\alpha(x)\to0}\left[(1+\alpha(x))^{\frac{1}{\alpha(x)}}\right]^3=\mathrm{e}^3.$$

例 7　求 $\lim\limits_{x\to\infty}\left(\dfrac{x-1}{x+1}\right)^x.$

解　$\lim\limits_{x\to\infty}\left(\dfrac{x-1}{x+1}\right)^x=\lim\limits_{x\to\infty}\left[1+\left(\dfrac{x-1}{x+1}-1\right)\right]^x=\lim\limits_{x\to\infty}\left(1+\dfrac{-2}{x+1}\right)^x$

$$=\lim_{x\to\infty}\left[\left(1+\frac{-2}{x+1}\right)^{\frac{x+1}{-2}}\right]^{\frac{-2x}{x+1}}.$$

令 $\alpha(x)=\dfrac{-2}{x+1}$，则当 $x\to\infty$时，有 $\alpha(x)\to0$. 由于

$$\lim_{x\to\infty}\frac{-2x}{x+1}=\lim_{x\to\infty}\frac{-2}{1+\frac{1}{x}}=-2,$$

而

$$\lim_{x\to\infty}\left(1+\frac{-2}{x+1}\right)^{\frac{x+1}{-2}}=\lim_{\alpha(x)\to0}(1+\alpha(x))^{\frac{1}{\alpha(x)}}=\mathrm{e},$$

因此

$$\lim_{x\to\infty}\left(\frac{x-1}{x+1}\right)^x=\lim_{x\to\infty}\left[\left(1+\frac{-2}{x+1}\right)^{\frac{x+1}{-2}}\right]^{\frac{-2x}{x+1}}=\mathrm{e}^{-2}.$$

四、连续复利

设初始本金为 p 元，年利率为 r，按复利付息，若一年分 m 次付息，银行每次按利率$\dfrac{r}{m}$ 结算，则第 t 年末的本利和为

$$s_t=p\left(1+\frac{r}{m}\right)^{mt}.$$

由二项展开式

$$(1+x)^m=1+\mathrm{C}_m^1x+\mathrm{C}_m^2x^2+\cdots+\mathrm{C}_m^mx^m,$$

得$(1+x)^m>1+mx.$ 将 $x=\dfrac{r}{m}$ 代入不等式，得

$$\left(1+\frac{r}{m}\right)^m>1+r,\quad 即\quad \left(1+\frac{r}{m}\right)^{mt}>(1+r)^t,$$

从而

$$p\left(1+\frac{r}{m}\right)^{mt}>p(1+r)^t.$$

所以，一年计算 m 次复利的本利和比一年计算一次复利的本利和要大，但也不会无限大，这是因为

$$s_t=\lim_{m\to\infty}p\left(1+\frac{r}{m}\right)^{mt}=p\lim_{m\to\infty}\left[\left(1+\frac{r}{m}\right)^{\frac{m}{r}}\right]^{rt}=p\mathrm{e}^{rt}.$$

如果利息按连续复利计算，即计算复利的次数 m 趋于无穷大，则第 t 年末的本利和可按

如下公式计算：

$$s_t = pe^n.$$

连续复利的计算公式在其他许多问题中也常有应用，如细胞分裂、树木增长等问题.

练　习　2.5

1. 求下列极限：

(1) $\lim\limits_{x \to \pi} \dfrac{\tan 2x}{x}$；

(2) $\lim\limits_{x \to \pi} \dfrac{\sin x}{\pi - x}$；

(3) $\lim\limits_{x \to 0} \dfrac{1 - \cos 2x}{x^2}$；

(4) $\lim\limits_{x \to 0} \dfrac{\arcsin x}{x}$；

(5) $\lim\limits_{x \to \infty} \dfrac{1}{x} \sin x$；

(6) $\lim\limits_{x \to 1} \dfrac{\sin(x-1)}{x^2-1}$；

(7) $\lim\limits_{x \to \infty} x \sin \dfrac{1}{x}$；

(8) $\lim\limits_{x \to 0} \dfrac{x - \sin x}{x + \sin x}$.

2. 求下列函数的极限：

(1) $\lim\limits_{x \to 0} (1 - x)^{1/x}$；

(2) $\lim\limits_{x \to 0} (1 + 3x)^{1/x}$；

(3) $\lim\limits_{x \to \infty} \left(\dfrac{1+x}{x} \right)^{5x}$；

(4) $\lim\limits_{x \to \infty} \left(1 - \dfrac{1}{x} \right)^{2x}$；

(5) $\lim\limits_{x \to \infty} \left(\dfrac{x}{x+1} \right)^{x+2}$；

(6) $\lim\limits_{x \to 0} (1 + 2\tan x)^{\cot x}$；

(7) $\lim\limits_{x \to 0} \dfrac{1}{x} \ln \sqrt{\dfrac{1+x}{1-x}}$；

(8) $\lim\limits_{x \to \infty} \dfrac{2x^2 - 1}{3x + 1} \sin \dfrac{1}{x}$；

(9) $\lim\limits_{x \to \pi/4} (\tan x)^{\tan 2x}$.

3. 利用极限的存在准则（两边夹法则），证明：

$$\lim_{n \to \infty} \left(\frac{1}{\sqrt{n^2+1}} + \frac{1}{\sqrt{n^2+2}} + \cdots + \frac{1}{\sqrt{n^2+n}} \right) = 1.$$

§2.6　无穷小量的比较

一、无穷小量比较

两个无穷小量的和、差、积仍为无穷小量，但两个无穷小量的商是不确定的. 我们有时需考察同一极限过程中的无穷小量趋于零的速度，例如，当 $x \to 0$ 时，函数 $x, 2\sin x, x^2$ 都是无穷小量，但是

$$\lim_{x \to 0} \frac{x^2}{x} = \lim_{x \to 0} x = 0, \quad \lim_{x \to 0} \frac{x}{x^2} = \lim_{x \to 0} \frac{1}{x} = \infty, \quad \lim_{x \to 0} \frac{2\sin x}{x} = 2.$$

这表明当 $x \to 0$ 时，x^2 趋于零的速度比 x "快些"，或者反过来说，x 趋于零的速度比 x^2 "慢些"，而 $2\sin x$ 与 x 趋于零的速度差不多.

为了反映无穷小量趋向于零的速度的快、慢程度，需要引进无穷小量的比较的概念.

定义 1　设 $\alpha(x), \beta(x)$ 是同一极限过程中的两个无穷小量，即

$$\lim \alpha(x) = 0, \quad \lim \beta(x) = 0.$$

(1) 如果 $\lim \dfrac{\alpha(x)}{\beta(x)} = 0$，则称 $\alpha(x)$ 是比 $\beta(x)$ **高阶的无穷小量**，记作 $\alpha(x) = o(\beta(x))$.

(2) 如果 $\lim \dfrac{\alpha(x)}{\beta(x)} = \infty$，则称 $\alpha(x)$ 是比 $\beta(x)$ **低阶的无穷小量**.

（3）如果 $\lim\dfrac{\alpha(x)}{\beta(x)}=C$，且 $C\neq 0$，则称 $\alpha(x)$ 与 $\beta(x)$ 为**同阶无穷小量**.

特别地，当常数 $C=1$ 时，称 $\alpha(x)$ 与 $\beta(x)$ 为**等价无穷小量**，记作 $\alpha(x)\sim\beta(x)$.

（4）如果 $\lim\dfrac{\alpha(x)}{\beta^k(x)}=C$，且 $C\neq 0$，则称 $\alpha(x)$ 是关于 $\beta(x)$ 的 k **阶无穷小量**.

例如，因为 $\lim\limits_{x\to 0}\dfrac{x^2}{2x}=0$，所以当 $x\to 0$ 时，x^2 是比 $2x$ 高阶的无穷小量，记作 $x^2=o(2x)$.

因为 $\lim\limits_{x\to 0}\dfrac{\sin x}{x}=1$，所以当 $x\to 0$ 时，$\sin x$ 与 x 是等价无穷小量，记作 $\sin x\sim x$.

因为 $\lim\limits_{x\to\infty}\dfrac{\sin\dfrac{1}{x}}{\dfrac{2}{x}}=\dfrac{1}{2}$，所以当 $x\to\infty$ 时，$\sin\dfrac{1}{x}$ 与 $\dfrac{2}{x}$ 是同阶无穷小量.

因为 $\lim\limits_{x\to 0}\dfrac{1-\cos x}{x^2}=\dfrac{1}{2}$，所以当 $x\to 0$ 时，$1-\cos x$ 是关于 x 的二阶无穷小量.

例 1　证明：当 $x\to 0$ 时，e^x-1，$\ln(x+1)$ 都与 x 是等价无穷小量.

证　设 $t=\mathrm{e}^x-1$，则 $x=\ln(t+1)$，且 $x\to 0$ 时，$t\to 0$，故

$$\lim_{x\to 0}\frac{\mathrm{e}^x-1}{x}=\lim_{t\to 0}\frac{t}{\ln(1+t)}=\lim_{t\to 0}\frac{1}{\dfrac{1}{t}\ln(1+t)}$$

$$=\lim_{t\to 0}\frac{1}{\ln(1+t)^{\frac{1}{t}}}=\frac{1}{\ln\mathrm{e}}=1,$$

所以 e^x-1 与 x 是等价无穷小量. 上述证明同时也证明了

$$\lim_{x\to 0}\frac{\ln(1+x)}{x}=1,$$

故当 $x\to 0$ 时，$\ln(1+x)$ 与 x 是等价无穷小量.

二、等价无穷小量的应用

等价无穷小量可以简化某些极限的计算，在极限计算中有重要作用.

定理 1　设 $\lim\alpha=\lim\alpha'=\lim\beta=\lim\beta'=0$，且 $\alpha\sim\alpha'$，$\beta\sim\beta'$. 若 $\lim\dfrac{\alpha'}{\beta'}$ 存在，则

$$\lim\frac{\alpha}{\beta}=\lim\frac{\alpha'}{\beta'}.$$

证　因为 $\alpha\sim\alpha'$，$\beta\sim\beta'$，则 $\lim\dfrac{\alpha}{\alpha'}=1$，$\lim\dfrac{\beta}{\beta'}=1$，所以

$$\lim\frac{\alpha}{\beta}=\lim\left(\frac{\alpha}{\alpha'}\cdot\frac{\alpha'}{\beta'}\cdot\frac{\beta'}{\beta}\right)=\lim\frac{\alpha}{\alpha'}\cdot\lim\frac{\alpha'}{\beta'}\cdot\lim\frac{\beta'}{\beta}=\lim\frac{\alpha'}{\beta'}.$$

定理 1 表明，在求两个无穷小量的商（积）的极限时，可以用比它们简单且与它们等价的无穷小量替换，以便简化极限的运算.

当 $\beta(x)\to 0$ 时，常用的等价无穷小量有

$$\sin\beta(x)\sim\beta(x),\quad \tan\beta(x)\sim\beta(x),\quad \arcsin\beta(x)\sim\beta(x),$$

$$\arctan\beta(x)\sim\beta(x),\quad 1-\cos\beta(x)\sim\frac{1}{2}(\beta(x))^2,\quad \mathrm{e}^{\beta(x)}-1\sim\beta(x),$$

$$\ln(1+\beta(x))\sim\beta(x),\quad (1+\beta(x))^\mu-1\sim\mu\beta(x)(\mu\text{ 是不为零的常数}).$$

例 2　证明：当 $x\to 0$ 时，$(1+x)^\alpha-1$ 与 αx 是等价无穷小量（$\alpha\neq 0$）.

证　设 $t = (1+x)^a - 1$，则 $(1+x)^a = 1+t$，从而 $a\ln(1+x) = \ln(1+t)$，且当 $x \to 0$ 时，$t \to 0$. 再由例 1 知，当 $x \to 0$ 时，$x \sim \ln(1+x)$，得

$$\lim_{x \to 0} \frac{(1+x)^a - 1}{ax} = \lim_{x \to 0} \frac{(1+x)^a - 1}{a\ln(1+x)} = \lim_{t \to 0} \frac{t}{\ln(1+t)} = 1.$$

所以，当 $x \to 0$ 时，$(1+x)^a - 1$ 与 ax 是等价无穷小量.

例 3　求 $\lim\limits_{x \to 0} \dfrac{\sin 2x}{3(e^x - 1)}$.

解　当 $x \to 0$ 时，$\sin 2x \sim 2x$，$e^x - 1 \sim x$，故

$$\lim_{x \to 0} \frac{\sin 2x}{3(e^x - 1)} = \lim_{x \to 0} \frac{2x}{3x} = \frac{2}{3}.$$

例 4　求 $\lim\limits_{x \to 0} \dfrac{\tan x - \sin x}{x^3}$.

解　如果直接将分子中的 $\tan x$，$\sin x$ 替换为 x，则

$$\lim_{x \to 0} \frac{\tan x - \sin x}{x^3} = \lim_{x \to 0} \frac{x - x}{x^3} = \lim_{x \to 0} \frac{0}{x^3} = 0.$$

这个结果是错误的，等价无穷小量的替换只能在商或积的情况下施行.

正确的解法为

$$\lim_{x \to 0} \frac{\tan x - \sin x}{x^3} = \lim_{x \to 0} \frac{\sin x \left(\dfrac{1}{\cos x} - 1 \right)}{x^3} = \lim_{x \to 0} \frac{\sin x (1 - \cos x)}{x^3 \cos x}$$

$$= \lim_{x \to 0} \frac{x \cdot \dfrac{1}{2} x^2}{x^3 \cos x} = \lim_{x \to 0} \frac{1}{2\cos x} = \frac{1}{2}.$$

*定理 2　设 $\lim \alpha = \lim \beta = 0$，$c$ 为任意非零常数，则 α 与 β 是等价无穷小量的充分必要条件是

$$\alpha = \beta + o(c\beta).$$

证　**充分性**　设 $\alpha = \beta + o(c\beta)$，则

$$\lim \frac{\alpha}{\beta} = \lim \frac{\beta + o(c\beta)}{\beta} = \lim \left(1 + \frac{o(c\beta)}{c\beta} \cdot c \right) = 1 + 0 \cdot c = 1,$$

即 $\alpha \sim \beta$.

必要性　设 $\alpha \sim \beta$，则

$$\lim \frac{\alpha - \beta}{c\beta} = \frac{1}{c} \lim \left(\frac{\alpha}{\beta} - 1 \right) = \frac{1}{c}(1 - 1) = 0,$$

所以 $\alpha - \beta = o(c\beta)$，从而 $\alpha = \beta + o(c\beta)$.

例 5　求 $\lim\limits_{x \to 0} \dfrac{1 - \cos x \cos 3x}{\sin x^2}$.

解

$$\lim_{x \to 0} \frac{1 - \cos x \cos 3x}{\sin x^2} = \lim_{x \to 0} \frac{1 - \cos x + \cos x - \cos x \cos 3x}{\sin x^2}$$

$$= \lim_{x \to 0} \frac{(1 - \cos x) + \cos x(1 - \cos 3x)}{\sin x^2}.$$

因为当 $x \to 0$ 时，

$$\sin x^2 \sim x^2, \quad 1 - \cos x \sim \frac{1}{2} x^2, \quad 1 - \cos 3x \sim \frac{1}{2}(3x)^2,$$

由定理 2 得

$$1 - \cos x = \frac{1}{2}x^2 + o(x^2), \quad 1 - \cos 3x = \frac{1}{2}(3x)^2 + o(x^2),$$

所以

$$
\begin{aligned}
\lim_{x \to 0} \frac{1 - \cos x \cos 3x}{\sin x^2} &= \lim_{x \to 0} \frac{\frac{1}{2}x^2 + o(x^2) + \cos x\left[\frac{1}{2}(3x)^2 + o(x^2)\right]}{x^2} \\
&= \lim_{x \to 0}\left[\frac{1}{2} + \frac{o(x^2)}{x^2} + \cos x\left(\frac{9}{2} + \frac{o(x^2)}{x^2}\right)\right] \\
&= \frac{1}{2} + 1 \times \frac{9}{2} = 5.
\end{aligned}
$$

练　习　2.6

1. 当 $x \to 0$ 时,下列函数哪些对于 x 是高阶无穷小量、同阶无穷小量或等价无穷小量?

(1) $2\sin x^3 + \sin x$;　　　　　　　　　　(2) $x^3 + 10x$;

(3) $\sqrt{1+x} - \sqrt{1-x}$;　　　　　　　　(4) $\tan x - \sin x$.

2. 利用等价无穷小量求下列极限:

(1) $\lim\limits_{x \to 0} \dfrac{\sin ax}{\sin bx}$　$(b \neq 0)$;　　　　　(2) $\lim\limits_{x \to 0} \dfrac{2x}{\arctan 3x}$;

(3) $\lim\limits_{x \to 0} \dfrac{\mathrm{e}^{3x} - 1}{x}$;　　　　　　　　(4) $\lim\limits_{x \to 0} \dfrac{\ln(1 + 2x\sin x)}{\sin x^2}$;

(5) $\lim\limits_{x \to 0} \dfrac{\tan x^3 \sin x}{1 - \cos x^2}$;　　　　　　(6) $\lim\limits_{x \to 0} \dfrac{\sqrt{1 + x\sin x} - 1}{x^2}$;

(7) $\lim\limits_{x \to 0} \dfrac{\sin 3x - \cos 3x + 1}{\tan 2x}$;　　　(8) $\lim\limits_{x \to 0} \dfrac{\cos ax - \cos bx}{x^2}$.

§2.7　函数的连续性

一、函数连续性的概念

自然界中许多变量都是连续变化的,如气温的变化、农作物的生长等,其特点是当时间的变化很微小时,这些量的变化也很微小,反映在数学上就是函数的连续性.

定义 1　设函数 $y = f(x)$ 在点 x_0 的某个邻域内有定义,当自变量 x 在该邻域内从 x_0 变到 $x_0 + \Delta x$ 时,相应的函数值从 $f(x_0)$ 变到 $f(x_0 + \Delta x)$,则称 $f(x_0 + \Delta x) - f(x_0)$ 为函数的改变量(或增量)(见图 2-7-1),记作 Δy,即

$$\Delta y = f(x_0 + \Delta x) - f(x_0).$$

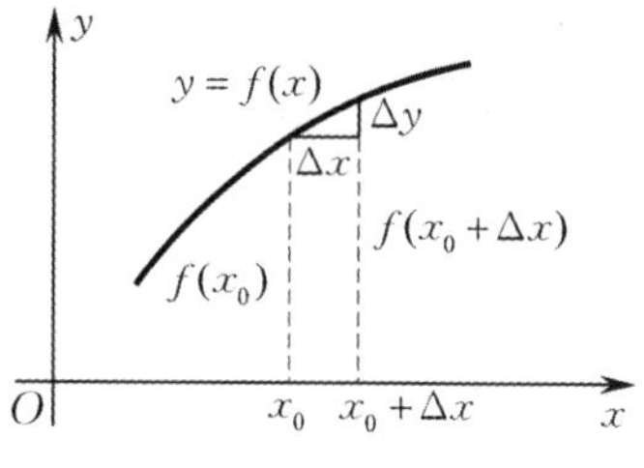

注:改变量 Δy 可能为正值,可能为负值,还可能为零.

设函数 $y = f(x)$ 在点 x_0 的某个邻域内有定义,从几何图形上看,连续就是当 Δx 趋于零时,相应的函数改变量 Δy 也应趋于零,即

$$\lim_{\Delta x \to 0} \Delta y = 0.$$

定义 2　设函数 $f(x)$ 在点 x_0 的某个邻域内有定义. 如果

$$\lim_{\Delta x \to 0} \Delta y = \lim_{\Delta x \to 0}(f(x_0 + \Delta x) - f(x_0)) = 0,$$

图 2-7-1

则称函数 $y = f(x)$ 在点 x_0 处**连续**, x_0 称为函数 $f(x)$ 的**连续点**.

在上述定义中,如果令 $x = x_0 + \Delta x$,则当 $\Delta x \to 0$ 时, $x \to x_0$,而

$$\Delta y = f(x_0 + \Delta x) - f(x_0) = f(x) - f(x_0),$$

所以

$$\lim_{\Delta x \to 0} \Delta y = \lim_{\Delta x \to 0} (f(x_0 + \Delta x) - f(x_0)) = \lim_{x \to x_0} (f(x) - f(x_0)) = 0,$$

即

$$\lim_{x \to x_0} f(x) = f(x_0).$$

所以函数 $y = f(x)$ 在点 x_0 处连续又可以定义如下.

定义 3   设函数 $f(x)$ 在点 x_0 的某个邻域内有定义. 如果

$$\lim_{x \to x_0} f(x) = f(x_0),$$

则称函数 $y = f(x)$ 在点 x_0 处**连续**.

例 1   证明函数 $y = f(x) = x^2$ 在点 $x = x_0$ 处连续.

证   因为

$$\Delta y = f(x_0 + \Delta x) - f(x_0) = (x_0 + \Delta x)^2 - x_0^2 = 2x_0 \Delta x + (\Delta x)^2,$$

所以

$$\lim_{\Delta x \to 0} \Delta y = \lim_{\Delta x \to 0} [2x_0 \Delta x + (\Delta x)^2] = 0.$$

故函数 $f(x) = x^2$ 在点 $x = x_0$ 处连续.

有时需要考虑函数在点 x_0 某一侧的连续性,由此引进左、右连续的概念.

定义 4   如果 $\lim\limits_{x \to x_0^-} f(x) = f(x_0)$,则称函数 $f(x)$ 在点 x_0 处**左连续**;如果 $\lim\limits_{x \to x_0^+} f(x) = f(x_0)$,则称函数 $f(x)$ 在点 x_0 处**右连续**.

由函数的极限与其左、右极限的关系,易得到下面的定理.

定理 1   函数 $f(x)$ 在点 x_0 处连续的充分必要条件是 $f(x)$ 在点 x_0 处既左连续又右连续,即

$$\lim_{x \to x_0^-} f(x) = f(x_0) = \lim_{x \to x_0^+} f(x).$$

例 2   设函数

$$f(x) = \begin{cases} e^x + 1, & x \geqslant 0, \\ x + b, & x < 0, \end{cases}$$

b 为何值时,函数 $y = f(x)$ 在点 $x = 0$ 处连续?

解   由于 $f(0) = 2$,且

$$\lim_{x \to 0^-} f(x) = \lim_{x \to 0^-} (x + b) = b,$$

$$\lim_{x \to 0^+} f(x) = \lim_{x \to 0^+} (e^x + 1) = 2,$$

由定理 1 知,若使 $y = f(x)$ 在点 $x = 0$ 处连续,必须有 $b = 2$.

定义 5   如果函数 $f(x)$ 在开区间 (a, b) 内每一点都连续,则称函数 $f(x)$ 在区间 (a, b) 内**连续**. 如果 $f(x)$ 在区间 (a, b) 内连续,且在点 $x = a$ 处右连续,又在点 $x = b$ 处左连续,则称函数 $f(x)$ 在**闭区间** $[a, b]$ 上**连续**,记为 $f(x) \in C[a, b]$. 这里 $C[a, b]$ 表示闭区间 $[a, b]$ 上所有连续函数构成的集合.

例 3   证明函数 $y = \sin x$ 在定义域 $(-\infty, +\infty)$ 上是连续函数.

证   对于任意 $x_0 \in (-\infty, +\infty)$,因为

$$\Delta y = \sin(x_0 + \Delta x) - \sin x_0 = 2\sin\frac{\Delta x}{2}\cos\left(x_0 + \frac{\Delta x}{2}\right).$$

当 $\Delta x \to 0$ 时,有 $\sin\frac{\Delta x}{2} \to 0$,且 $\left|\cos\left(x_0 + \frac{\Delta x}{2}\right)\right| \leqslant 1$,所以根据无穷小量的性质有

$$\lim_{\Delta x \to 0}\Delta y = 2\lim_{\Delta x \to 0}\left[\sin\frac{\Delta x}{2}\cos\left(x + \frac{\Delta x}{2}\right)\right] = 0,$$

即 $y = \sin x$ 在点 x_0 处连续. 由于 x_0 为 $(-\infty, +\infty)$ 上的任意点,因此 $y = \sin x$ 在 $(-\infty, +\infty)$ 上连续.

二、连续函数的运算法则及初等函数的连续性

函数的连续性是通过极限来定义的,因此由极限运算法则和连续性定义可得下列关于连续函数的运算法则.

定理 2 设函数 $f(x)$ 和 $g(x)$ 在点 x_0 处连续,则

$$f(x) \pm g(x), \quad f(x) \cdot g(x), \quad \frac{f(x)}{g(x)}(g(x) \neq 0)$$

都在点 x_0 处连续.

定理 3 连续单调增加(减少)函数的反函数也是连续单调增加(减少) 的函数.

定理 4 设函数 $y = f(u)$ 在点 u_0 处连续,函数 $u = \varphi(x)$ 在点 x_0 处连续,且 $u_0 = \varphi(x_0)$,则复合函数 $y = f(\varphi(x))$ 在点 x_0 处连续.

这个法则说明连续函数的复合函数仍为连续函数,对于连续函数求极限有如下结论.

定理 5 如果函数 $y = f(u), u = \varphi(x)$ 满足:

(1) $y = f(u)$ 在 $u = a$ 处连续,即 $\lim\limits_{u \to a} f(u) = f(a)$,

(2) $u = \varphi(x)$ 当 $x \to X$ 时极限存在,且 $\lim\limits_{x \to X}\varphi(x) = a$,

则复合函数 $y = f(\varphi(x))$ 当 $x \to X$ 时极限存在,且

$$\lim_{x \to X} f(\varphi(x)) = f(a) = \lim_{u \to a} f(u) = f(\lim_{x \to X}\varphi(x)).$$

这个结论表示极限符号与函数的符号 f 可以互相交换次序.

注:X 表示 $x_0, x_0^-, x_0^+, \infty, -\infty, +\infty$ 中的任何一个.

例 4 求 $\lim\limits_{x \to 0}\dfrac{\ln(1+x)}{x}$.

解 设 $y = f(u) = \ln u, u = \varphi(x) = (1+x)^{\frac{1}{x}}$,则这两个函数的复合函数为

$$y = f(\varphi(x)) = \ln(1+x)^{\frac{1}{x}} = \frac{\ln(1+x)}{x}.$$

又因为 $y = \ln u$ 在 $u = e$ 处连续,而 $u = (1+x)^{\frac{1}{x}}$ 在 $x = 0$ 处存在极限,且 $\lim\limits_{x \to 0}(1+x)^{\frac{1}{x}} = e$,故

$$\lim_{x \to 0}\frac{\ln(1+x)}{x} = \lim_{x \to 0}\ln(1+x)^{\frac{1}{x}} = \ln\left[\lim_{x \to 0}(1+x)^{\frac{1}{x}}\right] = \ln e = 1.$$

例 5 求 $\lim\limits_{x \to \infty}\arctan\dfrac{x-1}{x+1}$.

解 $\lim\limits_{x \to \infty}\arctan\dfrac{x-1}{x+1} = \arctan\left(\lim\limits_{x \to \infty}\dfrac{x-1}{x+1}\right) = \arctan 1 = \dfrac{\pi}{4}$.

我们可以证明基本初等函数在其定义域上均是连续的,再由连续函数的运算法则,可得下面的定理.

定理 6　初等函数在其定义区间上是连续的.

例 6　求 $\lim\limits_{x \to 0} \dfrac{1 + x^2 + \arcsin x}{\sqrt{3 + 2^x}}$.

解　因为 $x = 0$ 是初等函数 $f(x) = \dfrac{1 + x^2 + \arcsin x}{\sqrt{3 + 2^x}}$ 定义域区间上的一点，故 $f(x)$ 在 $x = 0$ 处连续，所以

$$\lim\limits_{x \to 0} \frac{1 + x^2 + \arcsin x}{\sqrt{3 + 2^x}} = f(0) = \frac{1}{2}.$$

三、函数的间断点

由函数 $f(x)$ 在点 x_0 处连续的定义可知，$f(x)$ 在点 x_0 处连续必须同时满足以下 3 个条件：

(1) 函数 $f(x)$ 在点 x_0 处有定义，即 $f(x_0)$ 存在；

(2) $\lim\limits_{x \to x_0} f(x)$ 存在；

(3) $\lim\limits_{x \to x_0} f(x) = f(x_0)$.

如果函数 $f(x)$ 不满足上述 3 个条件中的任何一个，那么函数 $f(x)$ 在点 $x = x_0$ 处就不连续.

定义 6　如果函数 $f(x)$ 在点 x_0 处不连续，就称函数在 $f(x)$ 点 x_0 处**间断**，点 $x = x_0$ 称为函数 $y = f(x)$ 的**间断点**或**不连续点**.

函数的间断点可分为两大类型：第一类间断点和第二类间断点.

1. 第一类间断点

我们把左、右极限都存在的间断点叫**第一类间断点**. 而第一类间断点又分为可去间断点和跳跃间断点.

(1) 可去间断点：我们把左、右极限都存在且相等的间断点叫**可去间断点**. 例如，函数

$$f(x) = \begin{cases} \dfrac{\sin x}{x}, & x \neq 0, \\ 0, & x = 0 \end{cases}$$

在 $x = 0$ 处间断，且 $x = 0$ 是 $f(x)$ 的可去间断点.

我们只要将上面函数 $f(x)$ 在 $x = 0$ 处的值 $f(0) = 0$ 改为 $f(0) = 1$，函数 $f(x)$ 在 $x = 0$ 处就连续了，这就是这类间断点叫可去间断点的原因.

(2) 跳跃间断点：我们把左、右极限都存在但不相等的间断点叫**跳跃间断点**. 例如，函数

$$g(x) = \begin{cases} 1, & x \geqslant 0, \\ -1, & x < 0 \end{cases}$$

在 $x = 0$ 处间断，且 $x = 0$ 是 $g(x)$ 的跳跃间断点.

2. 第二类间断点

我们把左、右极限至少有一个不存在的间断点叫**第二类间断点**. 例如，函数

$$f(x) = \sin \frac{1}{x}, \quad g(x) = \frac{1}{x}$$

在 $x = 0$ 处间断，且 $x = 0$ 是 $f(x)$ 和 $g(x)$ 的第二类间断点. 当 $x \to 0$ 时，$\sin \dfrac{1}{x}$ 的值总是在 -1 和 1 之间来回振荡，故 $x = 0$ 称为函数 $f(x) = \sin \dfrac{1}{x}$ 的**振荡间断点**. 由于 $\lim\limits_{x \to 0} \dfrac{1}{x} = \infty$，故 $x = 0$ 称为函数 $g(x) = \dfrac{1}{x}$ 的**无穷间断点**.

例 7　求函数

$$f(x) = \frac{x^2 - 1}{(x-1)(x-2)}$$

的间断点,并讨论其间断点的类型.

　　解　由于 $f(x)$ 在 $x = 1$ 和 $x = 2$ 处无定义,故 $x = 1$ 和 $x = 2$ 是 $f(x)$ 的间断点.

　　因为

$$\lim_{x \to 1} \frac{x^2 - 1}{(x-1)(x-2)} = \lim_{x \to 1} \frac{x+1}{x-2} = \frac{1+1}{1-2} = -2,$$

所以 $f(x)$ 在 $x = 1$ 处的左、右极限都存在且相等,故 $x = 1$ 是 $f(x)$ 的第一类间断点,且为可去间断点.

　　因为

$$\lim_{x \to 2} \frac{(x-1)(x-2)}{x^2 - 1} = \frac{(2-1)(2-2)}{2^2 - 1} = 0,$$

即当 $x \to 2$ 时, $\dfrac{1}{f(x)}$ 是无穷小量,所以

$$\lim_{x \to 2} f(x) = \lim_{x \to 2} \frac{x^2 - 1}{(x-1)(x-2)} = \infty,$$

故 $f(x)$ 在 $x = 2$ 处的左、右极限都不存在,所以 $x = 2$ 是 $f(x)$ 的第二类间断点,且为无穷间断点.

四、闭区间上连续函数的性质

　　下面介绍闭区间上连续函数的一些重要性质.

　　定理 7　如果函数 $f(x)$ 在闭区间 $[a,b]$ 上连续,则 $f(x)$ 在闭区间 $[a,b]$ 上有界.

　　定理 8（最大值和最小值定理）　如果函数 $f(x)$ 在闭区间 $[a,b]$ 上连续,则 $f(x)$ 在闭区间 $[a,b]$ 上一定有最大值和最小值,即在 $[a,b]$ 上至少存在两点 x_1, x_2,使得对于任何 $x \in [a,b]$,都有

$$f(x_1) \leqslant f(x) \leqslant f(x_2).$$

这里, $f(x_2)$ 和 $f(x_1)$ 分别是函数 $f(x)$ 在闭区间 $[a,b]$ 上的最大值和最小值(见图 2-7-2).

　　定理 9（介值定理）　设函数 $f(x)$ 在闭区间 $[a,b]$ 上连续, M 和 m 分别是 $f(x)$ 在 $[a,b]$ 上的最大值和最小值,则对于满足 $m \leqslant \mu \leqslant M$ 的任何实数 μ,至少存在一点 $\xi \in [a,b]$,使得

$$f(\xi) = \mu.$$

　　定理 9 表明,闭区间 $[a,b]$ 上的连续函数 $f(x)$ 的函数值可以取遍 m 与 M 之间的任何数,其几何意义是:闭区间上的连续曲线 $y = f(x)$ 与水平直线 $y = \mu (m \leqslant \mu \leqslant M)$ 至少有一个交点(见图 2-7-3).

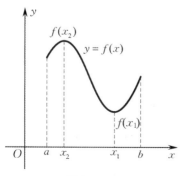

图 2-7-2

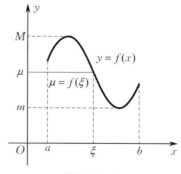

图 2-7-3

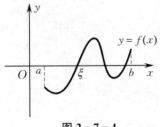

图 2-7-4

推论 1（零点定理） 若函数 $f(x)$ 在闭区间 $[a,b]$ 上连续，且 $f(a)f(b)<0$，则至少存在一点 $\xi \in (a,b)$，使得 $f(\xi)=0$.

$x=\xi$ 称为函数 $y=f(x)$ 的零点。由零点定理可知，$x=\xi$ 为方程 $f(x)=0$ 的一个根，且 ξ 在开区间 (a,b) 内，利用零点定理可以判定方程 $f(x)=0$ 在开区间 (a,b) 内存在实根。它的几何意义是：当连续曲线 $y=f(x)$ 的两端点分别位于 x 轴的上、下两侧时，曲线 $y=f(x)$ 与 x 轴至少有一个交点（见图 2-7-4）.

例 8 证明方程 $8x^3-12x^2-2x+3=0$ 在区间 $(-1,0),(0,1),(1,2)$ 内各只有一个实根.

证 设 $f(x)=8x^3-12x^2-2x+3$. 因为函数 $f(x)$ 在 $(-\infty,+\infty)$ 上连续，所以 $f(x)$ 在 $[-1,0],[0,1],[1,2]$ 上连续. 又因为

$$f(-1)=-15<0, \quad f(0)=3>0, \quad f(1)=-3<0, \quad f(2)=15>0,$$

根据零点定理知，存在 $\xi_1 \in (-1,0), \xi_2 \in (0,1), \xi_3 \in (1,2)$，使得

$$f(\xi_1)=0, \quad f(\xi_2)=0, \quad f(\xi_3)=0,$$

即 ξ_1,ξ_2,ξ_3 是方程 $8x^3-12x^2-2x+3=0$ 的实根. 又因为三次方程至多只有 3 个不同的根，所以在各区间内只有一个实根.

练 习 2.7

1. 讨论下列函数的连续性，并画出其图形：

$$(1)f(x)=\begin{cases}(x-1)^2, & x \geqslant 0, \\ x+1, & x<0;\end{cases} \qquad (2)f(x)=\begin{cases}x^3, & |x| \leqslant 1, \\ 1, & |x|>1.\end{cases}$$

2. 求下列函数的间断点，并判断其类型；如果是可去间断点，则补充或改变函数的定义，使其在该点连续：

$$(1)y=\frac{x^2-1}{x-1}; \qquad (2)y=\frac{\tan x}{3x};$$

$$(3)y=\frac{x^2-3x+2}{x^2-x}; \qquad (4)y=\begin{cases}\dfrac{1}{x}, & x>0, \\ -x, & x \leqslant 0;\end{cases}$$

$$(5)y=\frac{\sin x}{|x|}; \qquad (6)y=\arctan\frac{1}{x}.$$

3. 在下列函数中，当 a 取什么值时，函数 $f(x)$ 在其定义域上连续？

$$(1)f(x)=\begin{cases}\dfrac{x^2-4}{x-2}, & x \neq 2, \\ a, & x=2;\end{cases} \qquad (2)f(x)=\begin{cases}\ln(1+x)^{\frac{1}{x}}, & x>0, \\ x+a, & x \leqslant 0.\end{cases}$$

4. 求下列函数的极限：

$$(1)\lim_{x \to \infty}\ln\left(1+\frac{2}{x}\right)^x; \qquad (2)\lim_{x \to +\infty}\frac{3x-1}{\sqrt{x^2+1}};$$

$$(3)\lim_{x \to 0}\ln\left(1-\frac{x}{2}\right)^{\frac{2}{x}}; \qquad (4)\lim_{x \to 0}\frac{\sin x}{1-\sqrt{1+\sin x}};$$

$$(5)\lim_{x \to 1}\ln(2^x+x); \qquad (6)\lim_{x \to 0}\frac{\sqrt{1+x+x^2}-1}{\sin 2x}.$$

5. 证明方程 $x^5-3x+1=0$ 在 1 与 2 之间至少有一个实根.

习　题　二

（A）

1.求下列极限：

(1) $\lim\limits_{n\to\infty}\dfrac{(n+1)(2n+1)(3n+1)}{2n^3}$；

(2) $\lim\limits_{n\to\infty}\left(\dfrac{1}{n^2}+\dfrac{2}{n^2}+\cdots+\dfrac{n-1}{n^2}+\dfrac{1}{n}\right)$；

(3) $\lim\limits_{x\to\infty}\dfrac{x-\sin x}{3x+\sin x}$；

(4) $\lim\limits_{x\to+\infty}(\sqrt{x^2+2x}-x)$；

(5) $\lim\limits_{x\to4}\dfrac{x-4}{3-\sqrt{2x+1}}$；

(6) $\lim\limits_{x\to+\infty}\left(1-\dfrac{1}{x}\right)^{\sqrt{x}}$；

(7) $\lim\limits_{x\to0}(1+2x)^{\frac{3}{x}}$；

(8) $\lim\limits_{x\to0}\dfrac{\ln(1+2x)}{\sin 3x}$；

(9) $\lim\limits_{x\to\infty}\ln\left(\dfrac{2x+3}{2x+1}\right)^{x+1}$；

(10) $\lim\limits_{x\to\infty}x\sin\dfrac{2x}{1+x^2}$；

(11) $\lim\limits_{x\to1}\dfrac{\sin\pi x}{2(x-1)}$；

(12) $\lim\limits_{x\to e}\dfrac{x-e}{\ln x-1}$；

(13) $\lim\limits_{x\to0}\dfrac{1-\cos 4x}{2\sin^2 x+x\tan^2 x}$；

(14) $\lim\limits_{x\to0}\dfrac{\tan 6x-\cos 3x+1}{\sin 3x}$.

2.已知函数 $f(x)=\dfrac{ax^2-2}{x^2+1}+3bx+5$.

(1) 当 a,b 满足什么条件时，$f(x)$ 为当 $x\to\infty$ 时的无穷小量？

(2) 当 a,b 满足什么条件时，$f(x)$ 为当 $x\to\infty$ 时的无穷大量？

3.已知函数 $f(x)=\dfrac{2+\mathrm{e}^{\frac{1}{x}}}{1+\mathrm{e}^{\frac{2}{x}}}+\dfrac{x}{|x|}$，试判断函数 $f(x)$ 在 $x=0$ 处的极限是否存在；若存在，求出该极限.

4.用极限存在准则证明：

(1) $\lim\limits_{n\to\infty}\left(\dfrac{1}{n^2+1}+\dfrac{2}{n^2+2}+\cdots+\dfrac{n}{n^2+n}\right)=\dfrac{1}{2}$；

(2) $\lim\limits_{n\to\infty}(2^n+3^n)^{\frac{1}{n}}=3$.

5.求下列函数的间断点，并判断其类型；如果是可去间断点，则补充或改变函数的定义，使其在该点处连续：

(1) $f(x)=\begin{cases}x, & |x|\leqslant 1,\\ -1, & |x|>1;\end{cases}$

(2) $f(x)=\dfrac{\sin(x-1)}{x^2-1}$.

6.求 k 的值，使下列函数在其定义域上连续：

(1) $f(x)=\begin{cases}\dfrac{\sin x}{x}, & x<0,\\ k, & x=0,\\ x+k^2, & x>0;\end{cases}$

(2) $f(x)=\begin{cases}\dfrac{1}{x}\sin x+\dfrac{\sqrt{1+x}-\sqrt{1-x}}{x}, & -1\leqslant x<0,\\ k, & x\geqslant 0.\end{cases}$

7.已知 $f(x)=\dfrac{1-2^{\frac{1}{x}}}{1+2^{\frac{1}{x}}}$，计算下列极限：(1) $\lim\limits_{x\to0^-}f(x)$；(2) $\lim\limits_{x\to0^+}f(x)$；(3) $\lim\limits_{x\to\infty}f(x)$.

8.证明：当 $x\to1$ 时，$\ln x$ 与 $x-1$ 是等价无穷小量.

9.证明方程 $x\mathrm{e}^x=1$ 至少有一个小于 1 的正根.

10. 证明方程 $2^x = x^2$ 在 $(-1,1)$ 内必有实根.

11. a,b 为何值时，$\lim\limits_{x \to 0} \dfrac{\sin x}{a - e^x}(b - \cos x) = 2$？

12. 设 $a > 0$，a 为何值时，函数

$$f(x) = \begin{cases} x+1, & |x| \leqslant a, \\ \dfrac{2}{|x|}, & |x| > a \end{cases}$$

在其定义域上连续？

13. 讨论函数 $f(x) = \lim\limits_{n \to \infty} \dfrac{1 - x^{2n}}{1 + x^{2n}} x$ 的连续性，并画出其图形.

14. 设函数 $f(x)$ 在区间 $[a,b]$ 上连续，且 $f(a) < a$，$f(b) > b$，证明：至少存在一点 $\xi \in (a,b)$，使得 $f(\xi) = \xi$.

15. 若函数 $f(x)$ 在区间 $[a,b]$ 上连续，且 $a < x_1 < x_2 < \cdots < x_n < b$，证明：在 $[x_1, x_n]$ 上必有一点 ξ，使得

$$f(\xi) = \frac{f(x_1) + f(x_2) + \cdots + f(x_n)}{n}.$$

(B)

1. 选择题：

(1) 设 $\cos x - 1 = x\sin\alpha(x)$，其中 $|\alpha(x)| < \dfrac{\pi}{2}$，则当 $x \to 0$ 时，$\alpha(x)$ 是（　）.

A. 比 x 高阶的无穷小量　　　　　　　　B. 比 x 低阶的无穷小量

C. 与 x 同阶但不等价的无穷小量　　　　D. 与 x 是等价的无穷小量　　　（2013 考研数二）

(2) 当 $x \to 0$ 时，用"$o(x)$"表示比 x 高阶的无穷小量，则下列式子中错误的是（　）.

A. $x \cdot o(x^2) = o(x^3)$　　　　　　　　B. $o(x) \cdot o(x^2) = o(x^3)$

C. $o(x^2) + o(x^2) = o(x^2)$　　　　　　　D. $o(x) + o(x^2) = o(x^2)$　　　（2013 考研数三）

(3) 函数 $f(x) = \lim\limits_{t \to 0} \left(1 + \dfrac{\sin t}{x}\right)^{\frac{x^2}{t}}$ 在 $(-\infty, +\infty)$ 上（　）.

A. 连续　　　　　　　　　　　　　　　　B. 有可去间断点

C. 有跳跃间断点　　　　　　　　　　　　D. 有无穷间断点　　　（2015 考研数二）

(4) 设 $\{x_n\}$ 是数列，下列命题中不正确的是（　）.

A. 若 $\lim\limits_{n \to \infty} x_n = a$，则 $\lim\limits_{n \to \infty} x_{2n} = \lim\limits_{n \to \infty} x_{2n+1} = a$

B. 若 $\lim\limits_{n \to \infty} x_{2n} = \lim\limits_{n \to \infty} x_{2n+1} = a$，则 $\lim\limits_{n \to \infty} x_n = a$

C. 若 $\lim\limits_{n \to \infty} x_n = a$，则 $\lim\limits_{n \to \infty} x_{3n} = \lim\limits_{n \to \infty} x_{3n+1} = a$

D. 若 $\lim\limits_{n \to \infty} x_{3n} = \lim\limits_{n \to \infty} x_{3n+1} = a$，则 $\lim\limits_{n \to \infty} x_n = a$　　　（2015 考研数三）

2. 填空题：

(1) $\lim\limits_{x \to 1} \dfrac{\sin(x^2 - 1)}{x - 1} = $ _____.

(2) $\lim\limits_{x \to 0} \dfrac{\ln(\cos x)}{x^2} = $ _____.　　　（2015 考研数三）

3. 当 $x \to 0$ 时，$1 - \cos x \cdot \cos 2x \cdot \cos 3x$ 与 ax^n 是等价无穷小量，求 a,n 的值.　　　（2013 考研数三）

第 **3** 章

导数与微分

前面学习了函数的极限、连续及它们的性质.在此基础上,本章将要进一步讨论函数的导数与微分的概念、性质、计算及应用.

§3.1 导数的概念

一、引例

1. 曲线的切线问题

给定平面曲线 $C:y = f(x)$,设点 $P_0(x_0, f(x_0))$ 是 C 上的一定点,求过点 P_0 的切线(见图 3-1-1).

在 C 上取一点 $P(x_0 + \Delta x, f(x_0 + \Delta x))$,当 P 沿曲线 C 趋近于点 P_0 时,割线 PP_0 趋于极限位置所确定的直线即为过点 P_0 的切线 P_0T. 割线 PP_0 的斜率为

$$k_{PP_0} = \frac{\Delta y}{\Delta x} = \frac{f(x_0 + \Delta x) - f(x_0)}{\Delta x}.$$

当 P 趋近于 P_0 时,$\Delta x \to 0$,则切线 P_0T 的斜率就是极限

$$k = \lim_{\Delta x \to 0} \frac{\Delta y}{\Delta x} = \lim_{\Delta x \to 0} \frac{f(x_0 + \Delta x) - f(x_0)}{\Delta x}.$$

故切线 P_0T 的方程为

$$y - y_0 = k(x - x_0).$$

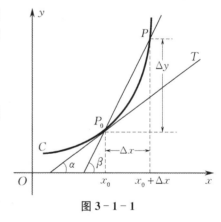

图 3-1-1

2. 变速直线运动的瞬时速度

设做变速直线运动的物体所经过的路程 s 是时间 t 的函数:$s = s(t)$,我们怎样定义物体在 $t = t_0$ 时刻的瞬时速度呢?

当时间由 t_0 变到 $t_0 + \Delta t$ 时,物体在这段时间内所经过的路程为

$$\Delta s = s(t_0 + \Delta t) - s(t_0),$$

于是物体在这段时间内的平均速度为

$$\bar{v} = \frac{\Delta s}{\Delta t} = \frac{s(t_0 + \Delta t) - s(t_0)}{\Delta t}.$$

显然,Δt 越小,平均速度 $\bar{v}$ 就与 $t = t_0$ 时刻的瞬时速度 $v\big|_{t=t_0}$ 越接近.因此,当 $\Delta t \to 0$ 时,平均

速度 $\bar{v}$ 的极限值就为 $t = t_0$ 时刻的瞬时速度 $v\big|_{t=t_0}$，即

$$v\Big|_{t=t_0} = \lim_{\Delta t \to 0} \frac{\Delta s}{\Delta t} = \lim_{\Delta t \to 0} \frac{s(t_0 + \Delta t) - s(t_0)}{\Delta t}.$$

以上两个引例其实质都是一个特定的极限：当自变量改变量趋于零时，函数改变量与自变量改变量之比的极限. 这个极限称为导数.

二、导数的定义

定义 1 设函数 $y = f(x)$ 在点 x_0 的某邻域内有定义，当自变量 x 在点 x_0 处取得改变量 $\Delta x (\Delta x \neq 0)$ 时，函数 y 取得相应的改变量为

$$\Delta y = f(x_0 + \Delta x) - f(x_0).$$

若极限

$$\lim_{\Delta x \to 0} \frac{\Delta y}{\Delta x} = \lim_{\Delta x \to 0} \frac{f(x_0 + \Delta x) - f(x_0)}{\Delta x}$$

存在，则称函数 $y = f(x)$ 在点 x_0 处**可导**（x_0 叫**可导点**），并称此极限值为函数 $y = f(x)$ 在点 x_0 处的**导数**（或**微商**），记为

$$\frac{\mathrm{d}f(x)}{\mathrm{d}x}\bigg|_{x=x_0}, \quad \frac{\mathrm{d}y}{\mathrm{d}x}\bigg|_{x=x_0}, \quad f'(x_0) \quad \text{或} \quad y'\big|_{x=x_0}.$$

注：定义 1 中的 $\Delta x, \Delta y$ 可正可负. $\dfrac{\Delta y}{\Delta x}$ 反映的是自变量从 x_0 变到 $x_0 + \Delta x$ 时，函数 $y = f(x)$ 的平均变化速度，也称平均变化率. 而导数 $f'(x_0)$ 则是函数 $y = f(x)$ 在点 x_0 处的变化率，它反映了函数 $f(x)$ 在点 x_0 处变化的快慢程度.

如果上述极限值不存在（包括 ∞），则称函数 $y = f(x)$ 在点 x_0 处不可导.

在导数的定义式中，若令 $x = x_0 + \Delta x$，则当 $\Delta x \to 0$ 时，$x \to x_0$，所以有

$$f'(x_0) = \lim_{\Delta x \to 0} \frac{f(x_0 + \Delta x) - f(x_0)}{\Delta x} = \lim_{x \to x_0} \frac{f(x) - f(x_0)}{x - x_0};$$

若令 $h = \Delta x$，则有

$$f'(x_0) = \lim_{h \to 0} \frac{f(x_0 + h) - f(x_0)}{h}.$$

这些式子都可作为导数定义式，可根据实际需要选用.

例 1 求函数 $y = f(x) = x^2$ 在 $x = 2$ 处的导数 $f'(2)$.

解 由导数的定义式得

$$f'(2) = \lim_{x \to 2} \frac{f(x) - f(2)}{x - 2} = \lim_{x \to 2} \frac{x^2 - 2^2}{x - 2}$$

$$= \lim_{x \to 2} \frac{(x + 2)(x - 2)}{x - 2} = \lim_{x \to 2}(x + 2) = 4.$$

如果函数 $y = f(x)$ 在开区间 (a, b) 内每一点都可导，则对于 (a, b) 内的每一个点 x_0，都有唯一一个导数值 $f'(x_0)$ 与 x_0 对应，这样也就在 (a, b) 内定义了一个新的函数，这个函数称为 $f(x)$ 的**导函数**，也常被简称为**导数**，记为

$$f'(x), \quad y', \quad \frac{\mathrm{d}y}{\mathrm{d}x} \quad \text{或} \quad \frac{\mathrm{d}f(x)}{\mathrm{d}x}.$$

根据导数的定义，导函数的计算公式为

$$f'(x) = \lim_{h \to 0} \frac{f(x + h) - f(x)}{h} = \lim_{\Delta x \to 0} \frac{f(x + \Delta x) - f(x)}{\Delta x}.$$

例 2 已知 $y = f(x) = \sqrt{x}$,求 $f'(x)$,$f'(9)$.

解 由导数的定义式得

$$f'(x) = \lim_{\Delta x \to 0} \frac{f(x + \Delta x) - f(x)}{\Delta x} = \lim_{\Delta x \to 0} \frac{\sqrt{x + \Delta x} - \sqrt{x}}{\Delta x}$$

$$= \lim_{\Delta x \to 0} \frac{(\sqrt{x + \Delta x} - \sqrt{x})(\sqrt{x + \Delta x} + \sqrt{x})}{\Delta x(\sqrt{x + \Delta x} + \sqrt{x})}$$

$$= \lim_{\Delta x \to 0} \frac{\Delta x}{\Delta x(\sqrt{x + \Delta x} + \sqrt{x})} = \lim_{\Delta x \to 0} \frac{1}{\sqrt{x + \Delta x} + \sqrt{x}} = \frac{1}{2\sqrt{x}}.$$

把 $x = 9$ 代入导函数 $f'(x)$,得 $f'(9) = \dfrac{1}{2\sqrt{9}} = \dfrac{1}{6}$.

例 3 讨论函数

$$f(x) = \begin{cases} x\sin\dfrac{1}{x}, & x \neq 0, \\ 0, & x = 0 \end{cases}$$

在 $x = 0$ 处的连续性与可导性.

解 因为 $\sin\dfrac{1}{x}$ 是有界函数,所以 $\lim\limits_{x \to 0} f(x) = \lim\limits_{x \to 0} x\sin\dfrac{1}{x} = 0$. 而 $f(0) = \lim\limits_{x \to 0} f(x) = 0$,故 $f(x)$ 在 $x = 0$ 处连续.

但在 $x = 0$ 处有

$$\lim_{x \to 0} \frac{f(x) - f(0)}{x - 0} = \lim_{x \to 0} \frac{x\sin\dfrac{1}{x}}{x} = \lim_{x \to 0} \sin\frac{1}{x}.$$

由 §2.5 例 1 知,$x \to 0$ 时 $\sin\dfrac{1}{x}$ 的极限不存在. 因此,$f(x)$ 在 $x = 0$ 处不可导.

例 3 表明,函数在其连续点处不一定可导. 但由下面的定理可知,函数在其可导点处一定连续.

定理 1 如果函数 $y = f(x)$ 在点 x_0 处可导,则 $y = f(x)$ 在点 x_0 处连续.

证 由于 $y = f(x)$ 在点 x_0 处可导,因此

$$\lim_{\Delta x \to 0} \frac{\Delta y}{\Delta x} = f'(x_0),$$

从而

$$\lim_{\Delta x \to 0} \Delta y = \lim_{\Delta x \to 0} \frac{\Delta y}{\Delta x} \cdot \lim_{\Delta x \to 0} \Delta x = f'(x_0) \cdot 0 = 0,$$

故 $y = f(x)$ 在点 x_0 处连续.

三、左导数和右导数

定义 2 若极限

$$\lim_{\Delta x \to 0^-} \frac{f(x_0 + \Delta x) - f(x_0)}{\Delta x}$$

存在,则称该极限值为函数 $y = f(x)$ 在点 x_0 处的**左导数**,记作 $f'_-(x_0)$,即

$$f'_-(x_0) = \lim_{\Delta x \to 0^-} \frac{f(x_0 + \Delta x) - f(x_0)}{\Delta x}.$$

定义 3 若极限

$$\lim_{\Delta x \to 0^+} \frac{f(x_0 + \Delta x) - f(x_0)}{\Delta x}$$

存在,则称该极限值为函数 $y = f(x)$ 在点 x_0 处的**右导数**,记作 $f'_+(x_0)$,即

$$f'_+(x_0) = \lim_{\Delta x \to 0^+} \frac{f(x_0 + \Delta x) - f(x_0)}{\Delta x}.$$

由于函数 $y = f(x)$ 在点 x_0 处的导数是否存在,取决于极限

$$\lim_{\Delta x \to 0} \frac{\Delta y}{\Delta x} = \lim_{\Delta x \to 0} \frac{f(x_0 + \Delta x) - f(x_0)}{\Delta x}$$

是否存在,而极限存在的充分必要条件是左、右极限都存在且相等,因此有下面的定理.

定理 2 函数 $y = f(x)$ 在点 x_0 处可导的充分必要条件是:函数 $y = f(x)$ 在点 x_0 处的左导数和右导数都存在且相等.

注:定理 2 常用于讨论分段函数在分段点处的可导性.

例 4 讨论函数 $f(x) = |x|$ 在 $x = 0$ 处的可导性.

解 因为

$$f'_-(0) = \lim_{\Delta x \to 0^-} \frac{f(0 + \Delta x) - f(0)}{\Delta x} = \lim_{\Delta x \to 0^-} \frac{|\Delta x|}{\Delta x} = \lim_{\Delta x \to 0^-} \frac{-\Delta x}{\Delta x} = -1,$$

$$f'_+(0) = \lim_{\Delta x \to 0^+} \frac{f(0 + \Delta x) - f(0)}{\Delta x} = \lim_{\Delta x \to 0^+} \frac{|\Delta x|}{\Delta x} = \lim_{\Delta x \to 0^+} \frac{\Delta x}{\Delta x} = 1,$$

$f'_-(0) \neq f'_+(0)$,故 $f(x) = |x|$ 在 $x = 0$ 处不可导.

下面来计算某些常用的基本初等函数的导数.

例 5 求函数 $f(x) = C(C$ 为常数$)$ 的导数.

解 $f'(x) = \lim_{h \to 0} \frac{f(x + h) - f(x)}{h} = \lim_{h \to 0} \frac{C - C}{h} = 0,$

即 $C' = 0$.

例 6 求函数 $y = x^n (n$ 为正整数$)$ 的导数.

解 由二项式定理得

$$(x + h)^n - x^n = x^n + C_n^1 x^{n-1} h + C_n^2 x^{n-2} h^2 + \cdots + C_n^n h^n - x^n$$

$$= n x^{n-1} h + \frac{n(n-1)}{2} x^{n-2} h^2 + \cdots + h^n,$$

所以

$$(x^n)' = \lim_{h \to 0} \frac{(x + h)^n - x^n}{h}$$

$$= \lim_{h \to 0} \left[n x^{n-1} + \frac{n(n-1)}{2} x^{n-2} h + \cdots + h^{n-1} \right]$$

$$= n x^{n-1},$$

即 $(x^n)' = n x^{n-1}$.

可以证明幂函数的导数为

$$(x^\mu)' = \mu x^{\mu-1} \quad (\mu \in \mathbf{R}).$$

例 7 求函数 $f(x) = \sin x$ 的导数.

解 由正弦函数的和差化积公式,得

$$(\sin x)' = \lim_{h \to 0} \frac{\sin(x + h) - \sin x}{h} = \lim_{h \to 0} \frac{2\cos\left(x + \dfrac{h}{2}\right)\sin\dfrac{h}{2}}{h}$$

$$= \lim_{h \to 0} \left[\cos\left(x + \frac{h}{2}\right) \cdot \frac{\sin\frac{h}{2}}{\frac{h}{2}} \right] = \cos x,$$

即 $(\sin x)' = \cos x$.

类似地，可得

$$(\cos x)' = -\sin x.$$

例 8　求指数函数 $f(x) = a^x (a > 0, a \neq 1)$ 的导数.

解　由于 $\alpha(x) \to 0$ 时，$\mathrm{e}^{\alpha(x)} - 1 \sim \alpha(x)$，因此

$$(a^x)' = \lim_{h \to 0} \frac{a^{x+h} - a^x}{h} = \lim_{h \to 0} a^x \frac{a^h - 1}{h} = a^x \lim_{h \to 0} \frac{\mathrm{e}^{h\ln a} - 1}{h}$$

$$= a^x \lim_{h \to 0} \frac{h\ln a}{h} = a^x \ln a,$$

即 $(a^x)' = a^x \ln a$.

特别地，当 $a = \mathrm{e}$ 时，

$$(\mathrm{e}^x)' = \mathrm{e}^x.$$

例 9　求对数函数 $y = \log_a x (a > 0, a \neq 1)$ 的导数.

解　$(\log_a x)' = \lim_{h \to 0} \frac{\log_a(x+h) - \log_a x}{h} = \lim_{h \to 0} \frac{\log_a\left(1 + \dfrac{h}{x}\right)}{h}$

$$= \frac{1}{x} \lim_{h \to 0} \frac{x}{h} \log_a\left(1 + \frac{h}{x}\right) = \frac{1}{x} \lim_{h \to 0} \log_a\left(1 + \frac{h}{x}\right)^{\frac{x}{h}}$$

$$= \frac{1}{x} \log_a \mathrm{e} = \frac{1}{x\ln a},$$

即 $(\log_a x)' = \dfrac{1}{x\ln a}$.

特别地，有

$$(\ln x)' = \frac{1}{x}.$$

四、导数的几何意义

导数 $f'(x_0)$ 的几何意义为曲线 $y = f(x)$ 在点 (x_0, y_0) 处的切线斜率. 当 $f'(x_0)$ 存在时，曲线 $y = f(x)$ 在点 (x_0, y_0) 处的切线方程为

$$y - y_0 = f'(x_0)(x - x_0).$$

若 $f'(x_0) = \pm\infty$，则曲线 $y = f(x)$ 在点 (x_0, y_0) 处的切线 $x = x_0$ 垂直于 x 轴.

过切点 (x_0, y_0) 且与切线垂直的直线称为曲线 $y = f(x)$ 在点 (x_0, y_0) 处的法线，故曲线 $y = f(x)$ 在点 (x_0, y_0) 处的法线方程为

$$y - y_0 = -\frac{1}{f'(x_0)}(x - x_0) \quad (f'(x_0) \neq 0).$$

例 10　求曲线 $y = \ln x$ 在点 $(\mathrm{e}, 1)$ 处的切线方程与法线方程.

解　由于 $y' = (\ln x)' = \dfrac{1}{x}$，所以曲线 $y = \ln x$ 在点 $(\mathrm{e}, 1)$ 处的切线斜率为

$$k = y'\Big|_{x=\mathrm{e}} = \frac{1}{x}\Big|_{x=\mathrm{e}} = \frac{1}{\mathrm{e}},$$

法线斜率为 $k' = -e$. 所以曲线 $y = \ln x$ 在点 $(e, 1)$ 处的切线方程与法线方程分别为

$$y - 1 = \frac{1}{e}(x - e) \quad 和 \quad y - 1 = -e(x - e).$$

<h3 style="text-align:center">练　习　3.1</h3>

1. 设 $f(x) = \dfrac{1}{x}$，根据导数的定义求 $f'(2)$.

2. 已知 $f(0) = 0, f'(0) = -1$，计算极限 $\lim\limits_{x \to 0} \dfrac{f(3x)}{x}$.

3. 已知 $f'(x_0) = a$，求下列极限：

(1) $\lim\limits_{x \to 0} \dfrac{f(x_0 - x) - f(x_0)}{x}$;

(2) $\lim\limits_{x \to 0} \dfrac{f(x_0 + x) - f(x_0 - x)}{x}$.

4. 求下列函数的导数：

(1) $y = x^6$;

(2) $y = \sqrt{x\sqrt{x}}$;

(3) $y = \log_2 x$;

(4) $y = 3^x e^x$.

5. 设 $f(x) = \begin{cases} \sin x, & x \geqslant 0, \\ x, & x < 0, \end{cases}$ 试讨论该函数在 $x = 0$ 处是否可导；若可导，求其导数.

6. 讨论函数 $f(x) = \begin{cases} x^2, & x \geqslant 0, \\ |x|, & x < 0 \end{cases}$ 在 $x = 0$ 处的连续性与可导性.

7. 求曲线 $y = e^x$ 在点 $(0, 1)$ 处的切线方程和法线方程.

8. 设函数 $f(x)$ 在 $x = 0$ 处连续，且 $\lim\limits_{x \to 0} \dfrac{f(x) - 1}{x} = 2$，求 $f(0)$ 和 $f'(0)$.

§3.2　导数的运算法则

一、导数的四则运算法则

本节将介绍导数的基本运算法则，并完善基本初等函数的求导公式. 在此基础上解决常用初等函数的导数计算问题.

定理 1　设 $u = u(x), v = v(x)$ 是可导函数，则它们的和、差、积、商（分母不为零）仍是可导函数，且

(1) $(u \pm v)' = u' \pm v'$;

(2) $(uv)' = u'v + uv'$;

(3) $\left(\dfrac{u}{v} \right)' = \dfrac{u'v - uv'}{v^2}$　$(v \neq 0)$.

证　仅证 (2). 由于 $v = v(x)$ 可导，故 v 连续，于是 $\lim\limits_{h \to 0} v(x + h) = v(x)$. 由导数的定义得

$$(uv)' = \lim_{h \to 0} \frac{u(x + h) \cdot v(x + h) - u(x) \cdot v(x)}{h}$$

$$= \lim_{h \to 0} \frac{u(x + h) \cdot v(x + h) - u(x)v(x + h) + u(x)v(x + h) - u(x) \cdot v(x)}{h}$$

$$= \lim_{h \to 0} \left(\frac{u(x + h) - u(x)}{h} \cdot v(x + h) + u(x) \frac{v(x + h) - v(x)}{h} \right)$$

$$= \lim_{h \to 0} \frac{u(x + h) - u(x)}{h} \cdot \lim_{h \to 0} v(x + h) + u(x) \cdot \lim_{h \to 0} \frac{v(x + h) - v(x)}{h}$$

$$= u'v + uv'.$$

推论 1　设 $u = u(x)$ 是可导函数,则

(1) $(cu)' = cu'$,c 为常数；

(2) $\left(\dfrac{1}{u(x)}\right)' = -\dfrac{u'(x)}{u^2(x)}$,$u(x) \neq 0$.

注：导数的运算法则可推广到有限个函数的和或积的情形：

$$(f_1(x) + f_2(x) + \cdots + f_n(x))' = f'_1(x) + f'_2(x) + \cdots + f'_n(x);$$

$$(f_1 f_2 \cdots f_n)' = f'_1 f_2 \cdots f_n + f_1 f'_2 \cdots f_n + \cdots + f_1 f_2 \cdots f'_n.$$

例 1　求 $y = x^6 - 2\sqrt{x} + 3\sin x + \mathrm{e}^x + \sin 7$ 的导数.

解　$y' = (x^6)' - 2(\sqrt{x})' + 3(\sin x)' + (\mathrm{e}^x)' + (\sin 7)'$

$$= 6x^5 - 2 \cdot \frac{1}{2} x^{\frac{1}{2}-1} + 3\cos x + \mathrm{e}^x + 0$$

$$= 6x^5 - \frac{1}{\sqrt{x}} + 3\cos x + \mathrm{e}^x.$$

例 2　求 $f(x) = 2^x \cos x$ 的导数.

解　$f'(x) = (2^x)' \cos x + 2^x (\cos x)' = 2^x (\ln 2) \cos x - 2^x \sin x.$

例 3　求 $y = \tan x$ 的导数.

解　$(\tan x)' = \left(\dfrac{\sin x}{\cos x}\right)' = \dfrac{(\sin x)' \cos x - \sin x (\cos x)'}{\cos^2 x}$

$$= \frac{\cos^2 x + \sin^2 x}{\cos^2 x} = \frac{1}{\cos^2 x} = \sec^2 x.$$

类似可推出

$$(\cot x)' = -\csc^2 x.$$

例 4　求 $y = \sec x$ 的导数.

解　$(\sec x)' = \left(\dfrac{1}{\cos x}\right)' = \dfrac{1' \cdot \cos x - 1 \cdot (\cos x)'}{\cos^2 x} = \dfrac{-(-\sin x)}{\cos^2 x}$

$$= \frac{\sin x}{\cos^2 x} = \frac{\sin x}{\cos x} \cdot \frac{1}{\cos x} = \tan x \sec x.$$

类似可推出

$$(\csc x)' = -\csc x \cot x.$$

二、复合函数的求导法则

定理 2　若函数 $u = g(x)$ 在点 x 处可导,而 $y = f(u)$ 在点 $u = g(x)$ 处可导,则复合函数 $y = f(g(x))$ 在点 x 处可导,其导数为

$$(f(g(x)))' = f'(u) g'(x) \quad \text{或} \quad \frac{\mathrm{d}y}{\mathrm{d}x} = \frac{\mathrm{d}y}{\mathrm{d}u} \cdot \frac{\mathrm{d}u}{\mathrm{d}x}.$$

证　设 x 取得改变量 Δx,则 u 取得相应的改变量 Δu,从而 y 取得相应的改变量 Δy,即

$$\Delta u = g(x + \Delta x) - g(x),$$

$$\Delta y = f(u + \Delta u) - f(u).$$

当 $\Delta u \neq 0, \Delta x \neq 0$ 时,有

$$\frac{\Delta y}{\Delta x} = \frac{\Delta y}{\Delta u} \cdot \frac{\Delta u}{\Delta x}, \quad \lim_{\Delta u \to 0} \frac{\Delta y}{\Delta u} = f'(u), \quad \lim_{\Delta x \to 0} \frac{\Delta u}{\Delta x} = g'(x).$$

由于 $u = g(x)$ 在点 x 处可导，则在该点处必连续，故当 $\Delta x \to 0$ 时，$\Delta u \to 0$. 所以

$$\lim_{\Delta x \to 0} \frac{\Delta y}{\Delta x} = \lim_{\Delta x \to 0} \frac{\Delta y}{\Delta u} \cdot \lim_{\Delta x \to 0} \frac{\Delta u}{\Delta x} = \lim_{\Delta u \to 0} \frac{\Delta y}{\Delta u} \cdot \lim_{\Delta x \to 0} \frac{\Delta u}{\Delta x} = f'(u)g'(x),$$

即

$$(f(g(x)))' = f'(u)g'(x).$$

当 $\Delta u = 0$ 时，$\Delta y = 0$，等式 $(f(g(x)))' = f'(u)g'(x)$ 仍然成立.

该定理表明，复合函数的导数等于函数对中间变量的导数乘以中间变量对自变量的导数.

复合函数的求导公式可推广到函数有限次复合的情形. 例如，设

$$y = f(u), \quad u = g(v), \quad v = \varphi(x),$$

则复合函数 $y = f(g(\varphi(x)))$ 对 x 的导数为

$$\frac{dy}{dx} = f'(u)g'(v)\varphi'(x) \quad \text{或} \quad \frac{dy}{dx} = \frac{dy}{du} \cdot \frac{du}{dv} \cdot \frac{dv}{dx}.$$

例 5　求函数 $y = (2x - 1)^{30}$ 的导数.

解　设 $y = u^{30}, u = 2x - 1$，则

$$\frac{dy}{dx} = \frac{dy}{du} \cdot \frac{du}{dx} = 30u^{29} \cdot 2 = 30(2x-1)^{29} \cdot 2 = 60(2x-1)^{29}.$$

例 6　求函数 $y = \ln\sin x$ 的导数.

解　设 $y = \ln u, u = \sin x$，则

$$\frac{dy}{dx} = \frac{dy}{du} \cdot \frac{du}{dx} = \frac{1}{u} \cdot \cos x = \frac{\cos x}{\sin x} = \cot x.$$

例 7　求函数 $y = \ln|x|$ 的导数.

解　当 $x > 0$ 时，$y = \ln|x| = \ln x$，此时有

$$y' = (\ln x)' = \frac{1}{x};$$

当 $x < 0$ 时，$y = \ln|x| = \ln(-x)$，此时有

$$y' = (\ln(-x))' = \frac{1}{-x}(-x)' = \frac{1}{x}.$$

综上，有 $y' = (\ln|x|)' = \dfrac{1}{x}$.

例 8　求函数 $y = \ln(1 + e^{\tan 2x})$ 的导数.

解　$y' = \dfrac{1}{1 + e^{\tan 2x}}(1 + e^{\tan 2x})' = \dfrac{1}{1 + e^{\tan 2x}} e^{\tan 2x}(\tan 2x)'$

$$= \frac{e^{\tan 2x}}{1 + e^{\tan 2x}} \sec^2(2x)(2x)' = \frac{2e^{\tan 2x}\sec^2(2x)}{1 + e^{\tan 2x}}.$$

例 9　求函数 $y = \ln(x + \sqrt{1 + x^2})$ 的导数.

解　$y' = \dfrac{1}{x + \sqrt{1 + x^2}}(x + \sqrt{1 + x^2})' = \dfrac{1}{x + \sqrt{1 + x^2}}\left[1 + \dfrac{1}{2\sqrt{1 + x^2}}(1 + x^2)'\right]$

$$= \frac{1}{x + \sqrt{1 + x^2}}\left(1 + \frac{2x}{2\sqrt{1 + x^2}}\right) = \frac{1}{x + \sqrt{1 + x^2}} \cdot \frac{x + \sqrt{1 + x^2}}{\sqrt{1 + x^2}} = \frac{1}{\sqrt{1 + x^2}}.$$

三、反函数的求导法则

定理 3　设函数 $x = g(y)$ 存在反函数 $y = f(x)$，且在点 y 处可导，$g'(y) \neq 0$，则其反函

数 $y = f(x)$ 在相应点 x 处也可导,且

$$f'(x) = \frac{1}{g'(y)} \quad \text{或} \quad \frac{\mathrm{d}y}{\mathrm{d}x} = \frac{1}{\frac{\mathrm{d}x}{\mathrm{d}y}}.$$

证 由 $x = g(y)$ 存在反函数及在点 y 处可导知,它严格单调且在点 y 处连续,从而反函数 $y = f(x)$ 在相应点 x 处连续. 取 $\Delta x \neq 0$,此时 $\Delta y = f(x + \Delta x) - f(x) \neq 0$,当 $\Delta x \to 0$ 时,$\Delta y \to 0$,从而

$$f'(x) = \lim_{\Delta x \to 0} \frac{\Delta y}{\Delta x} = \lim_{\Delta x \to 0} \frac{1}{\frac{\Delta x}{\Delta y}} = \frac{1}{g'(y)}.$$

定理 3 说明,反函数的导数等于原来函数导数的倒数.

例 10 求函数 $y = \arcsin x (-1 < x < 1)$ 的导数.

解 因为 $y = \arcsin x (-1 < x < 1)$ 是 $x = \sin y \left(-\frac{\pi}{2} < y < \frac{\pi}{2} \right)$ 的反函数,且

$$(\sin y)' = \cos y > 0, \quad \cos y = \sqrt{1 - \sin^2 y} = \sqrt{1 - x^2},$$

故

$$(\arcsin x)' = \frac{1}{(\sin y)'} = \frac{1}{\cos y} = \frac{1}{\sqrt{1 - x^2}}.$$

类似地,可证:

$$(\arccos x)' = -\frac{1}{\sqrt{1 - x^2}}, \quad (\arctan x)' = \frac{1}{1 + x^2}, \quad (\operatorname{arccot} x)' = -\frac{1}{1 + x^2}.$$

我们已求出所有基本初等函数的导数,为了便于记忆和使用,现将公式汇总如下:

(1) $(C)' = 0$;

(2) $(x^\mu)' = \mu x^{\mu - 1}$;

(3) $(a^x)' = a^x \ln a \quad (a > 0, a \neq 1)$;

(4) $(\mathrm{e}^x)' = \mathrm{e}^x$;

(5) $(\log_a x)' = \frac{1}{x \ln a} \quad (a > 0, a \neq 1)$;

(6) $(\ln |x|)' = \frac{1}{x}$;

(7) $(\sin x)' = \cos x$;

(8) $(\cos x)' = -\sin x$;

(9) $(\tan x)' = \sec^2 x$;

(10) $(\cot x)' = -\csc^2 x$;

(11) $(\sec x)' = \sec x \tan x$;

(12) $(\csc x)' = -\csc x \cot x$;

(13) $(\arcsin x)' = \frac{1}{\sqrt{1 - x^2}}$;

(14) $(\arccos x)' = -\frac{1}{\sqrt{1 - x^2}}$;

(15) $(\arctan x)' = \frac{1}{1 + x^2}$;

(16) $(\operatorname{arccot} x)' = -\frac{1}{1 + x^2}$.

例 11 求函数 $y = \arcsin(2x^3)$ 的导数.

解 $y' = \frac{1}{\sqrt{1 - (2x^3)^2}} (2x^3)' = \frac{6x^2}{\sqrt{1 - 4x^6}}.$

例 12 求函数 $y = \arctan \frac{1}{x}$ 的导数.

解 $y' = \frac{1}{1 + \left(\frac{1}{x} \right)^2} \left(\frac{1}{x} \right)' = \frac{x^2}{1 + x^2} \left(-\frac{1}{x^2} \right) = -\frac{1}{1 + x^2}.$

练　习　3.2

1. 求下列函数的导数：

(1) $y = x^2 + 2x - \sin x$；

(2) $y = \dfrac{x^6 + 2\sqrt{x} - 1}{x^3}$；

(3) $y = \dfrac{x}{1 - \cos x}$；

(4) $y = x\ln x - x$；

(5) $y = \dfrac{x-1}{x+1}$；

(6) $y = (1 + x^2)\mathrm{e}^x$.

2. 求下列函数的导数：

(1) $y = \sin \ln x$；

(2) $y = (2x - 1)^9$；

(3) $y = \mathrm{e}^{\tan \frac{1}{x}}$；

(4) $y = \ln \dfrac{1 + \sqrt{x}}{1 - \sqrt{x}}$；

(5) $y = \sin^2 x \cdot \sin x^2$；

(6) $y = \arcsin \sqrt{x}$；

(7) $y = \ln(x + \sqrt{x^2 + a^2})$；

(8) $y = \arctan(1 + x^2)$；

(9) $y = \dfrac{x}{2}\sqrt{a^2 - x^2} + \dfrac{a^2}{2}\arcsin \dfrac{x}{a}$　$(a > 0)$.

3. 求下列函数在给定点处的导数：

(1) $\rho = \theta\sin\theta + \cos\theta$，求 $\dfrac{\mathrm{d}\rho}{\mathrm{d}\theta}\Big|_{\theta = \frac{\pi}{6}}$；

(2) $f(x) = \dfrac{\sqrt{x}}{1 + \sqrt{x}}$，求 $f'(4)$.

4. 已知 $f(u)$ 可导，$y = f(\sin^2 x) + f(\cos^2 x)$，求 y'.

5. 设 $f(x)$ 在 $(-\infty, +\infty)$ 上可导，证明：

(1) 若 $f(x)$ 为奇函数，则 $f'(x)$ 为偶函数；

(2) 若 $f(x)$ 为偶函数，则 $f'(x)$ 为奇函数；

(3) 若 $f(x)$ 为周期函数，则 $f'(x)$ 为周期函数.

§3.3　隐函数的导数及由参数方程确定函数的导数

一、隐函数的导数

我们把等号左边是因变量，等号右边是仅含有自变量的式子的函数称为**显函数**. 例如，

$$y = \sin x + \mathrm{e}^x - 1, \quad y = x^3 + \ln x - \sqrt{1 + x^2}$$

都是显函数. 我们把由方程 $F(x, y) = 0$ 所确定的函数称为**隐函数**. 例如，由

$$\mathrm{e}^{xy} - \sin(xy) + 2 = 0, \quad x^2 + y^2 - 1 = 0$$

所确定的函数都为隐函数.

下面我们通过例题来说明怎样用复合函数的求导法则来求隐函数的导数.

例 1　求由方程 $\mathrm{e}^y = xy$ 所确定的函数 $y = y(x)$ 的导数 $\dfrac{\mathrm{d}y}{\mathrm{d}x}$.

解　把 y 看作 x 的函数 $y = y(x)$，方程 $x^2 + y^2 = 1$ 两边同时对自变量 x 求导（y 看作中间变量），得

$$\mathrm{e}^y y' = y + xy',$$

解得

$$y' = \frac{y}{e^y - x} = \frac{y}{xy - x} = \frac{y}{x(y-1)}.$$

例 2　求圆 $x^2 + y^2 = 1$ 在点 $P\left(\frac{\sqrt{2}}{2}, \frac{\sqrt{2}}{2}\right)$ 处的切线方程.

解　把 y 看作 x 的函数 $y = y(x)$，方程 $x^2 + y^2 = 1$ 两边同时对自变量 x 求导，得
$$2x + 2yy' = 0,$$
解得
$$y' = -\frac{x}{y},$$

所以圆在点 P 处的切线斜率为 $k = y'\big|_{\left(\frac{\sqrt{2}}{2}, \frac{\sqrt{2}}{2}\right)} = -1$. 故所求的切线方程为
$$y - \frac{\sqrt{2}}{2} = -\left(x - \frac{\sqrt{2}}{2}\right).$$

二、对数求导法

如果直接用导数的运算法则求函数
$$y = \sqrt{\frac{(x+1)(3x-2)}{(2x-1)(4x+3)}}$$
的导数，将是很烦琐的事情. 再例如，函数
$$y = u(x)^{v(x)}, \quad u(x) > 0$$
既不是指数函数又不是幂函数，需借助于取对数来求它的导数. 下面通过两个例子来介绍对数求导法.

例 3　设 $y = \sqrt{\frac{(x+1)(3x-2)}{(2x-1)(4x+3)}}$，求 y'.

解　先将等式两边各因子取绝对值，再取对数，得
$$\ln|y| = \frac{1}{2}(\ln|x+1| + \ln|3x-2| - \ln|2x-1| - \ln|4x+3|),$$
把 y 看作 x 的函数 $y = y(x)$，上述方程两边同时对自变量 x 求导，得
$$\frac{1}{y}y' = \frac{1}{2}\left(\frac{1}{x+1} + \frac{3}{3x-2} - \frac{2}{2x-1} - \frac{4}{4x+3}\right),$$
解得
$$y' = \frac{1}{2}\sqrt{\frac{(x+1)(3x-2)}{(2x-1)(4x+3)}}\left(\frac{1}{x+1} + \frac{3}{3x-2} - \frac{2}{2x-1} - \frac{4}{4x+3}\right).$$

例 4　设 $y = x^{\sin x}\,(x > 0)$，求 y'.

解　函数式两边取对数，得
$$\ln y = \sin x \ln x,$$
把 y 看作 x 的函数 $y = y(x)$，上述方程两边同时对自变量 x 求导，得
$$\frac{1}{y}y' = \cos x \ln x + \frac{\sin x}{x},$$
解得
$$y' = x^{\sin x}\left(\cos x \ln x + \frac{\sin x}{x}\right).$$

求形如 $y = u(x)^{v(x)}$，$u(x) > 0$ 的函数以及多个因子积（商）的形式的函数的导数，一般用

对数求导法.

三、由参数方程确定的函数的导数

由参数方程

$$\begin{cases} x = \varphi(t), \\ y = \psi(t) \end{cases} \quad (t \text{ 为参数})$$

所确定的 y 与 x 之间的函数 $y = f(x)$ 称为由**参数方程确定的函数**.

假定函数 $\varphi(t), \psi(t)$ 都可导且 $\varphi'(t) \neq 0$. 在此条件下，$x = \varphi(t)$ 的反函数 $t = g(x)$ 存在且可导. 于是把函数 $y = f(x)$ 看作 $y = \psi(t)$ 与 $t = g(x)$ 构成的复合函数. 由复合函数求导法则及反函数求导法则，可得由参数方程确定的函数的导数公式为

$$\frac{\mathrm{d}y}{\mathrm{d}x} = \frac{\mathrm{d}y}{\mathrm{d}t} \cdot \frac{\mathrm{d}t}{\mathrm{d}x} = \frac{\mathrm{d}y}{\mathrm{d}t} \cdot \frac{1}{\dfrac{\mathrm{d}x}{\mathrm{d}t}} = \frac{\dfrac{\mathrm{d}y}{\mathrm{d}t}}{\dfrac{\mathrm{d}x}{\mathrm{d}t}} = \frac{\psi'(t)}{\varphi'(t)}.$$

例 5 求由参数方程

$$\begin{cases} x = a(t - \sin t), \\ y = a(1 - \cos t) \end{cases} \quad (0 \leqslant t \leqslant 2\pi)$$

确定的函数 $y = f(x)$ 的导数.

解 $\dfrac{\mathrm{d}y}{\mathrm{d}x} = \dfrac{\dfrac{\mathrm{d}y}{\mathrm{d}t}}{\dfrac{\mathrm{d}x}{\mathrm{d}t}} = \dfrac{a\sin t}{a(1 - \cos t)} = \dfrac{\sin t}{1 - \cos t}$.

例 6 求椭圆 $\begin{cases} x = 2\cos t, \\ y = \sin t \end{cases}$ 在 $t = \dfrac{\pi}{4}$ 的相应点处的切线方程.

解 $\dfrac{\mathrm{d}y}{\mathrm{d}x} = \dfrac{(\sin t)'}{(2\cos t)'} = \dfrac{\cos t}{-2\sin t} = -\dfrac{1}{2}\cot t$.

当 $t = \dfrac{\pi}{4}$ 时，切线斜率为 $\dfrac{\mathrm{d}y}{\mathrm{d}x}\Big|_{t=\frac{\pi}{4}} = -\dfrac{1}{2}$，曲线上所对应的点为 $\left(\sqrt{2}, \dfrac{\sqrt{2}}{2}\right)$，故所求切线方程为

$$y - \frac{\sqrt{2}}{2} = -\frac{1}{2}(x - \sqrt{2}).$$

练 习 3.3

1. 求下列由方程所确定的隐函数 $y = y(x)$ 的导数 $\dfrac{\mathrm{d}y}{\mathrm{d}x}$：

(1) $y = x\ln y$；

(2) $\mathrm{e}^{xy} = x + y$；

(3) $\mathrm{e}^y = \sin xy$；

(4) $\arctan \dfrac{y}{x} = x$.

2. 求曲线 $x^2 + xy + y^2 = 4$ 在点 $(2, -2)$ 处的切线方程.

3. 用对数求导法求下列函数的导数：

(1) $y = x^x \quad (x > 0)$；

(2) $y = \sqrt{\dfrac{(x-1)(x-2)}{(x-3)(x-4)}}$；

(3) $y = (x+1)(x+2)^2(x+3)^3$；

(4) $y = x^{\mathrm{e}^x} \quad (x > 0)$.

4. 求下列由参数方程所确定的函数的导数 $\dfrac{\mathrm{d}y}{\mathrm{d}x}$:

(1) $\begin{cases} x = 1 - t^2, \\ y = t - t^3; \end{cases}$ (2) $\begin{cases} x = \mathrm{e}^t \sin t, \\ y = \mathrm{e}^t \cos t. \end{cases}$

5. 求曲线 $\begin{cases} x = \ln(1 + t^2), \\ y = \arctan t \end{cases}$ 在 $t = 1$ 的相应点处的切线方程和法线方程.

6. 设 $y = y(x)$ 是由方程 $1 + \sin(x + y) = \mathrm{e}^{-xy}$ 所确定的隐函数,求 $y = y(x)$ 在点 $(0,0)$ 处的切线方程和法线方程.

§3.4 函数的微分及高阶导数

一、微分的概念

边长为 x 的正方形的面积为 $S = S(x) = x^2$,如果其边长从 x_0 变到 $x_0 + \Delta x$(Δx 很小),其边长增加了 Δx,从而其面积的改变量为(见图 $3 - 4 - 1$)

$$\Delta S = (x_0 + \Delta x)^2 - x_0^2 = 2x_0 \Delta x + (\Delta x)^2.$$

因 Δx 很小,$(\Delta x)^2$ 必定更小,故可认为

$$\Delta S \approx 2x_0 \Delta x.$$

这个近似公式表明,正方形面积的改变量可以由 $2x_0 \Delta x$ 来近似地代替,由此产生的误差(即以 Δx 为边长的小正方形面积) 是一个比 Δx 高阶的无穷小量.

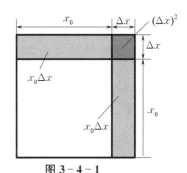

图 $3 - 4 - 1$

定义 1 设函数 $y = f(x)$ 在点 x_0 的某邻域内有定义,给 x 在点 x_0 处一个改变量 Δx,若相应的函数值的改变量 Δy 可表示为

$$\Delta y = f(x_0 + \Delta x) - f(x_0) = A\Delta x + o(\Delta x),$$

其中 A 是与 Δx 无关的常量,则称函数 $y = f(x)$ 在点 x_0 处**可微**,且称 $A\Delta x$ 为函数 $y = f(x)$ 在点 x_0 处的**微分**,记作 $\mathrm{d}y$ 或 $\mathrm{d}f(x)$,即

$$\mathrm{d}y = \mathrm{d}f(x) = A\Delta x.$$

$\mathrm{d}y$ 也称为 Δy 的**线性主部**.

若函数 $y = f(x)$ 在点 x_0 处可微,则由微分的定义得

$$\Delta y = f(x_0 + \Delta x) - f(x_0) = A\Delta x + o(\Delta x),$$

于是

$$\lim_{\Delta x \to 0} \frac{\Delta y}{\Delta x} = \lim_{\Delta x \to 0} \frac{A\Delta x + o(\Delta x)}{\Delta x} = \lim_{\Delta x \to 0} \left(A + \frac{o(\Delta x)}{\Delta x} \right) = A.$$

这表明,如果函数 $y = f(x)$ 在点 x_0 处可微,则它在点 x_0 处也一定可导,且 $f'(x_0) = A$.

反之,如果 $y = f(x)$ 在点 x_0 处可导,即 $\lim\limits_{\Delta x \to 0} \dfrac{\Delta y}{\Delta x} = f'(x_0)$,则由无穷小量与极限的关系得

$$\frac{\Delta y}{\Delta x} = f'(x_0) + \alpha \quad (\Delta x \to 0 \text{ 时},\alpha = \alpha(\Delta x) \to 0),$$

所以有

$$\Delta y = f'(x_0)\Delta x + \alpha\Delta x.$$

由于 $\lim\limits_{\Delta x \to 0} \dfrac{\alpha\Delta x}{\Delta x} = \lim\limits_{\Delta x \to 0} \alpha = 0$,故 $\alpha\Delta x = o(\Delta x)$,从而

$$\Delta y = f'(x_0)\Delta x + o(\Delta x).$$

这表明，函数 $y = f(x)$ 在点 x_0 处可微. 于是，我们有下面的定理.

定理 1　设函数 $y = f(x)$ 在点 x_0 的某邻域内有定义，则 $f(x)$ 在点 x_0 处可微的充分必要条件是 $f(x)$ 在点 x_0 处可导，且

$$dy = f'(x_0)\Delta x.$$

函数 $y = f(x)$ 在任意点 x 处的微分称为**函数 $y = f(x)$ 的微分**，记作 dy 或 $df(x)$，即

$$dy = f'(x)\Delta x.$$

当 $y = f(x) \equiv x$ 时，$dy = dx = x'\Delta x = \Delta x$，因此 $\Delta x = dx$. 于是函数 $f(x)$ 在点 x_0 处的微分可写成

$$dy = f'(x_0)dx.$$

函数 $y = f(x)$ 的微分可写成

$$dy = f'(x)dx,$$

从而有

$$\frac{dy}{dx} = f'(x).$$

由于函数的导数等于函数的微分与自变量的微分的商，因此，导数又称为"微商".

例 1　求函数 $y = x^2$ 当 x 由 1 改变到 1.01 的微分.

解　因为 $dy = y'dx = 2xdx$，由题设条件知

$$x_0 = 1, \quad dx = \Delta x = 1.01 - 1 = 0.01,$$

故所求微分为

$$dy = 2 \times 1 \times 0.01 = 0.02.$$

例 2　求函数 $y = e^{2x}$ 在 $x = 0$ 处的微分.

解　$dy = (e^{2x})'\Big|_{x=0} dx = 2e^{2x}\Big|_{x=0} dx = 2dx.$

二、微分的几何意义

如图 $3-4-2$ 所示，MP 是曲线 $y = f(x)$ 在点 $M(x_0, y_0)$ 处的切线，其斜率为 $\tan\alpha = f'(x_0)$，则

$$QP = \tan\alpha \cdot \Delta x = f'(x_0)\Delta x = dy.$$

因此，函数 $y = f(x)$ 在点 x_0 处的微分 dy 的几何意义就是曲线 $y = f(x)$ 过点 $M(x_0, y_0)$ 的切线上相应的纵坐标改变量 QP.

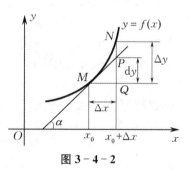

图 $3-4-2$

三、微分的基本公式与运算法则

微分公式 $dy = f'(x)dx$ 表明，求微分时只要求出导数 $f'(x)$，再乘以 dx 即可. 由导数的基本公式和运算法则，可得到相应的微分基本公式和运算法则.

1. 基本初等函数微分公式

(1) $d(C) = 0$;

(2) $d(x^\mu) = \mu x^{\mu-1}dx$;

(3) $d(a^x) = a^x \ln a\, dx \quad (a > 0, a \neq 1)$;

(4) $d(e^x) = e^x dx$;

(5) $d(\log_a x) = \dfrac{1}{x\ln a}dx \quad (a > 0, a \neq 1)$;

(6) $d(\ln x) = \dfrac{1}{x}dx$;

(7) $d(\sin x) = \cos x\, dx$;

(8) $d(\cos x) = -\sin x\, dx$;

(9)$d(\tan x) = \sec^2 x dx$;　　　　　　(10)$d(\cot x) =- \csc^2 x dx$;

(11)$d(\sec x) = \sec x \tan x dx$;　　　　(12)$d(\csc x) =- \csc x \cot x dx$;

(13)$d(\arcsin x) = \dfrac{1}{\sqrt{1-x^2}} dx$;　　　(14)$d(\arccos x) =- \dfrac{1}{\sqrt{1-x^2}} dx$;

(15)$d(\arctan x) = \dfrac{1}{1+x^2} dx$;　　　(16)$d(\text{arccot} x) =- \dfrac{1}{1+x^2} dx$.

2. 微分运算法则（设 u, v 可微）

(1)$d(u \pm v) = du \pm dv$;

(2)$d(uv) = v du + u dv$;

(3)$d\left(\dfrac{u}{v}\right) = \dfrac{v du - u dv}{v^2}$　$(v \neq 0)$.

设 $y = f(u)$ 与 $u = \varphi(x)$ 都是可导函数,如果把 u 看作自变量,则函数 $y = f(u)$ 的微分为

$$dy = f'(u)du.$$

如果把 $y = f(u)$ 与 $u = \varphi(x)$ 复合,得到函数 $y = f(\varphi(x))$,则 x 是自变量, u 是中间变量,此时函数 $y = f(\varphi(x))$ 的微分为 $dy = (f(\varphi(x)))' dx = f'(u)\varphi'(x)dx$. 又因为

$$du = \varphi'(x)dx,$$

所以

$$dy = (f(\varphi(x)))' dx = f'(u)\varphi'(x)dx = f'(u)du.$$

这表明,无论 u 是自变量还是中间变量,微分形式 $dy = f'(u)du$ 保持不变. 这种性质称为**一阶微分形式不变性**. 这使得在求复合函数的微分时,更加直接和方便.

例 3　求函数 $y = \sin(3x + 2)$ 的微分.

解　**方法 1**　因为

$$y' = (\sin(3x+2))' = 3\cos(3x+2),$$

所以

$$dy = y' dx = 3\cos(3x+2)dx.$$

方法 2　利用一阶微分形式不变性,得

$$dy = d(\sin(3x+2)) = \cos(3x+2)d(3x+2)$$
$$= \cos(3x+2)(3dx) = 3\cos(3x+2)dx.$$

四、微分在近似计算中的应用

若 $y = f(x)$ 在点 x_0 处可微,则

$$\Delta y = f(x_0 + \Delta x) - f(x_0) = f'(x_0)\Delta x + o(\Delta x).$$

当 $|\Delta x|$ 很小时,

$$\Delta y = f(x_0 + \Delta x) - f(x_0) \approx f'(x_0)\Delta x,$$

即

$$f(x_0 + \Delta x) \approx f(x_0) + f'(x_0)\Delta x.$$

这就是利用微分进行近似计算的公式.

上式中,如果取 $x_0 = 0$,用 x 替换 Δx,则得到形式更为简单的近似公式:

$$f(x) \approx f(0) + f'(0)x,$$

其中 $f(x)$ 在 $x = 0$ 处可微, $|x|$ 充分小.

应用公式 $f(x) \approx f(0) + f'(0)x$，可推出下列常用的简易近似公式（$|x|$ 充分小）：

(1) $(1+x)^\alpha \approx 1 + \alpha x$；

(2) $e^x \approx 1 + x$；

(3) $\ln(1+x) \approx x$；

(4) $\sin x \approx x$（x 的单位取弧度）；

(5) $\tan x \approx x$（x 的单位取弧度）.

例 4 求 $\sqrt[3]{1.02}$ 的近似值.

解 设 $f(x) = \sqrt[3]{x}$，取 $x_0 = 1, \Delta x = 0.02$. 由于 $f'(x) = \dfrac{1}{3\sqrt[3]{x^2}}$，故

$$\sqrt[3]{1.02} = f(x_0 + \Delta x) \approx f(x_0) + f'(x_0)\Delta x$$
$$= f(1) + f'(1)\Delta x = \sqrt[3]{1} + \frac{1}{3\sqrt[3]{1^2}} \times 0.02 \approx 1.006\,7.$$

例 5 求 $e^{-0.001}$ 的近似值.

解 由简易近似公式 $e^x \approx 1 + x$，得

$$e^{-0.001} \approx 1 - 0.001 = 0.999.$$

五、高阶导数

函数 $y = f(x) = x^7 + 6x^5 + 1$ 的导数 $f'(x) = 7x^6 + 30x^4$ 仍是 x 的函数，可继续求导数.

定义 2 如果函数 $f(x)$ 的导数 $f'(x)$ 在点 x 处可导，即

$$(f'(x))' = \lim_{\Delta x \to 0} \frac{f'(x + \Delta x) - f'(x)}{\Delta x}$$

存在，则称 $(f'(x))'$ 为函数 $f(x)$ 在点 x 处的**二阶导数**，记为

$$f''(x), \quad y'', \quad \frac{\mathrm{d}^2 y}{\mathrm{d}x^2} \quad \text{或} \quad \frac{\mathrm{d}^2 f(x)}{\mathrm{d}x^2}.$$

类似地，二阶导数的导数称为**三阶导数**，记为

$$f'''(x), \quad y''', \quad \frac{\mathrm{d}^3 y}{\mathrm{d}x^3} \quad \text{或} \quad \frac{\mathrm{d}^3 f(x)}{\mathrm{d}x^3}.$$

一般地，$f(x)$ 的 $n-1$ 阶导数的导数称为 $f(x)$ 的 n **阶导数**，记为

$$f^{(n)}(x), \quad y^{(n)}, \quad \frac{\mathrm{d}^n y}{\mathrm{d}x^n} \quad \text{或} \quad \frac{\mathrm{d}^n f(x)}{\mathrm{d}x^n}.$$

我们把二阶和二阶以上的导数统称为**高阶导数**.

例 6 设 $y = x^n (n \in \mathbf{N}^*)$，求 $y^{(k)}$.

解 由 $y' = nx^{n-1}, y'' = n(n-1)x^{n-2}, \cdots$，可得如下结果：

当 $k < n$ 时，

$$y^{(k)} = n(n-1)\cdots(n-k+1)x^{n-k};$$

当 $k = n$ 时，

$$y^{(n)} = n(n-1)(n-2)\cdots 1 = n!;$$

当 $k > n$ 时，

$$y^{(k)} = 0.$$

例 7 设 $y = \sin x$，求 $y^{(n)}$.

解 $y' = \cos x = \sin\left(x + \dfrac{\pi}{2}\right)$，

$$y'' = (y')' = \cos\left(x+\frac{\pi}{2}\right) = \sin\left(x+\frac{\pi}{2}+\frac{\pi}{2}\right) = \sin\left(x+2\cdot\frac{\pi}{2}\right),$$

$$y''' = (y'')' = \cos\left(x+2\cdot\frac{\pi}{2}\right) = \sin\left(x+2\cdot\frac{\pi}{2}+\frac{\pi}{2}\right) = \sin\left(x+3\cdot\frac{\pi}{2}\right),$$

$$\cdots\cdots$$

$$y^{(n)} = \sin\left(x+n\cdot\frac{\pi}{2}\right),$$

即

$$(\sin x)^{(n)} = \sin\left(x+\frac{n\pi}{2}\right).$$

用同样的方法可得到如下常用的任意阶导数公式：

(1) $(\cos x)^{(n)} = \cos\left(x+\frac{n\pi}{2}\right)$；

(2) $(a^x)^{(n)} = a^x(\ln a)^n$　$(a>0$ 且 $a\neq1)$.

有些一阶导数的运算法则可以直接推广到高阶导数,例如

$$(u(x)\pm v(x))^{(n)} = u^{(n)}(x)\pm v^{(n)}(x).$$

但乘积 $u(x)\cdot v(x)$ 的 n 阶导数就没这么简单. 设 $y=u(x)\cdot v(x)$,则

$$y' = u'\cdot v+u\cdot v',$$

$$y'' = u''\cdot v+2u'\cdot v'+u\cdot v'',$$

$$y''' = u'''\cdot v+3u''\cdot v'+3u'\cdot v''+u\cdot v'''.$$

这个过程继续下去,用数学归纳法可以证明

$$(u\cdot v)^{(n)} = C_n^0 u^{(n)}v^{(0)}+C_n^1 u^{(n-1)}v^{(1)}+C_n^2 u^{(n-2)}v^{(2)}+\cdots+C_n^k u^{(n-k)}v^{(k)}+\cdots+C_n^n u^{(0)}v^{(n)},$$

其中 $u^{(0)}(x)=u(x),v^{(0)}(x)=v(x)$,上式称为**莱布尼茨公式**.

例 8　设函数 $f(x)=x^2\cdot 2^x$,求 $f^{(n)}(0)$.

解　由于

$$(x^2)^{(0)} = x^2,\quad (x^2)' = 2x,\quad (x^2)'' = 2,\quad (x^2)''' = 0,\quad\cdots,$$

根据莱布尼茨公式得

$$f^{(n)}(0) = C_n^{n-2}(x^2)^{(2)}(2^x)^{(n-2)}\Big|_{x=0} = \frac{n(n-1)}{2}2(\ln 2)^{n-2}$$

$$= n(n-1)(\ln 2)^{n-2}.$$

练　习　3.4

1.求函数 $y=x^3$ 当 x 由 1 改变到 1.003 时的微分.

2.求函数 $y=\mathrm{e}^{3x}$ 在 $x=0$ 处的微分.

3.求下列函数的微分：

(1) $y=3x^2$；

(2) $y=\ln x^2$；

(3) $y=\dfrac{x}{1-x^2}$；

(4) $y=\arctan\sqrt{x}$；

(5) $xy=1$；

(6) $y=1+x\mathrm{e}^y$.

4.计算下列各数的近似值：

(1) $\sqrt[100]{1.002}$；

(2) $\cos 60°30'$.

5.在下列等式的括号中填入适当的函数,使等式成立:

(1)d( ) = 2dx;   (2)d( ) = 3xdx;

(3)d( ) = cos2xdx;   (4)d( ) = sec² 3xdx.

6.求下列函数的二阶导数:

(1)$y = \arctan x$;   (2)$y = \ln(1+x^2)$;

(3)$y = x\ln x$;   (4)$y = \sin(1+x^2)$;

(5)$y = xe^{x^2}$;   (6)$x^2 + y^2 = 1 \quad (y \neq 0)$.

7.设由参数方程

$$\begin{cases} x = t^2 - 2t, \\ y = t^3 - 3t \end{cases} \quad (t \neq 1)$$

所确定的函数为 $y = y(x)$,求 $\dfrac{d^2 y}{dx^2}$.

8.求下列函数的 n 阶导数:

(1)$y = \sin 2x$;   (2)$y = e^{3x}$.

习 题 三

（A）

1.设函数 $f(x) = \begin{cases} x^2, & x \leqslant 1, \\ ax+b, & x > 1, \end{cases}$ a,b 为何值时,$f(x)$ 处处可导?

2.已知 $f(x) = \begin{cases} x^2, & x \leqslant 0, \\ xe^x, & x > 0, \end{cases}$ 求 $f'_-(0)$ 和 $f'_+(0)$. $f'(0)$ 存在吗?

3.求下列函数的导数:

(1)$y = 2\sqrt[3]{x} - \dfrac{3}{x} + \sqrt{5}$;   (2)$y = (1-x^2)^{100}$;

(3)$y = \dfrac{\sqrt{x}}{1-x^2}$;   (4)$y = \sqrt{x}\sin x$;

(5)$y = 2^x + e^{2x}$;   (6)$y = \tan x - \sec x + 2$;

(7)$y = \sqrt{x\sqrt{x\sqrt{x}}}$;   (8)$y = \csc x + \log_2 x + \sin 1$;

(9)$y = \ln(1+x^2)$;   (10)$y = \cos(3-2x)$;

(11)$y = e^{-\frac{1}{2}x^2}$;   (12)$y = \cot\left(\dfrac{1}{2}x^2\right)$;

(13)$y = \arctan e^x$;   (14)$y = (\arcsin x)^2$;

(15)$y = \arccos \dfrac{1}{x}$;   (16)$y = \ln(\tan x)$;

(17)$y = e^{\arccos \sqrt{x}}$;   (18)$y = \ln\sqrt{\dfrac{1-\sin x}{1+\sin x}}$;

(19)$y = x^{e^x}$;   (20)$y = \ln(\ln(\ln x))$;

(21)$y = x^a + a^x + x^x + a^a \quad (a > 0, a \neq 1, x > 0)$;

(22)$y = e^{x^2}\sqrt{\dfrac{(x-1)(x-2)}{x-3}}$.

4.设 $f(x) = \ln\sqrt{\dfrac{2e^{3x}-1}{e^{3x}+1}}$,求 $f'(0)$.

5. 求由下列方程所确定的隐函数 $y = y(x)$ 的导数 $\dfrac{\mathrm{d}y}{\mathrm{d}x}$:

(1) $y = 1 - x\mathrm{e}^y$;　　　　　　　　　　(2) $y = \cos(x + y)$.

6. 已知函数 $y = y(x)$ 由参数方程

$$\begin{cases} x = a\cos^3 t, \\ y = a\sin^3 t \end{cases} \quad (a \neq 0)$$

所确定, 求 $\dfrac{\mathrm{d}y}{\mathrm{d}x}, \dfrac{\mathrm{d}^2 y}{\mathrm{d}x^2}$.

7. 求由方程 $x^3 - 3xy + y^3 = 3$ 所确定的曲线 $y = f(x)$ 在点 $A(1,2)$ 处的切线方程及法线方程.

8. 求下列函数的微分:

(1) $y = 2x^3 - 1$;　　　　　　　　　　(2) $y = \sin x + \ln x + 3$;

(3) $y = 3^x(x^2 + 1)$;　　　　　　　　(4) $y = \dfrac{x}{1 - x^2}$;

(5) $y = \dfrac{\mathrm{e}^x + 1}{x}$;　　　　　　　　　(6) $y = \sqrt{x^2 + x}$;

(7) $y = x\mathrm{e}^x \sin x$;　　　　　　　　(8) $y = \arctan\sqrt{x}$;

(9) $y = \ln\left(\sin\dfrac{x}{2}\right)$;　　　　　　(10) $y = \mathrm{e}^{2x}\arcsin x$.

9. 在括号中填入适当的函数, 使下列等式成立:

(1) $\mathrm{d}(\quad) = \dfrac{1}{\sqrt{x}}\mathrm{d}x$;　　　　　　(2) $\mathrm{d}(\quad) = \cos tx\,\mathrm{d}x$;

(3) $\mathrm{d}(\quad) = \mathrm{e}^{-2x}\mathrm{d}x$;　　　　　　(4) $\mathrm{d}(\quad) = \dfrac{2}{1 + x^2}\mathrm{d}x$.

10. 求下列各数的近似值:

(1) $\sqrt[5]{0.95}$;　　　　　　　　　　(2) $\ln 1.01$.

11. 求下列函数的 n 阶导数:

(1) $y = \mathrm{e}^{3x} + \sin x$;　　　　　　　(2) $y = \ln(1 + x)$.

12. 设函数 $g(x)$ 在 $x = a$ 处连续, $g(a) = 2$, 且 $f(x) = (x - a)g(x)$, 证明: $f(x)$ 在 $x = a$ 处可导, 并求出 $f'(a)$.

13. 已知 $f(0) = 1, f'(0) = -1$, 求下列极限:

(1) $\displaystyle\lim_{x \to 0} \dfrac{2^x f(x) - 1}{x}$;　　　　　　(2) $\displaystyle\lim_{x \to 1} \dfrac{f(\ln x) - 1}{1 - x}$.

(B)

1. 选择题:

(1) 设函数 $f(x) = (\mathrm{e}^x - 1)(\mathrm{e}^{2x} - 2)\cdots(\mathrm{e}^{nx} - n)$, 其中 n 为正整数, 则 $f'(0) = (\quad)$.

A. $(-1)^{n-1}(n-1)!$　　　　　　　B. $(-1)^n(n-1)!$

C. $(-1)^{n-1}n!$　　　　　　　　　D. $(-1)^n n!$　　　　　(2012 考研数一、二、三)

(2) 设函数 $y = f(x)$ 由方程 $\cos(xy) + \ln y - x = 1$ 所确定, 则 $\displaystyle\lim_{n \to \infty} n\left(f\left(\dfrac{2}{n}\right) - 1\right) = (\quad)$.

A. 2　　　　　　B. 1　　　　　　C. -1　　　　　D. -2　　　(2013 考研数二)

(3) 设函数 $f(x) = \begin{cases} x^\alpha \cos\dfrac{1}{x^\beta}, & x > 0, \\ 0, & x \leqslant 0 \end{cases}$ $(\alpha > 0, \beta > 0)$, 若 $f'(x)$ 在 $x = 0$ 处连续, 则($\quad$).

A. $\alpha - \beta - 1 > 0$　　　　　　　B. $0 < \alpha - \beta \leqslant 1$

C. $\alpha - \beta > 2$　　　　　　　　D. $0 < \alpha - \beta \leqslant 2$　　　(2015 考研数二)

2.填空题：

(1) 设 $y = y(x)$ 由方程 $x^2 - y + 1 = e^y$ 所确定,则 $\dfrac{\mathrm{d}y}{\mathrm{d}x} =$ _____.　　　　　　　(2012 考研数二)

(2) 设 $\begin{cases} x = \sin t, \\ y = t\sin t + \cos t \end{cases}$ (t 为参数),则 $\dfrac{\mathrm{d}^2 y}{\mathrm{d}x^2}\bigg|_{t=\frac{\pi}{4}} =$ _____.　　　　(2013 考研数一)

(3) 设曲线 L 的极坐标方程为 $r = \theta$,则 L 在点 $(r, \theta) = \left(\dfrac{\pi}{2}, \dfrac{\pi}{2}\right)$ 处的切线的直角坐标方程为_____.

(2014 考研数二)

(4) 设 $f(x)$ 是周期为 4 的可导奇函数,且 $f'(x) = 2(x-1), x \in [0, 2]$,则 $f(7) =$ _____.

(2014 考研数二)

(5) 设 $\begin{cases} x = \arctan t, \\ y = 3t + t^3, \end{cases}$ 则 $\dfrac{\mathrm{d}^2 y}{\mathrm{d}x^2}\bigg|_{t=1} =$ _____.　　　　　　　(2015 考研数二)

3.设 $f(x)$ 在 $(-\infty, +\infty)$ 上是周期为 2 的周期函数,且满足

$$\lim_{x \to 0} \frac{f(1) - f(1-x)}{6x} = 1,$$

求曲线 $y = f(x)$ 在点 $(3, f(3))$ 处切线的斜率.

第 4 章

微分中值定理与导数的应用

前面学习了导数与微分等基本概念. 在此基础上,本章以微分学的基本定理——微分中值定理为基础,介绍如何应用导数研究函数的性态,如函数不定式的极限,函数的单调性和函数曲线的凹凸性,函数的极值、最大(小)值,函数作图,最后介绍导数的某些其他应用.

§4.1 微分中值定理

微分中值定理揭示了函数在某个区间上的整体性质与该区间内部某一点处的导数之间的关系,它是微分学中非常重要的定理.

一、罗尔定理

定理 1(罗尔(Rolle)定理) 如果函数 $y = f(x)$ 满足:

(1) 在闭区间 $[a,b]$ 上连续,

(2) 在开区间 (a,b) 内可导,

(3) 在区间端点处的函数值相等,即 $f(a) = f(b)$,

则在 (a,b) 内至少存在一点 ξ,使得 $f'(\xi) = 0$.

证 因为 $y = f(x)$ 在 $[a,b]$ 上连续,所以 $y = f(x)$ 在 $[a,b]$ 上必有最大值 M 和最小值 m.

若 $M = m$,则 $f(x)$ 恒为常数,因此 (a,b) 内任一点都可作为 ξ,使得定理的结论成立.

若 $M \neq m$,则 $M > m$. 由于 $f(a) = f(b)$,故最大值 M 或最小值 m 至少有一个在 (a,b) 内取得. 不妨设 $f(x)$ 在某点 $\xi \in (a,b)$ 取得最大值 M,则 $\forall x \in [a,b]$,有 $f(x) \leqslant f(\xi)$. 再由极限的保号性,得

$$f'(\xi) = f'_-(\xi) = \lim_{x \to \xi^-} \frac{f(x) - f(\xi)}{x - \xi} \geqslant 0,$$

$$f'(\xi) = f'_+(\xi) = \lim_{x \to \xi^+} \frac{f(x) - f(\xi)}{x - \xi} \leqslant 0,$$

所以 $f'(\xi) = 0$. 定理的结论成立.

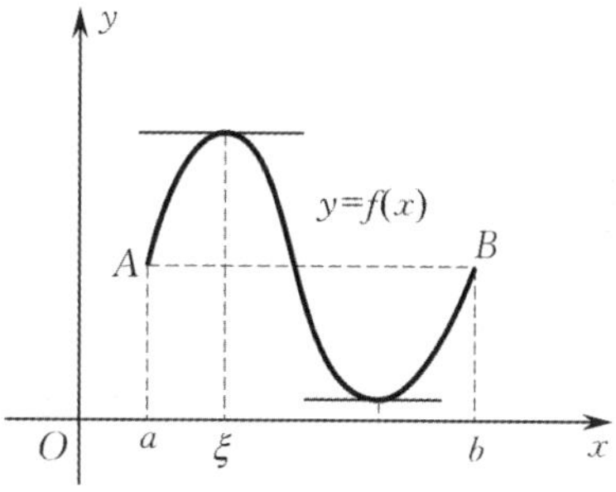

罗尔定理的几何意义是:如果连续函数 $y = f(x)$ 在端点处的函数值相等且除区间端点外处处可导,则至少有一点 $(\xi, f(\xi))$ $(a < \xi < b)$,使得曲线 $y = f(x)$ 在该点处的切线与 x 轴平行,如图 4-1-1 所示.

如果罗尔定理的三个条件中有一个不满足,则定理的结论就可能不成立.

图 4-1-1

例 1　验证函数 $f(x) = x^2 + 1$ 在区间 $[-1,1]$ 上满足罗尔定理的条件,并求出 $\xi \in (-1,1)$,使得 $f'(\xi) = 0$.

解　显然 $f(x)$ 在闭区间 $[-1,1]$ 上连续,在开区间 $(-1,1)$ 内可导,且 $f(-1) = f(1) = 2$,即 $f(x)$ 在 $[-1,1]$ 上满足罗尔定理的条件.由于 $f'(x) = 2x$,令 $f'(x) = 0$,得 $x = 0$,从而在 $(-1,1)$ 内存在一点 $\xi = 0$,使得 $f'(\xi) = 0$.

由于罗尔定理的结论相当于方程 $f'(x) = 0$ 在 (a,b) 内至少有一实根,因此可用该定理判断方程根的存在问题.

例 2　已知 $f(x) = x(x-1)(x-2)$,不求导数判断方程 $f'(x) = 0$ 有几个实根,并判断这些实根所在的范围.

解　因为 $f(0) = f(1) = f(2) = 0$,且 $f(x)$ 在闭区间 $[0,1]$ 和 $[1,2]$ 上连续,在开区间 $(0,1)$ 和 $(1,2)$ 内可导,所以 $f(x)$ 在区间 $[0,1]$ 和 $[1,2]$ 上均满足罗尔定理的三个条件,从而在 $(0,1)$ 内至少存在一点 ξ_1,使得 $f'(\xi_1) = 0$,即 ξ_1 是方程 $f'(x) = 0$ 的一个根;在 $(1,2)$ 内至少存在一点 ξ_2,使得 $f'(\xi_2) = 0$,即 ξ_2 也是方程 $f'(x) = 0$ 的一个根.

又由于一元二次方程最多只能有两个实根,而 $f'(x) = 0$ 为一元二次方程,故 $f'(x) = 0$ 恰好有两个实根,分别在区间 $(0,1)$ 和 $(1,2)$ 内.

二、拉格朗日中值定理

定理 2（拉格朗日(Lagrange)中值定理）　如果函数 $y = f(x)$ 满足条件:

(1) 在闭区间 $[a,b]$ 上连续,

(2) 在开区间 (a,b) 内可导,

则在 (a,b) 内至少存在一点 ξ,使得

$$f'(\xi) = \frac{f(b) - f(a)}{b - a}.$$

证　引入辅助函数

$$\varphi(x) = f(x) - x\frac{f(b) - f(a)}{b - a}, \qquad (4-1-1)$$

则函数 $\varphi(x)$ 在闭区间 $[a,b]$ 上连续,在开区间 (a,b) 内可导,且

$$\varphi(a) = \varphi(b) = \frac{bf(a) - af(b)}{b - a}.$$

由罗尔定理知,在开区间 (a,b) 内至少有一点 ξ,使 $\varphi'(\xi) = 0$,即

$$\varphi'(\xi) = f'(\xi) - \frac{f(b) - f(a)}{b - a} = 0,$$

图 4-1-2

故公式 $(4-1-1)$ 成立.

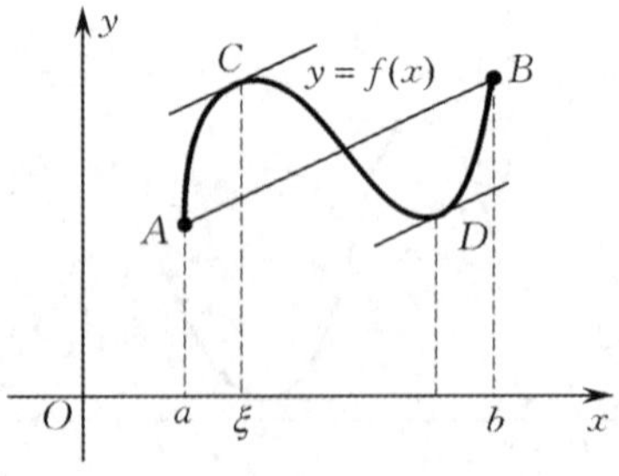

公式 $(4-1-1)$ 通常称为拉格朗日中值公式,该公式对于 $b < a$ 的情形仍然成立.拉格朗日中值公式 $(4-1-1)$ 反映了函数 $y = f(x)$ 在 $[a,b]$ 上的整体平均变化率与其在 (a,b) 内某点 ξ 处导数之间的关系.显然,当 $f(a) = f(b)$ 时,拉格朗日中值定理就变成了罗尔定理,即罗尔定理是拉格朗日中值定理的特殊情况.

拉格朗日中值定理的几何意义是:如果连续函数 $y = f(x)$ 在除区间端点外处处可导,则至少有一点 $(\xi, f(\xi))$ $(a < \xi < b)$,使得曲线 $y = f(x)$ 在该点处的切线平行于弦 AB,其斜率为 $\frac{f(b) - f(a)}{b - a}$（见图 $4-1-2$）.

由于 ξ 介于 a 与 b 之间,故有

$$0 < \frac{\xi - a}{b - a} < 1.$$

如果令 $\theta = \frac{\xi - a}{b - a}$,则 $\xi = a + \theta(b - a), 0 < \theta < 1$. 于是拉格朗日中值公式(4 - 1 - 1)还可写成

$$f(b) = f(a) + f'(a + \theta(b - a))(b - a), \quad 0 < \theta < 1.$$

例 3　设 $f(x) = x^2$,说明 $f(x)$ 在 $[0,1]$ 上满足拉格朗日中值定理的条件,并求出定理中的点 ξ.

解　由于函数 $f(x) = x^2$ 在实数域上连续、可导,故该函数在 $[0,1]$ 上满足拉格朗日中值定理的条件. 又因为 $f'(x) = 2x$,从而由

$$\frac{f(1) - f(0)}{1 - 0} = f'(\xi) = 2\xi,$$

得 $1 = 2\xi$,即 $\xi = \frac{1}{2}$.

例 4　证明:对任意实数 a,b,不等式

$$|\arctan b - \arctan a| \leqslant |b - a|$$

都成立.

证　当 $a = b$ 时,等号成立.

当 $a \neq b$ 时,不妨设 $a < b$. 令 $f(x) = \arctan x$,则 $f'(x) = \frac{1}{1 + x^2}$. 由于 $f(x)$ 在 $[a,b]$ 上满足拉格朗日中值定理的条件,故

$$\frac{f(b) - f(a)}{b - a} = \frac{\arctan b - \arctan a}{b - a} = f'(\xi) = \frac{1}{1 + \xi^2},$$

从而

$$\left| \frac{\arctan b - \arctan a}{b - a} \right| = \left| \frac{1}{1 + \xi^2} \right| = \frac{1}{1 + \xi^2} \leqslant 1.$$

故

$$|\arctan b - \arctan a| \leqslant |b - a|.$$

推论 1　如果函数 $f(x)$ 在区间 I 上的导数恒为零,那么 $f(x)$ 在区间 I 上是一个常数.

证　在区间 I 内任取两点 $x_1, x_2 (x_1 < x_2)$,在 $[x_1, x_2]$ 上应用拉格朗日中值定理,有

$$\frac{f(x_2) - f(x_1)}{x_2 - x_1} = f'(\xi) \quad (x_1 < \xi < x_2).$$

由已知 $f'(\xi) = 0$,得 $f(x_2) - f(x_1) = 0$,即

$$f(x_2) = f(x_1).$$

这就表明,$f(x)$ 在 I 上的任取的两点处函数值相等,即 $f(x)$ 在 I 上的函数值总是相等的,因此 $f(x)$ 在区间 I 上是一个常数.

由推论 1 容易推出下面的结论.

推论 2　如果函数 $f(x), g(x)$ 在区间 I 上可导,且 $f'(x) = g'(x)$,则在 I 上有

$$f(x) = g(x) + C \quad (C \text{ 是常数}).$$

例 5　证明:$\arctan x + \operatorname{arccot} x = \frac{\pi}{2}$.

证　设 $f(x) = \arctan x + \operatorname{arccot} x$,因为

$$f'(x) = \frac{1}{1+x^2} + \left(-\frac{1}{1+x^2}\right) = 0,$$

所以

$$f(x) = C \quad (C\text{ 是常数}).$$

又因为

$$f(1) = \arctan 1 + \operatorname{arccot} 1 = \frac{\pi}{4} + \frac{\pi}{4} = \frac{\pi}{2},$$

即 $C = \dfrac{\pi}{2}$，故 $f(x) = \arctan x + \operatorname{arccot} x = \dfrac{\pi}{2}$.

三、柯西中值定理

下面考虑由参数方程 $x = g(t), y = f(t), t \in [a,b]$ 给出的一段曲线，其两端点分别为 $A(g(a), f(a)), B(g(b), f(b))$. 连接 A, B 两点得到线段 AB，则线段 AB 的斜率为

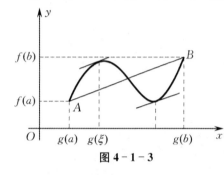

图 4 - 1 - 3

$\dfrac{f(b)-f(a)}{g(b)-g(a)}$（见图 4 - 1 - 3）. 而曲线上任一点处切线的斜率为 $\dfrac{\mathrm{d}y}{\mathrm{d}x} = \dfrac{f'(t)}{g'(t)}$. 若曲线上存在一点（对应参数 $t = \xi \in (a,b)$），使得曲线在该点处的切线与线段 AB 平行，则下面等式成立：

$$\frac{f(b)-f(a)}{g(b)-g(a)} = \frac{f'(\xi)}{g'(\xi)}.$$

于是有下面的定理.

定理 3（柯西(Cauchy)**中值定理**）　如果函数 $f(x), g(x)$ 满足：

(1) 在闭区间 $[a,b]$ 上连续，

(2) 在开区间 (a,b) 内可导，且 $g'(x)$ 在 (a,b) 内每一点处均不为零，

则在 (a,b) 内至少存在一点 ξ，使得

$$\frac{f(b)-f(a)}{g(b)-g(a)} = \frac{f'(\xi)}{g'(\xi)}.$$

若令 $g(x) = x$，则柯西中值定理变为拉格朗日中值定理，即拉格朗日中值定理是柯西中值定理的特殊情况.

例 6　设函数 $f(x)$ 在 $[0,1]$ 上连续，在 $(0,1)$ 内可导，试证明至少存在一点 $\xi \in (0,1)$，使得

$$f'(\xi) = 2\xi(f(1)-f(0)).$$

证　令 $g(x) = x^2$，则 $f(x), g(x)$ 在 $[0,1]$ 上满足柯西中值定理的条件，故在 $(0,1)$ 内至少存在一点 ξ，使得

$$\frac{f(1)-f(0)}{g(1)-g(0)} = \frac{f'(\xi)}{g'(\xi)}.$$

又因为 $g'(x) = 2x$，故

$$\frac{f(1)-f(0)}{1-0} = \frac{f'(\xi)}{2\xi},$$

即

$$f'(\xi) = 2\xi(f(1)-f(0)).$$

练　习　4.1

1. 下列函数在给定的区间上是否满足罗尔定理的条件?若满足,求出定理中的点 ξ.

(1) $f(x) = |x|$,　$x \in [-1,1]$;

(2) $f(x) = \dfrac{1}{1+x^2}$,　$x \in [-1,1]$;

(3) $f(x) = x\sqrt{3-x}$,　$x \in [0,3]$;

(4) $f(x) = \begin{cases} \dfrac{1}{x}, & x \neq 0, \\ 1, & x = 0, \end{cases}$　$x \in [0,1]$.

2. 下列函数在给定的区间上是否满足拉格朗日中值定理的条件?若满足,求出定理中的点 ξ.

(1) $f(x) = x^3$,　$x \in [0,2]$;

(2) $f(x) = \ln x$,　$x \in [1,2]$;

(3) $f(x) = |\sin x|$,　$x \in \left[-\dfrac{\pi}{2}, \dfrac{\pi}{2}\right]$;

(4) $f(x) = \begin{cases} x, & x \neq 0, \\ 1, & x = 0, \end{cases}$　$x \in [0,1]$.

3. 验证函数 $f(x) = x^3 + 1, g(x) = x^2$ 在区间 $[1,2]$ 上满足柯西中值定理的条件,并求出满足等式 $\dfrac{f(2)-f(1)}{g(2)-g(1)} = \dfrac{f'(\xi)}{g'(\xi)}$ 的点 ξ.

4. 不求函数 $f(x) = x(x+1)(x-1)$ 的导数,判断方程 $f'(x) = 0$ 有几个实根,并指出这些根所在的范围.

5. 证明下列恒等式:

(1) $\arcsin x + \arccos x = \dfrac{\pi}{2}$　$(-1 \leqslant x \leqslant 1)$;

(2) $\arctan x + \arccos \dfrac{x}{\sqrt{1+x^2}} = \dfrac{\pi}{2}$.

6. 应用拉格朗日中值定理证明下列不等式:

(1) 若 x 为实数,则 $|\sin x| \leqslant |x|$;

(2) 若 $a > b > 0$,则 $\dfrac{a-b}{a} < \ln \dfrac{a}{b} < \dfrac{a-b}{b}$;

(3) 若 $a > b > 0, n > 1$,则 $nb^{n-1}(a-b) < a^n - b^n < na^{n-1}(a-b)$.

7. 验证函数 $f(x) = e^x, g(x) = x$ 在区间 $[a,1]$ $(a < 1)$ 或 $[1,a]$ $(a > 1)$ 上满足柯西中值定理的条件,并证明:当 $a \neq 1$ 时,$e^a > ae$.

*§4.2　泰　勒　定　理

对于某些较复杂的函数,计算它的函数值或研究其局部性质时,经常用多项式等简单的函数来近似代表该函数,这就是泰勒(Taylor)定理的实质所在.

在学习微分内容时已经知道,若函数 $f(x)$ 在点 x_0 处可微,则
$$f(x_0 + \Delta x) = f(x_0) + f'(x_0)\Delta x + o(\Delta x).$$
如果令 $x = x_0 + \Delta x$,则
$$f(x) = f(x_0) + f'(x_0)(x - x_0) + o(x - x_0).$$
当 $|\Delta x| = |x - x_0|$ 很小时,有近似公式
$$f(x) \approx f(x_0) + f'(x_0)(x - x_0).$$

这种近似表达式的不足之处是:只适用于 $|\Delta x|$ 很小的情况,且精确度不高,不能具体估算出误差大小. 因此,对于精确度要求较高且需要估计误差的情形,就必须用高次多项来近似表示函数,同时还需要给出误差公式.

定理 1(泰勒定理)　如果函数 $f(x)$ 在含点 x_0 的开区间 (a,b) 内具有直到 $n+1$ 阶的导

数，则对于 (a,b) 内任意点 x，$f(x)$ 都可以表示为一个关于 $x-x_0$ 的 n 次多项式与一个余项 $R_n(x)$ 之和：

$$f(x) = f(x_0) + f'(x_0)(x-x_0) + \frac{f''(x_0)}{2!}(x-x_0)^2 + \cdots$$

$$+ \frac{f^{(n)}(x_0)}{n!}(x-x_0)^n + R_n(x), \qquad (4-2-1)$$

其中

$$R_n(x) = \frac{f^{(n+1)}(\xi)}{(n+1)!}(x-x_0)^{n+1},$$

而 ξ 介于 x_0 与 x 之间。 （证明略）

定理中的公式 $(4-2-1)$ 称为函数 $f(x)$ 在点 x_0 处的 n **阶泰勒公式**，$R_n(x)$ 称为**拉格朗日型余项**。

当 $n=0$ 时，泰勒公式变成拉格朗日中值公式：

$$f(x) = f(x_0) + f'(\xi)(x-x_0) \quad (\xi \text{ 在 } x_0 \text{ 与 } x \text{ 之间}).$$

因此，泰勒定理是拉格朗日中值定理的推广。

由于 ξ 介于 x_0 与 x 之间，故 ξ 可写成 $\xi = x_0 + \theta(x-x_0)(0 < \theta < 1)$。在泰勒公式 $(4-2-1)$ 中令 $x_0 = 0$，得到

$$f(x) = f(0) + f'(0)x + \frac{f''(0)}{2!}x^2 + \cdots + \frac{f^{(n)}(0)}{n!}x^n + \frac{f^{(n+1)}(\theta x)}{(n+1)!}x^{n+1} \quad (0 < \theta < 1).$$

此时，该公式称为 n **阶麦克劳林**（Maclaurin）**公式**。

如果对于某个固定的 n，当 x 在区间 (a,b) 内变动时，$|f^{(n+1)}(x)|$ 总不超过一个常数 M，则有

$$\left| \frac{R_n(x)}{(x-x_0)^n} \right| = \left| \frac{f^{(n+1)}(\xi)}{(n+1)!}(x-x_0) \right| \leqslant \frac{M}{(n+1)!} |x-x_0|,$$

故

$$\lim_{x \to x_0} \frac{R_n(x)}{(x-x_0)^n} = 0.$$

可见，当 $x \to x_0$ 时，$R_n(x)$ 是比 $(x-x_0)^n$ 高阶的无穷小量，即 $R_n(x) = o((x-x_0)^n)$。这种形式的余项称为**皮亚诺**（Peano）**余项**。此时，麦克劳林公式可表示为

$$f(x) = f(0) + f'(0)x + \frac{f''(0)}{2!}x^2 + \cdots + \frac{f^{(n)}(0)}{n!}x^n + o(x^n).$$

例 1 求 $f(x) = e^x$ 的 n 阶麦克劳林公式。

解 因 $f^{(n)}(x) = e^x$，$n = 0,1,2,\cdots$，故

$$f(0) = f'(0) = f''(0) = \cdots = f^{(n)}(0) = 1.$$

又 $f^{(n+1)}(\theta x) = e^{\theta x}$，所以 $f(x) = e^x$ 的 n 阶麦克劳林公式为

$$f(x) = e^x = f(0) + f'(0)x + \frac{f''(0)}{2!}x^2 + \cdots + \frac{f^{(n)}(0)}{n!}x^n + \frac{f^{(n+1)}(\theta x)}{(n+1)!}x^{n+1}$$

$$= 1 + x + \frac{x^2}{2!} + \cdots + \frac{x^n}{n!} + \frac{e^{\theta x}}{(n+1)!}x^{n+1}$$

$$= 1 + x + \frac{x^2}{2!} + \cdots + \frac{x^n}{n!} + o(x^n) \quad (0 < \theta < 1).$$

由公式知

$$e^x \approx 1 + x + \frac{x^2}{2!} + \cdots + \frac{x^n}{n!},$$

其误差为

$$|R_n(x)| = \left| \frac{e^{\theta x}}{(n+1)!} x^{n+1} \right| < \frac{e^{|x|}}{(n+1)!} |x|^{n+1} \quad (0 < \theta < 1).$$

取 $x = 1$，得

$$e \approx 1 + 1 + \frac{1}{2!} + \cdots + \frac{1}{n!},$$

其误差为

$$|R_n| < \frac{e}{(n+1)!} < \frac{3}{(n+1)!}.$$

例 2　求 $f(x) = \sin x$ 的 n 阶麦克劳林公式.

解　由于 $(\sin x)^{(n)} = \sin\left(x + \frac{n\pi}{2}\right), n = 0, 1, 2, \cdots$，故

$$f(0) = 0, \quad f'(0) = 1, \quad f''(0) = 0, \quad f'''(0) = -1, \quad f^{(4)}(0) = 0, \quad f^{(5)}(0) = 1, \quad \cdots,$$

即 $f^{(2k)}(0) = 0, f^{(2k+1)}(0) = (-1)^k (k = 0, 1, 2, \cdots)$. 因此

$$\sin x = x - \frac{x^3}{3!} + \frac{x^5}{5!} - \cdots + (-1)^{n-1} \frac{x^{2n-1}}{(2n-1)!} + \frac{\sin\left(\theta x + \frac{(2n+1)\pi}{2}\right)}{(2n+1)!} x^{2n+1},$$

其中 $0 < \theta < 1$，进而上式可写成

$$\sin x = x - \frac{x^3}{3!} + \frac{x^5}{5!} - \cdots + (-1)^{n-1} \frac{x^{2n-1}}{(2n-1)!} + o(x^{2n}).$$

类似可得

$$\cos x = 1 - \frac{x^2}{2!} + \frac{x^4}{4!} - \frac{x^6}{6!} + \cdots + (-1)^n \frac{x^{2n}}{(2n)!} + o(x^{2n+1})$$

$$= 1 - \frac{x^2}{2!} + \frac{x^4}{4!} - \frac{x^6}{6!} + \cdots + (-1)^n \frac{x^{2n}}{(2n)!} + o(x^{2n}).$$

利用类似以上求麦克劳林公式的方法，可得到其他常用初等函数的麦克劳林公式，为了方便应用列出如下：

(1) $e^x = 1 + x + \frac{x^2}{2!} + \cdots + \frac{x^n}{n!} + o(x^n)$;

(2) $\ln(1+x) = x - \frac{x^2}{2} + \frac{x^3}{3} - \cdots + (-1)^{n-1} \frac{x^n}{n} + o(x^n)$;

(3) $\frac{1}{1-x} = 1 + x + x^2 + \cdots + x^n + o(x^n)$;

(4) $(1+x)^m = 1 + mx + \frac{m(m-1)}{2!} x^2 + \cdots + \frac{m(m-1)\cdots(m-n+1)}{n!} x^n + o(x^n)$

$$(m \text{ 为任意实数，且 } m > n).$$

例 3　求下列函数的带皮亚诺余项的 n 阶麦克劳林公式：

(1) $f(x) = e^{-x^2}$; 　　　　　　　　　(2) $f(x) = \frac{1-x}{1+x}$.

解　(1) $f(x) = e^{-x^2} = 1 + (-x^2) + \frac{(-x^2)^2}{2!} + \cdots + \frac{(-x^2)^n}{n!} + o(x^{2n})$

$$= 1 - x^2 + \frac{x^4}{2!} - \cdots + (-1)^n \frac{x^{2n}}{n!} + o(x^{2n})$$

$$= \sum_{k=0}^{n} (-1)^k \frac{x^{2k}}{k!} + o(x^{2n}).$$

$$(2) f(x) = \frac{1-x}{1+x} = -1 + \frac{2}{1+x} = -1 + 2 \times \frac{1}{1-(-x)}$$

$$= -1 + 2[1 - x + x^2 - x^3 + \cdots + (-x)^n + o(x^n)]$$

$$= -1 + 2[1 - x + x^2 - x^3 + \cdots + (-x)^n] + o(x^n)$$

$$= -1 + 2 \sum_{k=0}^{n} (-1)^k x^k + o(x^n).$$

例 4　计算 $\lim\limits_{x \to 0} \dfrac{\cos x - \mathrm{e}^{-\frac{x^2}{2}}}{x^3 \sin x}$.

解　由

$$\cos x = 1 - \frac{x^2}{2!} + \frac{x^4}{4!} + o(x^4),$$

$$\mathrm{e}^{-\frac{x^2}{2}} = 1 - \frac{x^2}{2} + \frac{1}{2!}\left(-\frac{x^2}{2}\right)^2 + o(x^4),$$

$$\sin x = x + o(x),$$

得

$$\cos x - \mathrm{e}^{-\frac{x^2}{2}} = \frac{x^4}{4!} - \frac{1}{2!}\left(-\frac{x^2}{2}\right)^2 + o(x^4) = -\frac{1}{12}x^4 + o(x^4),$$

故

$$\lim_{x \to 0} \frac{\cos x - \mathrm{e}^{-\frac{x^2}{2}}}{x^3 \sin x} = \lim_{x \to 0} \frac{-\frac{1}{12}x^4 + o(x^4)}{x^3(x + o(x))} = \lim_{x \to 0} \frac{-\frac{1}{12}x^4 + o(x^4)}{x^4 + o(x^4)}$$

$$= \lim_{x \to 0} \frac{-\frac{1}{12} + \frac{o(x^4)}{x^4}}{1 + \frac{o(x^4)}{x^4}} = -\frac{1}{12}.$$

例 5　计算 $\lim\limits_{x \to 0} \dfrac{x(\mathrm{e}^x + \mathrm{e}^{-x} - 2)}{x - \sin x}$.

解　由

$$\mathrm{e}^x = 1 + x + \frac{x^2}{2!} + o(x^2),$$

$$\mathrm{e}^{-x} = 1 - x + \frac{x^2}{2!} + o(x^2),$$

得

$$\mathrm{e}^x + \mathrm{e}^{-x} - 2 = x^2 + o(x^2).$$

由

$$\sin x = x - \frac{x^3}{3!} + o(x^3),$$

得

$$x - \sin x = \frac{x^3}{3!} + o(x^3),$$

所以

$$\lim_{x\to 0}\frac{x(e^x+e^{-x}-2)}{x-\sin x}=\lim_{x\to 0}\frac{x(x^2+o(x^2))}{\dfrac{x^3}{3!}+o(x^3)}=\lim_{x\to 0}\frac{x^3+o(x^3)}{\dfrac{x^3}{3!}+o(x^3)}$$

$$=\lim_{x\to 0}\frac{1+\dfrac{o(x^3)}{x^3}}{\dfrac{1}{3!}+\dfrac{o(x^3)}{x^3}}=3!=6.$$

练　习　4.2

1.求下列函数的带皮亚诺余项的 n 阶麦克劳林公式:

(1) $f(x)=a^x(a>0,a\neq 1)$;　　　　(2) $f(x)=\dfrac{1}{2-x}$.

2.用泰勒公式求下列极限:

(1) $\lim_{x\to 0}\dfrac{x-\sin x}{x^3}$;　　　　(2) $\lim_{x\to 0}\dfrac{e^x+\sin x-1}{\ln(1+x)}$;

(3) $\lim_{x\to 0}\dfrac{e^x\sin x-x(1+x)}{x^3}$;　　　　(4) $\lim_{x\to 0}\dfrac{e^{x^3}-1-x^3}{\sin^6 2x}$.

§4.3　洛必达法则

我们知道,两个无穷小量之比的极限可能存在,也可能不存在.例如 $\lim_{x\to 0}\dfrac{\sin x}{x}=1$,而极限 $\lim_{x\to 0}\dfrac{\ln(1+x)}{x^2}$ 不存在.这类极限称为 $\dfrac{0}{0}$ 型不定式.类似地,两个无穷大量之比的极限称为 $\dfrac{\infty}{\infty}$ 型不定式.本节将利用微分中值定理推导可计算不定式极限的洛必达(L'Hospital)法则.

一、$\dfrac{0}{0}$ 型与 $\dfrac{\infty}{\infty}$ 型不定式

定理 1(洛必达法则)　若函数 $f(x),g(x)$ 满足条件:

(1) $\lim_{x\to a}f(x)=0,\lim_{x\to a}g(x)=0$,或者 $\lim_{x\to a}f(x)=\infty,\lim_{x\to a}g(x)=\infty$,

(2) 在点 a 的某个去心邻域内可导,且 $g'(x)\neq 0$,

(3) $\lim_{x\to a}\dfrac{f'(x)}{g'(x)}=A$(或 ∞),

则

$$\lim_{x\to a}\frac{f(x)}{g(x)}=\lim_{x\to a}\frac{f'(x)}{g'(x)}=A(或\infty).$$

证　只证 $\dfrac{0}{0}$ 型不定式的情况.在 $x=a$ 处补充定义,使得

$$f(a)=g(a)=0,$$

从而存在点 a 的某个邻域,使 $f(x)$ 及 $g(x)$ 在这个邻域内连续.设 x 为该邻域内任一异于 a 的点,则 $f(x)$ 及 $g(x)$ 在 $[a,x]$(或 $[x,a]$)上满足柯西中值定理的条件,故由柯西中值定理得

$$\frac{f(x)}{g(x)}=\frac{f(x)-f(a)}{g(x)-g(a)}=\frac{f'(\xi)}{g'(\xi)}\quad(\xi 在 a 与 x 之间).$$

显然当 $x\to a$ 时,$\xi\to a$,因此有

$$\lim_{x \to a} \frac{f(x)}{g(x)} = \lim_{\xi \to} \frac{f'(\xi)}{g'(\xi)} = \lim_{x \to a} \frac{f'(x)}{g'(x)} = A(\text{或}\infty).$$

若定理 1 中的 $x \to a$ 换成 $x \to a^+, x \to a^-, x \to +\infty, x \to -\infty, x \to \infty$，并且条件(2)做相应的修改，则结论仍然成立. 如果 $\lim_{x \to a} \dfrac{f'(x)}{g'(x)}$ 还是不定式，且函数 $f'(x)$ 及 $g'(x)$ 仍满足定理 1 的条件，那么还可继续用洛必达法则，直到求出极限为止.

例 1　求 $\lim\limits_{x \to +\infty} \dfrac{\ln x}{x^{\alpha}}(\alpha > 0)$.

解　这是 $\dfrac{\infty}{\infty}$ 型不定式，由洛必达法则得

$$\lim_{x \to +\infty} \frac{\ln x}{x^{\alpha}} = \lim_{x \to +\infty} \frac{\dfrac{1}{x}}{\alpha x^{\alpha-1}} = \lim_{x \to +\infty} \frac{1}{\alpha x^{\alpha}} = 0.$$

例 2　求 $\lim\limits_{x \to +\infty} \dfrac{x^2}{3^x}$.

解　这是 $\dfrac{\infty}{\infty}$ 型不定式，由洛必达法则得

$$\lim_{x \to +\infty} \frac{x^2}{3^x} = \lim_{x \to +\infty} \frac{2x}{3^x \ln 3} = \lim_{x \to +\infty} \frac{2}{3^x (\ln 3)^2} = 0.$$

例 3　求 $\lim\limits_{x \to b} \dfrac{a^x - a^b}{x - b}$　$(a > 0, a \neq 1)$.

解　这是 $\dfrac{0}{0}$ 型不定式，由洛必达法则得

$$\lim_{x \to b} \frac{a^x - a^b}{x - b} = \lim_{x \to b} \frac{a^x \ln a}{1} = a^b \ln a.$$

例 4　求 $\lim\limits_{x \to 0} \dfrac{(x\cos x - \sin x)\ln(x+1)}{x^3 \sin x}$.

解　这是 $\dfrac{0}{0}$ 型不定式，如果直接应用洛必达法则，那么求导会比较麻烦. 可先用等价无穷小量替换，然后化简，再用洛必达法则. 因为当 $x \to 0$ 时，$\ln(1+x) \sim x, \sin x \sim x$，故有

$$原式 = \lim_{x \to 0} \frac{(x\cos x - \sin x)x}{x^3 \cdot x} = \lim_{x \to 0} \frac{x\cos x - \sin x}{x^3} = \lim_{x \to 0} \frac{(\cos x - x\sin x) - \cos x}{3x^2}$$

$$= -\frac{1}{3} \lim_{x \to 0} \frac{\sin x}{x} = -\frac{1}{3}.$$

二、其他类型不定式

其他类型的不定式主要有：$0 \cdot \infty$ 型，$\infty - \infty$ 型，0^0 型，∞^0 型，1^∞ 型不定式. 在求极限时，这些类型的不定式均可转化为 $\dfrac{0}{0}$ 型或 $\dfrac{\infty}{\infty}$ 型不定式，然后应用洛必达法则.

例 5　求 $\lim\limits_{x \to 0^+} x\ln x$.

解　这是 $0 \cdot \infty$ 型不定式，可将其化为 $\dfrac{0}{0}$ 型或 $\dfrac{\infty}{\infty}$ 型不定式来计算：

$$\lim_{x \to 0^+} x\ln x = \lim_{x \to 0^+} \frac{\ln x}{\dfrac{1}{x}} = \lim_{x \to 0^+} \frac{\dfrac{1}{x}}{-\dfrac{1}{x^2}} = \lim_{x \to 0^+} (-x) = 0.$$

例 6　求 $\lim\limits_{x \to 1}\left(\dfrac{x}{x-1} - \dfrac{1}{\ln x}\right)$.

解　这是 $\infty - \infty$ 型不定式,可利用通分化为 $\dfrac{0}{0}$ 型不定式来计算:

$$\lim\limits_{x \to 1}\left(\frac{x}{x-1} - \frac{1}{\ln x}\right) = \lim\limits_{x \to 1}\frac{x\ln x - x + 1}{(x-1)\ln x} = \lim\limits_{x \to 1}\frac{\ln x + 1 - 1}{\ln x + \dfrac{x-1}{x}}$$

$$= \lim\limits_{x \to 1}\frac{\ln x}{\ln x + 1 - \dfrac{1}{x}} = \lim\limits_{x \to 1}\frac{\dfrac{1}{x}}{\dfrac{1}{x} + \dfrac{1}{x^2}} = \frac{1}{2}.$$

对于 0^0 型,∞^0 型,1^∞ 型不定式,可采用**对数求极限法**:先化为以 e 为底的指数函数的极限:

$$\lim f(x)^{g(x)} = \lim \mathrm{e}^{g(x)\ln f(x)} = \mathrm{e}^{\lim(g(x)\ln f(x))},$$

再利用指数函数的连续性,转化为求该函数的指数的极限,最后把指数的极限转化为 $\dfrac{0}{0}$ 型或 $\dfrac{\infty}{\infty}$ 型不定式来计算.

例 7　求 $\lim\limits_{x \to 0^+} x^{\sin x}$　（0^0 型）.

解　$\lim\limits_{x \to 0^+} x^{\sin x} = \lim\limits_{x \to 0^+} \mathrm{e}^{\sin x \ln x}$. 因为

$$\lim\limits_{x \to 0^+}\sin x \ln x = \lim\limits_{x \to 0^+}\frac{\ln x}{\dfrac{1}{\sin x}} = \lim\limits_{x \to 0^+}\frac{\dfrac{1}{x}}{\dfrac{-1}{\sin^2 x}\cos x}$$

$$= -\lim\limits_{x \to 0^+}\left(\frac{\sin x}{x} \cdot \sin x \cdot \frac{1}{\cos x}\right) = -1 \cdot 0 \cdot 1 = 0,$$

所以

$$\lim\limits_{x \to 0^+} x^{\sin x} = \lim\limits_{x \to 0^+} \mathrm{e}^{\sin x \ln x} = \mathrm{e}^0 = 1.$$

例 8　求 $\lim\limits_{x \to 1} x^{\frac{1}{1-x}}$　（1^∞ 型）.

解　$\lim\limits_{x \to 1} x^{\frac{1}{1-x}} = \lim\limits_{x \to 1} \mathrm{e}^{\frac{1}{1-x}\ln x}$. 因为

$$\lim\limits_{x \to 1}\frac{1}{1-x}\ln x = \lim\limits_{x \to 1}\frac{\ln x}{1-x} = \lim\limits_{x \to 1}\frac{\dfrac{1}{x}}{-1} = -1,$$

所以

$$\lim\limits_{x \to 1} x^{\frac{1}{1-x}} = \lim\limits_{x \to 1} \mathrm{e}^{\frac{1}{1-x}\ln x} = \mathrm{e}^{-1}.$$

练　习　4.3

1.用洛必达法则计算下列极限:

(1) $\lim\limits_{x \to 1}\dfrac{x-1}{x^a - 1}$　$(a > 1)$;

(2) $\lim\limits_{x \to 1}\dfrac{\ln x^2}{x-1}$;

(3) $\lim\limits_{x \to 0}\dfrac{a^x - 1}{x}$　$(a > 0, a \neq 1)$;

(4) $\lim\limits_{x \to 0}\dfrac{2^x - 1}{3^x - 1}$;

(5) $\lim\limits_{x \to a}\dfrac{\sin x - \sin a}{x - a}$;

(6) $\lim\limits_{x \to 0}\dfrac{\mathrm{e}^x - \mathrm{e}^{-x}}{\sin x}$;

(7) $\lim\limits_{x \to 0^+} \dfrac{\ln \sin 2x}{\ln \sin 5x}$；

(8) $\lim\limits_{x \to +\infty} \dfrac{\ln\left(1 + \dfrac{1}{x}\right)}{\operatorname{arccot} x}$；

(9) $\lim\limits_{x \to 0}\left(\dfrac{1}{e^x - 1} - \dfrac{1}{x}\right)$；

(10) $\lim\limits_{x \to 0^+} \sin x \ln x$；

(11) $\lim\limits_{x \to 0^+} x^x$；

(12) $\lim\limits_{x \to 0^+} \left(\ln \dfrac{1}{x}\right)^x$.

2. 验证极限

$$\lim_{x \to +\infty} \frac{e^x - e^{-x}}{e^x + e^{-x}}$$

存在，但不能用洛必达法则.

3. 已知函数 $f(x)$ 在 $(x_0 - \delta, x_0 + \delta)(\delta > 0)$ 内二阶导数存在，且 $f''(x_0) = 6$，求极限

$$\lim_{h \to 0} \frac{f(x_0 + h) + f(x_0 - h) - 2f(x_0)}{h^2}.$$

§4.4　函数的单调性与极值

　　函数的单调性是我们研究函数图形时首先应考虑的问题之一. 本节将利用函数的一阶导数和二阶导数来判定函数的单调性与极值，这对函数性质的研究与作图都十分重要.

一、函数的单调性

　　对某些函数而言，要用定义直接判断其单调性并不方便. 若可导函数 $y = f(x)$ 在 $[a, b]$ 上单调增加，则其图形沿 x 轴正向是一条上升的曲线（见图4-4-1），这时曲线上各点处的切线斜率非负（$f'(x) \geqslant 0$）；若 $y = f(x)$ 在 $[a, b]$ 上单调减少，则其图形沿 x 轴正向是一条下降的曲线（见图4-4-2），这时曲线上各点处的切线斜率非正（$f'(x) \leqslant 0$）. 可见，函数的单调性与一阶导数的正负有着密切的关系.

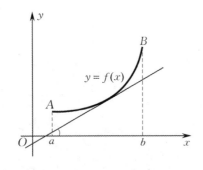

图 4-4-1

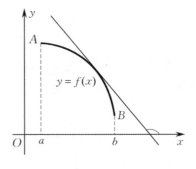

图 4-4-2

　　定理1　设函数 $f(x)$ 在 $[a, b]$ 上连续，在 (a, b) 内可导.

　　(1) 若在 (a, b) 内 $f'(x) > 0$，则函数 $f(x)$ 在 $[a, b]$ 上严格单调增加；

　　(2) 若在 (a, b) 内 $f'(x) < 0$，则函数 $f(x)$ 在 $[a, b]$ 上严格单调减少.

　　证　只证明(2)，(1) 的证明类似.

　　在 $[a, b]$ 内任取两点 x_1, x_2，且满足 $x_1 < x_2$，由拉格朗日中值定理，得

$$f(x_2) - f(x_1) = f'(\xi)(x_2 - x_1) \quad (x_1 < \xi < x_2).$$

若在 (a, b) 内 $f'(x) < 0$，则 $f'(\xi) < 0$，而 $x_2 - x_1 > 0$，于是

$$f(x_2) - f(x_1) = f'(\xi)(x_2 - x_1) < 0,$$

即
$$f(x_1) > f(x_2),$$

故函数 $f(x)$ 在 $[a, b]$ 上严格单调减少.

例 1　确定函数 $f(x) = 2x^3 - 9x^2 + 12x$ 的单调区间.

解　因为
$$f'(x) = 6x^2 - 18x + 12 = 6(x - 1)(x - 2),$$

令 $f'(x) = 0$, 得 $x_1 = 1, x_2 = 2$, 将定义区间分为 $(-\infty, 1], [1, 2], [2, +\infty)$.

在 $(-\infty, 1)$ 内, $f'(x) > 0$, 故函数 $f(x)$ 在 $(-\infty, 1]$ 上严格单调增加;

在 $(1, 2)$ 内, $f'(x) < 0$, 故函数 $f(x)$ 在 $[1, 2]$ 上严格单调减少;

在 $(2, +\infty)$ 内, $f'(x) > 0$, 故函数 $f(x)$ 在 $[2, +\infty)$ 上严格单调增加.

利用函数的单调性, 可证明不等式, 还可讨论方程根的情况.

例 2　证明: 当 $x > 0$ 时, $x > \ln(1 + x) > \dfrac{x}{1 + x}$.

证　令 $f(t) = t - \ln(1 + t)$, 则 $f(t)$ 在 $[0, +\infty)$ 上连续, 且
$$f'(t) = 1 - \frac{1}{1 + t} = \frac{t}{1 + t} > 0, \quad t \in (0, +\infty).$$

因此 $f(t)$ 在 $[0, +\infty)$ 上严格单调增加, 从而当 $x > 0$ 时, $f(x) > f(0)$. 而 $f(0) = 0$, 故 $f(x) = x - \ln(1 + x) > 0$, 即 $x > \ln(1 + x)$.

令 $g(t) = \ln(1 + t) - \dfrac{t}{1 + t}$, 则 $g(t)$ 在 $[0, +\infty)$ 上连续, 且
$$g'(t) = \frac{1}{1 + t} - \frac{1}{(1 + t)^2} = \frac{t}{(1 + t)^2} > 0, \quad t \in (0, +\infty).$$

因此 $g(t)$ 在 $[0, +\infty)$ 上严格单调增加, 从而当 $x > 0$ 时, $g(x) > g(0)$. 而 $g(0) = 0$, 故 $g(x) = \ln(1 + x) - \dfrac{x}{1 + x} > 0$, 即 $\ln(1 + x) > \dfrac{x}{1 + x}$.

综上, 当 $x > 0$ 时, $x > \ln(1 + x) > \dfrac{x}{1 + x}$.

例 3　证明方程 $x + \ln x = 0$ 在区间 $(0, +\infty)$ 上有且只有一个实根.

证　令 $f(x) = x + \ln x$, 因 $f(x)$ 在闭区间 $\left[\dfrac{1}{e}, 1\right]$ 上连续, 且
$$f\left(\frac{1}{e}\right) = \frac{1}{e} - 1 < 0, \quad f(1) = 1 > 0,$$

所以在 $\left(\dfrac{1}{e}, 1\right)$ 内有一个点 ξ, 使得 $f(\xi) = 0$, 即 ξ 是 $x + \ln x = 0$ 的根.

又因为
$$f'(x) = 1 + \frac{1}{x} > 0, \quad x \in (0, +\infty),$$

所以 $f(x)$ 在 $(0, +\infty)$ 上严格单调增加, 即曲线 $y = f(x)$ 与 x 轴至多只有一个交点.

综上所述, 方程 $x + \ln x = 0$ 在区间 $(0, +\infty)$ 上有且只有一个实根.

二、函数的极值

定义 1　如果函数 $f(x)$ 在点 x_0 的某邻域内有定义, 且对该邻域内任一异于 x_0 的点 x, 都有

$$f(x) < f(x_0) \quad (\text{或} f(x) > f(x_0)),$$

则称 $f(x_0)$ 是函数 $f(x)$ 的一个**极大值**（或**极小值**）. 这时，称点 x_0 为 $f(x)$ 的一个**极大值点**（或**极小值点**）.

函数的极大值和极小值统称为函数的**极值**，极大值点和极小值点统称为函数的**极值点**.

如图 4-4-3 所示，x_1, x_3, x_6 是函数 $y = f(x)$ 的极大值点，x_2, x_4 是函数 $y = f(x)$ 的极小值点. 从图 4-4-3 中可看出，函数的极大值不是唯一的，极大值不一定是函数的最大值；极小值也有类似的结果. 但函数的最大值只有一个，最小值也只有一个.

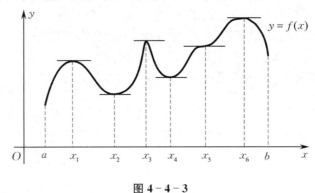

图 4-4-3

从图 4-4-3 还可看出，如果函数曲线上在对应的极值点处有切线，则切线一定与 x 轴平行，但曲线上有水平切线的地方，函数并不一定取得极值，例如点 x_5.

定理 2（极值存在的必要条件） 设函数 $f(x)$ 在点 x_0 处可导且在 x_0 处取得极值，则 $f'(x_0) = 0$.

证 不妨设 $f(x_0)$ 是极大值（极小值情形的证明类似）. 根据极大值的定义，对于点 x_0 的某个邻域内的任何异于 x_0 的点 x，$f(x) < f(x_0)$ 均成立.

当 $x < x_0$ 时，

$$\frac{f(x) - f(x_0)}{x - x_0} > 0,$$

由极限的保号性得

$$f'_-(x_0) = \lim_{x \to x_0^-} \frac{f(x) - f(x_0)}{x - x_0} \geqslant 0;$$

当 $x > x_0$ 时，

$$\frac{f(x) - f(x_0)}{x - x_0} < 0,$$

由极限的保号性得

$$f'_+(x_0) = \lim_{x \to x_0^+} \frac{f(x) - f(x_0)}{x - x_0} \leqslant 0.$$

综上，因为 $f(x)$ 在点 x_0 处可导，所以 $f'(x_0) = f'_-(x_0) = f'_+(x_0) = 0$.

使导数 $f'(x) = 0$ 的点称为函数 $f(x)$ 的**驻点**. 定理 2 表明，如果函数在极值点处可导，则该极值点必定是函数的驻点. 但反过来，函数的驻点不一定是极值点，例如 $x = 0$ 是函数 $f(x) = x^3$ 的驻点，但不是极值点.

由函数单调性的判别法和极值的定义，可得到下面的极值判别法.

定理 3（极值判别法 Ⅰ） 设函数 $f(x)$ 在点 x_0 的某个邻域 $U(x_0)$ 内连续，在相应的左邻

域 $\overset{\circ}{U}(x_0^-)$ 和右邻域 $\overset{\circ}{U}(x_0^+)$ 内可导.

（1）如果在点 x_0 的左邻域 $\overset{\circ}{U}(x_0^-)$ 内 $f'(x)>0$，在点 x_0 的右邻域 $\overset{\circ}{U}(x_0^+)$ 内 $f'(x)<0$，那么函数 $f(x)$ 在点 x_0 处取得极大值；

（2）如果在点 x_0 的左邻域 $\overset{\circ}{U}(x_0^-)$ 内 $f'(x)<0$，在点 x_0 的右邻域 $\overset{\circ}{U}(x_0^+)$ 内 $f'(x)>0$，那么函数 $f(x)$ 在点 x_0 处取得极小值；

（3）如果在点 x_0 的左、右两侧 $f'(x)$ 不改变符号，那么函数 $f(x)$ 在点 x_0 处无极值.

例 4　求下列函数的极值：

(1) $f(x)=2x^3-9x^2+12x$;　　　　　　(2) $f(x)=\sqrt[3]{x^2}$.

解　(1) $f'(x)=6x^2-18x+12=6(x-1)(x-2)$，令 $f'(x)=0$，得函数 $f(x)$ 的驻点为 $x_1=1,x_2=2$.

在 $(-\infty,1)$ 内，$f'(x)>0$，函数 $f(x)$ 严格单调增加；在 $(1,2)$ 内，$f'(x)<0$，函数 $f(x)$ 严格单调减少，故 $f(1)=5$ 是函数的极大值.

在 $(2,+\infty)$ 内，$f'(x)>0$，函数严格单调增加，故 $f(2)=4$ 是函数的极小值.

(2) $f'(x)=\dfrac{2}{3\sqrt[3]{x}}(x\neq0)$. 当 $x<0$ 时，$f'(x)<0$；当 $x>0$ 时，$f'(x)>0$. 故 $f(0)=0$ 是函数的极小值，如图 4-4-4 所示. 此例说明，导数不存在的点，可能是函数的极值点.

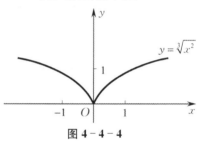

图 4-4-4

如果函数在驻点处具有不为零的二阶导数，且二阶导数容易求得时，则可由二阶导数的符号判别函数的极值.

定理 4（极值判别法 Ⅱ）　设函数 $f(x)$ 在点 x_0 处具有二阶导数，且

$$f'(x_0)=0,\quad f''(x_0)\neq0,$$

那么

（1）当 $f''(x_0)<0$ 时，函数 $f(x)$ 在点 x_0 处取得极大值；

（2）当 $f''(x_0)>0$ 时，函数 $f(x)$ 在点 x_0 处取得极小值；

（3）当 $f''(x_0)=0$ 时，不能确定函数 $f(x)$ 在点 x_0 处是否取极值.

证　(1) 因 $f''(x_0)<0$，由二阶导数的定义及 $f'(x_0)=0$，有

$$f''(x_0)=\lim_{x\to x_0}\frac{f'(x)-f'(x_0)}{x-x_0}=\lim_{x\to x_0}\frac{f'(x)}{x-x_0}<0.$$

根据极限的局部保号性，存在点 x_0 的某个邻域 $(x_0-\delta,x_0+\delta)$，使

$$\frac{f'(x)}{x-x_0}<0,\quad x\in(x_0-\delta,x_0+\delta).$$

因此，当 $x<x_0$ 时，$f'(x)>0$；当 $x>x_0$ 时，$f'(x)<0$. 据定理 3 知，$f(x)$ 在点 x_0 处取得极大值.

（2）的证明与（1）类似.（3）的结论显然成立.

如果 $f''(x_0)=0$，就不能用判别法 Ⅱ 判定 $f(x_0)$ 是否是函数 $f(x)$ 的极值，而要用极值判别法 Ⅰ 进行判别.

例 5　求函数 $f(x)=x^3-3x$ 的极值.

解　$f'(x)=3x^2-3=3(x-1)(x+1)$. 令 $f'(x)=0$，得驻点 $x_1=-1,x_2=1$. 而 $f''(x)$

$= 6x.$

因为 $f''(-1) = -6 < 0$，所以 $f(-1) = 2$ 是函数 $f(x)$ 的极大值.

因为 $f''(1) = 6 > 0$，所以 $f(1) = -2$ 是函数 $f(x)$ 的极小值.

三、函数最大值和最小值的求法

设函数 $f(x)$ 在闭区间 $[a,b]$ 上连续，根据闭区间上连续函数的性质可知，$f(x)$ 在 $[a,b]$ 上一定取到最大值 M 和最小值 m. 一般可按下列步骤求出最大值 M 和最小值 m：

(1) 求出 $f(x)$ 在 (a,b) 内的所有驻点和不可导点，并求出 $f(x)$ 在这些点处的函数值；

(2) 求 $f(x)$ 在区间 $[a,b]$ 端点处的函数值 $f(a),f(b)$；

(3) 将这些函数值进行比较，其中最大的就是最大值，最小的就是最小值.

如果闭区间 $[a,b]$ 上的连续函数 $f(x)$ 在区间 (a,b) 内有且仅有一个极大（极小）值，则此极大（极小）值就是 $f(x)$ 在区间 $[a,b]$ 上的最大（最小）值.

例 6 求函数 $f(x) = x^3 - 3x$ 在 $[-2, \sqrt{3}]$ 上的最大值及最小值.

解 $f'(x) = 3x^2 - 3 = 3(x-1)(x+1)$，令 $f'(x) = 0$，得函数 $f(x)$ 的驻点为 $x_1 = -1$ 和 $x_2 = 1$，而区间端点为 $x = -2, x = \sqrt{3}$. 计算得

$$f(-1) = 2, \quad f(1) = f(-2) = -2, \quad f(\sqrt{3}) = 0,$$

故 $f(x)$ 在 $[-2, \sqrt{3}]$ 上的最大值为 $f(-1) = 2$；最小值为 $f(1) = f(-2) = -2$.

在生产实践和科学试验中，常会遇到在某种条件下，如何使"用料最省""成本最低""利润最大"等问题，此类问题在数学上往往可归结为求某一函数的最大值或最小值问题.

例 7 设铁路线上 AB 段的距离为 $100\,\text{km}$，工厂 C 距 A 处 $20\,\text{km}$，AC 垂直于 AB（见图 $4 - 4 - 5$）. 为运输需要，在 AB 线上选定一点 D 向工厂 C 修筑一条公路. 已知铁路每千米货运的费用与公路每千米货运的费用之比为 $3:5$. 为了使货物从供应站 B 运到工厂 C 的运费最省，问 D 点应选在何处？

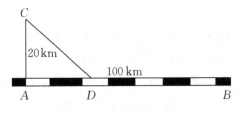

图 4 - 4 - 5

解 设 $AD = x$，则 $DB = 100 - x$，$CD = \sqrt{20^2 + x^2} = \sqrt{400 + x^2}$.

不妨设铁路每千米运费为 $3k$，公路每千米运费为 $5k$，其中 k 是正常数. 设从供应站 B 到工厂 C 需要的总运费为 y，则

$$y = 5k\sqrt{400 + x^2} + 3k(100 - x) \quad (0 \leqslant x \leqslant 100).$$

于是，问题归结为求上述函数在 $[0,100]$ 上何点处取最小值问题. 求导得

$$y' = k\left(\frac{5x}{\sqrt{400 + x^2}} - 3\right), \quad y'' = 5k\frac{400}{(400 + x^2)^{\frac{3}{2}}}.$$

令 $y' = 0$，得 $x = 15$，由于 $y''\big|_{x=15} > 0$，因此 $x = 15$ 是唯一的极小值点，从而也是最小值点. 故 D 点选在距 A 处 $15\,\text{km}$ 处时，运费最省.

例 8 半径为 R 的圆形铁皮，应剪去多大的扇形，才能使余下的铁皮所围成的圆锥形容器的容积最大？

解 设剪去扇形后，剩下的铁皮的圆心角为 x，则由它所围成的圆锥底圆周长为 Rx，底圆半径为 $r = \dfrac{Rx}{2\pi}$，圆锥的高为

$$h = \sqrt{R^2 - r^2} = \sqrt{R^2 - \left(\frac{Rx}{2\pi}\right)^2} = \frac{R}{2\pi}\sqrt{4\pi^2 - x^2}.$$

于是圆锥的体积为

$$V = \frac{1}{3}\pi r^2 h = \frac{1}{3}\pi \left(\frac{Rx}{2\pi}\right)^2 \frac{R}{2\pi}\sqrt{4\pi^2 - x^2} = \frac{R^3 x^2}{24\pi^2}\sqrt{4\pi^2 - x^2},$$

求导得

$$V' = -\frac{R^3 x}{24\pi^2} \cdot \frac{3x^2 - 8\pi^2}{\sqrt{4\pi^2 - x^2}}.$$

令 $V' = 0$，得驻点为

$$x_1 = 2\pi\sqrt{\frac{2}{3}}, \quad x_2 = 0, \quad x_3 = -2\pi\sqrt{\frac{2}{3}},$$

x_2, x_3 舍去. 易知，当 x 在 x_1 的某个左邻域内时，$V'(x) > 0$，当 x 在 x_1 的相应右邻域内时，$V'(x) < 0$，故 $V(x_1)$ 是极大值，也是 V 的最大值. 故剪去扇形的圆心角为

$$2\pi - x_1 = 2\pi - 2\sqrt{\frac{2}{3}}\,\pi = \left(2 - \frac{2\sqrt{6}}{3}\right)\pi.$$

练 习 4.4

1. 求下列函数的单调区间：

(1) $f(x) = 3x^2 + 6x + 5$；

(2) $f(x) = 2x^3 - 3x^2$；

(3) $f(x) = \dfrac{x^2}{1+x}$；

(4) $f(x) = x^2 - 2\ln x$.

2. 求下列函数的极值：

(1) $f(x) = x^3 - 3x^2 + 7$；

(2) $f(x) = e^{-\frac{x^2}{2}}$；

(3) $f(x) = (x-1)\sqrt[3]{x^2}$；

(4) $f(x) = xe^{-2x}$.

3. 证明下列不等式：

(1) 若 $x > 1$，则 $2\sqrt{x} > 3 - \dfrac{1}{x}$；

(2) 若 $x \neq 0$，则 $e^x > x + 1$；

(3) 若 $0 < x \leqslant \dfrac{\pi}{2}$，则 $\dfrac{\sin x}{x} \geqslant \dfrac{2}{\pi}$.

4. 当 a 为何值时，$x = \dfrac{\pi}{3}$ 是函数 $f(x) = a\sin x + \dfrac{1}{3}\sin 3x$ 的极值点？此时是极大值还是极小值？并求出该极值.

5. 求下列函数在给定区间上的最大值和最小值：

(1) $f(x) = 2x^3 - 3x^2 + 6$，$x \in [-1, 1]$；

(2) $f(x) = xe^{-x}$，$x \in [0, 2]$.

6. 要建造一个容积为定值 V 的带盖圆柱形桶，桶的半径 r 和桶高 h 应如何确定，才能使桶所用的材料最省（即圆桶的表面积最小）？

§4.5 函数图形的描绘

一、曲线的凹凸性与拐点

定义 1 如果在某区间内，一曲线弧上任一点处的切线都在此段曲线弧的上（或下）方，则称此曲线弧在这个区间上是**凸**（或**凹**）**弧**，如图 4-5-1 所示.

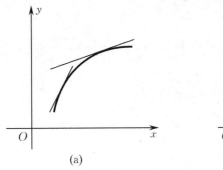 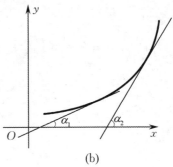

(a)   (b)

图 4-5-1

如果在某区间内，表示曲线弧的函数 $y = f(x)$ 满足 $f''(x) > 0$，则一阶导函数 $f'(x) = \tan\alpha$（α 表示曲线弧上点 x 处的切线关于 x 轴的倾角）严格单调增加，即 $\tan\alpha$ 随着 x 的增加而增大，因此在该区间内的曲线弧是凹弧（见图 4-5-1(b)）.

类似可得，如果在某区间内，表示曲线弧的函数 $y = f(x)$ 满足 $f''(x) < 0$，则在该区间内的曲线弧是凸弧（见图 4-5-1(a)）. 故有下面的定理.

定理 1 设函数 $y = f(x)$ 在区间 (a,b) 内二阶导数存在，则

(1) 如果在区间 (a,b) 内，$f''(x) > 0$，那么 $y = f(x)$ 表示的曲线弧是凹弧；

(2) 如果在区间 (a,b) 内，$f''(x) < 0$，那么 $y = f(x)$ 表示的曲线弧是凸弧.

定义 2 曲线上凹弧与凸弧的分界点，称为曲线的**拐点**.

注：因为拐点是凹弧与凸弧的分界点，所以在拐点的左、右邻近区域内 $f''(x)$ 必然异号. 而在拐点处，如果 $f''(x)$ 存在，则 $f''(x) = 0$. 也可能在拐点处 $f''(x)$ 不存在.

例 1 判别曲线 $y = f(x) = x^3$ 的凹凸性.

解 $f'(x) = 3x^2$，$f''(x) = 6x$，因此

当 $x \in (0, +\infty)$ 时，$f''(x) > 0$，曲线弧是凹弧；

当 $x \in (-\infty, 0)$ 时，$f''(x) < 0$，曲线弧是凸弧.

点 $(0,0)$ 是曲线 $y = x^3$ 的拐点.

例 2 判别曲线 $y = f(x) = \dfrac{1}{x}$ 的凹凸性.

解 $f'(x) = -\dfrac{1}{x^2}$，$f''(x) = \dfrac{2}{x^3}$，因此

当 $x \in (0, +\infty)$ 时，$f''(x) > 0$，曲线弧是凹弧；

当 $x \in (-\infty, 0)$ 时，$f''(x) < 0$，曲线弧是凸弧.

曲线 $y = \dfrac{1}{x}$ 无拐点.

二、曲线的渐近线

定义 3　如果曲线上的一点沿着曲线趋于无穷远时,该点与某条直线的距离趋于零,则称这条直线为曲线的**渐近线**.

1. 水平渐近线

如果 $\lim\limits_{x\to-\infty}f(x)=a$ 或 $\lim\limits_{x\to+\infty}f(x)=a$,则称直线 $y=a$ 为曲线 $y=f(x)$ 的**水平渐近线**. 例如,$y=\pm\dfrac{\pi}{2}$ 是 $y=\arctan x$ 的两条水平渐近线.

2. 垂直渐近线

如果 $\lim\limits_{x\to c^+}f(x)=\infty$ 或 $\lim\limits_{x\to c^-}f(x)=\infty$,则称直线 $x=c$ 为曲线 $y=f(x)$ 的**垂直渐近线**. 例如,$x=\pm1$ 是 $y=\dfrac{1}{x^2-1}$ 的两条垂直渐近线.

3. 斜渐近线

如果 $\lim\limits_{x\to\pm\infty}\left[f(x)-(kx+b)\right]=0$,则称直线 $y=kx+b$ 为曲线 $y=f(x)$ 的**斜渐近线**.

下面给出计算 k,b 的公式:因为

$$\lim_{x\to\pm\infty}\left[f(x)-(kx+b)\right]=\lim_{x\to\pm\infty}x\left(\frac{f(x)}{x}-k-\frac{b}{x}\right)=0,$$

所以当 $x\to\pm\infty$ 时,必有

$$\lim_{x\to\pm\infty}\left(\frac{f(x)}{x}-k-\frac{b}{x}\right)=\lim_{x\to\pm\infty}\frac{f(x)}{x}-k=0,$$

即

$$k=\lim_{x\to\pm\infty}\frac{f(x)}{x}.$$

将 k 代入 $\lim\limits_{x\to\pm\infty}\left[f(x)-(kx+b)\right]=0$,即可求出 b 的值为

$$b=\lim_{x\to\pm\infty}(f(x)-kx).$$

例 3　求曲线 $y=\dfrac{x^3}{x^2-1}$ 的渐近线.

解　由 $y=\dfrac{x^3}{x^2-1}=\dfrac{x^3}{(x+1)(x-1)}$ 及 $\lim\limits_{x\to\pm1}\dfrac{x^3}{x^2-1}=\infty$ 知,$x=-1,x=1$ 是曲线的垂直渐近线. 又因为

$$k=\lim_{x\to\infty}\frac{y}{x}=\lim_{x\to\infty}\frac{x^3}{x^3-x}=\lim_{x\to\infty}\frac{1}{1-\dfrac{1}{x^2}}=1,$$

$$b=\lim_{x\to\infty}(y-kx)=\lim_{x\to\infty}\left(\frac{x^3}{x^2-1}-x\right)=\lim_{x\to\infty}\frac{x}{x^2-1}=0,$$

所以曲线的斜渐近线为 $y=x$.

三、函数图形的描绘

前面我们已经对函数的单调性、极值及函数曲线的凹凸性和拐点等进行了讨论. 有了这些知识,我们就可以定性地描绘出函数的大致图形,作图的一般步骤如下:

(1)确定函数 $f(x)$ 的定义域;

(2)确定函数 $f(x)$ 是否具有奇偶性及周期性;

（3）求出一阶导数 $f'(x)$ 和二阶导数 $f''(x)$，在定义域内求出使 $f'(x)$ 和 $f''(x)$ 为零的点，以及 $f'(x)$ 和 $f''(x)$ 不存在的点，并找出函数 $f(x)$ 的间断点；

（4）确定函数曲线 $y=f(x)$ 的渐近线；

（5）列表，用步骤（3）中所求出的点把函数定义域划分成若干个部分区间，确定在这些部分区间内 $f'(x)$ 和 $f''(x)$ 的符号，并由此判断函数 $f(x)$ 的单调性和函数曲线的凹凸性，确定极值点和拐点；

（6）描出曲线 $y=f(x)$ 上的极值点、拐点，以及曲线 $y=f(x)$ 与坐标轴的交点，并适当补充一些其他点，用平滑曲线连接这些关键点，画出函数 $f(x)$ 的图形.

例 4　画出函数 $y=f(x)=\dfrac{(x-3)^2}{4(x-1)}$ 的图形.

解　函数 $f(x)$ 的定义域为 $(-\infty,1)\bigcup(1,+\infty)$，

$$f'(x)=\frac{(x-3)(x+1)}{4(x-1)^2},\quad f''(x)=\frac{2}{(x-1)^3}.$$

令 $f'(x)=0$，得 $x_1=-1,x_2=3$. 由于 $f''(-1)=-\dfrac{1}{4}<0$，故 $f(-1)=-2$ 为极大值；由于 $f''(3)=\dfrac{1}{4}>0$，故 $f(3)=0$ 为极小值.

因为 $\lim\limits_{x\to1}\dfrac{(x-3)^2}{4(x-1)}=\infty$，所以 $x=1$ 是曲线 $y=f(x)$ 的垂直渐近线. 又因为

$$k=\lim_{x\to\infty}\frac{f(x)}{x}=\lim_{x\to\infty}\frac{(x-3)^2}{4x(x-1)}=\frac{1}{4},$$

$$b=\lim_{x\to\infty}(f(x)-kx)=\lim_{x\to\infty}\Big[\frac{(x-3)^2}{4(x-1)}-\frac{1}{4}x\Big]=\lim_{x\to\infty}\frac{-5x+9}{4(x-1)}=-\frac{5}{4},$$

所以曲线 $y=f(x)$ 的斜渐近线为 $y=\dfrac{1}{4}x-\dfrac{5}{4}$.

列表，如表 $4-5-1$ 所示.

表 $4-5-1$

x	$(-\infty,-1)$	-1	$(-1,1)$	1	$(1,3)$	3	$(3,+\infty)$
$f'(x)$	$+$	0	$-$	不存在	$-$	0	$+$
$f''(x)$	$-$			不存在	$+$	$+$	$+$
$f(x)$	递增，凸弧	极大值 -2	递减，凸弧	间断点	递减，凹弧	极小值 0	递增，凹弧

按表 $4-5-1$ 及渐近线描出函数 $y=f(x)$ 的图形，如图 $4-5-2$ 所示.

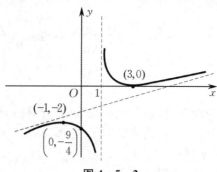

图 $4-5-2$

例 5　画出函数 $y = f(x) = \dfrac{1}{\sqrt{2\pi}}\mathrm{e}^{-\frac{x^2}{2}}$ 的图形.

解　函数 $f(x)$ 的定义域为 $(-\infty, +\infty)$, 该函数是偶函数, 其图形关于 y 轴对称.

$$f'(x) = -\frac{x}{\sqrt{2\pi}}\mathrm{e}^{-\frac{x^2}{2}}, \quad f''(x) = \frac{(x+1)(x-1)}{\sqrt{2\pi}}\mathrm{e}^{-\frac{x^2}{2}}.$$

令 $f'(x) = 0$, 得驻点 $x = 0$; 令 $f''(x) = 0$, 得 $x_1 = -1, x_2 = 1$.

由 $\lim\limits_{x \to \infty} f(x) = \lim\limits_{x \to \infty} \dfrac{1}{\sqrt{2\pi}}\mathrm{e}^{-\frac{x^2}{2}} = 0$, 得水平渐近线 $y = 0$.

根据对称性, 只要考虑 $[0, +\infty)$ 的情况即可. 列表, 如表 4-5-2 所示.

表 4-5-2

x	0	$(0,1)$	1	$(1,+\infty)$
$f'(x)$	0	$-$	$-$	$-$
$f''(x)$	$-$	$-$	0	$+$
$f(x)$	极大值	递减,凸弧	拐点	递减,凹弧

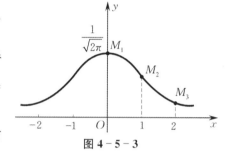

由表 4-5-2 知, 极大值对应的点为 $M_1\left(0, \dfrac{1}{\sqrt{2\pi}}\right)$,

拐点为 $M_2\left(1, \dfrac{1}{\sqrt{2\pi\mathrm{e}}}\right)$, 补充点 $M_3\left(2, \dfrac{1}{\sqrt{2\pi\mathrm{e}^2}}\right)$. 画出右半

平面部分的图形, 再根据对称性, 即可作出函数 $y = f(x)$ 的图形, 如图 4-5-3 所示.

图 4-5-3

函数 $f(x) = \dfrac{1}{\sqrt{2\pi}}\mathrm{e}^{-\frac{x^2}{2}}$ 是概率统计中标准正态分布

的概率密度函数, 有着广泛的应用.

*四、弧微分及平面曲线的曲率

1. 弧微分

作为曲率的预备知识, 首先介绍弧微分的概念. 这里我们直观地想象曲线的一段弧为一根柔软而无弹性的细线, 拉直后的长度便是其弧长.

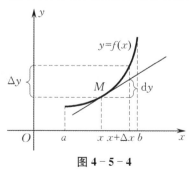

图 4-5-4

设函数 $y = f(x)$ 在区间 (a, b) 内有连续的导数, 并做约定: 当 x 增大时, 曲线 $y = f(x)$ 上的动点 $M(x, y)$ 沿曲线移动的方向为该曲线的方向. 在曲线 $L: y = f(x)$ 上取固定点 $M_0(x_0, y_0)$ 作为度量长度的基点, 显然弧 $\overset{\frown}{M_0M}$ 的长度 s 是 x 的函数 $s = s(x)$, 下面求 $s = s(x)$ 的微分.

当 x 的改变量 $\Delta x = \mathrm{d}x$ 很小时, 曲线 L 上对应于小区间 $[x, x+\Delta x]$ 的一段弧长可用曲线 L 在点 $M(x, y)$ 处的切线上相应的一小段的长度来近似代替(见图 4-5-4), 而切线上这相应的小段的长度为 $\sqrt{(\Delta x)^2 + (\mathrm{d}y)^2} = \sqrt{(\mathrm{d}x)^2 + (\mathrm{d}y)^2}$, 从而得弧长的微分为

$$\mathrm{d}s = \sqrt{(\mathrm{d}x)^2 + (\mathrm{d}y)^2} = \sqrt{1 + \left(\frac{\mathrm{d}y}{\mathrm{d}x}\right)^2}\,\mathrm{d}x = \sqrt{1 + (f'(x))^2}\,\mathrm{d}x.$$

由此得曲线 $y = f(x)$ 上相应于 x 从 a 到 b 的一段弧的长度计算公式为

$$s = \int_a^b \sqrt{1 + (f'(x))^2}\, \mathrm{d}x.$$

2. 曲线在一点的曲率

前面我们讨论了函数的单调性,曲线的凹凸性,但没有讨论曲线在一点附近的弯曲程度. 例如,同一曲线 $y = x^2$ 在点 $(0,0)$ 附近的弯曲程度最大,而不同的曲线 $y = x^2$ 和 $y = x^4$ 之间,前者在点 $(0,0)$ 附近的弯曲程度较大. 那么如何来描述这种区别呢?

设 M, M_1 为曲线 $y = f(x)$ 上邻近的两点,它们之间曲线的弧长为 Δs,曲线在这两点的切线与 x 轴的倾角分别为 α 及 $\alpha + \Delta \alpha$,两条切线所成的角为 $\Delta \alpha$(见图 4 - 5 - 5).

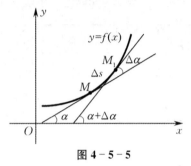

图 4 - 5 - 5

我们用合适的量 $\left| \dfrac{\Delta \alpha}{\Delta s} \right|$ 来描述曲线弧 $\widehat{MM_1}$ 的弯曲程度. 事实上,如果把 M 设想为曲线 $y = f(x)$ 上一个运动的点,量 $\left| \dfrac{\Delta \alpha}{\Delta s} \right|$ 就表示点 M 走过一小段弧 $\widehat{MM_1}$ 所引起的切线夹角关于弧长的(平均)变化率. 这个量越大,表示曲线 $y = f(x)$ 在这一点附近弯曲得越厉害,否则弯曲得越小. 我们称 $\left| \dfrac{\Delta \alpha}{\Delta s} \right|$ 为弧 $\widehat{MM_1}$ 的平均曲率,称

$$K = \lim_{\Delta s \to 0} \left| \frac{\Delta \alpha}{\Delta s} \right| = \left| \frac{\mathrm{d}\alpha}{\mathrm{d}s} \right|$$

为曲线 $y = f(x)$ 在点 M 处的**曲率**,曲率的倒数叫作**曲率半径**.

下面推导曲率的计算公式.

设 $y = f(x)$ 具有二阶导数,由于 $y' = f'(x) = \tan \alpha$,把 α 看作 x 的函数,该式两边对 x 求导,得

$$y'' = \sec^2 \alpha \frac{\mathrm{d}\alpha}{\mathrm{d}x},$$

从而

$$\mathrm{d}\alpha = \frac{y''}{1 + \tan^2 \alpha}\mathrm{d}x = \frac{y''}{1 + (y')^2}\mathrm{d}x. \tag{4 - 5 - 1}$$

而弧微分

$$\mathrm{d}s = \sqrt{1 + (f'(x))^2}\, \mathrm{d}x = \sqrt{1 + (y')^2}\, \mathrm{d}x. \tag{4 - 5 - 2}$$

由 $(4 - 5 - 1), (4 - 5 - 2)$ 两式得

$$\frac{\mathrm{d}\alpha}{\mathrm{d}s} = \frac{y''}{[1 + (y')^2]^{\frac{3}{2}}}.$$

故曲率 K 的计算公式为

$$K = \lim_{\Delta s \to 0} \left| \frac{\Delta \alpha}{\Delta s} \right| = \left| \frac{\mathrm{d}\alpha}{\mathrm{d}s} \right| = \frac{|y''|}{[1 + (y')^2]^{\frac{3}{2}}}.$$

例 6　求上半圆 $y = \sqrt{R^2 - x^2}$ 在任一点处的曲率.

解　因为

$$y' = -\frac{x}{\sqrt{R^2 - x^2}}, \quad y'' = -\frac{R^2}{(R^2 - x^2)^{\frac{3}{2}}},$$

所以曲线 $y = \sqrt{R^2 - x^2}$ 在点 x 处的曲率为

$$K = \left| \frac{y''}{[1 + (y')^2]^{\frac{3}{2}}} \right| = \frac{\dfrac{R^2}{(R^2 - x^2)^{\frac{3}{2}}}}{\left(\dfrac{R^2}{R^2 - x^2}\right)^{\frac{3}{2}}} = \frac{1}{R}.$$

这说明,圆周上每一点处的曲率都相等,而曲率半径恰好为圆的半径.

练　习　4.5

1.求下列曲线的凹凸区间及拐点:

(1)$y = x^2 - x^3$;

(2)$y = 3x^4 - 4x^3 + 1$;

(3)$y = xe^{-2x}$;

(4)$y = \dfrac{1}{1 + x^2}$.

2.求曲线 $y = |\ln x|$ 的凹凸区间.

3.求下列曲线的渐近线:

(1)$y = e^x$;

(2)$y = \ln x$;

(3)$y = e^{-\frac{1}{x}}$;

(4)$y = \dfrac{x^3}{(x-1)(x-2)}$.

4.作出下列函数的图形:

(1)$y = x^3 - 3x + 1$;

(2)$y = \dfrac{x^2}{1 + x}$.

5.计算曲线 $xy = 1$ 在点$(1,1)$ 处的曲率.

6.求抛物线 $y = ax^2 + bx + c (a \neq 0)$ 的曲率最大点的横坐标.

§4.6　导数在经济学中的应用

在经济学中常常用到平均变化率和瞬时变化率,因此导数及微分在经济学中有广泛的应用.本节只简单介绍边际分析和弹性分析等经济学概念.

一、边际分析

1. 边际函数

设函数 $y = f(x)$ 可导,则称导函数 $f'(x)$ 为**边际函数**. 当自变量 x 由 x_0 变到 $x_0 + \Delta x$ 时,函数相应的增量为 $\Delta y = f(x_0 + \Delta x) - f(x_0)$,称比值

$$\frac{\Delta y}{\Delta x} = \frac{f(x_0 + \Delta x) - f(x_0)}{\Delta x}$$

为函数 $y = f(x)$ 在$(x_0, x_0 + \Delta x)$ 内的**平均变化率**,而称

$$f'(x_0) = \lim_{\Delta x \to 0} \frac{f(x_0 + \Delta x) - f(x_0)}{\Delta x}$$

为函数 $y = f(x)$ 在点 x_0 处的**瞬时变化率**,也称为 $f(x)$ 在点 $x = x_0$ 处的**边际函数值**,它表示 $f(x)$ 在点 $x = x_0$ 处的变化速度.

在点 $x = x_0$ 处,x 从 x_0 改变一个单位时,y 的相应改变量的真值为

$$\Delta y \Big|_{x = x_0, \Delta x = 1} = f(x_0 + 1) - f(x_0).$$

但当 x 改变的“一个单位”很小,或 x 的“一个单位”与 x_0 值相对来比很小时,根据微分的近似

计算,有

$$\Delta y\Big|_{x=x_0,\Delta x=1} \approx \mathrm{d}y\Big|_{x=x_0,\Delta x=1} = f'(x)\mathrm{d}x\Big|_{x=x_0,\mathrm{d}x=1} = f'(x_0),$$

即在 $x=x_0$ 处,当 x 改变一个单位时,y 近似改变 $f'(x_0)$ 个单位.

例 1   设函数 $y=f(x)=x^2$,求 y 在 $x=10$ 时的边际函数值.

解   因为 $f'(x)=2x$,所以 $f'(10)=20$.这表明,当 $x=10$ 时,x 改变一个单位,y 近似改变 20 个单位.

2. 边际成本

描述产品的产量 Q 与总成本之间的关系的函数就是成本函数.它包含两部分:固定成本和可变成本.**边际成本**是指总成本的变化率.

设 C 为总成本,C_1 为固定成本,C_2 为可变成本,$\overline{C}$ 为平均成本,C' 为边际成本,Q 为产量,则有

总成本函数 $C=C(Q)=C_1+C_2(Q)$;

平均成本函数 $\overline{C}=\overline{C}(Q)=\dfrac{C(Q)}{Q}=\dfrac{C_1}{Q}+\dfrac{C_2(Q)}{Q}$;

边际成本函数 $C'=C'(Q)=\dfrac{\mathrm{d}C(Q)}{\mathrm{d}Q}$.

例 2   设某产品的总成本函数为

$$C=C(Q)=\frac{1}{10}Q^2+2Q+160,$$

求:(1) 当 $Q=10$ 时的总成本、平均成本和边际成本;

(2) 最低平均成本及相应的产量.

解   (1) 当 $Q=10$ 时的总成本为

$$C(10)=\frac{10^2}{10}+2\times10+160=190.$$

由于平均成本函数为 $\overline{C}(Q)=\dfrac{C(Q)}{Q}=\dfrac{1}{10}Q+2+\dfrac{160}{Q}$,故 $Q=10$ 时的平均成本为

$$\overline{C}(Q)=\frac{1}{10}\times10+2+\frac{160}{10}=19.$$

由于边际成本函数为 $C'(Q)=\dfrac{1}{5}Q+2$,故 $Q=10$ 时的边际成本为

$$C'(10)=\frac{1}{5}\times10+2=4.$$

(2) 由于平均成本函数为 $\overline{C}(Q)=\dfrac{Q}{10}+2+\dfrac{160}{Q}$,故

$$\overline{C}'(Q)=\frac{1}{10}-\frac{160}{Q^2},\quad \overline{C}''(Q)=\frac{320}{Q^3}.$$

令 $\overline{C}'(Q)=0$,得唯一驻点为 $Q=40$.

又 $\overline{C}''(Q)\Big|_{Q=40}=\dfrac{1}{200}>0$,故 $Q=40$ 是 $\overline{C}(Q)$ 的极小值点,即当产量 $Q=40$ 时,平均成本最低,最低平均成本为 $\overline{C}(40)=\dfrac{40}{10}+2+\dfrac{160}{40}=10$.

3. 边际收益

设某种产品的价格为 P，销售量为 Q，则该产品的销售总收益为 $R = QP$. **边际收益**是指总收益的变化率. 如果已知销售量 Q 与价格 P 之间的函数关系（即需求函数）为 $P = P(Q)$，则有

总收益函数　　$R = R(Q) = QP = QP(Q)$；

平均收益函数　$\overline{R} = \dfrac{R}{Q} = P(Q)$；

边际收益函数　$R' = \dfrac{\mathrm{d}R}{\mathrm{d}Q} = P(Q) + QP'(Q)$.

二、最大利润原则

设总利润为 L，则

$$L = L(Q) = R(Q) - C(Q),$$
$$L' = L'(Q) = R'(Q) - C'(Q).$$

$L(Q)$ 取得最大值的必要条件为

$$L'(Q) = 0, \quad 即 \quad R'(Q) = C'(Q),$$

于是取得最大利润的必要条件是边际收益等于边际成本.

$L(Q)$ 取得最大值的充分条件为

$$L'(Q) = 0 \text{ 且 } L''(Q) < 0, \quad 即 \quad R'(Q) = C'(Q) \text{ 且 } R''(Q) < C''(Q),$$

于是取得最大利润的充分条件是边际收益等于边际成本，且边际收益的变化率小于边际成本的变化率.

例 3　设某产品的价格 P 与销售量 Q 的关系为 $P(Q) = 10 - \dfrac{Q}{5}$，总成本 C 与销售量 Q 的关系为 $C(Q) = 50 + 2Q$.

（1）求销售量为 $Q = 10$ 时的总收益、平均收益与边际收益；

（2）产量为多少时总利润 L 最大？

解　（1）因为总收益函数、平均收益函数与边际收益函数分别为

$$R(Q) = QP(Q) = 10Q - \dfrac{Q^2}{5},$$
$$\overline{R}(Q) = P(Q) = 10 - \dfrac{Q}{5},$$
$$R'(Q) = 10 - \dfrac{2Q}{5},$$

所以当 $Q = 10$ 时，总收益、平均收益与边际收益分别为

$$R(10) = 80, \quad \overline{R}(10) = 8, \quad R'(10) = 6.$$

（2）因为总成本函数为 $C(Q) = 50 + 2Q$，所以总利润函数为

$$L(Q) = R(Q) - C(Q) = 8Q - \dfrac{Q^2}{5} - 50,$$

从而

$$L'(Q) = 8 - \dfrac{2Q}{5}, \quad L''(Q) = -\dfrac{2}{5}.$$

令 $L'(Q) = 0$，得 $Q = 20$. 因为 $L''(20) = -\dfrac{2}{5} < 0$，所以当 $Q = 20$ 时，总利润最大. 此时

$$R'(20) = C'(20) = 2, \quad R''(20) = -\frac{2}{5} < C''(20) = 0,$$

符合最大利润原则.

三、弹性分析

1. 弹性函数

前面所涉及的函数的改变量与变化率是绝对改变量与绝对变化率. 但经济学中仅仅研究函数的绝对改变量与绝对变化率还是不够的. 例如,甲商品每单位价格 10 元,涨价 1 元,乙商品每单位价格 1 000 元,也涨价 1 元. 此时,两种商品每单位价格的绝对改变量是相等的,都是 1 元. 显然,甲商品涨价幅度大于乙商品. 只要将绝对改变量与其原价相比就可知,甲商品的价格上涨 10%,乙商品的价格上涨 0.1%. 因此,有必要研究函数的相对改变量和相对变化率.

设函数 $y = x^2$,当 x 由 10 变到 12 时,y 就由 100 变到 144,即自变量 x 的绝对改变量为 $\Delta x = 2$,函数 y 的绝对改变量为 $\Delta y = 44$,而

$$\frac{\Delta x}{x} = \frac{2}{10} = 20\%, \quad \frac{\Delta y}{y} = \frac{44}{100} = 44\%.$$

这表示,当 x 由 10 变到 12 时,x 产生了 20% 的改变,y 产生了 44% 的改变,这就是自变量和函数的相对改变量. 再引入

$$\frac{\Delta y}{y} : \frac{\Delta x}{x} = \frac{44\%}{20\%} = 2.2.$$

该式的含义是:在区间 $(10, 12)$ 内,从 $x = 10$ 开始,x 改变了 1%,则相应地 y 改变了 2.2%,我们称它为从 $x = 10$ 到 $x = 12$,函数 $y = x^2$ 的平均相对变化率. 于是有下面的定义.

定义 1　设函数 $y = f(x)$ 在点 x 处可导,则称函数的相对改变量 $\dfrac{\Delta y}{y} = \dfrac{f(x + \Delta x) - f(x)}{f(x)}$ 与自变量的相对改变量 $\dfrac{\Delta x}{x}$ 之比 $\dfrac{\Delta y}{y} : \dfrac{\Delta x}{x}$ 为函数 $f(x)$ 从 x 到 $x + \Delta x$ 之间的**弹性**(或**平均相对变化率**). 当 $\Delta x \to 0$ 时,称 $\dfrac{\Delta y}{y} : \dfrac{\Delta x}{x}$ 的极限为 $f(x)$ 在点 x 处的**弹性**(或**相对变化率**、**相对导数**),记作

$$\frac{Ey}{Ex} \quad \text{或} \quad \frac{Ef(x)}{Ex},$$

即

$$\frac{Ey}{Ex} = \lim_{\Delta x \to 0} \left(\frac{\Delta y}{y} : \frac{\Delta x}{x} \right) = \lim_{\Delta x \to 0} \left(\frac{\Delta y}{\Delta x} \cdot \frac{x}{y} \right) = y' \frac{x}{y}.$$

$\dfrac{Ey}{Ex}$ 仍为 x 的函数,我们称它为 $y = f(x)$ 的**弹性函数**.

当 $x = x_0$ 时,

$$\frac{Ey}{Ex} \bigg|_{x = x_0} = \frac{Ef(x_0)}{Ex} = f'(x_0) \frac{x_0}{f(x_0)}.$$

这里 $\dfrac{Ey}{Ex} \bigg|_{x = x_0}$ 或 $\dfrac{Ef(x_0)}{Ex}$ 表示,在 $x = x_0$ 处,当 x 产生 1% 的改变时,$f(x)$ 近似地改变了 $\dfrac{Ef(x_0)}{Ex}\%$. 在应用问题中解释弹性具体意义时,常常略去"近似"二字.

例 4　求 $y = 4 + 3x$ 的弹性函数 $\dfrac{Ey}{Ex}$ 及在 $x = 2$ 处的弹性 $\dfrac{Ey}{Ex}\Big|_{x=2}$.

解　因 $y' = 3$,故

$$\frac{Ey}{Ex} = y'\frac{x}{y} = \frac{3x}{4+3x}, \quad \frac{Ey}{Ex}\Big|_{x=2} = \frac{3\times 2}{4+3\times 2} = 0.6.$$

2. 需求弹性

当不考虑价格以外的其他因素时,商品的需求量 Q 是价格 P 的函数:$Q = f(P)$. 通常情况下,$Q = f(P)$ 为单调减少的函数,$f'(P) < 0$,ΔP 与 ΔQ 异号. 由于 P 与 Q 为正数,因此

$$\frac{\Delta Q/Q}{\Delta P/P}, \quad P\frac{f'(P)}{Q}$$

都为负数. 为了用正数表示需求弹性,它在经济学中定义如下.

定义 2　设某产品的需求量为 Q,价格为 P,需求函数 $Q = f(P)$ 可导,则该产品在 P 到 $P + \Delta P$ 之间的**需求弹性**为

$$\bar{\eta} = -\frac{\Delta Q/Q}{\Delta P/P} = -\frac{f(P+\Delta P)-f(P)}{\Delta P}\cdot\frac{P}{f(P)};$$

在点 P 处的需求弹性为

$$\eta = -\frac{EQ}{EP} = -\lim_{\Delta P\to 0}\frac{\Delta Q/Q}{\Delta P/P} = -f'(P)\frac{P}{f(P)}.$$

设产品价格为 P,销售量(需求量)为 Q,则总收益为 $R = PQ = Pf(P)$,求导数得

$$R' = f(P) + Pf'(P) = f(P)\left(1 + f'(P)\frac{P}{f(P)}\right),$$

即

$$R'(P) = f(P)(1-\eta).$$

由上式可得如下结论:

(1) 当 $\eta < 1$ 时,说明需求变动的幅度小于价格变动的幅度. 这时,产品价格的变动对销售量影响不大,称为**低弹性**. 此时 $R' > 0$,R 严格单调增加,说明提价可使总收益增加,而降价会使总收益减少.

(2) 当 $\eta > 1$ 时,说明需求变动的幅度大于价格变动的幅度. 这时,产品价格的变动对销售量影响较大,称为**高弹性**. 此时 $R' < 0$,R 严格单调减少,说明降价可使总收益增加,故可采取薄利多销的策略.

(3) 当 $\eta = 1$ 时,说明需求变动的幅度等于价格变动的幅度. 此时 $R' = 0$,R 取得最大值.

例 5　设某品牌的电脑价格为 P(单位:元 / 台),需求量为 Q(单位:台),其需求函数为

$$Q = 80P - \frac{P^2}{100}.$$

(1) 求 $P = 4\,500$ 时的边际需求,并说明其经济意义.

(2) 求 $P = 4\,500$ 时的需求弹性,并说明其经济意义.

(3) 当 $P = 4\,500$ 时,若价格上涨 1%,则总收益将如何变化?是增加还是减少?

(4) 当 $P = 6\,000$ 时,若价格上涨 1%,则总收益的变化又如何?是增加还是减少?

解　因 $Q = f(P) = 80P - \dfrac{P^2}{100}$,$f'(P) = 80 - \dfrac{P}{50}$,故需求弹性为

$$\eta = -f'(P)\frac{P}{f(P)} = \left(-80 + \frac{P}{50}\right)\frac{P}{f(P)}$$

$$= \left(\frac{P}{50} - 80 \right) \frac{P}{80P - \frac{P^2}{100}} = \frac{2(P - 4\ 000)}{8\ 000 - P}.$$

（1）当 $P = 4\ 500$ 时，边际需求为

$$f'(4\ 500) = \left(80 - \frac{P}{50} \right)\Big|_{P = 4\ 500} = -10.$$

其经济意义是：当价格为 $4\ 500$ 元／台时，若涨价 1 元，则需求量将下降 10 台。

（2）当 $P = 4\ 500$ 时，需求弹性为

$$\eta(4\ 500) = \frac{2(4\ 500 - 4\ 000)}{8\ 000 - 4\ 500} = \frac{2}{7} \approx 0.286.$$

其经济意义是：当价格为 $4\ 500$ 元／台时，若价格上涨 1%，则需求量将减少 0.286%。

（3）由于 $R = PQ = Pf(P)$，故 $R' = f(P) + Pf'(P)$，从而

$$\frac{ER}{EP} = R'(P) \frac{P}{R(P)} = \frac{R'(P)}{f(P)} = \frac{f(P) + Pf'(P)}{f(P)}$$

$$= 1 + f'(P) \frac{P}{f(P)} = 1 - \eta.$$

因为当 $P = 4\ 500$ 时，$\eta(4\ 500) = \frac{2}{7}$，所以

$$\frac{ER}{EP}\Big|_{P = 4\ 500} = 1 - \frac{2}{7} = \frac{5}{7} \approx 0.714.$$

这说明，当价格为 $4\ 500$ 元／台时，若价格上涨 1%，则总收益将增加 0.714%。

（4）当 $P = 6\ 000$ 时，

$$\eta(6\ 000) = \frac{2(6\ 000 - 4\ 000)}{8\ 000 - 6\ 000} = 2 > 1,$$

所以 $\dfrac{ER}{EP}\Big|_{P = 6\ 000} = 1 - 2 = -1$。这说明，当价格为 $6\ 000$ 元／台时，若价格上涨 1%，则总收益将减少 1%。

练　习　4.6

1. 某钟表厂生产某类型手表日产量（单位：只）为 Q 时的总成本（单位：元）为

$$C(Q) = \frac{1}{40}Q^2 + 200Q + 1\ 000.$$

（1）日产量为 100 只时的总成本和平均成本为多少？

（2）求最低平均成本及相应的产量；

（3）若每只手表要以 220 元售出，要使利润最大，则日产量应为多少？并求最大利润及相应的平均成本。

2. 设某种商品的需求函数为 $Q = 1\ 000 - 100P$，求当需求量 $Q = 300$ 时的总收益、平均收益和边际收益。

3. 设某种商品的价格函数为 $P = 145 - \dfrac{Q}{4}$（P 表示价格，单位：元；Q 表示需求量，单位：件），总成本函数为 $C(Q) = 200 + 30Q$，试求：

（1）当 $Q = 100$ 时的总收益、平均收益和边际收益；

（2）当 $Q = 100$ 时的总利润、平均利润和边际利润；

（3）使得利润最大的需求量。

4. 某商品的需求函数为 $Q = \mathrm{e}^{-\frac{P}{5}}$（$Q$ 表示需求量，P 表示价格），求：

（1）需求弹性 $\eta(P)$；

(2) 当商品的价格 $P = 4, 5, 6$ 时的需求弹性,并解释其经济意义.

习　题　四

(A)

1. 验证罗尔定理对函数 $y = \mathrm{e}^{\sin x}$ 在区间 $\left[\dfrac{\pi}{4}, \dfrac{3\pi}{4}\right]$ 上的正确性,并求出定理中的点 ξ.

2. 不求函数 $f(x) = (x-1)(x-2)(x-3)(x-4)$ 的导数,判断方程 $f'(x) = 0$ 有几个实根,并指出这些根所在的范围.

3. 证明方程 $x^5 + x - 1 = 0$ 在区间 $(0,1)$ 内有且仅有一个实根.

4. 证明下列不等式:

(1) 当 $x > 0$ 时,$2 + x > 2\sqrt{1+x}$;

(2) 当 $x > 0$ 时,$\ln(1+x) > x - \dfrac{1}{2}x^2$;

(3) 当 $0 < x < \dfrac{\pi}{2}$ 时,$\sin x + \tan x > 2x$;

(4) 当 $0 < x < \dfrac{\pi}{2}$ 时,$\tan x > x + \dfrac{1}{3}x^3$.

5. 设 $f(x)$ 在 (a,b) 内具有二阶导数,且 $f(x_1) = f(x_2) = f(x_3)$,其中 $a < x_1 < x_2 < x_3 < b$,证明:在 (x_1, x_3) 内至少有一点 ξ,使得 $f''(\xi) = 0$.

6. 求下列极限:

(1) $\lim\limits_{x \to 1} \dfrac{x^m - 1}{x^n - 1} \quad (n \neq 0)$;

(2) $\lim\limits_{x \to a} \dfrac{\cos x - \cos a}{x - a}$;

(3) $\lim\limits_{x \to 1} \dfrac{x^3 - 3x^2 + 2}{x^3 - x^2 - x + 1}$;

(4) $\lim\limits_{x \to \frac{\pi}{2}^+} \dfrac{\ln\left(x - \dfrac{\pi}{2}\right)}{\tan x}$;

(5) $\lim\limits_{x \to a} \dfrac{a^x - x^a}{x - a} \quad (a > 0, a \neq 1)$;

(6) $\lim\limits_{x \to 1} \dfrac{\mathrm{e}^{x^2} - \mathrm{e}}{\ln x}$;

(7) $\lim\limits_{x \to 0} \dfrac{\ln\cos ax}{\ln\cos bx} \quad (b \neq 0)$;

(8) $\lim\limits_{x \to 0}\left(\cot x - \dfrac{1}{x}\right)$;

(9) $\lim\limits_{x \to 0} (1 + \sin x)^{\frac{1}{x}}$;

(10) $\lim\limits_{x \to 0^+} \left(1 + \dfrac{1}{x}\right)^x$;

(11) $\lim\limits_{x \to 0}\left(\dfrac{1}{x^2} - \dfrac{1}{x\sin x}\right)$;

(12) $\lim\limits_{x \to \infty} (x + \sqrt{1+x^2})^{\frac{1}{x}}$.

7. 用泰勒公式求下列极限:

(1) $\lim\limits_{x \to 0} \dfrac{\mathrm{e}^x - x - 1}{x^2}$;

(2) $\lim\limits_{x \to 0} \dfrac{\sqrt{1-x} + \dfrac{1}{2}x - \cos x}{\ln(1+x) - x}$.

8. 求下列函数的单调区间和极值:

(1) $f(x) = x^3 - 3x^2 - 9x + 3$;

(2) $f(x) = 3x - x^3$;

(3) $f(x) = 2x^2 - \ln x$;

(4) $f(x) = \dfrac{2x}{1+x^2}$;

(5) $f(x) = x - \mathrm{e}^x$;

(6) $f(x) = \dfrac{1}{x} + \ln x$.

9. 求下列函数在指定区间上的最大值与最小值:

(1) $f(x) = x + \sqrt{1-x}$, $[-3, 1]$;

(2) $f(x) = \ln(1 + x^2)$, $[-1, 2]$;

(3) $f(x) = \dfrac{x^2}{1+x}$, $\left[-\dfrac{1}{2}, 1\right]$;

(4) $f(x) = x^2 \mathrm{e}^{-x}$, $[-1, 3]$.

10. 求下列曲线的凹凸区间及拐点：

(1) $y = x^3 - 5x^2 + 3x + 5$;　　　　　　　　(2) $y = xe^{-x}$;

(3) $y = \ln(1 + x^2)$;　　　　　　　　　　(4) $y = \dfrac{1}{x} + \ln x$.

11. 作出下列函数的图形：

(1) $y = \dfrac{x^2}{x+1}$;　　　　　　　　　　(2) $y = e^{-(x-1)^2}$.

12. 设 $f(x)$ 在 $[0,1]$ 上连续，在 $(0,1)$ 内可导，且 $f(1) = 0$，证明：存在 $\xi \in (0,1)$，使

$$f'(\xi) = -\frac{f(\xi)}{\xi}.$$

13. 证明：

$$2\arctan x + \arcsin \frac{2x}{1+x^2} = \pi \quad (x \geqslant 1).$$

14. 设函数 $f(x)$ 在 $[a,b]$ 上连续，在 (a,b) 内有二阶导数，并且

$$f(a) = f(b) = 0, \quad f(c) > 0 \quad (a < c < b),$$

证明：在 (a,b) 内至少有一点 ξ，使 $f''(\xi) < 0$.

15. 设函数 $f(x)$ 在 $[1,2]$ 上具有二阶导数，且 $f(1) = f(2) = 0$，又设 $F(x) = (x-1)f(x)$，证明：至少存在一点 $\xi \in (1,2)$，使得 $F''(\xi) = 0$.

（B）

1. 选择题：

(1) 曲线 $y = \dfrac{x^2 + x}{x^2 - 1}$ 的渐近线的条数为（ ）.

A. 0　　　　　　　　B. 1　　　　　　　　C. 2　　　　　　　　D. 3　　　（2012 考研数三）

(2) 函数 $f(x) = \dfrac{|x|^x - 1}{x(x+1)\ln|x|}$ 的可去间断点的个数为（ ）.

A. 0　　　　　　　　B. 1　　　　　　　　C. 2　　　　　　　　D. 3　　　（2013 考研数三）

(3) 设 $p(x) = a + bx + cx^2 + dx^3$，当 $x \to 0$ 时，若 $p(x) - \tan x$ 是比 x^3 高阶的无穷小量，则下列选项中错误的是（ ）.

A. $a = 0$　　　　　　B. $b = 1$　　　　　　C. $c = 0$　　　　　　D. $d = \dfrac{1}{6}$　　　（2014 考研数三）

(4) 下列曲线中有渐近线的是（ ）.

A. $y = x + \sin x$　　　　　　　　　　B. $y = x^2 + \sin x$

C. $y = x + \sin \dfrac{1}{x}$　　　　　　　　　D. $y = x^2 + \sin \dfrac{1}{x}$　　　（2014 考研数三）

(5) 设函数 $f(x)$ 有二阶导数，$g(x) = f(0)(1-x) + f(1)x$，则在区间 $[0,1]$ 上（ ）.

A. 当 $f'(x) \geqslant 0$ 时，$f(x) \geqslant g(x)$

B. 当 $f'(x) \leqslant 0$ 时，$f(x) \leqslant g(x)$

C. 当 $f''(x) \leqslant 0$ 时，$f(x) \leqslant g(x)$

D. 当 $f''(x) \geqslant 0$ 时，$f(x) \leqslant g(x)$　　　（2014 考研数二）

(6) 曲线 $\begin{cases} x = t^2 + 7, \\ y = t^2 + 4t + 1 \end{cases}$ 在对应 $t = 1$ 的点处的曲率半径为（ ）.

A. $\dfrac{\sqrt{10}}{50}$　　　　　　B. $\dfrac{\sqrt{10}}{100}$　　　　　C. $10\sqrt{10}$　　　　　D. $5\sqrt{10}$　　　（2014 考研数二）

(7) 设函数 $f(x) = \arctan x$，若 $f(x) = xf'(\xi)$，则 $\lim\limits_{x \to 0} \dfrac{\xi^2}{x^2} = （ ）$.

A. 1　　　　　　　B. $\dfrac{2}{3}$　　　　　　　C. $\dfrac{1}{2}$　　　　　　　D. $\dfrac{1}{3}$　　　　　（2014 考研数二）

2. 填空题：

(1) $\lim\limits_{x\to\frac{\pi}{4}}(\tan x)^{\frac{1}{\cos x-\sin x}}=$ _____．　　　　　　　　　　　　　　　　（2012 考研数三）

(2) $\lim\limits_{x\to0}\dfrac{e^{x^2}-e^{2-2\cos x}}{x^4}=$ _____．　　　　　　　　　　　　　　　　（2012 考研数三）

(3) $\lim\limits_{x\to0}\left[2-\dfrac{\ln(1+x)}{x}\right]^{\frac{1}{x}}=$ _____．　　　　　　　　　　　　　　　（2013 考研数二）

(4) 曲线 $y=x^2+x(x<0)$ 上曲率为 $\dfrac{\sqrt{2}}{2}$ 的点的坐标为_____．　　　　　　（2012 考研数二）

3. 已知 $f(x)=\dfrac{1+x}{\sin x}-\dfrac{1}{x}$，记 $a=\lim\limits_{x\to0}f(x)$.

(1) 求 a 的值；

(2) 若当 $x\to0$ 时，$f(x)-a$ 是 x^k 的同阶无穷小量，求 k.　　　　　　（2012 考研数二）

4. 证明：$x\ln\dfrac{1+x}{1-x}+\cos x\geqslant1+\dfrac{x^2}{2}$，$-1<x<1$.　　　　　　　　　（2012 考研数二）

5. 设生产某产品的固定成本为 6 000 元，可变成本为 20 元／件，价格函数为 $P=60-\dfrac{Q}{1\,000}$（P 是单价，单位：元／件；Q 是销量，单位：件）. 已知产销平衡，求：

(1) 该产品的边际利润；

(2) $P=50$ 时的边际利润，并解释其经济意义；

(3) 使得利润最大的定价 P.　　　　　　　　　　　　　　　　　　　　（2013 考研数三）

6. (1) 证明方程 $x^n+x^{n-1}+\cdots+x=1$（$n>1$ 的整数）在区间 $\left(\dfrac{1}{2},1\right)$ 内有且仅有一个实根；

(2) 记(1)中的实根为 x_n，证明 $\lim\limits_{n\to\infty}x_n$ 存在，并求此极限.　　　　　（2012 考研数二）

7. 设函数 $f(x)=x+a\ln(1+x)+bx\sin x$，$g(x)=kx^3$. 若 $f(x)$ 与 $g(x)$ 当 $x\to0$ 时是等价无穷小量，求 a,b,k 的值.　　　　　　　　　　　　　　　　　　　　　　　（2015 考研数三）

8. 为了实现利润的最大化，厂商需要对某商品确定其定价模型，设 Q 为该商品的需求量，P 为价格，MC 为边际成本，η 为需求弹性（$\eta>0$）.

(1) 证明定价模型为 $P=\dfrac{MC}{1-\dfrac{1}{\eta}}$；

(2) 若该商品的总成本函数为 $C(Q)=1\,600+Q^2$，需求函数为 $Q=40-P$，试由(1)中的定价模型确定此商品的价格.　　　　　　　　　　　　　　　　　　　　　　　（2015 考研数三）

第 5 章

一元函数的积分

前面介绍了一元函数的微分学,如果一个函数可导(可微),就可以求出它的导数(微分).但在自然科学、工程技术和经济管理等领域的许多问题中,常常会遇到相反的问题:如果一个未知函数 $g(x)$ 的导数等于已知函数 $f(x)$,怎样求未知函数 $g(x)$?这就是本章要研究的不定积分问题.不定积分与定积分统称为一元函数的积分学.

§5.1 原函数与不定积分

一、原函数与不定积分的概念

1. 原函数

定义1 设 $f(x)$ 是定义在区间 I 上的函数.如果存在函数 $F(x)$,使对任意的 $x \in I$,都有

$$F'(x) = f(x) \quad \text{或} \quad \mathrm{d}F(x) = f(x)\mathrm{d}x,$$

则称 $F(x)$ 为 $f(x)$ 在区间 I 上的一个**原函数**.

例如,在区间 $(-\infty, +\infty)$ 上,$(\sin x)' = \cos x$,故 $\sin x$ 是 $\cos x$ 在 $(-\infty, +\infty)$ 上的一个原函数.一般地,对任意常数 C,$\sin x + C$ 都是 $\cos x$ 的原函数.

由此可知,当一个函数具有原函数时,它的原函数有无穷多个.

什么样的函数的原函数一定存在呢?这里介绍一个充分条件.

定理1(原函数存在定理) 如果函数 $f(x)$ 在区间 I 上连续,则 $f(x)$ 在 I 上一定存在原函数,即存在可导函数 $F(x)$,使得对任意的 $x \in I$,都有

$$F'(x) = f(x).$$

定理1告诉我们,连续函数一定有原函数.因为初等函数在其定义区间内连续,所以初等函数在其定义区间内一定有原函数.

我们已经知道,如果函数 $f(x)$ 存在原函数 $F(x)$,那么 $f(x)$ 的原函数就有无穷多个.于是有下面的定理.

定理2 如果 $F(x)$ 是 $f(x)$ 在区间 I 上的一个原函数,那么对于任意一个常数 C,$F(x) + C$ 也是 $f(x)$ 在区间 I 上的一个原函数.

定理3 如果 $G(x)$ 和 $F(x)$ 都是函数 $f(x)$ 在区间 I 上的任意两个原函数,则它们仅相差一个常数.

证 设 $H(x) = G(x) - F(x)$,则有

$$H'(x) = (G(x) - F(x))' = G'(x) - F'(x) = f(x) - f(x) \equiv 0.$$

由于导数恒等于零的函数是常数函数,因此

$$G(x) - F(x) = C \quad (C \text{ 为常数}),$$

即

$$G(x) = F(x) + C.$$

这表明,$G(x)$ 与 $F(x)$ 只相差一个常数. 因此,只要找到 $f(x)$ 的一个原函数 $F(x)$,$F(x) + C(C$ 为任意常数$)$ 就可以表示 $f(x)$ 的全体原函数.

2. 不定积分

定义 2　在区间 I 上,函数 $f(x)$ 的全体原函数称为 $f(x)$ 在区间 I 上的**不定积分**,记作

$$\int f(x) \mathrm{d}x,$$

其中,记号 $\int$ 称为**积分号**,$f(x)$ 称为**被积函数**,$f(x)\mathrm{d}x$ 称为**被积表达式**,x 称为**积分变量**.

根据定义,如果 $F'(x) = f(x)$,则有

$$\int f(x) \mathrm{d}x = F(x) + C \quad (C \text{ 为任意常数}).$$

例 1　求 $\int \dfrac{1}{2\sqrt{x}} \mathrm{d}x \quad (x > 0)$.

解　由于 $(\sqrt{x})' = \dfrac{1}{2\sqrt{x}}$,因此有 $\int \dfrac{1}{2\sqrt{x}} \mathrm{d}x = \sqrt{x} + C$.

例 2　求 $\int \dfrac{1}{x^2} \mathrm{d}x \quad (x \neq 0)$.

解　由于 $\left(-\dfrac{1}{x}\right)' = \dfrac{1}{x^2}$,因此有 $\int \dfrac{1}{x^2} \mathrm{d}x = -\dfrac{1}{x} + C$.

3. 不定积分的几何意义

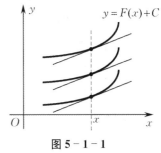

若 $F(x)$ 是 $f(x)$ 的一个原函数,则称 $y = F(x)$ 的图形是 $f(x)$ 的一条**积分曲线**. 于是,函数 $f(x)$ 的不定积分 $\int f(x)\mathrm{d}x$ 在几何上表示 $f(x)$ 的积分曲线族,它可由 $f(x)$ 的一条积分曲线 $y = F(x)$ 沿 y 轴上、下平行移动而得到,且积分曲线族中的每条曲线横坐标相同点处的切线互相平行,如图 $5 - 1 - 1$ 所示.

图 5 - 1 - 1

例 3　设一曲线通过点 $(0,1)$,且其上任一点处的切线斜率等于这点横坐标的两倍,求此曲线的方程.

解　设所求的曲线方程为 $y = f(x)$,按题设,曲线上任一点 (x,y) 处的切线斜率为 $\dfrac{\mathrm{d}y}{\mathrm{d}x} = 2x$,即 $f(x)$ 是 $2x$ 的一个原函数. 又因为 x^2 也是 $2x$ 的一个原函数,由定理 3 得

$$f(x) = \int 2x \mathrm{d}x = x^2 + C,$$

即曲线方程为 $y = x^2 + C$.因所求曲线通过点 $(0,1)$,故

$$1 = 0^2 + C,$$

即

$$C = 1.$$

于是所求曲线方程为

$$y = x^2 + 1.$$

二、不定积分的性质

根据不定积分的定义，即可得下述性质.

性质 1　$\left(\int f(x)\mathrm{d}x\right)' = f(x)$　　或　　$\mathrm{d}\int f(x)\mathrm{d}x = f(x)\mathrm{d}x.$

性质 2　$\int F'(x)\mathrm{d}x = F(x) + C$　　或　　$\int \mathrm{d}F(x) = F(x) + C.$

注：(1) 微分运算（以记号 d 表示）与求不定积分的运算$\left(\text{简称积分运算，以记号}\int\text{表示}\right)$互为逆运算；

(2) 要证明一个不定积分等式成立，只要证明右边函数的导数等于左边被积函数即可.

性质 3　$\int(\alpha f(x)+\beta g(x))\mathrm{d}x = \alpha\int f(x)\mathrm{d}x + \beta\int g(x)\mathrm{d}x$，其中 α,β 是不同时为零的任意常数.

证　要证等式成立，只要证等式右端函数的导数等于左边的被积函数 $\alpha f(x)+\beta g(x)$ 即可. 将右端对 x 求导，得

$$\left(\alpha\int f(x)\mathrm{d}x+\beta\int g(x)\mathrm{d}x\right)' = \left(\alpha\int f(x)\mathrm{d}x\right)' + \left(\beta\int g(x)\mathrm{d}x\right)'$$
$$= \alpha f(x)+\beta g(x).$$

特别地，当 $\alpha=1,\beta=\pm 1$ 时，得到

$$\int(f(x)\pm g(x))\mathrm{d}x = \int f(x)\mathrm{d}x \pm \int g(x)\mathrm{d}x.$$

当 $\beta=0$ 时，得到

$$\int \alpha f(x)\mathrm{d}x = \alpha\int f(x)\mathrm{d}x.$$

性质 3 可以推广到有限个函数的情形.

三、基本积分公式

既然不定积分运算是微分运算的逆运算，那么很自然地可以从基本初等函数的导数公式得到相应的积分公式.

例如，由于 $(\arctan x)' = \dfrac{1}{1+x^2}$，因此 $\arctan x$ 是 $\dfrac{1}{1+x^2}$ 的一个原函数，于是

$$\int \frac{1}{1+x^2}\mathrm{d}x = \arctan x + C.$$

类似地可以得到其他积分公式. 下面我们把一些基本的积分公式列成一个表，这个表叫作基本积分表（或基本积分公式）：

(1) $\int 0\mathrm{d}x = C$；

(2) $\int k\mathrm{d}x = kx + C$　（k 为常数）；

(3) $\int x^{\alpha}\mathrm{d}x = \dfrac{x^{\alpha+1}}{\alpha+1} + C$　（α 为常数且 $\alpha\neq-1$）；

(4) $\int \dfrac{1}{x}\mathrm{d}x = \ln|x| + C$；

(5) $\int a^x\mathrm{d}x = \dfrac{1}{\ln a}a^x + C$　（a 为常数，$a>0$ 且 $a\neq 1$）；

$(6) \displaystyle\int \mathrm{e}^{x} \mathrm{d}x = \mathrm{e}^{x} + C;$

$(7) \displaystyle\int \cos x \mathrm{d}x = \sin x + C;$

$(8) \displaystyle\int \sin x \mathrm{d}x = -\cos x + C;$

$(9) \displaystyle\int \sec^{2}x \mathrm{d}x = \int \frac{1}{\cos^{2}x} \mathrm{d}x = \tan x + C;$

$(10) \displaystyle\int \csc^{2}x \mathrm{d}x = \int \frac{1}{\sin^{2}x} \mathrm{d}x = -\cot x + C;$

$(11) \displaystyle\int \sec x \tan x \mathrm{d}x = \sec x + C;$

$(12) \displaystyle\int \csc x \cot x \mathrm{d}x = -\csc x + C;$

$(13) \displaystyle\int \frac{\mathrm{d}x}{\sqrt{1-x^{2}}} = \arcsin x + C = -\arccos x + C;$

$(14) \displaystyle\int \frac{\mathrm{d}x}{1+x^{2}} = \arctan x + C = -\operatorname{arccot} x + C.$

以上 14 个基本积分公式是求不定积分的基础,读者必须熟记,因为很多不定积分最终将归结为这些基本积分公式.

例 4　求 $\displaystyle\int \left(3x^{2}+\frac{2}{\sqrt{x}}-\frac{1}{\sqrt{2-2x^{2}}}+\frac{1}{x}\right)\mathrm{d}x.$

解　$\displaystyle\int \left(3x^{2}+\frac{2}{\sqrt{x}}-\frac{1}{\sqrt{2-2x^{2}}}+\frac{1}{x}\right)\mathrm{d}x$

$\displaystyle = \int \left(3x^{2}+2x^{-\frac{1}{2}}-\frac{1}{\sqrt{2}\sqrt{1-x^{2}}}+\frac{1}{x}\right)\mathrm{d}x$

$\displaystyle = 3\int x^{2}\mathrm{d}x + 2\int x^{-\frac{1}{2}}\mathrm{d}x - \frac{1}{\sqrt{2}}\int \frac{1}{\sqrt{1-x^{2}}}\mathrm{d}x + \int \frac{1}{x}\mathrm{d}x$

$\displaystyle = 3\cdot\frac{1}{2+1}x^{2+1} + 2\cdot\frac{1}{-\frac{1}{2}+1}x^{-\frac{1}{2}+1} - \frac{1}{\sqrt{2}}\arcsin x + \ln|x| + C$

$\displaystyle = x^{3} + 4\sqrt{x} - \frac{1}{\sqrt{2}}\arcsin x + \ln|x| + C.$

例 5　求 $\displaystyle\int \frac{x^{4}}{1+x^{2}}\mathrm{d}x.$

解　$\displaystyle\int \frac{x^{4}}{1+x^{2}}\mathrm{d}x = \int \frac{(x^{4}-1)+1}{1+x^{2}}\mathrm{d}x = \int \left(x^{2}-1+\frac{1}{1+x^{2}}\right)\mathrm{d}x$

$\displaystyle = \int x^{2}\mathrm{d}x - \int \mathrm{d}x + \int \frac{1}{1+x^{2}}\mathrm{d}x = \frac{1}{3}x^{3} - x + \arctan x + C.$

例 6　求 $\displaystyle\int \tan^{2}x \mathrm{d}x.$

解　$\displaystyle\int \tan^{2}x \mathrm{d}x = \int (\sec^{2}x - 1)\mathrm{d}x = \int \sec^{2}x \mathrm{d}x - \int \mathrm{d}x = \tan x - x + C.$

例 7　求 $\displaystyle\int \cos^{2}\frac{x}{2}\mathrm{d}x.$

解 $\displaystyle\int \cos^2\frac{x}{2}\mathrm{d}x = \int \frac{1+\cos x}{2}\mathrm{d}x = \frac{1}{2}\int \mathrm{d}x + \frac{1}{2}\int \cos x\mathrm{d}x = \frac{1}{2}(x+\sin x)+C.$

例 8 求 $\displaystyle\int 3^x\mathrm{e}^x\mathrm{d}x.$

解 $\displaystyle\int 3^x\mathrm{e}^x\mathrm{d}x = \int (3\mathrm{e})^x\mathrm{d}x = \frac{(3\mathrm{e})^x}{\ln(3\mathrm{e})}+C = \frac{(3\mathrm{e})^x}{1+\ln 3}+C.$

例 9 设工厂每日生产的产品的总成本 y 的变化率（即边际成本）是日产量 x 的函数 $y' = 8+\dfrac{25}{\sqrt{x}}$. 已知固定成本为 1 000 元，求总成本 y 与日产量 x 的函数关系.

解 由 $y' = 8+\dfrac{25}{\sqrt{x}}$，得

$$y = \int \left(8+\frac{25}{\sqrt{x}}\right)\mathrm{d}x = 8x+50\sqrt{x}+C.$$

因为固定成本为 1 000 元，所以当 $x=0$ 时，$y=1\ 000$，代入上式得 $C=1\ 000$. 故总成本 y 与日产量 x 的函数关系为

$$y = 8x+50\sqrt{x}+1\ 000.$$

练 习 5.1

1. 求下列不定积分：

(1) $\displaystyle\int \sqrt{x}(2-x)\mathrm{d}x$；

(2) $\displaystyle\int \frac{(x-1)^2}{x}\mathrm{d}x$；

(3) $\displaystyle\int 2^x\mathrm{e}^x\mathrm{d}x$；

(4) $\displaystyle\int \frac{2\cdot 3^x - 7\cdot 2^x}{3^x}\mathrm{d}x$；

(5) $\displaystyle\int \frac{1}{x^2(1+x^2)}\mathrm{d}x$；

(6) $\displaystyle\int \frac{x^2}{1+x^2}\mathrm{d}x$；

(7) $\displaystyle\int \sec x(\sec x-\tan x)\mathrm{d}x$；

(8) $\displaystyle\int \frac{\cos 2x}{\cos^2 x\sin^2 x}\mathrm{d}x$；

(9) $\displaystyle\int \sqrt{x\sqrt{x\sqrt{x}}}\ \mathrm{d}x$；

(10) $\displaystyle\int \sin^2\frac{x}{2}\mathrm{d}x.$

2. 若 $\displaystyle\int f(x)\mathrm{d}x = \sqrt{1+x^2}+C$，求 $f(x)$.

3. 解下列各题：

(1) 设 $f'(\sin x) = \cos^2 x$，且 $f(0)=1$，求 $f(x)$；

(2) 设 $\ln x$ 为 $f(x)$ 的一个原函数，求 $\displaystyle\int f'(x)\mathrm{d}x.$

4. 某商品的需求量 Q 是价格 P 的函数，已知该商品的最大需求量为 1 000（即 $P=0$ 时，$Q=1\ 000$），需求量的变化率（边际需求）为

$$Q'(P) = -1\ 000\left(\frac{1}{3}\right)^P\ln 3,$$

求需求量与价格的函数关系.

5. 设曲线 $y=f(x)\ (x>0)$ 通过点 $\left(\dfrac{1}{\mathrm{e}},0\right)$，且其上任一点 (x,y) 处的切线斜率为 $\dfrac{1}{x}$，求该曲线方程.

§5.2　换元积分法

利用基本积分公式和积分性质,所能计算的不定积分是非常有限的.为了能求出更多的不定积分,本节将介绍求不定积分的一个基本方法:换元积分法.

一、第一类换元法

定理 1(第一类换元法)　设 $f(u)$ 连续且其原函数为 $F(u)$,$u=\varphi(x)$ 的导函数 $\varphi'(x)$ 连续,则有换元公式

$$\int f(\varphi(x))\varphi'(x)\mathrm{d}x = \int f(u)\mathrm{d}u = F(\varphi(x))+C. \qquad (5-2-1)$$

证　因为 $F(u)$ 是 $f(u)$ 的原函数,所以

$$\int f(u)\mathrm{d}u = F(u)+C = F(\varphi(x))+C.$$

又因为 $u=\varphi(x)$,且 $\varphi(x)$ 可导,那么根据复合函数的求导法则,有

$$(F(\varphi(x))+C)' = F'(u)\varphi'(x) = f(u)\varphi'(x) = f(\varphi(x))\varphi'(x).$$

由此得

$$\int f(\varphi(x))\varphi'(x)\mathrm{d}x = F(\varphi(x))+C = \int f(u)\mathrm{d}u.$$

公式 $(5-2-1)$ 可看作直接做变量代换 $u=\varphi(x)$ 得到,这也是这种求不定积分的方法称为第一类换元法的原因.

一般地,如果不定积分 $\int g(x)\mathrm{d}x$ 不能直接利用基本积分公式计算,而其被积表达式 $g(x)\mathrm{d}x$ 能表示为

$$g(x)\mathrm{d}x = f(\varphi(x))\varphi'(x)\mathrm{d}x = f(\varphi(x))\mathrm{d}\varphi(x)$$

的形式,且 $\int f(u)\mathrm{d}u$ 较易计算,那么可令 $u=\varphi(x)$,代入后有

$$\int g(x)\mathrm{d}x = \int f(\varphi(x))\varphi'(x)\mathrm{d}x = \int f(\varphi(x))\mathrm{d}\varphi(x) = \int f(u)\mathrm{d}u.$$

这样,就可求出 $g(x)$ 的不定积分.由于在积分过程中,先要从被积表达式中凑出一个微分因子 $\mathrm{d}\varphi(x)=\varphi'(x)\mathrm{d}x$,因此第一类换元法也称为**凑微分法**.

例 1　求 $\int 2\cos 2x\mathrm{d}x$.

解　由于 $\cos 2x$ 是 $\cos u$ 与 $u=2x$ 构成的复合函数,故可设 $u=2x$,从而 $\mathrm{d}u=2\mathrm{d}x$,便有

$$\int 2\cos 2x\mathrm{d}x = \int \cos 2x \cdot 2\mathrm{d}x = \int \cos u\mathrm{d}u = \sin u+C = \sin 2x+C.$$

例 2　求 $\int \dfrac{1}{2x-1}\mathrm{d}x$.

解　设 $u=2x-1$,则 $\mathrm{d}u=2\mathrm{d}x$,$\mathrm{d}x=\dfrac{1}{2}\mathrm{d}u$,从而

$$\int \frac{1}{2x-1}\mathrm{d}x = \int \frac{1}{u}\cdot\frac{1}{2}\mathrm{d}u = \frac{1}{2}\int\frac{1}{u}\mathrm{d}u = \frac{1}{2}\ln|u|+C$$

$$= \frac{1}{2}\ln|2x-1|+C.$$

在熟悉不定积分的换元法后就可以略去设中间变量和换元的步骤. 例如, 例 2 也可如下求解:

$$\int \frac{1}{2x-1} \mathrm{d}x = \int \frac{1}{2} \cdot \frac{1}{2x-1} \cdot 2\mathrm{d}x = \frac{1}{2} \int \frac{1}{2x-1} \mathrm{d}(2x-1)$$

$$= \frac{1}{2} \ln|2x-1| + C.$$

用第一类换元法时, 应熟记以下几种常见的凑微分形式:

(1) $\mathrm{d}x = \dfrac{1}{a} \mathrm{d}(ax+b)$;　　　　　　(2) $x^{\mu}\mathrm{d}x = \dfrac{1}{\mu+1} \mathrm{d}(x^{\mu+1})$　$(\mu \neq -1)$;

(3) $\dfrac{1}{x}\mathrm{d}x = \mathrm{d}(\ln x)$;　　　　　　　(4) $a^{x}\mathrm{d}x = \dfrac{1}{\ln a}\mathrm{d}(a^{x})$　$(a>0, a \neq 1)$;

(5) $\sin x \mathrm{d}x = -\mathrm{d}(\cos x)$;　　　　　(6) $\cos x \mathrm{d}x = \mathrm{d}(\sin x)$;

(7) $\sec^{2}x\mathrm{d}x = \mathrm{d}(\tan x)$;　　　　　(8) $\csc^{2}x\mathrm{d}x = -\mathrm{d}(\cot x)$;

(9) $\dfrac{1}{\sqrt{1-x^{2}}}\mathrm{d}x = \mathrm{d}(\arcsin x) = -\mathrm{d}(\arccos x)$;

(10) $\dfrac{1}{1+x^{2}}\mathrm{d}x = \mathrm{d}(\arctan x) = -\mathrm{d}(\text{arccot } x)$.

例 3　求 $\int x\sqrt{1-x^{2}}\,\mathrm{d}x$.

解　$\displaystyle\int x\sqrt{1-x^{2}}\,\mathrm{d}x = \int \sqrt{1-x^{2}}\,x\mathrm{d}x = -\frac{1}{2}\int (1-x^{2})^{\frac{1}{2}}\mathrm{d}(1-x^{2})$

$$= -\frac{1}{2} \cdot \frac{1}{\frac{1}{2}+1}(1-x^{2})^{\frac{1}{2}+1} + C = -\frac{1}{3}(1-x^{2})^{\frac{3}{2}} + C.$$

例 4　求 $\int \dfrac{\mathrm{e}^{\arcsin x}}{\sqrt{1-x^{2}}}\mathrm{d}x$.

解　$\displaystyle\int \frac{\mathrm{e}^{\arcsin x}}{\sqrt{1-x^{2}}}\mathrm{d}x = \int \mathrm{e}^{\arcsin x}\frac{1}{\sqrt{1-x^{2}}}\mathrm{d}x = \int \mathrm{e}^{\arcsin x}\mathrm{d}(\arcsin x) = \mathrm{e}^{\arcsin x} + C.$

例 5　求 $\int \dfrac{1}{a^{2}+x^{2}}\mathrm{d}x$　$(a \neq 0)$.

解　$\displaystyle\int \frac{1}{a^{2}+x^{2}}\mathrm{d}x = \int \frac{1}{a^{2}} \cdot \frac{1}{1+\left(\frac{x}{a}\right)^{2}}\mathrm{d}x = \frac{1}{a}\int \frac{1}{1+\left(\frac{x}{a}\right)^{2}}\mathrm{d}\left(\frac{x}{a}\right)$

$$= \frac{1}{a}\arctan \frac{x}{a} + C.$$

类似地, 可得

$$\int \frac{1}{\sqrt{a^{2}-x^{2}}}\mathrm{d}x = \arcsin \frac{x}{a} + C.$$

例 6　求 $\int \dfrac{1}{a^{2}-x^{2}}\mathrm{d}x$　$(a \neq 0)$.

解　$\displaystyle\int \frac{1}{a^{2}-x^{2}}\mathrm{d}x = \frac{1}{2a}\int \left(\frac{1}{a+x}+\frac{1}{a-x}\right)\mathrm{d}x = \frac{1}{2a}\int \frac{\mathrm{d}(a+x)}{a+x} - \frac{1}{2a}\int \frac{\mathrm{d}(a-x)}{a-x}$

$$= \frac{1}{2a}\ln|a+x| - \frac{1}{2a}\ln|a-x| + C = \frac{1}{2a}\ln\left|\frac{a+x}{a-x}\right| + C.$$

例 7　求 $\displaystyle\int \cot x \mathrm{d}x$.

解　$\displaystyle\int \cot x \mathrm{d}x = \int \frac{\cos x}{\sin x}\mathrm{d}x = \int \frac{\mathrm{d}(\sin x)}{\sin x} = \ln|\sin x| + C.$

类似地,可得

$$\int \tan x \mathrm{d}x = -\ln|\cos x| + C.$$

例 8　求 $\displaystyle\int \sec x \mathrm{d}x$.

解　$\displaystyle\int \sec x \mathrm{d}x = \int \frac{1}{\cos x}\mathrm{d}x = \int \frac{\cos x}{\cos^2 x}\mathrm{d}x$

$$= \int \frac{1}{1-\sin^2 x}\mathrm{d}(\sin x) = \frac{1}{2}\ln\left|\frac{1+\sin x}{1-\sin x}\right| + C \quad (\text{由例 7})$$

$$= \frac{1}{2}\ln\left|\frac{(1+\sin x)^2}{1-\sin^2 x}\right| + C = \frac{1}{2}\ln\left|\frac{(1+\sin x)^2}{\cos^2 x}\right| + C$$

$$= \frac{1}{2}\ln\left|\frac{1+\sin x}{\cos x}\right|^2 + C = \ln\left|\frac{1+\sin x}{\cos x}\right| + C$$

$$= \ln\left|\frac{1}{\cos x} + \frac{\sin x}{\cos x}\right| + C = \ln|\sec x + \tan x| + C.$$

类似地,可得

$$\int \csc x \mathrm{d}x = \ln|\csc x - \cot x| + C.$$

例 9　求 $\displaystyle\int \cos^3 x \mathrm{d}x$.

解　$\displaystyle\int \cos^3 x \mathrm{d}x = \int (1-\sin^2 x)\cos x \mathrm{d}x = \int (1-\sin^2 x)\mathrm{d}(\sin x)$

$$= \int \mathrm{d}(\sin x) - \int \sin^2 x \mathrm{d}(\sin x) = \sin x - \frac{1}{3}\sin^3 x + C.$$

例 10　求 $\displaystyle\int \cos^2 x \mathrm{d}x$.

解　$\displaystyle\int \cos^2 x \mathrm{d}x = \int \frac{1+\cos 2x}{2}\mathrm{d}x = \frac{1}{2}\int \mathrm{d}x + \frac{1}{4}\int \cos 2x \mathrm{d}(2x)$

$$= \frac{1}{2}x + \frac{1}{4}\sin 2x + C.$$

二、第二类换元法

定理 2（第二类换元法）　设函数 $f(x), \varphi(t)$ 及 $\varphi'(t)$ 均连续,$x = \varphi(t)$ 的导数 $\varphi'(t) \neq 0$. 若 $f(\varphi(t))\varphi'(t)$ 存在原函数 $F(t)$,则

$$\int f(x)\mathrm{d}x = \int f(\varphi(t))\varphi'(t)\mathrm{d}t = F(t) + C = F(\varphi^{-1}(x)) + C,$$

其中 $t = \varphi^{-1}(x)$ 是 $x = \varphi(t)$ 的反函数.

证　由于 $f(\varphi(t))\varphi'(t)$ 的原函数为 $F(t)$,记 $F(\varphi^{-1}(x)) = \Phi(x)$,根据复合函数的求导法则和反函数的导数公式可得

$$\frac{\mathrm{d}\Phi(x)}{\mathrm{d}x} = F'(t)\frac{\mathrm{d}t}{\mathrm{d}x} = f(\varphi(t))\varphi'(t)\frac{1}{\dfrac{\mathrm{d}x}{\mathrm{d}t}}$$

$$= f(\varphi(t))\varphi'(t)\,\frac{1}{\varphi'(t)} = f(\varphi(t)) = f(x),$$

即 $\Phi(x)$ 是 $f(x)$ 的原函数，有

$$\int f(x)\mathrm{d}x = \Phi(x) + C = F(\varphi^{-1}(x)) + C$$

$$= F(t) + C = \int f(\varphi(t))\varphi'(t)\mathrm{d}t.$$

由定理 2 知，如果 $\int f(x)\mathrm{d}x$ 不易计算，则可通过变量代换 $x = \varphi(t)$，将不定积分 $\int f(x)\mathrm{d}x$ 化为积分容易计算的不定积分 $\int f(\varphi(t))\varphi'(t)\mathrm{d}t$，求出不定积分后，再用 $x = \varphi(t)$ 的反函数 $t = \varphi^{-1}(x)$ 代回即可.

例 11　求 $\displaystyle\int \frac{\mathrm{d}x}{1 + \sqrt{x-1}}$.

解　当根式中的未知数 x 的最高指数是 1 时，可先通过适当的换元将被积函数中的根号去掉，再积分.

令 $\sqrt{x-1} = t$，则 $x = t^2 + 1$，$\mathrm{d}x = 2t\mathrm{d}t$，于是

$$\int \frac{\mathrm{d}x}{1 + \sqrt{x-1}} = \int \frac{2t\mathrm{d}t}{1+t} = 2\int \frac{t+1-1}{1+t}\mathrm{d}t = 2\int \left(1 - \frac{1}{1+t}\right)\mathrm{d}t = 2\left(\int \mathrm{d}t - \int \frac{1}{1+t}\mathrm{d}t\right)$$

$$= 2(t - \ln|1+t|) + C = 2(\sqrt{x-1} - \ln|1 + \sqrt{x-1}|) + C.$$

例 12　求 $\displaystyle\int \frac{\mathrm{d}x}{(1 + \sqrt[3]{x})\sqrt{x}}$.

解　被积函数中出现了两个不同的根式，因为 2 和 3 的最小公倍数是 6，为了同时消去这两个根式，可以做如下代换：

令 $t = x^{\frac{1}{6}}$，则 $x = t^6$，$\mathrm{d}x = 6t^5\mathrm{d}t$，于是

$$\int \frac{\mathrm{d}x}{(1 + \sqrt[3]{x})\sqrt{x}} = \int \frac{6t^5}{(1+t^2)t^3}\mathrm{d}t = 6\int \frac{t^2}{1+t^2}\mathrm{d}t = 6\int \left(1 - \frac{1}{1+t^2}\right)\mathrm{d}t$$

$$= 6(t - \arctan t) + C = 6(\sqrt[6]{x} - \arctan \sqrt[6]{x}) + C.$$

例 13　求 $\displaystyle\int \sqrt{a^2 - x^2}\,\mathrm{d}x$　$(a > 0)$.

解　为使被积函数有理化，利用三角公式 $\sin^2 t + \cos^2 t = 1$.

令 $x = a\sin t, t \in \left(-\frac{\pi}{2}, \frac{\pi}{2}\right)$，则 $\mathrm{d}x = a\cos t\mathrm{d}t$，$\sqrt{a^2 - x^2} = a\cos t$，于是

$$\int \sqrt{a^2 - x^2}\,\mathrm{d}x = \int a\cos t \cdot a\cos t\mathrm{d}t$$

$$= a^2\int \cos^2 t\mathrm{d}t = a^2\int \frac{1 + \cos 2t}{2}\mathrm{d}t$$

$$= \frac{a^2}{2}\left(\int \mathrm{d}t + \frac{1}{2}\int \cos 2t\mathrm{d}(2t)\right)$$

$$= \frac{a^2}{2}\left(t + \frac{1}{2}\sin 2t\right) + C$$

$$= \frac{a^2}{2}t + \frac{a^2}{2}\sin t\cos t + C.$$

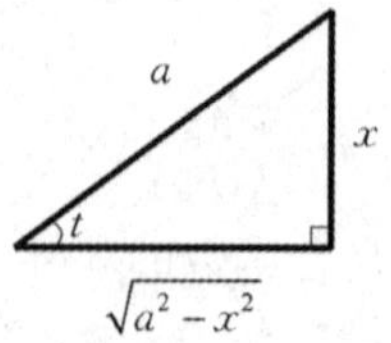

图 5 - 2 - 1

我们可用如下方法把 t 替换回 x：根据 $x=a\sin t,\dfrac{x}{a}=\sin t$ 作出如图 $5-2-1$ 所示的直

角三角形，从而 $\cos t=\dfrac{\sqrt{a^2-x^2}}{a}$，而 $x=a\sin t$ 的反函数为 $t=\arcsin\dfrac{x}{a}$. 所以

$$\int\sqrt{a^2-x^2}\,\mathrm{d}x=\frac{a^2}{2}t+\frac{a^2}{2}\sin t\cos t+C=\frac{a^2}{2}\arcsin\frac{x}{a}+\frac{1}{2}x\sqrt{a^2-x^2}+C.$$

例 14　求 $\displaystyle\int\dfrac{1}{\sqrt{x^2-a^2}}\mathrm{d}x\quad(a>0)$.

解　设 $x=a\sec t,t\in\left(0,\dfrac{\pi}{2}\right)$，则 $\mathrm{d}x=a\sec t\tan t\mathrm{d}t,\sqrt{x^2-a^2}=a\tan t$，于是

$$\int\frac{1}{\sqrt{x^2-a^2}}\mathrm{d}x=\int\frac{a\sec t\tan t\mathrm{d}t}{a\tan t}=\int\sec t\mathrm{d}t=\ln|\sec t+\tan t|+C_1.$$

根据 $x=a\sec t,\dfrac{x}{a}=\sec t$ 作出如图 $5-2-2$ 所示的直角三角形，从而 $\tan t=\dfrac{\sqrt{x^2-a^2}}{a}$，

所以

$$\int\frac{1}{\sqrt{x^2-a^2}}\mathrm{d}x=\ln|\sec t+\tan t|+C_1$$

$$=\ln\left|\frac{x}{a}+\frac{\sqrt{x^2-a^2}}{a}\right|+C_1$$

$$=\ln|x+\sqrt{x^2-a^2}|+C,$$

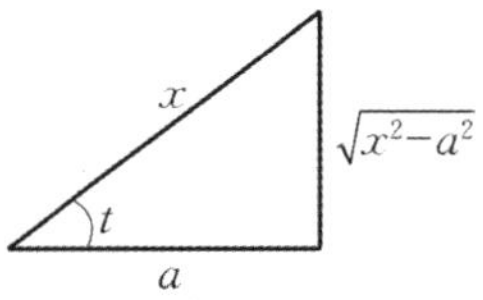

图 $5-2-2$

其中 $C=C_1-\ln a$.

例 15　求 $\displaystyle\int\dfrac{1}{\sqrt{a^2+x^2}}\mathrm{d}x\quad(a>0)$.

解　令 $x=a\tan t,t\in\left(-\dfrac{\pi}{2},\dfrac{\pi}{2}\right)$，则 $\mathrm{d}x=a\sec^2 t\mathrm{d}t,\sqrt{x^2+a^2}=a\sec t$，于是

$$\int\frac{1}{\sqrt{a^2+x^2}}\mathrm{d}x=\int\frac{a\sec^2 t\mathrm{d}t}{a\sec t}=\int\sec t\mathrm{d}t=\ln|\sec t+\tan t|+C_1$$

$$=\ln\left|\frac{\sqrt{x^2+a^2}}{a}+\frac{x}{a}\right|+C_1=\ln|\sqrt{x^2+a^2}+x|+C,$$

其中 $C=C_1-\ln a$.

注：当被积函数含有形如 $\sqrt{a^2-x^2}$，$\sqrt{a^2+x^2}$，$\sqrt{x^2-a^2}$ 的二次根式时，可以做相应的换元 $x=a\sin t,x=a\tan t$，$x=a\sec t$ 将根号化去. 但是具体解题时，要根据被积函数的具体情况，选取尽可能简捷的代换，不能只局限于以上几种代换.

例 16　求 $\displaystyle\int\dfrac{1}{x^2}\sqrt{\dfrac{1+x}{x}}\mathrm{d}x$.

解　为了去掉根式，做代换 $t=\sqrt{\dfrac{1+x}{x}}$，则 $x=\dfrac{1}{t^2-1},\mathrm{d}x=-\dfrac{2t}{(t^2-1)^2}\mathrm{d}t$，于是

$$\int\frac{1}{x^2}\sqrt{\frac{1+x}{x}}\mathrm{d}x=\int(t^2-1)^2 t\cdot\frac{-2t}{(t^2-1)^2}\mathrm{d}t=-2\int t^2\mathrm{d}t$$

$$=-\frac{2}{3}t^3+C=-\frac{2}{3}\left(\frac{1+x}{x}\right)^{\frac{3}{2}}+C.$$

在被积函数中如果出现分式函数,而且分母的次数大于分子的次数,可以尝试利用倒代换,即令 $x = \dfrac{1}{t}$,利用此代换,常常可以消去被积函数中分母中的变量因子 x.

例 17　求 $\displaystyle\int \dfrac{\mathrm{d}x}{x(x^6+1)}$.

解　令 $x = \dfrac{1}{t}$,则 $\mathrm{d}x = -\dfrac{1}{t^2}\mathrm{d}t$,于是

$$\int \frac{\mathrm{d}x}{x(x^6+1)} = \int \frac{-\dfrac{1}{t^2}\mathrm{d}t}{\dfrac{1}{t}\left(\dfrac{1}{t^6}+1\right)} = -\int \frac{t^5}{1+t^6}\mathrm{d}t = -\frac{1}{6}\int \frac{\mathrm{d}(t^6+1)}{1+t^6}$$

$$= -\frac{1}{6}\ln|1+t^6| + C = -\frac{1}{6}\ln\left(1+\frac{1}{x^6}\right)+C.$$

一般地,可按不定积分的不同形式做不同的代换,具体如下:

(1) 若不定积分形如 $\displaystyle\int F(x,\sqrt[n]{ax+b})\mathrm{d}x$,则可做代换 $t = \sqrt[n]{ax+b}$;

(2) 若不定积分形如 $\displaystyle\int F(x,\sqrt[n]{ax+b},\sqrt[m]{ax+b})\mathrm{d}x$,则可做代换 $t = \sqrt[p]{ax+b}$,其中 p 是 m,n 的最小公倍数;

(3) 若不定积分形如 $\displaystyle\int F\left(x,\sqrt[n]{\dfrac{ax+b}{cx+d}}\right)\mathrm{d}x$,则可做代换 $t = \sqrt[n]{\dfrac{ax+b}{cx+d}}$.

运用这些变换就可以将被积函数中的根号去掉,被积函数就化为有理函数.

在本节的例题中,有几个积分结果通常也被当作公式使用. 这样,除了基本积分表中的 14 个积分公式以外,可再添加下面几个积分公式:

(15) $\displaystyle\int \tan x\,\mathrm{d}x = -\ln|\cos x| + C$;　　(16) $\displaystyle\int \cot x\,\mathrm{d}x = \ln|\sin x| + C$;

(17) $\displaystyle\int \sec x\,\mathrm{d}x = \ln|\sec x + \tan x| + C$;　　(18) $\displaystyle\int \csc x\,\mathrm{d}x = \ln|\csc x - \cot x| + C$;

(19) $\displaystyle\int \dfrac{\mathrm{d}x}{a^2+x^2} = \dfrac{1}{a}\arctan \dfrac{x}{a} + C$;　　(20) $\displaystyle\int \dfrac{\mathrm{d}x}{x^2-a^2} = \dfrac{1}{2a}\ln\left|\dfrac{x-a}{x+a}\right| + C$;

(21) $\displaystyle\int \dfrac{\mathrm{d}x}{\sqrt{a^2-x^2}} = \arcsin \dfrac{x}{a} + C$;　　(22) $\displaystyle\int \dfrac{\mathrm{d}x}{\sqrt{x^2 \pm a^2}} = \ln|x + \sqrt{x^2 \pm a^2}| + C$.

练　习　5.2

1.求下列不定积分:

(1) $\displaystyle\int \cos(2x+3)\mathrm{d}x$;　　(2) $\displaystyle\int \mathrm{e}^{5x}\mathrm{d}x$;

(3) $\displaystyle\int \dfrac{1}{6x+1}\mathrm{d}x$;　　(4) $\displaystyle\int 3^{2x+5}\mathrm{d}x$;

(5) $\displaystyle\int x\sin x^2\,\mathrm{d}x$;　　(6) $\displaystyle\int \dfrac{\cos\sqrt{x}}{\sqrt{x}}\mathrm{d}x$;

(7) $\displaystyle\int \dfrac{(\ln x)^2}{x}\mathrm{d}x$;　　(8) $\displaystyle\int \dfrac{\arctan x}{1+x^2}\mathrm{d}x$;

(9) $\displaystyle\int \dfrac{1}{x^2+2x+5}\mathrm{d}x$;　　(10) $\displaystyle\int \dfrac{f'(x)\ln f(x)}{f(x)}\mathrm{d}x$.

2. 求下列不定积分:

(1) $\displaystyle\int \frac{1}{\sqrt{2x-3}+1}\mathrm{d}x$;

(2) $\displaystyle\int \frac{\sqrt{x}}{1+x}\mathrm{d}x$;

(3) $\displaystyle\int \frac{x^2}{\sqrt{1-x^2}}\mathrm{d}x$;

(4) $\displaystyle\int \frac{\mathrm{d}x}{\sqrt{(x^2+1)^3}}$;

(5) $\displaystyle\int \frac{\sqrt{x^2-9}}{x}\mathrm{d}x$;

(6) $\displaystyle\int \frac{1}{\sqrt{x}+\sqrt[3]{x}}\mathrm{d}x$;

(7) $\displaystyle\int \frac{\mathrm{d}x}{\sqrt{1+\mathrm{e}^x}}$;

(8) $\displaystyle\int \frac{\sqrt{a^2-x^2}}{x^4}\mathrm{d}x \quad (a>0)$.

§5.3　分部积分法

设函数 $u=u(x)$ 及 $v=v(x)$ 具有连续导数,则由两个函数乘积的导数公式得

$$(uv)'=u'v+uv',$$

移项,得

$$uv'=(uv)'-u'v.$$

对这个等式两边求不定积分,得

$$\int uv'\mathrm{d}x=uv-\int u'v\mathrm{d}x,$$

即

$$\int u\mathrm{d}v=uv-\int v\mathrm{d}u.$$

该公式称为**分部积分公式**. 这种求不定积分的方法称为**分部积分法**. 如果不定积分 $\displaystyle\int u\mathrm{d}v$ 不易求,而不定积分 $\displaystyle\int v\mathrm{d}u$ 比较容易求时,就可以使用分部积分公式.

例 1　求 $\displaystyle\int x\cos x\mathrm{d}x$.

解　由于 $\displaystyle\int x\cos x\mathrm{d}x=\int x\mathrm{d}(\sin x)$,令 $u=u(x)=x,v=v(x)=\sin x$,由分部积分公式得

$$\int x\cos x\mathrm{d}x=\int x\mathrm{d}(\sin x)=x\sin x-\int \sin x\mathrm{d}x$$
$$=x\sin x+\cos x+C.$$

注:在上例中,如果把 x 放到微分符号里面,则有

$$\int x\cos x\mathrm{d}x=\int \cos x\mathrm{d}\left(\frac{1}{2}x^2\right)=\frac{1}{2}x^2\cos x-\frac{1}{2}\int x^2\mathrm{d}(\cos x)$$
$$=\frac{1}{2}x^2\cos x+\frac{1}{2}\int x^2\sin x\mathrm{d}x.$$

显然,上式右端的不定积分比原不定积分更烦琐,很难求出结果. 由此可见,如果放到微分符号里面的函数 u 或 v 选取不当,就很难求出结果,甚至求不出结果,要以 $\displaystyle\int v\mathrm{d}u$ 比 $\displaystyle\int u\mathrm{d}v$ 易求出为原则.

例 2　求 $\displaystyle\int x^2\ln x\mathrm{d}x$.

解　$\displaystyle\int x^2\ln x\mathrm{d}x = \frac{1}{3}\int\ln x\mathrm{d}(x^3) = \frac{1}{3}\left(x^3\ln x - \int x^3\mathrm{d}(\ln x)\right)$

$\displaystyle\qquad = \frac{1}{3}\left(x^3\ln x - \int x^2\mathrm{d}x\right) = \frac{1}{3}\left(x^3\ln x - \frac{1}{3}x^3\right) + C$

$\displaystyle\qquad = \frac{1}{3}x^3\left(\ln x - \frac{1}{3}\right) + C.$

例 3　求 $\displaystyle\int x^2\mathrm{e}^x\mathrm{d}x.$

解　$\displaystyle\int x^2\mathrm{e}^x\mathrm{d}x = \int x^2\mathrm{d}(\mathrm{e}^x) = x^2\mathrm{e}^x - \int\mathrm{e}^x\mathrm{d}(x^2)$

$\displaystyle\qquad = x^2\mathrm{e}^x - 2\int x\mathrm{e}^x\mathrm{d}x = x^2\mathrm{e}^x - 2\int x\mathrm{d}(\mathrm{e}^x)$

$\displaystyle\qquad = x^2\mathrm{e}^x - 2x\mathrm{e}^x + 2\int\mathrm{e}^x\mathrm{d}x$

$\displaystyle\qquad = x^2\mathrm{e}^x - 2x\mathrm{e}^x + 2\mathrm{e}^x + C.$

例 4　求 $\displaystyle\int x\arctan x\mathrm{d}x.$

解　$\displaystyle\int x\arctan x\mathrm{d}x = \frac{1}{2}\int\arctan x\mathrm{d}(x^2) = \frac{1}{2}x^2\arctan x - \frac{1}{2}\int x^2\mathrm{d}(\arctan x)$

$\displaystyle\qquad = \frac{1}{2}x^2\arctan x - \frac{1}{2}\int\frac{x^2}{1+x^2}\mathrm{d}x$

$\displaystyle\qquad = \frac{1}{2}x^2\arctan x - \frac{1}{2}\int\left(1 - \frac{1}{1+x^2}\right)\mathrm{d}x$

$\displaystyle\qquad = \frac{1}{2}x^2\arctan x - \frac{1}{2}\int\mathrm{d}x + \frac{1}{2}\int\frac{1}{1+x^2}\mathrm{d}x$

$\displaystyle\qquad = \frac{1}{2}x^2\arctan x - \frac{1}{2}x + \frac{1}{2}\arctan x + C.$

例 5　求 $\displaystyle\int\arcsin x\mathrm{d}x.$

解　$\displaystyle\int\arcsin x\mathrm{d}x = x\arcsin x - \int x\mathrm{d}(\arcsin x) = x\arcsin x - \int\frac{x\mathrm{d}x}{\sqrt{1-x^2}}$

$\displaystyle\qquad = x\arcsin x + \frac{1}{2}\int\frac{\mathrm{d}(1-x^2)}{\sqrt{1-x^2}} = x\arcsin x + \sqrt{1-x^2} + C.$

一般地，如果被积函数是反三角函数或对数函数与幂函数的积，则可以考虑把幂函数放到微分符号里面. 如果被积函数是三角函数或指数函数与幂函数的积，则可以考虑把三角函数或指数函数放到微分符号里面，即按"反、对、幂、三、指"的顺序，后者优先.

例 6　求 $\displaystyle\int\mathrm{e}^x\sin x\mathrm{d}x.$

解　设 $\displaystyle I = \int\mathrm{e}^x\sin x\mathrm{d}x$，则

$\displaystyle\int\mathrm{e}^x\sin x\mathrm{d}x = \int\sin x\mathrm{d}(\mathrm{e}^x) = \mathrm{e}^x\sin x - \int\mathrm{e}^x\mathrm{d}(\sin x)$

$\displaystyle\qquad = \mathrm{e}^x\sin x - \int\mathrm{e}^x\cos x\mathrm{d}x = \mathrm{e}^x\sin x - \int\cos x\mathrm{d}(\mathrm{e}^x)$

$\displaystyle\qquad = \mathrm{e}^x\sin x - \mathrm{e}^x\cos x + \int\mathrm{e}^x\mathrm{d}(\cos x)$

$$= e^x \sin x - e^x \cos x - \int e^x \sin x dx$$

$$= e^x \sin x - e^x \cos x - I.$$

等式右端的不定积分与原不定积分相同,把它移到左边与原不定积分合并,再加上任意常数 C,即得

$$I = \int e^x \sin x dx = \frac{1}{2}(e^x \sin x - e^x \cos x) + C.$$

练　习　5.3

1. 求下列不定积分:

(1) $\int x \sin x dx$；　　　　　　　　　　(2) $\int \ln(1 + x^2) dx$；

(3) $\int \arctan x dx$；　　　　　　　　　(4) $\int x \ln(x - 1) dx$；

(5) $\int x e^{-x} dx$；　　　　　　　　　　(6) $\int \cos \sqrt{x} dx$；

(7) $\int \dfrac{\ln x}{x^2} dx$；　　　　　　　　　　(8) $\int (1 + x)^2 e^x dx$；

(9) $\int \dfrac{x e^x}{\sqrt{e^x - 3}} dx$；　　　　　　　　(10) $\int \sec^3 x dx$.

§5.4　定积分的概念与性质

定积分是积分学中另一个重要概念,它在自然科学、工程技术、经济管理中有着广泛的应用. 在 §5.4 ～ §5.7 中,我们先从实际问题出发,引进定积分的概念,然后再讨论定积分的性质及其计算方法,并揭示它与不定积分的关系,最后介绍定积分的应用.

一、引例

1. 曲边梯形的面积

设 $y = f(x)(f(x) \geqslant 0)$ 在区间 $[a, b]$ 上连续,则称由曲线 $y = f(x)$ 及直线 $x = a, x = b, y = 0$ 所围成的图形为**曲边梯形**. 下面我们讨论怎样求这个曲边梯形的面积(见图 5 - 4 - 1).

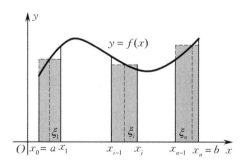

图 5 - 4 - 1

(1) 在区间 $[a, b]$ 内任意插入 $n - 1$ 个分点

$$a = x_0 < x_1 < x_2 < \cdots < x_{n-1} < x_n = b,$$

那么整个曲边梯形就被直线 $x = x_i (i = 1,2,\cdots,n-1)$ 分成 n 个小曲边梯形,区间 $[a,b]$ 被分成 n 个小区间

$$[x_0,x_1],[x_1,x_2],\cdots,[x_{i-1},x_i],\cdots,[x_{n-1},x_n],$$

第 i 个小区间的长度为 $\Delta x_i = x_i - x_{i-1} (i = 1,2,\cdots,n)$.

（2）对于第 i 个小曲边梯形来说,当其底边长 Δx_i 很小时,由 $y = f(x)$ 连续可知,其高度的变化也是非常小的,这时它的面积可以用小矩形的面积来近似表示. 在每个小区间 $[x_{i-1},x_i]$ 上任取一点 ξ_i,用 $f(\xi_i)$ 作为第 i 个小矩形的高（见图 5-4-1）,则第 i 个小曲边梯形面积 ΔA_i 的近似值为

$$\Delta A_i \approx f(\xi_i)\Delta x_i \quad (i = 1,2,\cdots,n).$$

这样,将 n 个小曲边梯形的面积相加,就得到整个曲边梯形面积 A 的近似值,即

$$A = \sum_{i=1}^{n} \Delta A_i \approx \sum_{i=1}^{n} f(\xi_i)\Delta x_i.$$

（3）分点越密,和式 $\sum_{i=1}^{n} f(\xi_i)\Delta x_i$ 与曲边梯形的面积 A 越接近,令 $\lambda = \max_{1 \leqslant i \leqslant n}\{\Delta x_i\}$,当 $\lambda \to 0$ 时,和式 $\sum_{i=1}^{n} f(\xi_i)\Delta x_i$ 的极限即为曲边梯形的面积 A,即

$$A = \lim_{\lambda \to 0} \sum_{i=1}^{n} f(\xi_i)\Delta x_i.$$

2. 变速直线运动的路程

设某物体做直线运动,已知其速度 $v = v(t)$ 是时间区间 $[T_1,T_2]$ 上的连续函数,求物体在这段时间内所经过的路程 s.

当物体做匀速直线运动时,物体所经过的路程有公式:

$$路程 = 速度 \times 时间.$$

但在这个问题中,速度不是常量而是随时间变化着的变量,因此所求路程 s 不能直接按匀速直线运动的路程公式来计算. 类似于前面曲边梯形面积的计算方法,我们可以求变速直线运动物体在一段时间内所经过的路程.

（1）在区间 $[T_1,T_2]$ 内任意插入 $n-1$ 个分点

$$T_1 = t_0 < t_1 < t_2 < \cdots < t_{n-1} < t_n = T_2,$$

则这 $n-1$ 个分点将区间 $[T_1,T_2]$ 分成 n 个小区间

$$[t_0,t_1],[t_1,t_2],\cdots,[t_{n-1},t_n],$$

各小区间的长度依次为 $\Delta t_1,\Delta t_2,\cdots,\Delta t_n$,其中 $\Delta t_i = t_i - t_{i-1}(i = 1,2,\cdots,n)$.

（2）任取一点 $\xi_i \in [t_{i-1},t_i]$,由于在很小的时间间隔 $[t_{i-1},t_i]$ 上,物体速度变化很小,故可以认为在时间区间 $[t_{i-1},t_i]$ 上,物体运动的速度近似等于 $v(\xi_i)$,从而物体在时间区间 $[t_{i-1},t_i]$ 内经过的路程 Δs_i 的近似值为

$$\Delta s_i \approx v(\xi_i)\Delta t_i, \quad i = 1,2,\cdots,n.$$

于是,物体在整个时间区间 $[T_1,T_2]$ 内经过的路程 s 的近似值为

$$s = \sum_{i=1}^{n} \Delta s_i \approx \sum_{i=1}^{n} v(\xi_i)\Delta t_i.$$

（3）记 $\lambda = \max_{1 \leqslant i \leqslant n}\{\Delta t_i\}$,当 $\lambda \to 0$ 时,和式 $\sum_{i=1}^{n} v(\xi_i)\Delta t_i$ 的极限即为该物体在时间区间

$[T_1, T_2]$ 内所经过的路程,即

$$s = \lim_{\lambda \to 0} \sum_{i=1}^{n} v(\xi_i) \Delta t_i.$$

二、定积分的定义

从上面的两个例子可以看到,虽然所要计算的量的实际意义各不相同,但这些量的计算方法与步骤都是相同的,反映在数量上可归结为具有相同结构的和式的极限,即

$$\text{面积} \ A = \lim_{\lambda \to 0} \sum_{i=1}^{n} f(\xi_i) \Delta x_i,$$

$$\text{路程} \ s = \lim_{\lambda \to 0} \sum_{i=1}^{n} v(\xi_i) \Delta t_i.$$

在解决实际问题过程中,经常应用这种方法.抛开这些问题的具体意义,可以抽象出下面定积分的概念.

定义 1　设函数 $f(x)$ 在区间 $[a,b]$ 上有定义,在 $[a,b]$ 内任意插入 $n-1$ 个分点

$$a = x_0 < x_1 < x_2 < \cdots < x_{n-1} < x_n = b,$$

把区间 $[a,b]$ 分成 n 个小区间

$$[x_0, x_1], [x_1, x_2], \cdots, [x_{n-1}, x_n],$$

各小区间的长度分别记为

$$\Delta x_1 = x_1 - x_0, \ \Delta x_2 = x_2 - x_1, \ \cdots, \ \Delta x_n = x_n - x_{n-1}.$$

在第 i 个小区间 $[x_{i-1}, x_i]$ 上任取一点 ξ_i,做乘积 $f(\xi_i) \Delta x_i (i = 1, 2, \cdots, n)$,再做和

$$\sum_{i=1}^{n} f(\xi_i) \Delta x_i = f(\xi_1) \Delta x_1 + f(\xi_2) \Delta x_2 + \cdots + f(\xi_n) \Delta x_n.$$

记 $\lambda = \max\{\Delta x_1, \Delta x_2, \cdots, \Delta x_n\}$,如果不论对 $[a,b]$ 怎样分法,也不论点 ξ_i 在小区间 $[x_{i-1}, x_i]$ 上怎样取法,当 $\lambda \to 0$ 时,和式 $\sum_{i=1}^{n} f(\xi_i) \Delta x_i$ 总趋于确定的值 I,我们就把这个极限值 I 称为函数 $f(x)$ 在区间 $[a,b]$ 上的**定积分**,记作 $\int_a^b f(x)\mathrm{d}x$,即

$$\int_a^b f(x)\mathrm{d}x = \lim_{\lambda \to 0} \sum_{i=1}^{n} f(\xi_i) \Delta x_i,$$

其中 $f(x)$ 叫作**被积函数**,$f(x)\mathrm{d}x$ 叫作**被积表达式**,x 叫作**积分变量**,a 叫作**积分下限**,b 叫作**积分上限**,$[a,b]$ 叫作**积分区间**.

注:当和式 $\sum_{i=1}^{n} f(\xi_i) \Delta x_i$ 的极限存在时,其极限值仅与被积函数 $f(x)$ 及积分区间 $[a,b]$ 有关,而与积分变量用什么字母表示无关,即

$$\int_a^b f(x)\mathrm{d}x = \int_a^b f(t)\mathrm{d}t = \int_a^b f(u)\mathrm{d}u.$$

和式 $\sum_{i=1}^{n} f(\xi_i) \Delta x_i$ 通常称为**积分和**.如果 $f(x)$ 在 $[a,b]$ 上的定积分存在,我们就说 $f(x)$ 在 $[a,b]$ 上**可积**.

对于定积分,有这样一个重要问题:函数 $f(x)$ 在 $[a,b]$ 上满足怎样的条件才会在 $[a,b]$ 上一定可积呢?我们有以下两个充分条件.

定理 1　设 $f(x)$ 在区间 $[a,b]$ 上连续,则 $f(x)$ 在 $[a,b]$ 上可积.

定理 2 设 $f(x)$ 在区间 $[a,b]$ 上有界,且只有有限个间断点,则 $f(x)$ 在 $[a,b]$ 上可积.

三、定积分的几何意义

如果在区间 $[a,b]$ 上 $f(x) \geqslant 0$ 时,则定积分 $\int_a^b f(x)\mathrm{d}x$ 在几何上表示由曲线 $y = f(x)$ 与直线 $x = a, x = b$ 及 x 轴所围成的曲边梯形的面积.

如果在 $[a,b]$ 上 $f(x) \leqslant 0$ 时,由曲线 $y = f(x)$ 与直线 $x = a, x = b$ 及 x 轴所围成的曲边梯形位于 x 轴的下方,则定积分 $\int_a^b f(x)\mathrm{d}x$ 在几何上表示上述曲边梯形面积的负值.

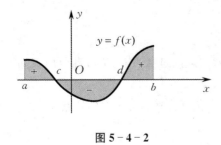

如果在 $[a,b]$ 上 $f(x)$ 既取得正值又取得负值,即函数 $f(x)$ 的图形某些部分在 x 轴上方,而其他部分在 x 轴的下方(见图 5-4-2),则定积分 $\int_a^b f(x)\mathrm{d}x$ 表示介于 x 轴、函数 $y = f(x)$ 的图形及两条直线 $x = a, x = b$ 之间的各部分面积的代数和. 此时,由曲线 $y = f(x)$ 与直线 $x = a, x = b$ 及 x 轴所围成图形的面积为

图 5-4-2

$$S = \int_a^c f(x)\mathrm{d}x - \int_c^d f(x)\mathrm{d}x + \int_d^b f(x)\mathrm{d}x.$$

四、定积分的性质

为了以后计算及应用方便,对定积分做以下补充规定:

(1) 当 $a = b$ 时, $\int_a^b f(x)\mathrm{d}x = 0$;

(2) 当 $a > b$ 时, $\int_a^b f(x)\mathrm{d}x = -\int_b^a f(x)\mathrm{d}x$.

在下面的讨论中,总是假定所讨论的函数在给定闭区间上的定积分都存在.

性质 1 函数的和(差)的定积分等于它们的定积分的和(差),即

$$\int_a^b (f(x) \pm g(x))\mathrm{d}x = \int_a^b f(x)\mathrm{d}x \pm \int_a^b g(x)\mathrm{d}x.$$

证 $\int_a^b (f(x) \pm g(x))\mathrm{d}x = \lim_{\lambda \to 0} \sum_{i=1}^n (f(\xi_i) \pm g(\xi_i))\Delta x_i$

$$= \lim_{\lambda \to 0} \sum_{i=1}^n f(\xi_i)\Delta x_i \pm \lim_{\lambda \to 0} \sum_{i=1}^n g(\xi_i)\Delta x_i$$

$$= \int_a^b f(x)\mathrm{d}x \pm \int_a^b g(x)\mathrm{d}x.$$

性质 1 对于有限个函数都是成立的. 类似地可以证明性质 2.

性质 2 被积函数的常数因子可以提到积分号外面,即

$$\int_a^b kf(x)\mathrm{d}x = k\int_a^b f(x)\mathrm{d}x \quad (k \text{ 是常数}).$$

如图 5-4-3 所示,由曲线 $y = f(x)$ 与直线 $x = a$, $x = b$ 及 x 轴所围成图形的面积 $\int_a^b f(x)\mathrm{d}x$,等于由曲线 $y = f(x)$ 与直线 $x = a, x = c$ 及 x 轴所围成图形的面积 $\int_a^c f(x)\mathrm{d}x$ 与由曲线 $y = f(x)$ 与直线 $x = c, x = b$ 及 x 轴

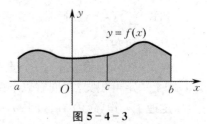

图 5-4-3

所围成图形的面积 $\int_c^b f(x)\mathrm{d}x$ 之和,所以我们有性质 3.

性质 3 若 $a < c < b$,函数 $f(x)$ 在 $[a,b]$ 上可积,则

$$\int_a^b f(x)\mathrm{d}x = \int_a^c f(x)\mathrm{d}x + \int_c^b f(x)\mathrm{d}x.$$

注:(1) 如果在 a 与 b 之间插入有限个分点,性质 3 仍然成立;

(2) 按定积分补充规定,不论 a,b,c 的大小关系如何,总有等式

$$\int_a^b f(x)\mathrm{d}x = \int_a^c f(x)\mathrm{d}x + \int_c^b f(x)\mathrm{d}x$$

成立.例如,设 $c < a < b$,因为

$$\int_c^b f(x)\mathrm{d}x = \int_c^a f(x)\mathrm{d}x + \int_a^b f(x)\mathrm{d}x,$$

所以

$$\int_a^b f(x)\mathrm{d}x = \int_c^b f(x)\mathrm{d}x - \int_c^a f(x)\mathrm{d}x = \int_c^b f(x)\mathrm{d}x + \int_a^c f(x)\mathrm{d}x$$

$$= \int_a^c f(x)\mathrm{d}x + \int_c^b f(x)\mathrm{d}x.$$

性质 4 如果在区间 $[a,b]$ 上 $f(x) \equiv 1$,则

$$\int_a^b f(x)\mathrm{d}x = \int_a^b \mathrm{d}x = b - a.$$

性质 5 如果在区间 $[a,b]$ 上 $f(x) \geqslant 0$,则

$$\int_a^b f(x)\mathrm{d}x \geqslant 0.$$

证 因为 $f(x) \geqslant 0$,所以 $f(\xi_i) \geqslant 0 (i = 1,2,\cdots,n)$. 又因为 $\Delta x_i \geqslant 0 (i = 1,2,\cdots,n)$,所以

$$\sum_{i=1}^n f(\xi_i)\Delta x_i \geqslant 0.$$

令 $\lambda = \max\{\Delta x_1, \Delta x_2, \cdots, \Delta x_n\} \to 0$,则由函数极限的保号性便得到所要证的不等式.

由性质 5 易得推论 1.

推论 1 如果在区间 $[a,b]$ 上 $f(x) \geqslant g(x)$,则

$$\int_a^b f(x)\mathrm{d}x \geqslant \int_a^b g(x)\mathrm{d}x.$$

推论 2 $\left| \int_a^b f(x)\mathrm{d}x \right| \leqslant \int_a^b |f(x)|\,\mathrm{d}x \quad (a < b).$

证 由于

$$-|f(x)| \leqslant f(x) \leqslant |f(x)|,$$

故

$$-\int_a^b |f(x)|\,\mathrm{d}x \leqslant \int_a^b f(x)\mathrm{d}x \leqslant \int_a^b |f(x)|\,\mathrm{d}x,$$

即

$$\left| \int_a^b f(x)\mathrm{d}x \right| \leqslant \int_a^b |f(x)|\,\mathrm{d}x.$$

性质 6 设 M 及 m 分别是函数 $f(x)$ 在区间 $[a,b]$ 上的最大值及最小值,则

$$m(b-a) \leqslant \int_a^b f(x)\mathrm{d}x \leqslant M(b-a).$$

证　因为 $m \leqslant f(x) \leqslant M$，所以有

$$\int_a^b m\,\mathrm{d}x \leqslant \int_a^b f(x)\,\mathrm{d}x \leqslant \int_a^b M\,\mathrm{d}x.$$

而

$$\int_a^b m\,\mathrm{d}x = m\int_a^b \mathrm{d}x = m(b-a), \quad \int_a^b M\,\mathrm{d}x = M\int_a^b \mathrm{d}x = M(b-a),$$

所以

$$m(b-a) \leqslant \int_a^b f(x)\,\mathrm{d}x \leqslant M(b-a).$$

这个性质常常用来估计被积函数在积分区间上积分值的大致范围.

性质 7（定积分中值定理）　如果函数 $f(x)$ 在闭区间 $[a,b]$ 上连续,则在区间 $[a,b]$ 上至少存在一点 ξ,使得下式成立:

$$\int_a^b f(x)\,\mathrm{d}x = f(\xi)(b-a).$$

证　因为函数 $f(x)$ 在闭区间 $[a,b]$ 上连续,所以函数 $f(x)$ 在闭区间 $[a,b]$ 上存在最大值 M 和最小值 m,从而

$$m \leqslant f(x) \leqslant M.$$

由性质 6 得

$$m(b-a) \leqslant \int_a^b f(x)\,\mathrm{d}x \leqslant M(b-a),$$

即

$$m \leqslant \frac{1}{b-a}\int_a^b f(x)\,\mathrm{d}x \leqslant M.$$

这说明,数值 $\dfrac{1}{b-a}\displaystyle\int_a^b f(x)\,\mathrm{d}x$ 介于函数 $f(x)$ 的最小值 m 及最大值 M 之间. 根据闭区间上连续函数的介值定理,在 $[a,b]$ 上至少存在一点 ξ,使得

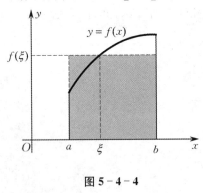

图 5-4-4

$$\frac{1}{b-a}\int_a^b f(x)\,\mathrm{d}x = f(\xi),$$

从而得所要证的等式

$$\int_a^b f(x)\,\mathrm{d}x = f(\xi)(b-a)$$

成立.

积分中值公式的几何解释为:在区间 $[a,b]$ 上至少存在一点 ξ,使得以区间 $[a,b]$ 为底边,以曲线 $y=f(x)$ 为曲边的曲边梯形的面积等于以区间 $[a,b]$ 为底边,以 $f(\xi)$ 为高的矩形的面积(见图 5-4-4).

例 1　用定义计算定积分 $\displaystyle\int_0^1 x^2\,\mathrm{d}x$.

解　由于 $f(x)=x^2$ 在 $[0,1]$ 上连续,故在 $[0,1]$ 上可积,所以 $f(x)$ 在 $[0,1]$ 上定积分的值与区间 $[0,1]$ 的分法及每个小区间上点 ξ_i 的选取无关. 为计算方便,我们把 $[0,1]$ n 等分,则每个小区间的长度为 $\Delta x_i = \dfrac{1}{n}$,即 $\lambda = \max\limits_{1 \leqslant i \leqslant n}\{\Delta x_i\} = \dfrac{1}{n}$. 取每个小区间的右端点作为 ξ_i,即 $\xi_i = \dfrac{i}{n}$ $(i=1,2,\cdots,n)$,于是积分和为

$$\sum_{i=1}^{n} f(\xi_i) \Delta x_i = \sum_{i=1}^{n} \left(\frac{i}{n}\right)^2 \frac{1}{n} = \frac{1}{n^3} \sum_{i=1}^{n} i^2 = \frac{1}{n^3}(1^2 + 2^2 + \cdots + n^2)$$
$$= \frac{1}{n^3} \cdot \frac{n(n+1)(2n+1)}{6} = \frac{1}{6}\left(1 + \frac{1}{n}\right)\left(2 + \frac{1}{n}\right).$$

所以

$$\int_0^1 x^2 \mathrm{d}x = \lim_{\lambda \to 0} \sum_{i=1}^{n} f(\xi_i) \Delta x_i = \lim_{n \to \infty} \frac{1}{6}\left(1 + \frac{1}{n}\right)\left(2 + \frac{1}{n}\right) = \frac{1}{3}.$$

例 2　估计定积分 $\int_1^3 \mathrm{e}^{x^2 - 2x} \mathrm{d}x$ 的值.

解　因为 $x^2 - 2x$ 在 $[1,3]$ 上严格单调增加,所以 $f(x) = \mathrm{e}^{x^2-2x}$ 在 $[1,3]$ 上也严格单调增加,故 $f(x)$ 在 $[1,3]$ 上的最小值为 $m = f(1) = \dfrac{1}{\mathrm{e}}$,最大值为 $M = f(3) = \mathrm{e}^3$,即

$$\frac{1}{\mathrm{e}} \leqslant f(x) \leqslant \mathrm{e}^3.$$

于是由性质 6 有

$$\frac{2}{\mathrm{e}} \leqslant \int_1^3 f(x)\mathrm{d}x \leqslant 2\mathrm{e}^3.$$

练　习　5.4

1.利用定积分的定义计算下列定积分:

(1) $\int_0^1 x \mathrm{d}x$;　　　　　　　　　　　　　(2) $\int_0^1 \mathrm{e}^x \mathrm{d}x$.

2.利用定积分的几何意义求下列定积分的值:

(1) $\int_{-\pi}^{\pi} \sin x \mathrm{d}x$;　　　　　　　　　　　(2) $\int_0^1 \sqrt{1 - x^2} \mathrm{d}x$.

3.根据定积分的性质,比较下列定积分值的大小:

(1) $\int_0^1 x^2 \mathrm{d}x$ 与 $\int_0^1 x^3 \mathrm{d}x$;　　　　　　　(2) $\int_3^4 \ln x \mathrm{d}x$ 与 $\int_3^4 (\ln x)^2 \mathrm{d}x$;

(3) $\int_0^{\frac{\pi}{2}} \sin x \mathrm{d}x$ 与 $\int_0^{\frac{\pi}{2}} x \mathrm{d}x$;　　　　　　(4) $\int_0^1 x \mathrm{d}x$ 与 $\int_0^1 \ln(1+x) \mathrm{d}x$;

(5) $\int_{-\frac{\pi}{2}}^0 \sin x \mathrm{d}x$ 与 $\int_0^{\frac{\pi}{2}} \sin x \mathrm{d}x$;　　　　(6) $\int_0^1 \mathrm{e}^x \mathrm{d}x$ 与 $\int_0^1 (1+x) \mathrm{d}x$.

4.估计下列定积分值的范围:

(1) $I = \int_0^2 (x^2 - 2x + 2) \mathrm{d}x$;　　　　　(2) $I = \int_1^2 \dfrac{x}{1+x^2} \mathrm{d}x$.

5.将和式的极限

$$\lim_{n \to \infty} \frac{1^5 + 2^5 + \cdots + n^5}{n^6}$$

表示成定积分.

§5.5　微积分基本公式

前面我们已经介绍了定积分的定义和性质,但利用定义计算定积分是十分麻烦的,因此必须寻求新的计算定积分的方法.牛顿和莱布尼茨找到了定积分和不定积分之间的关系,并且这个关系为定积分的计算提供了一个有效的方法:牛顿-莱布尼茨公式.

一、积分上限函数

设函数 $f(x)$ 在区间 $[a,b]$ 上连续，任意取一点 $x \in [a,b]$，则定积分 $\int_a^x f(t)\mathrm{d}t$ 一定存在，且定积分值 $\int_a^x f(t)\mathrm{d}t$ 随着 x 的变化而变化. 也就是说，在区间 $[a,b]$ 上任取一点 x，都有唯一确定的数值 $\int_a^x f(t)\mathrm{d}t$ 与 x 对应. 这样就定义了区间 $[a,b]$ 上的一个函数，这个函数叫作**积分上限函数**（或**变上限函数**），记作 $\Phi(x)$，即

$$\Phi(x) = \int_a^x f(t)\mathrm{d}t \quad (a \leqslant x \leqslant b).$$

它具有下述重要性质.

定理 1 如果函数 $f(x)$ 在区间 $[a,b]$ 上连续，则积分上限函数

$$\Phi(x) = \int_a^x f(t)\mathrm{d}t$$

在 $[a,b]$ 上可导，且

$$\Phi'(x) = \frac{\mathrm{d}}{\mathrm{d}x} \int_a^x f(t)\mathrm{d}t = f(x) \quad (a \leqslant x \leqslant b).$$

证 给 x 一个增量 Δx，且 $x + \Delta x \in (a,b)$，则

$$\Delta\Phi = \Phi(x + \Delta x) - \Phi(x) = \int_a^{x+\Delta x} f(t)\mathrm{d}t - \int_a^x f(t)\mathrm{d}t$$

$$= \int_a^x f(t)\mathrm{d}t + \int_x^{x+\Delta x} f(t)\mathrm{d}t - \int_a^x f(t)\mathrm{d}t$$

$$= \int_x^{x+\Delta x} f(t)\mathrm{d}t.$$

因为 $f(x)$ 在 $[a,b]$ 上连续，由定积分中值定理，有

$$\Delta\Phi = \int_x^{x+\Delta x} f(t)\mathrm{d}t = f(\xi)\Delta x \quad (\xi \text{ 在 } x \text{ 与 } x + \Delta x \text{ 之间}),$$

所以

$$\frac{\Delta\Phi}{\Delta x} = f(\xi).$$

由于当 $\Delta x \to 0$ 时，$\xi \to x$，而 $f(x)$ 是连续函数，故对上式两边取极限得

$$\lim_{\Delta x \to 0} \frac{\Delta\Phi}{\Delta x} = \lim_{\Delta x \to 0} f(\xi) = \lim_{\xi \to x} f(\xi) = f(x),$$

即

$$\Phi'(x) = \frac{\mathrm{d}}{\mathrm{d}x} \int_a^x f(t)\mathrm{d}t = f(x).$$

由定理 1 知，在闭区间 $[a,b]$ 上连续的函数 $f(x)$ 一定存在原函数，且函数

$$\Phi(x) = \int_a^x f(t)\mathrm{d}t$$

就是 $f(x)$ 在 $[a,b]$ 上的一个原函数.

推论 1 若函数 $u = \varphi(x)$ 在 $[a,b]$ 上可导，且函数 $f(t)$ 在以 a 和 $u = \varphi(x)$ 为端点的区间上连续，则函数

$$y = \Phi(x) = \int_a^{\varphi(x)} f(t)\mathrm{d}t$$

在 $[a,b]$ 上可导,且

$$\Phi'(x) = \frac{\mathrm{d}}{\mathrm{d}x}\int_a^{\varphi(x)} f(t)\mathrm{d}t = f(\varphi(x))\varphi'(x).$$

证　因为 $\Phi(x) = \displaystyle\int_a^{\varphi(x)} f(t)\mathrm{d}t$ 是由函数 $y = y(u) = \displaystyle\int_a^u f(t)\mathrm{d}t$ 与函数 $u = \varphi(x)$ 复合而成,由复合函数的求导法则得

$$\Phi'(x) = \frac{\mathrm{d}y}{\mathrm{d}u} \cdot \frac{\mathrm{d}u}{\mathrm{d}x} = f(u)\varphi'(x) = f(\varphi(x))\varphi'(x).$$

例 1　求 $\dfrac{\mathrm{d}}{\mathrm{d}x}\displaystyle\int_0^x \sin t \sqrt{1+t^2}\,\mathrm{d}t.$

解　令 $f(t) = \sin t \sqrt{1+t^2}$,由定理 1 得

$$\frac{\mathrm{d}}{\mathrm{d}x}\int_0^x \sin t \sqrt{1+t^2}\,\mathrm{d}t = \sin x \sqrt{1+x^2}.$$

例 2　求 $\dfrac{\mathrm{d}}{\mathrm{d}x}\displaystyle\int_{x^2}^{x^3} \mathrm{e}^{-t}\mathrm{d}t.$

解　因为

$$\int_{x^2}^{x^3} \mathrm{e}^{-t}\mathrm{d}t = \int_{x^2}^{0} \mathrm{e}^{-t}\mathrm{d}t + \int_0^{x^3} \mathrm{e}^{-t}\mathrm{d}t = -\int_0^{x^2} \mathrm{e}^{-t}\mathrm{d}t + \int_0^{x^3} \mathrm{e}^{-t}\mathrm{d}t,$$

所以

$$\begin{aligned}
\frac{\mathrm{d}}{\mathrm{d}x}\int_{x^2}^{x^3} \mathrm{e}^{-t}\mathrm{d}t &= \left(-\int_0^{x^2} \mathrm{e}^{-t}\mathrm{d}t\right)' + \left(\int_0^{x^3} \mathrm{e}^{-t}\mathrm{d}t\right)' \\
&= -\mathrm{e}^{-x^2} \cdot 2x + \mathrm{e}^{-x^3} \cdot 3x^2 = 3x^2\mathrm{e}^{-x^3} - 2x\mathrm{e}^{-x^2}.
\end{aligned}$$

例 3　求 $\displaystyle\lim_{x\to 0}\dfrac{\displaystyle\int_0^x \sin t^2\,\mathrm{d}t}{x^3}.$

解　由洛必达法则有

$$\lim_{x\to 0}\frac{\displaystyle\int_0^x \sin t^2\,\mathrm{d}t}{x^3} = \lim_{x\to 0}\left(\frac{1}{3} \cdot \frac{\sin x^2}{x^2}\right) = \frac{1}{3}.$$

例 4　求 $\displaystyle\lim_{x\to\infty}\dfrac{\displaystyle\int_0^x \mathrm{e}^{t^2}\,\mathrm{d}t}{\mathrm{e}^{x^2}}.$

解　由洛必达法则有

$$\lim_{x\to\infty}\frac{\displaystyle\int_0^x \mathrm{e}^{t^2}\,\mathrm{d}t}{\mathrm{e}^{x^2}} = \lim_{x\to\infty}\frac{\mathrm{e}^{x^2}}{2x\mathrm{e}^{x^2}} = \lim_{x\to\infty}\frac{1}{2x} = 0.$$

二、微积分基本公式

定理 2(牛顿-莱布尼茨公式)　设函数 $f(x)$ 在区间 $[a,b]$ 上连续,$F(x)$ 是 $f(x)$ 在 $[a,b]$ 上的一个原函数,则

$$\int_a^b f(x)\mathrm{d}x = F(b) - F(a).$$

证　由于 $F(x)$ 和 $\displaystyle\int_a^x f(t)\mathrm{d}t$ 都是 $f(x)$ 在 $[a,b]$ 上的原函数,因此它们之间相差一个常数 C,即

$$\int_a^x f(t)\mathrm{d}t = F(x) + C.$$

令 $x=a$，由 $\int_a^a f(t)\mathrm{d}t = 0$，得 $C=-F(a)$，因此

$$\int_a^x f(t)\mathrm{d}t = F(x) - F(a).$$

在上式中令 $x=b$，得

$$\int_a^b f(t)\mathrm{d}t = \int_a^b f(x)\mathrm{d}x = F(b) - F(a).$$

为方便起见，以后把 $F(b)-F(a)$ 记成 $F(x)\Big|_a^b$ 或 $\Big[F(x)\Big]_a^b$，于是牛顿-莱布尼茨公式又可写成

$$\int_a^b f(x)\mathrm{d}x = F(x)\Big|_a^b = \Big[F(x)\Big]_a^b.$$

牛顿-莱布尼茨公式表明，一个连续函数在区间 $[a,b]$ 上的定积分等于它的任意一个原函数在区间 $[a,b]$ 上的改变量. 牛顿-莱布尼茨公式揭示了定积分与被积函数的原函数之间的联系，给定积分的计算提供了一个有效而简便的方法.

例 5　计算 $\int_0^1 \sqrt{x}\,\mathrm{d}x$.

解　由于 $\dfrac{2}{3}x^{\frac{3}{2}}$ 是 $\sqrt{x}$ 的一个原函数，由牛顿-莱布尼茨公式有

$$\int_0^1 \sqrt{x}\,\mathrm{d}x = \frac{2}{3}x^{\frac{3}{2}}\Big|_0^1 = \frac{2}{3}.$$

例 6　计算 $\int_0^\pi \sin x\mathrm{d}x$.

解　由于 $-\cos x$ 是 $\sin x$ 的一个原函数，由牛顿-莱布尼茨公式有

$$\int_0^\pi \sin x\mathrm{d}x = -\cos x\Big|_0^\pi = -\cos\pi + \cos 0 = 2.$$

例 7　计算 $\int_0^2 |x-1|\,\mathrm{d}x$.

解　
$$\int_0^2 |x-1|\,\mathrm{d}x = \int_0^1 |x-1|\,\mathrm{d}x + \int_1^2 |x-1|\,\mathrm{d}x = \int_0^1 (1-x)\,\mathrm{d}x + \int_1^2 (x-1)\,\mathrm{d}x$$
$$= -\frac{1}{2}(1-x)^2\Big|_0^1 + \frac{1}{2}(x-1)^2\Big|_1^2 = \frac{1}{2} + \frac{1}{2} = 1.$$

练　习　5.5

1. 求下列导数：

(1) $\dfrac{\mathrm{d}}{\mathrm{d}x}\displaystyle\int_0^x te^t\,\mathrm{d}t$；

(2) $\dfrac{\mathrm{d}}{\mathrm{d}x}\displaystyle\int_x^1 \sqrt{1+t^3}\,\mathrm{d}t$；

(3) $\dfrac{\mathrm{d}}{\mathrm{d}x}\displaystyle\int_0^{\sin x} (1-t^2)\,\mathrm{d}t$；

(4) $\dfrac{\mathrm{d}}{\mathrm{d}x}\displaystyle\int_x^{x^2} \sin t\mathrm{d}t$.

2. 求下列极限：

(1) $\displaystyle\lim_{x\to 1}\frac{\displaystyle\int_1^x \sin(t-1)\,\mathrm{d}t}{(x-1)^2}$；

(2) $\displaystyle\lim_{x\to 0}\frac{\displaystyle\int_0^{x^2} (e^t-1)\,\mathrm{d}t}{\displaystyle\int_0^x t^3\,\mathrm{d}t}$.

3. 计算下列定积分：

(1) $\displaystyle\int_0^1 \sqrt{x+1}\,\mathrm{d}x$；

(2) $\displaystyle\int_1^e \frac{\ln x}{x}\,\mathrm{d}x$；

(3) $\displaystyle\int_{-\frac{1}{2}}^{\frac{1}{2}} \frac{1}{\sqrt{1-x^2}}\,\mathrm{d}x$；

(4) $\displaystyle\int_0^{\frac{\pi}{2}} \sqrt{1-\sin 2x}\,\mathrm{d}x$.

4. 设函数 $y=y(x)$ 由方程 $\displaystyle\int_0^y \mathrm{e}^t\,\mathrm{d}t + \int_0^x \cos t\,\mathrm{d}t = 0$ 所确定，求 $\dfrac{\mathrm{d}y}{\mathrm{d}x}$.

5. 求函数 $\Phi(x) = \displaystyle\int_0^x t\mathrm{e}^{-t^2}\,\mathrm{d}t$ 的极值.

6. 设函数 $f(x)$ 在区间 $[a,b]$ 上连续，在 (a,b) 内可导，且 $f'(x)\leqslant 0$，证明：

$$F(x) = \frac{1}{x-a}\int_a^x f(t)\,\mathrm{d}t$$

在 (a,b) 内满足 $F'(x)\leqslant 0$.

§5.6　定积分的换元积分法和分部积分法

我们用换元积分法可以求出一些函数的不定积分. 在一定条件下，也可以用换元积分法来计算定积分.

一、定积分的换元积分法

定理 1（定积分换元公式）　设函数 $f(x)$ 在区间 $[a,b]$ 上连续，函数 $x=\varphi(t)$ 满足条件：

(1) $\varphi(\alpha)=a, \varphi(\beta)=b$,

(2) $\varphi(t)$ 在 $[\alpha,\beta]$（或 $[\beta,\alpha]$）上具有连续导数，且当 $t\in[\alpha,\beta]$（或 $[\beta,\alpha]$）时，$a\leqslant\varphi(t)\leqslant b$，则有

$$\int_a^b f(x)\,\mathrm{d}x = \int_\alpha^\beta f(\varphi(t))\varphi'(t)\,\mathrm{d}t.$$

证　由假设知，上式两边的被积函数都是连续的，因此上式两端的定积分都存在，而且被积函数的原函数也都存在. 设 $F(x)$ 是 $f(x)$ 的一个原函数，则

$$\int_a^b f(x)\,\mathrm{d}x = F(b)-F(a).$$

令 $\Phi(t)=F(\varphi(t)), t\in(\alpha,\beta)$，则由复合函数的求导法则得

$$\begin{aligned}
\Phi'(t) &= (F(\varphi(t)))' = F'(x)\varphi'(t)\\
&= f(x)\varphi'(t) = f(\varphi(t))\varphi'(t),
\end{aligned}$$

即 $\Phi(t)=F(\varphi(t))$ 是 $f(\varphi(t))\varphi'(t)$ 的一个原函数，所以

$$\int_\alpha^\beta f(\varphi(t))\varphi'(t)\,\mathrm{d}t = F(\varphi(\beta))-F(\varphi(\alpha)) = F(b)-F(a),$$

故

$$\int_a^b f(x)\,\mathrm{d}x = \int_\alpha^\beta f(\varphi(t))\varphi'(t)\,\mathrm{d}t.$$

这就证明了定积分换元公式.

应用定积分换元公式时，有两点值得注意：

(1) 通过 $x=\varphi(t)$ 把原来的积分变量 x 变换成新积分变量 t 时，原定积分的上、下限也要换成对应于新积分变量 t 的上、下限（新积分的下限不必小于上限）；

(2) 求出 $f(\varphi(t))\varphi'(t)$ 的原函数 $\Phi(t)$ 后，不必回代原积分变量，而只要把新积分变量 t 的

上、下限分别代入 $\Phi(t)$ 中，然后相减即可.

例 1　计算 $\int_0^4 \dfrac{1}{1+\sqrt{x}}\mathrm{d}x$.

解　设 $\sqrt{x}=t$，则 $x=t^2$，$\mathrm{d}x=2t\mathrm{d}t$. 当 $x=0$ 时，$t=0$；当 $x=4$ 时，$t=2$. 于是

$$\int_0^4 \frac{1}{1+\sqrt{x}}\mathrm{d}x = \int_0^2 \frac{1}{1+t}\cdot 2t\mathrm{d}t = 2\int_0^2 \frac{t}{1+t}\mathrm{d}t$$

$$= 2\int_0^2 \frac{t+1-1}{1+t}\mathrm{d}t = 2\int_0^2 \left(1-\frac{1}{1+t}\right)\mathrm{d}t$$

$$= 2\big[t-\ln(1+t)\big]\Big|_0^2 = 2(2-\ln 3).$$

例 2　计算 $\int_0^a \sqrt{a^2-x^2}\,\mathrm{d}x \quad (a>0)$.

解　设 $x=a\sin t\left(-\dfrac{\pi}{2}\leqslant t\leqslant \dfrac{\pi}{2}\right)$，则 $\mathrm{d}x=a\cos t\mathrm{d}t$. 当 $x=0$ 时，$t=0$；当 $x=a$ 时，

$t=\dfrac{\pi}{2}$. 于是

$$\int_0^a \sqrt{a^2-x^2}\,\mathrm{d}x = \int_0^{\frac{\pi}{2}} \sqrt{a^2-(a\sin t)^2}\,a\cos t\mathrm{d}t = a^2\int_0^{\frac{\pi}{2}} \cos^2 t\mathrm{d}t = \frac{a^2}{2}\int_0^{\frac{\pi}{2}} (1+\cos 2t)\mathrm{d}t$$

$$= \frac{a^2}{2}\left(\int_0^{\frac{\pi}{2}} \mathrm{d}t + \frac{1}{2}\int_0^{\frac{\pi}{2}} \cos 2t\mathrm{d}(2t)\right) = \frac{a^2}{2}\left(t+\frac{1}{2}\sin 2t\right)\Big|_0^{\frac{\pi}{2}} = \frac{\pi a^2}{4}.$$

例 3　计算 $\int_0^{\frac{\pi}{2}} \cos^3 x\sin x\mathrm{d}x$.

解　**方法 1**　设 $t=\cos x$，则 $-\mathrm{d}t=\sin x\mathrm{d}x$. 当 $x=0$ 时，$t=1$；当 $x=\dfrac{\pi}{2}$ 时，$t=0$. 于是

$$\int_0^{\frac{\pi}{2}} \cos^3 x\sin x\mathrm{d}x = -\int_1^0 t^3\mathrm{d}t = \int_0^1 t^3\mathrm{d}t = \frac{t^4}{4}\Big|_0^1 = \frac{1}{4}.$$

方法 2　$\displaystyle\int_0^{\frac{\pi}{2}} \cos^3 x\sin x\mathrm{d}x = -\int_0^{\frac{\pi}{2}} \cos^3 x\mathrm{d}(\cos x) = -\frac{\cos^4 x}{4}\Big|_0^{\frac{\pi}{2}}$

$$= -\left(0-\frac{1}{4}\right) = \frac{1}{4}.$$

从本例方法 2 可以看出，如果我们不写出新积分变量 t，那么上、下限就不要变更了.

例 4　设函数 $f(x)$ 在区间 $[-a,a]$ 上连续，证明：

(1) 当 $f(x)$ 为奇函数时，$\int_{-a}^a f(x)\mathrm{d}x = 0$；

(2) 当 $f(x)$ 为偶函数时，$\int_{-a}^a f(x)\mathrm{d}x = 2\int_0^a f(x)\mathrm{d}x$.

证　(1) 因为

$$\int_{-a}^a f(x)\mathrm{d}x = \int_{-a}^0 f(x)\mathrm{d}x + \int_0^a f(x)\mathrm{d}x.$$

对于 $\int_{-a}^0 f(x)\mathrm{d}x$，令 $x=-t$，则 $\mathrm{d}x=-\mathrm{d}t$. 当 $x=-a$ 时，$t=a$；当 $x=0$ 时，$t=0$. 于是

$$\int_{-a}^0 f(x)\mathrm{d}x = -\int_a^0 f(-t)\mathrm{d}t = \int_0^a f(-x)\mathrm{d}x,$$

所以

$$\int_{-a}^{a} f(x)\mathrm{d}x = \int_{0}^{a} f(-x)\mathrm{d}x + \int_{0}^{a} f(x)\mathrm{d}x = \int_{0}^{a} (f(-x)+f(x))\mathrm{d}x.$$

(1) 当 $f(x)$ 是奇函数时, $f(-x)+f(x)=0$, 因此

$$\int_{-a}^{a} f(x)\mathrm{d}x = 0.$$

(2) 当 $f(x)$ 是偶函数时, $f(-x)+f(x)=2f(x)$, 因此

$$\int_{-a}^{a} f(x)\mathrm{d}x = 2\int_{0}^{a} f(x)\mathrm{d}x.$$

利用该例题的结论, 可简化某些特殊定积分的计算.

例 5   计算 $\int_{-1}^{1} \dfrac{x^6\sin^3 x}{1+x^2}\mathrm{d}x.$

解   由于被积函数 $\dfrac{x^6\sin^3 x}{1+x^2}$ 是奇函数, 且积分区间关于原点对称, 故

$$\int_{-1}^{1} \frac{x^6\sin^3 x}{1+x^2}\mathrm{d}x = 0.$$

例 6   设 $f(x)$ 是定义在 $(-\infty,+\infty)$ 上的周期为 T 的周期函数, 且在任意区间上可积, 证明: 对任意实数 a, 都有

$$\int_{a}^{a+T} f(x)\mathrm{d}x = \int_{0}^{T} f(x)\mathrm{d}x.$$

证   设 $\varPhi(x) = \int_{x}^{x+T} f(t)\mathrm{d}t.$ 由于

$$\varPhi(x) = \int_{x}^{x+T} f(t)\mathrm{d}t = \int_{x}^{0} f(t)\mathrm{d}t + \int_{0}^{x+T} f(t)\mathrm{d}t = -\int_{0}^{x} f(t)\mathrm{d}t + \int_{0}^{x+T} f(t)\mathrm{d}t,$$

因此

$$\varPhi'(x) = -f(x)+f(x+T) = 0,$$

故 $\varPhi(x) = C(C$ 为常数$)$. 所以对任意实数 a, 都有 $\varPhi(a) = \varPhi(0)$, 即

$$\int_{a}^{a+T} f(x)\mathrm{d}x = \int_{0}^{T} f(x)\mathrm{d}x.$$

二、定积分的分部积分法

设函数 $u=u(x)$, $v=v(x)$ 在区间 $[a,b]$ 上具有连续导数, 则

$$(u(x)v(x))' = u'(x)v(x)+u(x)v'(x),$$

从而

$$u(x)v'(x) = (u(x)v(x))' - u'(x)v(x),$$

上式两边在区间 $[a,b]$ 上取定积分得

$$\int_{a}^{b} u(x)v'(x)\mathrm{d}x = (u(x)v(x))\Big|_{a}^{b} - \int_{a}^{b} v(x)u'(x)\mathrm{d}x,$$

从而得分部积分公式

$$\int_{a}^{b} u(x)\mathrm{d}v(x) = (u(x)v(x))\Big|_{a}^{b} - \int_{a}^{b} v(x)\mathrm{d}u(x).$$

例 7   计算 $\int_{1}^{e} \ln x\mathrm{d}x.$

解 $\int_{1}^{e} \ln x\mathrm{d}x = x\ln x\Big|_{1}^{e} - \int_{1}^{e} x\mathrm{d}(\ln x) = x\ln x\Big|_{1}^{e} - \int_{1}^{e} \mathrm{d}x$

$$= x\ln x \Big|_1^e - x \Big|_1^e = 1.$$

例 8　计算 $\int_0^1 e^{\sqrt{x}} dx$.

解　先用换元积分法去掉根号. 令 $\sqrt{x} = t$, 则 $x = t^2$, $dx = 2t dt$. 当 $x = 0$ 时, $t = 0$; 当 $x = 1$ 时, $t = 1$. 于是

$$\int_0^1 e^{\sqrt{x}} dx = 2\int_0^1 t e^t dt.$$

再用分部积分法得

$$2\int_0^1 t e^t dt = 2\int_0^1 t d(e^t) = 2t e^t \Big|_0^1 - 2\int_0^1 e^t dt = 2e - 2e^t \Big|_0^1 = 2,$$

所以

$$\int_0^1 e^{\sqrt{x}} dx = 2\int_0^1 t e^t dt = 2.$$

例 9　计算 $\int_0^\pi x\sin x dx$.

解　$\int_0^\pi x\sin x dx = -\int_0^\pi x d(\cos x) = -x\cos x \Big|_0^\pi + \int_0^\pi \cos x dx$

$$= \pi + \sin x \Big|_0^\pi = \pi.$$

练　习　5.6

1. 计算下列定积分：

(1) $\int_{-1}^1 (x^3 - 3x^2) dx$;

(2) $\int_1^8 \frac{dx}{\sqrt[3]{x}}$;

(3) $\int_1^3 (x-1)^3 dx$;

(4) $\int_0^5 \frac{x^3}{1+x^2} dx$;

(5) $\int_0^4 \frac{x+2}{\sqrt{2x+1}} dx$;

(6) $\int_0^{\ln 2} \sqrt{e^x - 1} dx$;

(7) $\int_0^{\frac{\pi}{2}} \cos^2 x dx$;

(8) $\int_{\ln 2}^{\ln 3} \frac{dx}{e^x - e^{-x}}$;

(9) $\int_{-1}^0 \frac{dx}{x^2 + 2x + 2}$;

(10) $\int_0^{\sqrt{2}} \sqrt{2 - x^2} dx$.

2. 计算下列定积分：

(1) $\int_0^1 x e^{-x} dx$;

(2) $\int_0^{\frac{\pi}{2}} x\cos x dx$;

(3) $\int_1^e x\ln x dx$;

(4) $\int_0^1 x\arctan x dx$.

3. 已知函数 $f(x)$ 在 $[0,1]$ 上连续, 证明：

(1) $\int_0^{\frac{\pi}{2}} f(\sin x) dx = \int_0^{\frac{\pi}{2}} f(\cos x) dx$;　　(2) $\int_0^\pi x f(\sin x) dx = \pi \int_0^{\frac{\pi}{2}} f(\cos x) dx$.

4. 若 $f(x)$ 在 $(-\infty, +\infty)$ 上是以 T 为周期的连续函数, 证明：对于任意常数 $a \in (-\infty, +\infty)$ 及任意自然数 n, 有

$$\int_a^{a+nT} f(x) dx = n\int_0^T f(x) dx.$$

§5.7 定积分的应用

定积分的应用十分广泛,在本节,我们将运用学过的定积分知识来分析和解决一些实际问题.

一、定积分的微元法

如果某一实际问题中的所求量 U 符合下列条件:

(1) 所求量 U 与自变量 x 的变化区间 $[a,b]$ 有关;

(2) 所求量 U 对于区间 $[a,b]$ 具有可加性,即如果把区间 $[a,b]$ 任意分成许多小区间 $[x_{i-1},x_i]$,则 U 相应地分成许多部分量 ΔU_i,而且 U 等于所有部分量 ΔU_i 之和;

(3) 部分量 ΔU_i 可近似表示为

$$f(\xi_i)\Delta x_i \quad (\xi_i \in [x_{i-1},x_i]).$$

那么,就可以考虑用定积分来表示所求量 U. 具体步骤如下:

(a) 根据具体问题,选择适当的积分变量 x,并确定它的变化区间 $[a,b]$;

(b) 在区间 $[a,b]$ 内任取一个小区间记为 $[x,x+\mathrm{d}x]$,求出相应这一小区间的部分量 ΔU 的近似值,一般记为

$$\mathrm{d}U = f(x)\mathrm{d}x,$$

这里要求 ΔU 与 $f(x)\mathrm{d}x$ 的差是 $\mathrm{d}x$ 的一个高阶无穷小量;

(c) 以 $f(x)\mathrm{d}x$ 为被积表达式,在 $[a,b]$ 上做定积分,即可得到所求量 U 的积分表达式为

$$U = \int_a^b f(x)\mathrm{d}x.$$

这种方法称为**微元法**(或**元素法**),其中 $\mathrm{d}U$ 称为所求量 U 的**微元**.

下面,我们利用微元法来解决一些几何学及经济学中的实际问题.

二、平面图形的面积

设一平面图形由连续曲线 $y=f(x)$,$y=g(x)$ 和直线 $x=a$,$x=b$ 所围成,其中 $f(x) \geqslant g(x)(a \leqslant x \leqslant b)$(见图 5-7-1(a)),现在来计算它的面积 S.

取 x 为积分变量,它的变化区间为 $[a,b]$,我们在 $[a,b]$ 上任取一小区间 $[x,x+\mathrm{d}x]$,与这个小区间对应的窄条的面积 ΔS 近似地等于高为 $f(x)-g(x)$,底为 $\mathrm{d}x$ 的窄矩形的面积,从而得到面积微元为

$$\mathrm{d}S = (f(x)-g(x))\mathrm{d}x,$$

所以

$$S = \int_a^b (f(x)-g(x))\mathrm{d}x.$$

类似地,若一平面图形由连续曲线 $x=\varphi(y)$,$x=\psi(y)(\varphi(y) \leqslant \psi(y))$ 及直线 $y=c$,$y=d(c<d)$(见图 5-7-1(b)) 所围成,则其面积 S 为

$$S = \int_c^d (\psi(y)-\varphi(y))\mathrm{d}y.$$

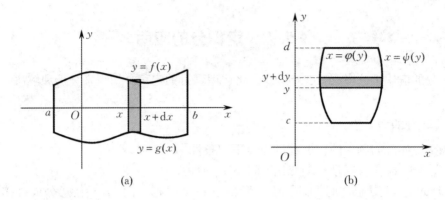

图 5 - 7 - 1

例 1　计算由抛物线 $y = -x^2 + 1$ 与直线 $y = x - 1$ 所围成的平面图形的面积 S（见图 5 - 7 - 2）.

解　由方程组

$$\begin{cases} y = -x^2 + 1, \\ y = x - 1, \end{cases}$$

解得两交点为 $(-2, -3)$ 及 $(1, 0)$，于是图形位于直线 $x = -2$ 与 $x = 1$ 之间. 取 x 为积分变量，则 $-2 \leqslant x \leqslant 1$，所求图形面积为

$$S = \int_{-2}^{1} \left[-x^2 + 1 - (x - 1) \right] \mathrm{d}x = \int_{-2}^{1} (-x^2 - x + 2) \mathrm{d}x$$

$$= \left(-\frac{1}{3}x^3 - \frac{1}{2}x^2 + 2x \right) \Big|_{-2}^{1} = \frac{9}{2}.$$

例 2　计算由抛物线 $y^2 = 2x$ 与直线 $y = x - 4$ 所围成的平面图形的面积 S（见图 5 - 7 - 3）.

解　由方程组

$$\begin{cases} y^2 = 2x, \\ y = x - 4, \end{cases}$$

解得两交点为 $(2, -2)$ 及 $(8, 4)$. 取 y 为积分变量，则 $-2 \leqslant y \leqslant 4$，于是得

$$S = \int_{-2}^{4} \left(y + 4 - \frac{1}{2}y^2 \right) \mathrm{d}y = \left(\frac{y^2}{2} + 4y - \frac{y^3}{6} \right) \Big|_{-2}^{4} = 18.$$

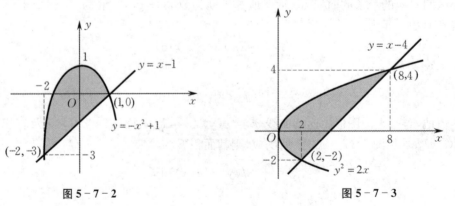

图 5 - 7 - 2　　　　　　　　　　　图 5 - 7 - 3

例 3　求椭圆 $\dfrac{x^2}{a^2} + \dfrac{y^2}{b^2} = 1 (a > 0, b > 0)$ 所围图形的面积 S.

解　由椭圆的对称性可知(见图 5 - 7 - 4),椭圆所围图形的面积是其在第一象限内部分面积的 4 倍.对于椭圆在第一象限那部分的面积,取 x 为积分变量,则 x 的取值范围为 $[0,a]$,从而所求的椭圆面积为

$$S = 4 \int_0^a \frac{b}{a} \sqrt{a^2 - x^2} \, \mathrm{d}x.$$

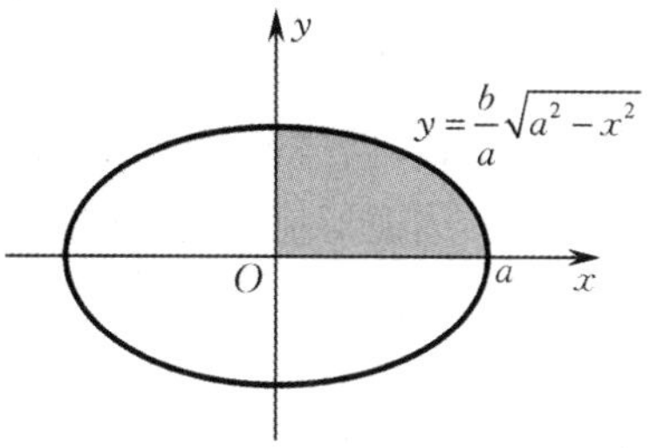

图 5 - 7 - 4

用定积分换元积分法,令 $x = a\sin t \left(0 \leqslant t \leqslant \frac{\pi}{2}\right)$,则 $\mathrm{d}x = a\cos t \mathrm{d}t$.当 $x = 0$ 时,$t = 0$;当 $x = a$ 时,$t = \frac{\pi}{2}$.于是

$$S = 4 \int_0^{\frac{\pi}{2}} b\cos t \cdot (a\cos t)\mathrm{d}t = 4ab \int_0^{\frac{\pi}{2}} \cos^2 t \mathrm{d}t = 4ab \int_0^{\frac{\pi}{2}} \frac{1 + \cos 2t}{2}\mathrm{d}t$$

$$= 4ab \left(\frac{1}{2}t + \frac{1}{4}\sin 2t\right)\bigg|_0^{\frac{\pi}{2}} = \pi ab.$$

特别地,当 $a = b$ 时,得圆的面积为 $S = \pi a^2$.

三、体积

1. 平行截面面积为已知的立体的体积

如果一个立体上垂直于某条定轴的各个截面面积为已知函数,那么这个立体的体积也可以用定积分来计算.

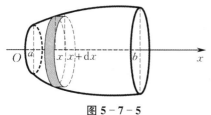

如图 5 - 7 - 5 所示,取 x 轴为定轴,设一立体位于过点 $x = a$,$x = b$ 且垂直于 x 轴的两个平面之间,过点 x 且垂直于 x 轴的截面的面积为 $A(x)$.

在 $[a,b]$ 上任取一小区间 $[x, x + \mathrm{d}x]$,立体中相应于小区间 $[x, x + \mathrm{d}x]$ 的薄片的体积近似等于底面积为 $A(x)$、高为 $\mathrm{d}x$ 的小柱体的体积,从而得体积元素为

$$\mathrm{d}V = A(x)\mathrm{d}x,$$

图 5 - 7 - 5

故所求立体的体积为

$$V = \int_a^b A(x)\mathrm{d}x.$$

2. 旋转体的体积

平行截面面积为已知的立体的特殊情况是旋转体.设一旋转体是由连续曲线 $y = f(x)$,直线 $x = a$,$x = b(a < b)$ 和 x 轴所围成的平面图形绕 x 轴旋转一周而形成的,如图 5 - 7 - 6 所示.

取 x 为积分变量,它的变化区间为 $[a,b]$,在 $[a,b]$ 上任取一小区间 $[x, x + \mathrm{d}x]$,则与其相应的窄曲边平面图形绕 x 轴旋转而成的薄片的体积近似等于以 $|f(x)|$ 为底圆半径,以 $\mathrm{d}x$ 为高的小圆柱体的体积,从而得体积元素为

$$\mathrm{d}V_x = \pi f^2(x)\mathrm{d}x,$$

故所求旋转体的体积为

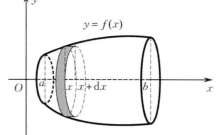

图 5 - 7 - 6

$$V_x = \pi \int_a^b f^2(x)\mathrm{d}x.$$

类似地,由连续曲线 $x = \varphi(y)$,直线 $y = c, y = d (c < d)$ 和 y 轴所围成的平面图形绕 y 轴旋转一周而形成的旋转体的体积为

$$V_y = \pi \int_c^d \varphi^2(y)\mathrm{d}y.$$

例 4 计算由椭圆 $\dfrac{x^2}{a^2} + \dfrac{y^2}{b^2} = 1$ 所围平面图形绕 x 轴旋转而成的旋转体的体积. 该旋转体称为旋转椭球体(见图 5-7-7).

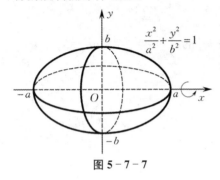

图 5-7-7

解 这个旋转体实际上就是半个椭圆 $y = \dfrac{b}{a}\sqrt{a^2 - x^2}$ 及 x 轴所围平面图形绕 x 轴旋转而成的旋转体. 取 x 为积分变量,则 $-a \leqslant x \leqslant a$,体积元素为

$$\mathrm{d}V_x = \pi \left(\frac{b}{a}\sqrt{a^2 - x^2}\right)^2 \mathrm{d}x = \frac{b^2}{a^2}\pi(a^2 - x^2)\mathrm{d}x,$$

于是所求体积为

$$V_x = \pi \int_{-a}^{a} \frac{b^2}{a^2}(a^2 - x^2)\mathrm{d}x = 2\pi \int_0^a \frac{b^2}{a^2}(a^2 - x^2)\mathrm{d}x$$

$$= 2\pi \frac{b^2}{a^2}\left(a^2 x - \frac{x^3}{3}\right)\Big|_0^a = \frac{4}{3}\pi ab^2.$$

特别地,当 $a = b$ 时,就得到半径为 a 的球的体积为 $\dfrac{4}{3}\pi a^3$.

例 5 一平面经过半径为 R 的圆柱体的底圆中心,并与底面成交角 α(见图 5-7-8). 计算该平面截圆柱体所得立体的体积.

解 如图 5-7-8 所示建立直角坐标系,则底面圆方程为 $x^2 + y^2 = R^2$. 对任意的 $x \in [-R, R]$,过点 x 且垂直于 x 轴的截面是一个直角三角形,其两直角边的长度分别为

$$y = \sqrt{R^2 - x^2},$$

$$y\tan\alpha = \tan\alpha\sqrt{R^2 - x^2},$$

则截面的面积为

$$A(x) = \frac{1}{2}\sqrt{R^2 - x^2}\tan\alpha\sqrt{R^2 - x^2}$$

$$= \frac{1}{2}(R^2 - x^2)\tan\alpha.$$

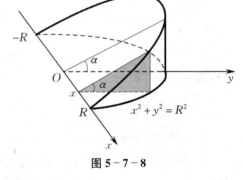

图 5-7-8

于是,所求立体体积为

$$V = \int_{-R}^{R} A(x)\mathrm{d}x = \frac{1}{2}\int_{-R}^{R}(R^2 - x^2)\tan\alpha\,\mathrm{d}x$$

$$= \tan\alpha \int_0^R (R^2 - x^2)\mathrm{d}x$$

$$= \tan\alpha\left(R^2 x - \frac{1}{3}x^3\right)\Big|_0^R = \frac{2}{3}R^3\tan\alpha.$$

四、定积分在经济学中的应用

在经济学中,若已知某个量的变化率来求总量,这种问题可用定积分解决. 假设某产品的边际成本函数为 $C'(x)$,边际收益函数为 $R'(x)$,其中 x 为产量,则根据经济学的有关理论及定积分的知识得

总成本函数　　$C(x) = \int_0^x C'(t)\mathrm{d}t + C(0)$;

总收益函数　　$R(x) = \int_0^x R'(t)\mathrm{d}t$;

总利润函数　　$L(x) = R(x) - C(x) = \int_0^x (R'(t) - C'(t))\mathrm{d}t - C(0)$,

其中 $C(0)$ 是该产品的固定成本.

例 6　设某种产品每天生产 x 单位时的固定成本为 30 元,边际成本函数为 $C'(x) = \dfrac{1}{2}x + 3$(单位:元 / 单位),求:

(1) 总成本函数 $C(x)$;

(2) 如果这种产品的销售单价为 27 元,求总利润函数 $L(x)$,并问每天生产多少单位时,总利润最大,并求最大利润.

解　(1) 由于固定成本为 $C(0) = 30$ 元,所以总成本函数为

$$C(x) = \int_0^x C'(x)\mathrm{d}x + C(0) = \int_0^x \left(\frac{1}{2}x + 3\right)\mathrm{d}x + 30$$
$$= \frac{1}{4}x^2 + 3x + 30.$$

(2) 总利润函数为

$$L(x) = R(x) - C(x) = 27x - \left(\frac{1}{4}x^2 + 3x + 30\right)$$
$$= -\frac{1}{4}x^2 + 24x - 30.$$

求导并令其导数等于零,则

$$L'(x) = -\frac{1}{2}x + 24 = 0,$$

解得 $x = 48$. 又因为 $L''(48) = -\dfrac{1}{2} < 0$,所以每天生产 48 单位时,总利润最大,最大利润为

$$L(48) = -\frac{1}{4} \times 48^2 + 24 \times 48 - 30 = 546(元).$$

例 7　已知生产某产品 x 单位时,边际收益函数为 $R'(x) = 100 - \dfrac{x}{2}$(单位:元 / 单位),试求生产 x 单位此产品时的总收益函数 $R(x)$ 以及平均收益函数 $\overline{R}(x)$,并求生产 100 单位此产品时总收益及平均收益.

解　由于 $R(0) = 0$,故生产 x 单位此产品时的总收益函数为

$$R(x) = \int_0^x R'(t)\mathrm{d}t = \int_0^x \left(100 - \frac{t}{2}\right)\mathrm{d}t = 100x - \frac{1}{4}x^2;$$

平均收益函数为

$$\overline{R}(x) = \frac{R(x)}{x} = 100 - \frac{1}{4}x.$$

于是，生产 100 单位此产品时的总收益为

$$R(100) = 100 \times 100 - \frac{1}{4} \times 100^2 = 7\ 500(\vec{\pi});$$

平均收益为

$$\overline{R}(100) = 100 - \frac{100}{4} = 75(\vec{\pi}/\text{单位}).$$

练　习　5.7

1.求由下列曲线所围成的平面图形的面积：

(1) $y = x^2$ 与 $y^2 = x$；　　　　　　　(2) $y = x^2$ 与 $y = 2 - x^2$；

(3) $y = x^2$ 与 $y = x$ 及 $y = 2x$；　　　(4) $y = e^x$ 与 $x = 0$ 及 $y = e$；

(5) $y = \sin x$ 与 $x = 0, x = \pi, y = 1$.

2.求由下列曲线所围成的平面图形绕指定坐标轴旋转而成的旋转体的体积：

(1) $y = x^2, x = 0, x = 1, y = 0$，绕 x 轴；

(2) $y = \sin x, x = 0, x = \pi, y = 0$，绕 x 轴；

(3) $y = \sqrt{x}, x = 1, x = 4, y = 0$，分别绕 x 轴与 y 轴.

3.设某产品的边际成本函数为 $C'(x) = 3 + \dfrac{x}{4}$（单位：万元／百台），固定成本为 $C(0) = 1$ 万元，边际收益函数为 $R'(x) = 8 - x$（单位：万元／百台）.

(1) 求总成本函数 $C(x)$ 和总收益函数 $R(x)$；

(2) 求总利润函数 $L(x)$，问产量为多少时，总利润最大，并求最大利润.

§5.8　反常积分与 Γ 函数

前面我们讨论的定积分，要求积分区间 $[a, b]$ 是有限区间，且被积函数是有界函数. 但为了解决某些问题，不得不考虑无穷区间上的积分或无界函数的积分. 这两种积分统称为**反常积分**（或**广义积分**）.

一、无穷区间上的反常积分

定义 1　设函数 $f(x)$ 在区间 $[a, +\infty)$ 上连续，任意取 $t > a$，如果极限

$$\lim_{t \to +\infty} \int_a^t f(x)\mathrm{d}x$$

存在，则称此极限值为函数 $f(x)$ 在无穷区间 $[a, +\infty)$ 上的反常积分，记作 $\displaystyle\int_a^{+\infty} f(x)\mathrm{d}x$，即

$$\int_a^{+\infty} f(x)\mathrm{d}x = \lim_{t \to +\infty} \int_a^t f(x)\mathrm{d}x.$$

这时也称**反常积分** $\displaystyle\int_a^{+\infty} f(x)\mathrm{d}x$ **收敛**. 如果该极限不存在，则称该**反常积分发散**.

类似地，可定义：

（1）函数 $f(x)$ 在区间 $(-\infty, b]$ 上的反常积分为

$$\int_{-\infty}^b f(x)\mathrm{d}x = \lim_{t \to -\infty} \int_t^b f(x)\mathrm{d}x \quad (t < b);$$

（2）函数 $f(x)$ 在区间 $(-\infty, +\infty)$ 上的反常积分为

$$\int_{-\infty}^{+\infty} f(x)\mathrm{d}x = \int_{-\infty}^{0} f(x)\mathrm{d}x + \int_{0}^{+\infty} f(x)\mathrm{d}x$$

$$= \lim_{s \to -\infty} \int_{s}^{0} f(x)\mathrm{d}x + \lim_{t \to +\infty} \int_{0}^{t} f(x)\mathrm{d}x.$$

对于反常积分 $\int_{-\infty}^{+\infty} f(x)\mathrm{d}x$，其收敛的定义为 $\int_{-\infty}^{0} f(x)\mathrm{d}x$ 与 $\int_{0}^{+\infty} f(x)\mathrm{d}x$ 同时收敛.

设 $F(x)$ 是 $f(x)$ 的一个原函数，对于反常积分 $\int_{a}^{+\infty} f(x)\mathrm{d}x$，为书写方便，可记为

$$\int_{a}^{+\infty} f(x)\mathrm{d}x = \lim_{t \to +\infty}\left(F(x)\Big|_{a}^{t}\right) = F(x)\Big|_{a}^{+\infty} = F(+\infty) - F(a).$$

类似地，记

$$\int_{-\infty}^{b} f(x)\mathrm{d}x = \lim_{s \to -\infty}\left(F(x)\Big|_{s}^{b}\right) = F(x)\Big|_{-\infty}^{b} = F(b) - F(-\infty).$$

例 1　计算反常积分 $\int_{0}^{+\infty} x\mathrm{e}^{-x^2}\mathrm{d}x$.

解　$\displaystyle\int_{0}^{+\infty} x\mathrm{e}^{-x^2}\mathrm{d}x = \lim_{t \to +\infty}\int_{0}^{t} x\mathrm{e}^{-x^2}\mathrm{d}x = \lim_{t \to +\infty}\left(-\frac{1}{2}\int_{0}^{t}\mathrm{e}^{-x^2}\mathrm{d}(-x^2)\right)$

$$= \lim_{t \to +\infty}\left(-\frac{1}{2}\mathrm{e}^{-x^2}\Big|_{0}^{t}\right) = \lim_{t \to +\infty}\left[-\frac{1}{2}\left(\frac{1}{\mathrm{e}^{t^2}} - 1\right)\right] = \frac{1}{2}.$$

例 2　计算反常积分 $\int_{-\infty}^{+\infty} \dfrac{\mathrm{d}x}{1+x^2}$.

解　由定义有

$$\int_{-\infty}^{+\infty} \frac{\mathrm{d}x}{1+x^2} = \int_{-\infty}^{0} \frac{\mathrm{d}x}{1+x^2} + \int_{0}^{+\infty} \frac{\mathrm{d}x}{1+x^2} = \arctan x\Big|_{-\infty}^{0} + \arctan x\Big|_{0}^{+\infty}$$

$$= -\lim_{s \to -\infty}\arctan s + \lim_{t \to +\infty}\arctan t = -\left(-\frac{\pi}{2}\right) + \frac{\pi}{2} = \pi.$$

二、被积函数为无界函数的反常积分

定义 2　设函数 $f(x)$ 在区间 $(a,b]$ 上连续，而 $\lim\limits_{x \to a^+} f(x) = \infty$（称 a 为 $f(x)$ 的**瑕点**），取 $\varepsilon > 0$，如果极限

$$\lim_{\varepsilon \to 0^+}\int_{a+\varepsilon}^{b} f(x)\mathrm{d}x$$

存在，则称该极限值为函数 $f(x)$ 在区间 $[a,b]$ 上的反常积分（或**瑕积分**），仍记为 $\int_{a}^{b} f(x)\mathrm{d}x$，即

$$\int_{a}^{b} f(x)\mathrm{d}x = \lim_{\varepsilon \to 0^+}\int_{a+\varepsilon}^{b} f(x)\mathrm{d}x,$$

这时也称此**反常积分收敛**. 如果此极限不存在，则称此**反常积分发散**.

类似地，设函数 $f(x)$ 在区间 $[a,b)$ 上连续，而 $\lim\limits_{x \to b^-} f(x) = \infty$（称 b 为 $f(x)$ 的**瑕点**），可定义函数 $f(x)$ 在区间 $[a,b]$ 上的反常积分为

$$\int_{a}^{b} f(x)\mathrm{d}x = \lim_{\varepsilon \to 0^+}\int_{a}^{b-\varepsilon} f(x)\mathrm{d}x.$$

设 $f(x)$ 在 $[a,b]$ 上除点 $c(a<c<b)$ 外连续，而 $\lim\limits_{x \to c} f(x) = \infty$（称 c 为 $f(x)$ 的**瑕点**），可定义函数 $f(x)$ 在区间 $[a,b]$ 上的反常积分为

$$\int_a^b f(x)\,\mathrm{d}x = \int_a^c f(x)\,\mathrm{d}x + \int_c^b f(x)\,\mathrm{d}x = \lim_{\varepsilon_1 \to 0^+} \int_a^{c-\varepsilon_1} f(x)\,\mathrm{d}x + \lim_{\varepsilon_2 \to 0^+} \int_{c+\varepsilon_2}^b f(x)\,\mathrm{d}x.$$

此时 $\int_a^b f(x)\,\mathrm{d}x$ 收敛的定义是 $\int_a^c f(x)\,\mathrm{d}x$ 与 $\int_c^b f(x)\,\mathrm{d}x$ 同时收敛.

例 3 计算反常积分 $\int_0^a \dfrac{1}{\sqrt{a^2 - x^2}}\,\mathrm{d}x$.

解 因为 $\lim\limits_{x \to a^-} \dfrac{1}{\sqrt{a^2 - x^2}} = +\infty$，所以 $x = a$ 是被积函数的一个瑕点. 于是

$$\int_0^a \frac{1}{\sqrt{a^2 - x^2}}\,\mathrm{d}x = \lim_{\varepsilon \to 0^+} \int_0^{a-\varepsilon} \frac{1}{\sqrt{a^2 - x^2}}\,\mathrm{d}x = \lim_{\varepsilon \to 0^+} \arcsin \frac{x}{a} \Big|_0^{a-\varepsilon}$$

$$= \lim_{\varepsilon \to 0^+} \left(\arcsin \frac{a - \varepsilon}{a} - 0 \right) = \arcsin 1 = \frac{\pi}{2}.$$

例 4 计算反常积分 $\int_{-1}^1 \dfrac{\mathrm{d}x}{x^2}$.

解 因为 $\lim\limits_{x \to 0} \dfrac{1}{x^2} = +\infty$，所以 $x = 0$ 是被积函数的一个瑕点. 于是

$$\int_{-1}^1 \frac{\mathrm{d}x}{x^2} = \int_{-1}^0 \frac{\mathrm{d}x}{x^2} + \int_0^1 \frac{\mathrm{d}x}{x^2}.$$

由于

$$\int_0^1 \frac{\mathrm{d}x}{x^2} = \lim_{\varepsilon \to 0^+} \left(-\frac{1}{x} \right) \Big|_\varepsilon^1 = \lim_{\varepsilon \to 0^+} \left(-1 + \frac{1}{\varepsilon} \right) = +\infty,$$

因此反常积分 $\int_{-1}^1 \dfrac{\mathrm{d}x}{x^2}$ 发散.

本例中，如果疏忽了 $x = 0$ 是被积函数的瑕点，就会得到下面的错误结果：

$$\int_{-1}^1 \frac{\mathrm{d}x}{x^2} = -\frac{1}{x} \Big|_{-1}^1 = -2.$$

三、Γ 函数

下面介绍一个在概率统计中要用到的积分区间无限且含有参变量的反常积分——Γ 函数.

定义 3 反常积分

$$\Gamma(r) = \int_0^{+\infty} x^{r-1} \mathrm{e}^{-x}\,\mathrm{d}x \quad (r > 0)$$

是参变量 r 的函数，称为 **Γ 函数**.

可以证明这个反常积分是收敛的.

性质 1 Γ 函数有下列重要性质：

(1) $\Gamma(r+1) = r\Gamma(r) \quad (r > 0)$;

(2) $\Gamma(1) = 1, \Gamma(n+1) = n!$;

(3) $\Gamma\left(\dfrac{1}{2}\right) = 2\int_0^{+\infty} \mathrm{e}^{-y^2}\,\mathrm{d}y = \sqrt{\pi}$.

证 (1) $\Gamma(r+1) = \int_0^{+\infty} x^r \mathrm{e}^{-x}\,\mathrm{d}x = -\int_0^{+\infty} x^r\,\mathrm{d}(\mathrm{e}^{-x}) = -x^r \mathrm{e}^{-x} \Big|_0^{+\infty} + r\int_0^{+\infty} x^{r-1} \mathrm{e}^{-x}\,\mathrm{d}x$

$$= 0 + r\int_0^{+\infty} x^{r-1} \mathrm{e}^{-x}\,\mathrm{d}x = r\Gamma(r).$$

(2) $\Gamma(1) = \int_0^{+\infty} \mathrm{e}^{-x}\,\mathrm{d}x = -\mathrm{e}^{-x} \Big|_0^{+\infty} = 1$，再由 (1) 递推得 $\Gamma(n+1) = n!$.

(3) 令 $x = y^2$, 则 $\mathrm{d}x = 2y\mathrm{d}y$, 所以

$$\Gamma(r) = \int_0^{+\infty} x^{r-1}\mathrm{e}^{-x}\mathrm{d}x = \int_0^{+\infty} y^{2r-2}\mathrm{e}^{-y^2} \cdot 2y\mathrm{d}y = 2\int_0^{+\infty} y^{2r-1}\mathrm{e}^{-y^2}\mathrm{d}y.$$

当 $r = \dfrac{1}{2}$ 时, $\Gamma\left(\dfrac{1}{2}\right) = 2\displaystyle\int_0^{+\infty}\mathrm{e}^{-y^2}\mathrm{d}y$, 用二重积分知识可证明(见第 8 章)

$$\int_0^{+\infty}\mathrm{e}^{-y^2}\mathrm{d}y = \frac{\sqrt{\pi}}{2},$$

所以

$$\Gamma\left(\frac{1}{2}\right) = 2\int_0^{+\infty}\mathrm{e}^{-y^2}\mathrm{d}y = \sqrt{\pi}.$$

例 5　计算下列各值:

(1) $\dfrac{\Gamma(7)}{2\Gamma(3)}$;

(2) $\dfrac{\Gamma\left(\dfrac{7}{2}\right)}{\Gamma\left(\dfrac{1}{2}\right)}$.

解　(1) $\dfrac{\Gamma(7)}{2\Gamma(3)} = \dfrac{6!}{2 \cdot 2!} = 6 \cdot 5 \cdot 3 \cdot 2 \cdot 1 = 180.$

(2) $\dfrac{\Gamma\left(\dfrac{7}{2}\right)}{\Gamma\left(\dfrac{1}{2}\right)} = \dfrac{\dfrac{5}{2}\Gamma\left(\dfrac{5}{2}\right)}{\Gamma\left(\dfrac{1}{2}\right)} = \dfrac{\dfrac{5}{2} \cdot \dfrac{3}{2}\Gamma\left(\dfrac{3}{2}\right)}{\Gamma\left(\dfrac{1}{2}\right)} = \dfrac{\dfrac{5}{2} \cdot \dfrac{3}{2} \cdot \dfrac{1}{2}\Gamma\left(\dfrac{1}{2}\right)}{\Gamma\left(\dfrac{1}{2}\right)} = \dfrac{15}{8}.$

练　习　5.8

1. 判断下列反常积分的敛散性; 若收敛, 则求其值:

(1) $\displaystyle\int_1^{+\infty}\frac{\mathrm{d}x}{x^3}$;

(2) $\displaystyle\int_0^{+\infty}\mathrm{e}^{-3x}\mathrm{d}x$;

(3) $\displaystyle\int_1^{+\infty}\frac{\mathrm{d}x}{2\sqrt{x}}$;

(4) $\displaystyle\int_0^1\frac{\mathrm{d}x}{\sqrt{x}}$;

(5) $\displaystyle\int_0^1\ln x\mathrm{d}x$;

(6) $\displaystyle\int_{-1}^1\frac{\mathrm{d}x}{\sqrt{1-x^2}}$.

2. 计算下列各值:

(1) $\dfrac{\Gamma(7)}{2\Gamma(4)\Gamma(3)}$;

(2) $\dfrac{\Gamma(3)\Gamma\left(\dfrac{3}{2}\right)}{\Gamma\left(\dfrac{9}{2}\right)}$.

3. 利用 $\Gamma\left(\dfrac{1}{2}\right) = 2\displaystyle\int_0^{+\infty}\mathrm{e}^{-y^2}\mathrm{d}y = \sqrt{\pi}$, 计算 $\displaystyle\int_{-\infty}^{+\infty}\frac{1}{\sqrt{2\pi}}\mathrm{e}^{-\frac{y^2}{2}}\mathrm{d}y$.

4. 证明: 反常积分 $\displaystyle\int_a^{+\infty}\frac{\mathrm{d}x}{x^p}(a > 0)$ 当 $p > 1$ 时收敛, 当 $p \leqslant 1$ 时发散.

5. 证明: 反常积分 $\displaystyle\int_a^b\frac{\mathrm{d}x}{(x-a)^q}$ 当 $q < 1$ 时收敛, 当 $q \geqslant 1$ 时发散.

习　题　五

（A）

1. 求下列不定积分：

(1) $\int (2-x)^{\frac{5}{2}} \mathrm{d}x$;

(2) $\int \dfrac{\mathrm{d}x}{\sqrt{2x-1}}$;

(3) $\int \mathrm{e}^{-2x} \mathrm{d}x$;

(4) $\int 2^{3x} \mathrm{d}x$;

(5) $\int \dfrac{2x}{1+x^2} \mathrm{d}x$;

(6) $\int x\sqrt{x^2-1}\, \mathrm{d}x$;

(7) $\int \dfrac{\mathrm{d}x}{x\ln x}$;

(8) $\int \sqrt{\dfrac{1+x}{1-x}}\, \mathrm{d}x$;

(9) $\int \dfrac{2x-1}{x^2-x+2} \mathrm{d}x$;

(10) $\int \dfrac{\mathrm{e}^x}{\mathrm{e}^x+1} \mathrm{d}x$;

(11) $\int \dfrac{\arcsin x}{\sqrt{1-x^2}} \mathrm{d}x$;

(12) $\int \dfrac{\mathrm{d}x}{4x^2+4x+10}$;

(13) $\int \dfrac{\mathrm{e}^{\frac{1}{x}}}{x^2} \mathrm{d}x$;

(14) $\int \sin^3 x \mathrm{d}x$;

(15) $\int \sin^2 x \mathrm{d}x$;

(16) $\int \dfrac{\mathrm{d}x}{\mathrm{e}^x+\mathrm{e}^{-x}}$;

(17) $\int \dfrac{x\tan\sqrt{1+x^2}}{\sqrt{1+x^2}} \mathrm{d}x$;

(18) $\int \dfrac{\arctan \dfrac{1}{x}}{1+x^2} \mathrm{d}x$;

(19) $\int \dfrac{\mathrm{d}x}{\sqrt{x(1-x)}}$;

(20) $\int \dfrac{\sin x - \cos x}{1+\sin 2x} \mathrm{d}x$.

2. 求下列不定积分：

(1) $\int \dfrac{x+2}{\sqrt{x+1}} \mathrm{d}x$;

(2) $\int \dfrac{\sqrt{x}}{1+x^3} \mathrm{d}x$;

(3) $\int \dfrac{\mathrm{d}x}{(2-x)\sqrt{1-x}}$;

(4) $\int \dfrac{\mathrm{d}x}{\sqrt{1+x}+\sqrt{(1+x)^3}}$;

(5) $\int \mathrm{e}^{\sqrt{x}} \mathrm{d}x$;

(6) $\int (x+1)\mathrm{e}^x \mathrm{d}x$;

(7) $\int \arccos x \mathrm{d}x$;

(8) $\int \arctan\sqrt{x}\, \mathrm{d}x$;

(9) $\int \dfrac{\ln\ln x}{x} \mathrm{d}x$;

(10) $\int \sin\ln x \mathrm{d}x$.

3. 解答下列各题：

(1) 设 $f'(x^3)=x$，且满足 $f(0)=0$，求 $f(x)$；

(2) 设 $f'(\sin^2 x)=\cos^2 x + \tan^2 x$，且满足 $f(0)=0$，求 $f(x)$；

(3) 设 $f'(\mathrm{e}^x)=1+x$，且满足 $f(1)=0$，求 $f(x)$.

4. 解答下列各题：

(1) 若 e^x 是 $f(x)$ 的一个原函数，求 $\int x^5 f(\ln x) \mathrm{d}x$；

(2) 若 $\sec^2 x$ 是 $f(x)$ 的一个原函数，求 $\int xf(x) \mathrm{d}x$.

5. (1) 若 $f(x)$ 可导，证明：

$$\int \cos x f'(1-2\sin x)\mathrm{d}x = -\frac{1}{2}f(1-2\sin x)+C;$$

(2) 若 $f(x)$ 严格单调、可导，$f^{-1}(x)$ 是它的反函数，且 $F(x)$ 是 $f(x)$ 的一个原函数，证明：

$$\int f^{-1}(x)\mathrm{d}x = xf^{-1}(x)-F(f^{-1}(x))+C.$$

6. 求下列定积分：

(1) $\displaystyle\int_2^6 (x^2-1)\mathrm{d}x$;

(2) $\displaystyle\int_0^1 \frac{x^2+x-1}{x+2}\mathrm{d}x$;

(3) $\displaystyle\int_0^3 \mathrm{e}^{\frac{x}{3}}\mathrm{d}x$;

(4) $\displaystyle\int_{-1}^1 \frac{\sin x}{(1+x^2)^2}\mathrm{d}x$;

(5) $\displaystyle\int_0^1 \frac{x}{1+x^2}\mathrm{d}x$;

(6) $\displaystyle\int_1^2 \frac{\mathrm{e}^{\frac{1}{x}}}{x^2}\mathrm{d}x$;

(7) $\displaystyle\int_0^\pi \sin^2 \frac{x}{2}\mathrm{d}x$;

(8) $\displaystyle\int_0^\pi |\cos x|\,\mathrm{d}x$;

(9) $\displaystyle\int_1^5 \frac{\sqrt{x-1}}{x}\mathrm{d}x$;

(10) $\displaystyle\int_0^2 \frac{\mathrm{d}x}{\sqrt{x+1}+\sqrt{(x+1)^3}}$;

(11) $\displaystyle\int_0^1 \frac{1}{\sqrt{4-x^2}}\mathrm{d}x$;

(12) $\displaystyle\int_0^{\frac{\sqrt{3}}{2}} \arccos x\,\mathrm{d}x$;

(13) $\displaystyle\int_{\frac{\pi}{4}}^{\frac{\pi}{3}} \frac{x}{\cos^2 x}\mathrm{d}x$;

(14) $\displaystyle\int_1^{\mathrm{e}} x(\ln x)^2\mathrm{d}x$.

7. 求下列极限：

(1) $\displaystyle\lim_{x\to 0} \frac{\displaystyle\int_0^x (\mathrm{e}^{2t}-1)\mathrm{d}t}{\displaystyle\int_0^x t\mathrm{d}t}$;

(2) $\displaystyle\lim_{x\to 1} \frac{\displaystyle\int_1^x \arctan(t-1)\mathrm{d}t}{(x-1)^2}$.

8. 求由下列曲线所围成的平面图形的面积：

(1) $y=x^2+3$ 与 $x=0, x=1, y=0$;

(2) $y=x^2-1$ 与 $y=x+1$;

(3) $y=\sin x$ 与 $x=0, x=\frac{\pi}{2}, y=1$;

(4) $y=\frac{1}{x}$ 与 $y=x, x=2$.

9. 求由下列曲线所围成的平面图形绕 x 轴和 y 旋转而成的旋转体的体积：

(1) $y=\sin x$ 与 $x=0, x=\frac{\pi}{2}, y=0$;

(2) $y=x^3$ 与 $x=0, x=2, y=0$.

10. 判断下列反常积分的敛散性；若收敛，则求其值：

(1) $\displaystyle\int_1^{+\infty} \frac{\mathrm{d}x}{x^4}$;

(2) $\displaystyle\int_1^{+\infty} \frac{\mathrm{d}x}{\sqrt[3]{x}}$;

(3) $\displaystyle\int_1^{+\infty} \frac{\mathrm{d}x}{1+x^2}$;

(4) $\displaystyle\int_1^{\mathrm{e}} \frac{\mathrm{d}x}{x\sqrt{1-(\ln x)^2}}$;

(5) $\displaystyle\int_0^2 \frac{x}{\sqrt{4-x^2}}\mathrm{d}x$;

(6) $\displaystyle\int_1^2 \frac{x}{\sqrt{x-1}}\mathrm{d}x$.

11. 设 $f(x)$ 在 $[-l, l]$ 上连续，且 $\Phi(x)=\displaystyle\int_0^x f(t)\mathrm{d}t$，证明：

(1) 若 $f(t)$ 是偶函数，则 $\Phi(x)$ 是 $[-l, l]$ 上的奇函数；

(2) 若 $f(t)$ 是奇函数，则 $\Phi(x)$ 是 $[-l, l]$ 上的偶函数.

12. 证明下列等式：

(1) $\displaystyle\int_0^1 x^m(1-x)^n\mathrm{d}x = \int_0^1 x^n(1-x)^m\mathrm{d}x$;

(2) $\displaystyle\int_x^1 \frac{\mathrm{d}x}{1+x^2} = \int_1^{\frac{1}{x}} \frac{\mathrm{d}x}{1+x^2}$ $(x>0)$.

13. 设函数 $f(x)$ 连续，$f(0) = -1$，且满足

$$\int_0^1 f(xt)\mathrm{d}t = f(x) + x\mathrm{e}^x,$$

求函数 $f(x)$.

14. 设当 $x > 0$ 时，函数 $f(x)$ 可导，且满足

$$f(x) = 1 + \int_1^x \frac{1}{x} f(t)\mathrm{d}t,$$

求函数 $f(x)$.

15. 设连续函数 $f(x)$ 满足

$$\int_0^x f(x-t)\mathrm{d}t = \mathrm{e}^{-2x} - 1,$$

求定积分 $\int_0^1 f(x)\mathrm{d}x$.

16. 求函数 $F(x) = \int_0^x t(t-4)\mathrm{d}t$ 在 $[-1,5]$ 上的最大值和最小值.

17. 设某产品的边际成本函数为 $C'(x) = \dfrac{x}{4} + 4$（单位：万元/万台），固定成本为 $C(0) = 1$ 万元，边际收益函数为 $R'(x) = 9 - x$（单位：万元/万台），其中 x 表示产量，试求：

(1) 总成本函数、总收益函数及总利润函数；

(2) 获得最大利润时的产量.

18. 若 $f(x)$ 为奇函数，在 $(-\infty, +\infty)$ 上连续且单调增加，设

$$F(x) = \int_0^x (x-2t)f(t)\mathrm{d}t,$$

证明：(1) $F(x)$ 为奇函数；(2) $F(x)$ 在 $[0, +\infty)$ 上单调减少.

（B）

1. 选择题：

(1) 设 $I_k = \int_0^{k\pi} \mathrm{e}^{x^2} \sin x \mathrm{d}x (k=1,2,3)$，则有（ ）.

A. $I_1 < I_2 < I_3$ B. $I_3 < I_2 < I_1$

C. $I_1 < I_3 < I_2$ D. $I_2 < I_1 < I_3$ (2012 考研数一)

(2) 下列反常积分中收敛的是（ ）.

A. $\int_2^{+\infty} \dfrac{1}{\sqrt{x}}\mathrm{d}x$ B. $\int_2^{+\infty} \dfrac{\ln x}{x}\mathrm{d}x$

C. $\int_2^{+\infty} \dfrac{1}{x\ln x}\mathrm{d}x$ D. $\int_2^{+\infty} \dfrac{x}{\mathrm{e}^x}\mathrm{d}x$ (2015 考研数二)

2. 填空题：

(1) $\lim\limits_{n\to\infty} n\left(\dfrac{1}{1+n^2} + \dfrac{1}{2^2+n^2} + \cdots + \dfrac{1}{n^2+n^2}\right) = $ _____.   (2012 考研数二)

(2) 由曲线 $y = \dfrac{4}{x}$ 和直线 $y = x$ 及 $y = 4x$ 在第一象限内所围成的图形的面积为_____.

                                                             (2012 考研数三)

(3) $\int_0^2 x\sqrt{2x-x^2}\,\mathrm{d}x = $ _____.   (2012 考研数三)

(4) 设函数 $f(x) = \int_{-1}^x \sqrt{1-\mathrm{e}^t}\,\mathrm{d}t$，则 $y = f(x)$ 的反函数 $x = f^{-1}(y)$ 在 $y = 0$ 处的导数 $\left.\dfrac{\mathrm{d}x}{\mathrm{d}y}\right|_{y=0} = $

_____.   (2013 考研数二)

(5) 设 $\int_0^a x\mathrm{e}^{2x}\mathrm{d}x = \dfrac{1}{4}$,则 $a = $ _____.　　　　　(2014 考研数三)

(6) $\int_{-\infty}^1 \dfrac{\mathrm{d}x}{x^2+2x+5} = $ _____.　　　　　(2014 考研数二)

(7) 设 D 是由曲线 $xy+1=0$ 与直线 $y+x=0$ 及 $y=2$ 所围成的有界区域,则 D 的面积为_____.

　　　　　(2014 考研数三)

(8) 设函数 $f(x)$ 连续,$\varphi(x) = \int_0^{x^2} xf(t)\mathrm{d}t$,若 $\varphi(1)=1$,$\varphi'(1)=5$,则 $f(1)=$ _____.

　　　　　(2015 考研数三)

3. 过点 $(0,1)$ 作曲线 $L:y=\ln x$ 的切线,切点为 A. 又 L 与 x 轴交于 B 点,区域 D 由 L 与直线 AB 及 x 轴所围成,求:

(1) 区域 D 的面积;

(2) 区域 D 绕 x 轴旋转一周所得旋转体的体积.　　　　　(2012 考研数二)

4. 设 D 是由曲线 $y=x^{\frac{1}{3}}$,直线 $x=a(a>0)$ 及 x 轴所围成的平面图形,V_x 和 V_y 分别为 D 绕 x 轴和 y 轴旋转一周所得旋转体的体积. 若 $V_y=10V_x$,求 a 的值.　　　　　(2013 考研数三)

5. 求极限 $\lim\limits_{x\to\infty} \dfrac{\int_1^x [t^2(\mathrm{e}^{\frac{1}{t}}-1)-t]\mathrm{d}t}{x^2\ln\left(1+\dfrac{1}{x}\right)}$.　　　　　(2014 考研数二)

6. 设 $f(x),g(x)$ 在 $[a,b]$ 上连续,且 $f(x)$ 单调增加,$0\leqslant g(x)\leqslant 1$,证明:

(1) $0\leqslant \int_a^x g(t)\mathrm{d}t\leqslant x-a$,$x\in[a,b]$;

(2) $\int_a^{a+\int_a^b g(t)\mathrm{d}t} f(x)\mathrm{d}x\leqslant \int_a^b f(x)g(x)\mathrm{d}x$.　　　　　(2014 考研数二)

7. 设函数 $f(x)=\dfrac{x}{1+x}$,$x\in[0,1]$,定义函数列

$$f_1(x)=f(x),f_2(x)=f(f_1(x)),\cdots,f_n(x)=f(f_{n-1}(x)),\cdots.$$

记 S_n 为由曲线 $y=f_n(x)$ 与直线 $x=1$ 及 x 轴所围成平面图形的面积,求 $\lim\limits_{n\to\infty}nS_n$.　　　　　(2014 考研数二)

第 6 章

微分方程与差分方程

利用微积分可以研究变量之间函数关系的性质,但在实际问题中,往往很难直接得到所研究变量之间的函数关系,却比较容易建立这些变量与它们的导数或微分之间的关系,即微分方程.微分方程就是含有自变量、未知函数以及未知函数的导数或微分的方程.微分方程是数学联系实际并应用于实际的重要途径和桥梁,是各个学科进行科学研究的强有力工具.

本章前四节主要介绍微分方程的基本概念、几种常用的微分方程的求解方法及线性微分方程解的理论,后两节专门介绍在经济管理的实际问题中,应用较广泛的差分方程知识.

§6.1 微分方程的基本概念

一、引例

例 1(商品的价格调整模型) 如果某商品在时刻 t 的售价为 P,社会对该商品的需求量及该商品的供给量分别是售价 P 的函数 $Q(P)$,$S(P)$,则在时刻 t 的价格 P 对于时间 t 的变化率可认为与该商品在同时刻的超额需求量 $Q(P)-S(P)$ 成正比,即有

$$\frac{\mathrm{d}P}{\mathrm{d}t} = k(Q(P)-S(P)) \quad (k>0). \tag{6-1-1}$$

在 $Q(P)$ 和 $S(P)$ 确定的情况下,可解出价格 P 与 t 的函数关系.这就是商品的价格调整模型.

例 2 如果一条曲线通过点 $(0,1)$,且在该曲线上任一点 $M(x,y)$ 处的切线斜率恰好等于其横坐标的 2 倍,求这条曲线的方程.

解 设所求的曲线为 $y=y(x)$,则根据已知条件,有

$$y' = 2x. \tag{6-1-2}$$

这就是一个微分方程.显然,函数

$$y = x^2 + C \quad (\text{其中 } C \text{ 为任意常数})$$

满足方程 $y'=2x$.由于曲线通过点 $(0,1)$,故将 $x=0$,$y=1$ 代入上式可得

$$C = 1.$$

因此所求曲线为

$$y = x^2 + 1.$$

例 3 质量为 m 的物体仅在重力的作用下由静止开始下落,求该物体下落的距离 s 与时间 t 的函数关系.

解 设重力加速度为常数 g,物体下落的距离 s 与时间 t 的函数关系为 $s=s(t)$,则根据

物理学知识得

$$s'' = g. \tag{6-1-3}$$

对(6-1-3)式两边同取不定积分,得

$$s' = v(t) = gt + C_1,$$

其中 $v(t)$ 为物体在时刻 t 的速度. 对上式两边再次同取不定积分,得

$$s = \frac{1}{2}gt^2 + C_1 t + C_2 \quad (C_1, C_2 \text{ 为任意常数}).$$

由 $t=0$ 时,$s'=v=0,s=0$,得 $C_1=C_2=0$,所以该物体下落的距离 s 与时间 t 的函数关系为

$$s = \frac{1}{2}gt^2.$$

二、基本概念

定义 1　含有未知函数及未知函数的导数(或微分)的方程称为**微分方程**. 未知函数为一元函数的微分方程称为**常微分方程**,简称为微分方程.

例如,前面的例 1、例 2、例 3 中所列方程(6-1-1),(6-1-2),(6-1-3)都是微分方程.

微分方程中未知函数的导数的最高阶数称为**微分方程的阶**.

例如,$y'=2x$ 是一阶微分方程,$s''=g$ 是二阶微分方程.

n 阶微分方程有下面两种一般形式:

$$F(x, y, y', y'', \cdots, y^{(n)}) = 0$$

或

$$y^{(n)} = f(x, y, y', y'', \cdots, y^{(n-1)}),$$

其中,x 是自变量,y 为未知函数,F 和 f 是已知函数,且 $y^{(n)}$ 必须出现.

定义 2　如果函数 $y = y(x)$ 代入微分方程能使微分方程成为恒等式,则称函数 $y = y(x)$ 为该**微分方程的解**.

定义 3　若微分方程的解中含有相互独立的任意常数,且任意常数的个数与微分方程的阶数相等,称这样的解为微分方程的**通解**(或**一般解**),而称不含任意常数的解为微分方程的**特解**.

用于确定通解中任意常数值的条件称为**初始条件**. 带有初始条件的微分方程称为微分方程的**初值问题**.

例如,$y = x^2 + C$ 是微分方程 $y' = 2x$ 的通解,$y = x^2 + 1$ 是微分方程 $y' = 2x$ 满足初始条件 $y(0) = 1$ 的特解.

微分方程的解的图形是一条曲线,称为微分方程的**积分曲线**.

例如,$y = x^2 + C$ 是一族积分曲线,$y = x^2 + 1$ 是其中的一条积分曲线. 显然,n 阶微分方程的通解在几何上表示一族以 n 个任意常数为参数的曲线.

例 4　验证函数 $y = C_1 e^x + C_2 e^{-x}$ 是微分方程 $y'' - y = 0$ 的通解,并求满足初始条件 $y \big|_{x=0} = 2, y' \big|_{x=0} = 0$ 的特解.

解　要验证一个函数是否是微分方程的通解,只需将函数代入该微分方程,看其是否恒等,再看函数式中所含的独立的任意常数的个数是否与微分方程的阶数相同即可.

对 $y = C_1 e^x + C_2 e^{-x}$ 求导,得

$$y' = C_1 e^x - C_2 e^{-x}, \quad y'' = C_1 e^x + C_2 e^{-x}.$$

将 $y'' = C_1 e^x + C_2 e^{-x}$ 和 $y = C_1 e^x + C_2 e^{-x}$ 代入原微分方程,得

$$y'' - y = (C_1 e^x + C_2 e^{-x}) - (C_1 e^x + C_2 e^{-x}) = 0.$$

所以含有两个独立的任意常数的函数

$$y = C_1 e^x + C_2 e^{-x}$$

是原微分方程的通解.

把 $y\big|_{x=0} = 2, y'\big|_{x=0} = 0$ 代入 $y = C_1 e^x + C_2 e^{-x}$ 和 $y' = C_1 e^x - C_2 e^{-x}$,得

$$C_1 = C_2 = 1,$$

故所求的特解为

$$y = e^x + e^{-x}.$$

练　习　6.1

1.指出下列微分方程的阶数：

(1)$x^5 y''' - y'' + 2xy^7 = 0$；

(2)$\dfrac{d^2 S}{dt^2} + t\dfrac{dS}{dt} + \dfrac{S}{3} = 0$；

(3)$\dfrac{d\rho}{d\theta} + \rho = \sin\theta$；

(4)$(1 - y^2)dx + (x - 1)ydy = 0$.

2.验证下列给出的函数是否为相应微分方程的解：

(1)$xy' = 3y, \quad y = Cx^3$；

(2)$y' + y = e^{-x}, \quad y = (x + C)e^{-x}$；

(3)$y'' + y = 0, \quad y = 3\sin x - 4\cos x$；

(4)$y'' - y' + y = 0, \quad y = xe^x$；

(5)$y'' - (\lambda_1 + \lambda_2)y' + \lambda_1\lambda_2 y = 0, \quad y = C_1 e^{\lambda_1 x} + C_2 e^{\lambda_2 x}$.

3.验证函数 $y = (C_1 + C_2 x)e^x$ 是微分方程

$$y'' - 2y' + y = 0$$

的通解,并求满足初始条件 $y\big|_{x=0} = 2, y'\big|_{x=0} = 3$ 的特解.

4.设曲线 $y = f(x)$ 在点 $M(x, y)(x \neq 0)$ 处的切线与 x 轴、y 轴的交点分别为 P 和 Q 两点,且 Q 是线段 MP 的中点,试写出该曲线所满足的微分方程.

5.已知函数 $y = f(x)$ 可导,$f(0) = 1$,且满足

$$\int_0^1 f(tx)dt = f(x) + x\sin x,$$

求 $f(x)$.

§6.2　一阶微分方程

一阶微分方程的一般形式为

$$F(x, y, y') = 0$$

或

$$y' = f(x, y).$$

本节介绍一阶微分方程 $y' = f(x, y)$ 的一些解法.

一、可分离变量的微分方程

如果要求微分方程 $y' = 2xy^2$ 的通解,因为 y 是未知的,所以不定积分 $\int 2xy^2 dx$ 无法进

行,即微分方程两边直接积分不能求出通解. 但原微分方程可化为

$$\frac{\mathrm{d}y}{y^2} = 2x\mathrm{d}x \quad (y \neq 0),$$

上式两端积分,得微分方程 $y' = 2xy^2$ 的通解为

$$-\frac{1}{y} = x^2 + C,$$

其中 C 是任意常数. 此外,$y = 0$ 也是微分方程 $y' = 2xy^2$ 的解.

定义 1　如果一个一阶微分方程能写成

$$g(y)\mathrm{d}y = f(x)\mathrm{d}x \tag{6-2-1}$$

的形式,那么原微分方程就称为**可分离变量的微分方程**.

解可分离变量的微分方程的具体步骤如下:

第一步,分离变量,原微分方程化为

$$g(y)\mathrm{d}y = f(x)\mathrm{d}x.$$

第二步,对上式两端分别积分:

$$\int g(y)\mathrm{d}y = \int f(x)\mathrm{d}x,$$

得到通解为

$$G(y) = F(x) + C,$$

其中 $G(y)$ 与 $F(x)$ 分别是 $g(y)$ 与 $f(x)$ 的一个原函数,C 是任意常数. 上式就是原微分方程的通解.

例 1　求微分方程 $y' = \dfrac{y}{x}$ 的通解.

解　分离变量,得

$$\frac{1}{y}\mathrm{d}y = \frac{1}{x}\mathrm{d}x \quad (y \neq 0).$$

两端分别积分,得

$$\int \frac{1}{y}\mathrm{d}y = \int \frac{1}{x}\mathrm{d}x, \quad \ln|y| = \ln|x| + C_1,$$

则

$$y = \pm \mathrm{e}^{C_1} x.$$

由于 $\pm \mathrm{e}^{C_1}$ 为任意非零常数,故把它记作 C. 又因为 $y = 0$ 也是原微分方程的解,所以常数 C 可取零,故所求通解为

$$y = Cx \quad (C \text{ 为任意常数}).$$

例 2　求微分方程 $\dfrac{\mathrm{d}y}{\mathrm{d}x} = 1 + x + y^2 + xy^2$ 的通解.

解　所给微分方程可化为

$$\frac{\mathrm{d}y}{\mathrm{d}x} = (1+x)(1+y^2).$$

分离变量,得

$$\frac{1}{1+y^2}\mathrm{d}y = (1+x)\mathrm{d}x.$$

两端分别积分,得

$$\int \frac{1}{1+y^2}\mathrm{d}y = \int (1+x)\mathrm{d}x,$$

则

$$\arctan y = \frac{1}{2}x^2 + x + C,$$

于是所求通解为 $\arctan y = \frac{1}{2}x^2 + x + C$（$C$ 为任意常数）. 这是隐函数形式的通解.

例 3　求微分方程

$$\frac{\mathrm{d}p}{\mathrm{d}t} = kp(N-p)$$

的通解，其中 $N,k>0$ 为常数.

解　分离变量，得

$$\frac{\mathrm{d}p}{p(N-p)} = k\mathrm{d}t.$$

上式化为

$$\frac{1}{N}\left(\frac{1}{p} + \frac{1}{N-p}\right)\mathrm{d}p = k\mathrm{d}t.$$

两端分别积分，得

$$\frac{1}{N}\int\left(\frac{1}{p} + \frac{1}{N-p}\right)\mathrm{d}p = \int k\mathrm{d}t,$$

则

$$\frac{1}{N}\ln\frac{|p|}{|N-p|} = kt + C_1.$$

上面的等式做如下变形：

$$\ln\left|\frac{p}{N-p}\right| = Nkt + NC_1,$$

$$\left|\frac{p}{N-p}\right| = \mathrm{e}^{Nkt+NC_1} = \mathrm{e}^{NC_1}\mathrm{e}^{Nkt},$$

$$\frac{p}{N-p} = \pm\,\mathrm{e}^{NC_1}\mathrm{e}^{Nkt} = C\mathrm{e}^{Nkt},$$

$$p = \frac{CN\mathrm{e}^{Nkt}}{1+C\mathrm{e}^{Nkt}},$$

故所求通解为

$$p = \frac{CN\mathrm{e}^{Nkt}}{1+C\mathrm{e}^{Nkt}} \qquad (C\text{ 为任意非零常数}).$$

在上述计算过程中，用 $p(N-p)$ 除微分方程的两边时，要求 $p\neq 0$ 和 $p\neq N$. 而 $p=0$ 和 $p=N$ 显然也是微分方程的解，且 $p=N$ 不包含在通解中.

在通解 $p = \dfrac{CN\mathrm{e}^{Nkt}}{1+C\mathrm{e}^{Nkt}}$ 中，如果令 $a=Nk$，则通解化为

$$p = \frac{CN\mathrm{e}^{Nkt}}{1+C\mathrm{e}^{Nkt}} = \frac{CN\mathrm{e}^{at}}{1+C\mathrm{e}^{at}}.$$

如果分子、分母同时除以 $C\mathrm{e}^{at}$，则通解可进一步化为

$$p = \frac{N}{1+b\mathrm{e}^{-at}},$$

其中 $b = \dfrac{1}{C}$. 这个方程称为逻辑斯蒂曲线方程, 它在生物学和经济学中有广泛的应用.

二、齐次方程

如果一阶微分方程

$$\frac{\mathrm{d}y}{\mathrm{d}x} = f(x, y)$$

中的 $f(x, y)$ 可写成 $\dfrac{y}{x}$ 的函数, 即

$$\frac{\mathrm{d}y}{\mathrm{d}x} = f(x, y) = \varphi\left(\frac{y}{x}\right), \tag{6-2-2}$$

则称该微分方程为**齐次微分方程**, 简称**齐次方程**. 例如,

$$(xy - y^2)\mathrm{d}x - (x^2 + y^2)\mathrm{d}y = 0$$

是齐次方程, 因为该微分方程可化为

$$\frac{\mathrm{d}y}{\mathrm{d}x} = \frac{xy - y^2}{x^2 + y^2} = \frac{\dfrac{y}{x} - \left(\dfrac{y}{x}\right)^2}{1 + \left(\dfrac{y}{x}\right)^2},$$

如果令 $\varphi(u) = \dfrac{u - u^2}{1 + u^2}$, 则上式即为 $\dfrac{\mathrm{d}y}{\mathrm{d}x} = \varphi\left(\dfrac{y}{x}\right)$.

对于齐次方程 (6-2-2), 可通过变量代换将其化为可分离变量的微分方程进行求解.

令 $u = \dfrac{y}{x}$, 则 $y = xu$, $\dfrac{\mathrm{d}y}{\mathrm{d}x} = u + x\dfrac{\mathrm{d}u}{\mathrm{d}x}$. 代入齐次方程 (6-2-2), 得

$$u + x\frac{\mathrm{d}u}{\mathrm{d}x} = \varphi(u).$$

分离变量并积分, 得

$$\int \frac{\mathrm{d}u}{\varphi(u) - u} = \int \frac{1}{x}\mathrm{d}x.$$

由上式求出积分后, 再将 $u = \dfrac{y}{x}$ 代回, 即可得到齐次方程 (6-2-2) 的通解.

例 4 求微分方程 $y^2\mathrm{d}x - (xy - x^2)\mathrm{d}y = 0$ 的通解.

解 把原微分方程化为

$$\frac{\mathrm{d}y}{\mathrm{d}x} = \frac{y^2}{xy - x^2} = \frac{\left(\dfrac{y}{x}\right)^2}{\dfrac{y}{x} - 1}.$$

令 $u = \dfrac{y}{x}$, 则 $y = xu$, $\dfrac{\mathrm{d}y}{\mathrm{d}x} = u + x\dfrac{\mathrm{d}u}{\mathrm{d}x}$, 代入上式并整理, 得

$$x\frac{\mathrm{d}u}{\mathrm{d}x} = \frac{u}{u - 1}.$$

分离变量, 得

$$\left(1 - \frac{1}{u}\right)\mathrm{d}u = \frac{\mathrm{d}x}{x}.$$

两端分别积分, 得

$$u - \ln|u| + C = \ln|x|, \quad \text{即} \quad \ln|ux| = u + C.$$

将 $u = \dfrac{y}{x}$ 代回上式，得通解为

$$\ln|y| = \frac{y}{x} + C \quad (C\ \text{为任意常数}).$$

例 5 设商品甲和商品乙的售价分别为 P_1, P_2，已知价格 P_1 与 P_2 相关，且价格 P_1 相对 P_2 的弹性为 $\dfrac{P_2 \mathrm{d} P_1}{P_1 \mathrm{d} P_2} = \dfrac{P_2 - P_1}{P_2 + P_1}$，求 P_1 与 P_2 的函数关系式.

解 所给微分方程为齐次方程，整理得

$$\frac{\mathrm{d} P_1}{\mathrm{d} P_2} = \frac{1 - \dfrac{P_1}{P_2}}{1 + \dfrac{P_1}{P_2}} \cdot \frac{P_1}{P_2}.$$

令 $u = \dfrac{P_1}{P_2}$，则 $P_1 = u P_2$，两边对 P_2 求导，得 $\dfrac{\mathrm{d} P_1}{\mathrm{d} P_2} = u + P_2 \dfrac{\mathrm{d} u}{\mathrm{d} P_2}$. 代入上式，得

$$u + P_2 \frac{\mathrm{d} u}{\mathrm{d} P_2} = \frac{1 - u}{1 + u} \cdot u.$$

分离变量，得

$$\left(-\frac{1}{u} - \frac{1}{u^2} \right) \mathrm{d} u = 2 \frac{\mathrm{d} P_2}{P_2}.$$

两端分别积分，得

$$\frac{1}{u} - \ln u = 2\ln P_2 + C_1 = \ln P_2^2 + C_1.$$

将 $u = \dfrac{P_1}{P_2}$ 代回，则得到所求通解（即 P_1 与 P_2 的函数关系式）是

$$\mathrm{e}^{\frac{P_2}{P_1}} = C P_1 P_2 \quad (C = \mathrm{e}^{C_1}\ \text{为任意正常数}).$$

三、一阶线性微分方程

形如

$$\frac{\mathrm{d} y}{\mathrm{d} x} + P(x) y = Q(x) \tag{6-2-3}$$

的微分方程称为**一阶线性微分方程**，其中函数 $P(x), Q(x)$ 是某一区间 I 上的连续函数. 当 $Q(x)$ 不恒为 0 时，方程 $(6-2-3)$ 称为**一阶非齐次线性微分方程**.

当 $Q(x) \equiv 0$ 时，方程 $(6-2-3)$ 变成

$$\frac{\mathrm{d} y}{\mathrm{d} x} + P(x) y = 0, \tag{6-2-4}$$

方程 $(6-2-4)$ 称为对应于方程 $(6-2-3)$ 的**一阶齐次线性微分方程**.

显然，一阶齐次线性微分方程 $(6-2-4)$ 是可分离变量的微分方程. 分离变量，得

$$\frac{\mathrm{d} y}{y} = -P(x) \mathrm{d} x.$$

两端分别积分，得

$$\ln|y| = -\int P(x) \mathrm{d} x + C_1,$$

即

$$y = C \mathrm{e}^{-\int P(x) \mathrm{d} x} \quad (C = \pm \mathrm{e}^{C_1}\ \text{为任意非零常数}). \tag{6-2-5}$$

这就是一阶齐次线性微分方程(6-2-4)的通解.

现在用**常数变易法**求解一阶非齐次线性微分方程(6-2-3),其方法步骤如下.

第一步,先求其对应的齐次线性微分方程(6-2-4)的通解,得到(6-2-5)式:

$$y = Ce^{-\int P(x)dx}.$$

第二步,将(6-2-5)式中的常数 C 换成待定函数 $C(x)$,假设方程(6-2-3)的通解为 $y = C(x)e^{-\int P(x)dx}$,将其代入方程(6-2-3),得

$$C'(x)e^{-\int P(x)dx} + C(x)e^{-\int P(x)dx}(-P(x)) + P(x)C(x)e^{-\int P(x)dx} = Q(x).$$

整理得

$$C'(x) = Q(x)e^{\int P(x)dx}.$$

两端分别积分,得

$$C(x) = \int Q(x)e^{\int P(x)dx}dx + C \quad (C \text{ 为任意常数}).$$

所以一阶非齐次线性微分方程 $y' + P(x)y = Q(x)$ 的通解为

$$y = e^{-\int P(x)dx}\left(\int Q(x)e^{\int P(x)dx}dx + C\right). \tag{6-2-6}$$

也可以把通解形式(6-2-6)写成

$$y = Ce^{-\int P(x)dx} + e^{-\int P(x)dx}\int Q(x)e^{\int P(x)dx}dx.$$

可以验证,上式右边第二项是方程(6-2-3)的一个特解(通解中取 $C=0$).由此可知,一阶非齐次线性微分方程的通解等于其对应的齐次线性微分方程的通解与它本身的一个特解之和.

例 6　求微分方程 $\dfrac{dy}{dx} - \dfrac{2y}{x+1} = (x+1)^3$ 的通解.

解　这是一个非齐次线性微分方程.先求对应的齐次线性微分方程

$$\frac{dy}{dx} - \frac{2y}{x+1} = 0$$

的通解.分离变量,得

$$\frac{dy}{y} = \frac{2dx}{x+1}.$$

两端分别积分,得

$$\ln|y| = 2\ln|x+1| + C_1,$$

故原微分方程对应的齐次线性微分方程的通解为

$$y = C(x+1)^2 \quad (C = \pm e^{C_1}).$$

用常数变易法,把 C 换成 $C(x)$,即令 $y = C(x)(x+1)^2$,代入所给非齐次线性微分方程得

$$C'(x)(x+1)^2 + 2C(x)(x+1) - \frac{2}{x+1}C(x)(x+1)^2 = (x+1)^3,$$

即

$$C'(x) = x+1.$$

两端分别积分,得

$$C(x) = \frac{1}{2}(x+1)^2 + C.$$

再把上式代入 $y = C(x)(x+1)^2$ 中,即得所求通解为

$$y = (1+x)^2 \left[\frac{1}{2}(x+1)^2 + C \right] \quad (C \text{ 为任意常数}).$$

如不用常数变易法，可直接应用通解公式(6-2-6)进行求解.

例 7 求微分方程 $xy' + y = \sin x$ 的通解及满足初始条件 $y\left(\frac{\pi}{2}\right) = 1$ 的特解.

解 把所给微分方程化为标准形式

$$y' + \frac{y}{x} = \frac{\sin x}{x}.$$

令

$$P(x) = \frac{1}{x}, \quad Q(x) = \frac{\sin x}{x},$$

于是由通解公式(6-2-6)可求得通解为

$$y = e^{-\int \frac{1}{x} dx} \left(\int \frac{\sin x}{x} e^{\int \frac{1}{x} dx} dx + C \right) = e^{-\ln x} \left(\int \frac{\sin x}{x} \cdot e^{\ln x} dx + C \right)$$

$$= \frac{1}{x} \left(\int \sin x \, dx + C \right) = \frac{1}{x} (C - \cos x).$$

将初始条件 $y\left(\frac{\pi}{2}\right) = 1$ 代入，得 $C = \frac{\pi}{2}$，所以所求特解为

$$y = \frac{1}{x} \left(\frac{\pi}{2} - \cos x \right).$$

注：例 7 中求通解时，为了简化运算，将 $\ln |x|$ 写成 $\ln x$，可验证最终结果是一样的.

例 8 求微分方程 $y^2 dx + (2xy - 1) dy = 0$ 的通解.

解 这个微分方程不是一阶线性微分方程，不便求解. 但如果将 x 看作 y 的函数，即对该微分方程求形如 $x = x(y)$ 的解，则可将原微分方程化为

$$\frac{dx}{dy} = \frac{1 - 2xy}{y^2} = \frac{1}{y^2} - \frac{2}{y} x \quad (y \neq 0),$$

即

$$\frac{dx}{dy} + \frac{2}{y} x = \frac{1}{y^2}. \tag{6-2-7}$$

这是一阶线性微分方程，其对应的齐次线性微分方程为

$$\frac{dx}{dy} + \frac{2}{y} x = 0.$$

分离变量并积分，得

$$\frac{1}{x} dx = -\frac{2}{y} dy, \quad \int \frac{1}{x} dx = -\int \frac{2}{y} dy,$$

即 $x = C \frac{1}{y^2}$. 把 C 换成 $C(y)$，得 $x = C(y) \frac{1}{y^2}$，代入方程(6-2-7)得

$$C'(y) \frac{1}{y^2} - 2C(y) \frac{1}{y^3} + \frac{2}{y} C(y) \frac{1}{y^2} = \frac{1}{y^2},$$

所以

$$C'(y) \frac{1}{y^2} = \frac{1}{y^2},$$

即

$$C'(y) = 1.$$

对 $C'(y)=1$ 两边分别积分,得

$$C(y)=y+C,$$

故原微分方程的通解为

$$x=(y+C)\frac{1}{y^2}\quad(C\text{ 为任意常数}).$$

此外,$y=0$ 也是原微分方程的解,但不包含在通解中.

*四、伯努利(Bernoulli) 方程

形如

$$\frac{\mathrm{d}y}{\mathrm{d}x}+P(x)y=Q(x)y^n\tag{6-2-8}$$

的微分方程称为**伯努利方程**,其中 n 为常数,且 $n\neq0,1$.

伯努利方程可以通过适当的变换化为一阶线性微分方程. 事实上,在方程(6-2-8)两端同除以 y^n,得

$$y^{-n}\frac{\mathrm{d}y}{\mathrm{d}x}+P(x)y^{1-n}=Q(x).$$

令 $z=y^{1-n}$,然后两边对 x 求导,得

$$\frac{\mathrm{d}z}{\mathrm{d}x}=(1-n)y^{-n}\frac{\mathrm{d}y}{\mathrm{d}x},$$

即

$$\frac{1}{1-n}\cdot\frac{\mathrm{d}z}{\mathrm{d}x}=y^{-n}\frac{\mathrm{d}y}{\mathrm{d}x}.$$

把上式代入 $y^{-n}\dfrac{\mathrm{d}y}{\mathrm{d}x}+P(x)y^{1-n}=Q(x)$,得到关于变量 z 的一阶线性微分方程

$$\frac{\mathrm{d}z}{\mathrm{d}x}+(1-n)P(x)z=(1-n)Q(x).$$

利用一阶非齐次线性微分方程的求解方法求出通解后,再回代原变量,便可得到伯努利方程(6-2-8)的通解为

$$y^{1-n}=\mathrm{e}^{-\int(1-n)P(x)\mathrm{d}x}\left(\int Q(x)(1-n)\mathrm{e}^{\int(1-n)P(x)\mathrm{d}x}\mathrm{d}x+C\right).$$

例 9　求微分方程 $\dfrac{\mathrm{d}y}{\mathrm{d}x}+\dfrac{y}{x}=y^2\ln x$ 的通解.

解　这是伯努利方程. 令 $z=y^{1-2}=y^{-1}$,即 $y=\dfrac{1}{z}$,两边对 x 求导,得

$$y'=-\frac{1}{z^2}\cdot\frac{\mathrm{d}z}{\mathrm{d}x}.$$

把上式代入原微分方程得

$$-\frac{1}{z^2}\cdot\frac{\mathrm{d}z}{\mathrm{d}x}+\frac{1}{xz}=\frac{1}{z^2}\ln x,$$

即

$$\frac{\mathrm{d}z}{\mathrm{d}x}-\frac{1}{x}z=-\ln x.$$

用公式(6-2-6)解此一阶线性微分方程,可得

$$z=\mathrm{e}^{\int\frac{1}{x}\mathrm{d}x}\left(\int(-\ln x)\mathrm{e}^{-\int\frac{1}{x}\mathrm{d}x}\mathrm{d}x+C\right)=x\left[C-\frac{1}{2}(\ln x)^2\right].$$

以 y^{-1} 代 z,得原微分方程的通解为 $xy\left[C-\dfrac{1}{2}(\ln x)^2\right]=1$($C$ 为任意常数).

练 习 6.2

1.求下列微分方程的通解:

(1)$y'=2xy^2$;

(2)$3x^2+6x-y'=0$;

(3)$x\mathrm{d}y-y\ln y\mathrm{d}x=0$;

(4)$\sqrt{1-x^2}\,\mathrm{d}y=\sqrt{1-y^2}\,\mathrm{d}x$;

(5)$y'=2^{x+y}$;

(6)$\sec^2 x\tan y\mathrm{d}x+\sec^2 y\tan x\mathrm{d}y=0$.

2.求下列齐次方程的通解:

(1)$xy'-y-\sqrt{y^2-x^2}=0$;

(2)$x\dfrac{\mathrm{d}y}{\mathrm{d}x}=y\ln\dfrac{y}{x}$;

(3)$y'=\mathrm{e}^{-\frac{y}{x}}+\dfrac{y}{x}$;

(4)$\dfrac{\mathrm{d}y}{\mathrm{d}x}=\dfrac{x^2+2y^2}{xy}$.

3.求下列一阶线性微分方程的通解:

(1)$\dfrac{\mathrm{d}y}{\mathrm{d}x}+y=\mathrm{e}^{-x}$;

(2)$xy'+y=x^2+3x+2$;

(3)$y'+y\cos x=\mathrm{e}^{-\sin x}$;

(4)$\dfrac{\mathrm{d}y}{\mathrm{d}x}+2xy=4x$;

(5)$y'-\dfrac{y}{x}=2x^2$;

(6)$y\mathrm{d}x+(1+y)x\mathrm{d}y=y\mathrm{d}y$.

4.求下列微分方程满足所给初始条件的特解:

(1)$y'=\dfrac{x(y^2+1)}{(x^2+1)^2}$,$y(0)=0$;

(2)$\dfrac{\mathrm{d}y}{\mathrm{d}x}+3y=8$,$y(0)=2$.

5.求一曲线方程,该曲线通过坐标原点,并且它在点(x,y)处的切线斜率等于$2x+y$.

§6.3 几种特殊类型的二阶微分方程

二阶及二阶以上的微分方程统称为**高阶微分方程**.对于高阶微分方程,没有普遍有效的解法.本节仅介绍三种特殊类型的二阶微分方程的解法 —— 采取逐步降低微分方程阶数的方法来进行求解.

一、$y''=f(x)$ 型的微分方程

这种微分方程通过两次积分即可求出通解.

例 1 求微分方程 $y''=\mathrm{e}^{2x}-\sin x$ 的通解.

解 对所给微分方程积分一次,得

$$y'=\frac{1}{2}\mathrm{e}^{2x}+\cos x+C_1,$$

再积分一次得到所求通解为

$$y=\frac{1}{4}\mathrm{e}^{2x}+\sin x+C_1 x+C_2 \quad (C_1,C_2 \text{ 为任意常数}).$$

一般地,如果微分方程为 $y^{(n)}=f(x)$,则连续积分 n 次,即可得到其通解.

二、不显含 y 的微分方程 $y''=f(x,y')$

不显含 y 的微分方程 $y''=f(x,y')$ 的解法如下:

令 $y'=p$,则 $y''=\dfrac{\mathrm{d}p}{\mathrm{d}x}$,从而将原微分方程化为关于变量 x,p 的一阶微分方程

$$p' = f(x, p).$$

设求出该微分方程的通解为

$$p = \varphi(x, C_1).$$

再根据关系式 $y' = p$，又得到一个一阶微分方程

$$\frac{\mathrm{d}y}{\mathrm{d}x} = \varphi(x, C_1).$$

对它积分一次，即可得出原微分方程的通解为

$$y = \int \varphi(x, C_1)\mathrm{d}x + C_2 \quad (C_1, C_2 \text{ 为任意常数}).$$

例 2　求微分方程 $(1 + x^2)y'' = 2xy'$ 满足初始条件 $y\big|_{x=0} = 1, y'\big|_{x=0} = 3$ 的特解.

解　该微分方程是不显含 y 的微分方程. 令 $y' = p$，则 $y'' = p'$. 代入原微分方程并分离变量得一阶方程

$$\frac{\mathrm{d}p}{p} = \frac{2x}{1 + x^2}\mathrm{d}x.$$

两端分别积分，得

$$\ln|p| = \ln(1 + x^2) + \ln|C|,$$

解得

$$y' = p = C_1(1 + x^2) \quad (C_1 = \pm C).$$

由初始条件 $y'\big|_{x=0} = 3$，得 $C_1 = 3$，即

$$y' = 3(1 + x^2),$$

再积分一次，得

$$y = 3\left(x + \frac{1}{3}x^3\right) + C_2.$$

由初始条件 $y\big|_{x=0} = 1$，得 $C_2 = 1$，故所求特解为

$$y = 3\left(x + \frac{1}{3}x^3\right) + 1 = x^3 + 3x + 1.$$

三、不显含 x 的微分方程 $y'' = f(y, y')$

不显含 x 的微分方程 $y'' = f(y, y')$ 的解法如下.

把 y' 暂时看作自变量 y 的函数，并做变换 $y' = p(y)$，于是，由复合函数的求导法则有

$$y'' = \frac{\mathrm{d}p}{\mathrm{d}x} = \frac{\mathrm{d}p}{\mathrm{d}y} \cdot \frac{\mathrm{d}y}{\mathrm{d}x} = p\frac{\mathrm{d}p}{\mathrm{d}y}.$$

这样就将原微分方程化为关于变量 y, p 的一阶微分方程

$$p\frac{\mathrm{d}p}{\mathrm{d}y} = f(y, p).$$

设求出该微分方程的通解为

$$y' = p = \varphi(y, C_1).$$

这是可分离变量的微分方程，分离变量并积分，即得原微分方程的通解为

$$\int \frac{\mathrm{d}y}{\varphi(y, C_1)} = x + C_2 \quad (C_1, C_2 \text{ 为任意常数}).$$

例 3　求微分方程 $yy'' - (y')^2 = 0$ 的通解.

解 该微分方程是不显含 x 的微分方程. 令 $y' = p$，则 $y'' = p\dfrac{\mathrm{d}p}{\mathrm{d}y}$，原微分方程化为

$$yp\frac{\mathrm{d}p}{\mathrm{d}y} - p^2 = 0.$$

分离变量，得 $\dfrac{\mathrm{d}p}{p} = \dfrac{\mathrm{d}y}{y}$，两端分别积分，得

$$\ln|p| = \ln|y| + \ln|C_1|,$$

即

$$p = C_1 y \quad (C_1\ \text{为任意常数}).$$

再由 $\dfrac{\mathrm{d}y}{\mathrm{d}x} = p$，得 $\dfrac{\mathrm{d}y}{y} = C_1\mathrm{d}x$，两端分别积分，得

$$y = C_2 \mathrm{e}^{C_1 x}.$$

若 $y' = 0$，即 $y = C$，它显然是原微分方程的解，可包含在通解中（此时取 $C_1 = 0$），故所求通解为

$$y = C_2 \mathrm{e}^{C_1 x} \quad (C_1, C_2\ \text{为任意常数}).$$

例 4 求微分方程 $y'' = \dfrac{3}{2}y^2$ 满足初始条件 $y(3) = 1, y'(3) = 1$ 的特解.

解 令 $y' = p$，则 $y'' = p\dfrac{\mathrm{d}p}{\mathrm{d}y}$. 代入原微分方程并化简，得

$$2p\mathrm{d}p = 3y^2\mathrm{d}y.$$

上式两端分别积分，得

$$p^2 = y^3 + C_1.$$

由 $y(3) = 1, y'(3) = 1$，知当 $x = 3$ 时，$y = 1, p = y' = 1$. 代入上式得 $C_1 = 0$，故

$$p^2 = y^3.$$

由 $y'(3) = 1 > 0$，知 p 取正号，故

$$p = \frac{\mathrm{d}y}{\mathrm{d}x} = y^{\frac{3}{2}}, \quad y^{-\frac{3}{2}}\mathrm{d}y = \mathrm{d}x.$$

上式两端分别积分，得

$$-2y^{-\frac{1}{2}} = x + C_2.$$

由初始条件 $y(3) = 1$，得 $C_2 = -5$，代入上式并整理，得到所求特解为

$$y = \frac{4}{(x-5)^2}.$$

练 习 6.3

1. 求下列微分方程的通解：

(1) $y'' = x + \cos x$；

(2) $y''' = x\mathrm{e}^x$；

(3) $y'' = y' + x$；

(4) $xy'' + y' = 0$；

(5) $y'' = y'$；

(6) $2yy'' = (y')^2 + 1$.

2. 求下列微分方程满足给定初始条件的特解：

(1) $y'' - (y')^2 = 0, y(0) = 0, y'(0) = -1$；

(2) $y^3 y'' + 1 = 0, y\big|_{x=1} = 1, y'\big|_{x=1} = 0$.

3. 求 $y'' = x$ 的经过点 $M(0,1)$ 且在此点与直线 $y = \dfrac{x}{2} + 1$ 相切的积分曲线方程.

§6.4　二阶常系数线性微分方程

形如
$$y^{(n)} + p_1(x)y^{(n-1)} + \cdots + p_{n-1}(x)y' + p_n(x)y = f(x)$$
的微分方程叫作 n 阶线性微分方程. 当 $f(x) \equiv 0$ 时,微分方程叫作 n 阶齐次线性微分方程;当 $f(x) \not\equiv 0$ 时,微分方程叫作 n 阶非齐次线性微分方程.

二阶常系数线性微分方程的一般形式是
$$y'' + py' + qy = f(x), \tag{6-4-1}$$
其中 p,q 为常数,$f(x)$ 为已知函数. 当右端 $f(x) \equiv 0$ 时,微分方程
$$y'' + py' + qy = 0$$
称为**二阶常系数齐次线性微分方程**,否则称为**二阶常系数非齐次线性微分方程**.

一、二阶常系数齐次线性微分方程解的结构

二阶常系数齐次线性微分方程的形式是
$$y'' + py' + qy = 0. \tag{6-4-2}$$

定理 1　如果函数 $y_1(x)$ 与 $y_2(x)$ 都是二阶常系数齐次线性微分方程(6-4-2)的解,则其线性组合
$$y = C_1 y_1(x) + C_2 y_2(x)$$
也是方程(6-4-2)的解,其中 C_1,C_2 是任意常数.

证　将 $y = C_1 y_1(x) + C_2 y_2(x)$ 代入方程(6-4-2)的左边,得
$$(C_1 y_1 + C_2 y_2)'' + p(C_1 y_1 + C_2 y_2)' + q(C_1 y_1 + C_2 y_2)$$
$$= C_1(y_1'' + py_1' + qy_1) + C_2(y_2'' + py_2' + qy_2)$$
$$= C_1 \cdot 0 + C_2 \cdot 0 = 0,$$
所以 $y = C_1 y_1(x) + C_2 y_2(x)$ 是方程(6-4-2)的解.

虽然 $y = C_1 y_1(x) + C_2 y_2(x)$ 是方程(6-4-2)的解,又含有两个任意常数,但它不一定就是方程(6-4-2)的通解. 例如,$y_1 = e^x$,$y_2 = 2e^x$ 是微分方程
$$y'' - y = 0$$
的解,但
$$y = C_1 y_1 + C_2 y_2 = C_1 e^x + 2C_2 e^x = (C_1 + 2C_2)e^x = C e^x \quad (C_1 + 2C_2 = C)$$
不是微分方程 $y'' - y = 0$ 的通解,其原因是 $\dfrac{y_1}{y_2} = \dfrac{e^x}{2e^x} \equiv \dfrac{1}{2}$ 为常数. 为此,我们有下面的定理.

定理 2　如果函数 $y_1(x)$ 与 $y_2(x)$ 是二阶常系数齐次线性微分方程(6-4-2)的两个解,且 $\dfrac{y_1(x)}{y_2(x)}$ 不恒等于常数,则
$$y = C_1 y_1(x) + C_2 y_2(x) \quad (C_1,C_2 \text{ 为任意常数})$$
是方程(6-4-2)的通解.

二、二阶常系数齐次线性微分方程的通解求法

若 $\dfrac{y_1(x)}{y_2(x)}$ 恒等于常数,我们称函数 $y_1(x)$ 与 $y_2(x)$ **线性相关**,否则称为**线性无关**.

由定理 2 可知,要求二阶常系数齐次线性微分方程

$$y'' + py' + qy = 0$$

的通解,就归结为如何求它的两个线性无关的特解.

因为微分方程左端是 y'',py' 和 qy 三项之和,而右端是 0. 如果能找到一个函数 $y = y(x) \neq 0$,使得 $y'' = ay$,$y' = by$,且 $a + pb + q = 0$,则

$$y'' + py' + qy = ay + pby + qy = (a + pb + q)y = 0,$$

而 $y = e^{rx}$ 的一阶和二阶导数恰有此性质,所以可设 $y = e^{rx}$ 是微分方程的一个解,其中 r 是待定系数.

将 $y = e^{rx}$,$y' = re^{rx}$,$y'' = r^2 e^{rx}$ 代入方程(6-4-2),得

$$e^{rx}(r^2 + pr + q) = 0.$$

因为 $e^{rx} \neq 0$,所以有

$$r^2 + pr + q = 0. \tag{6-4-3}$$

由此推知,$y = e^{rx}$ 是微分方程 $y'' + py' + qy = 0$ 的解的充分必要条件是常数 r 是方程(6-4-3)的根.

一元二次方程(6-4-3)称为微分方程 $y'' + py' + qy = 0$ 的**特征方程**,特征方程的解称为**特征根**.

由于特征方程的特征根有三种不同情形,因此需要分三种情形讨论方程 $y'' + py' + qy = 0$ 的通解.

1. 特征根是两个不相等的实根的情形

当特征方程的判别式 $\Delta = p^2 - 4q > 0$ 时,特征方程有两个不相等的实根,分别为

$$r_1 = \frac{-p + \sqrt{p^2 - 4q}}{2}, \quad r_2 = \frac{-p - \sqrt{p^2 - 4q}}{2}.$$

这时微分方程 $y'' + py' + qy = 0$ 有两个线性无关的特解:

$$y_1 = e^{r_1 x}, \quad y_2 = e^{r_2 x},$$

因此微分方程的通解为

$$y = C_1 e^{r_1 x} + C_2 e^{r_2 x} \quad (C_1, C_2 \text{ 为任意常数}).$$

例 1　求微分方程 $y'' + y' - 6y = 0$ 的通解.

解　特征方程为

$$r^2 + r - 6 = (r - 2)(r + 3) = 0,$$

特征根为 $r_1 = 2$,$r_2 = -3$,故所求微分方程的通解为

$$y = C_1 e^{2x} + C_2 e^{-3x} \quad (C_1, C_2 \text{ 为任意常数}).$$

2. 特征根是重根的情形

当特征方程的判别式 $\Delta = p^2 - 4q = 0$ 时,特征方程有重根

$$r_1 = r_2 = \frac{-p}{2} = r.$$

这时只得到微分方程 $y'' + py' + qy = 0$ 的一个特解:$y_1 = e^{rx}$. 可以证明,$y_2 = xe^{rx}$ 也是微分方程 $y'' + py' + qy = 0$ 的一个与 $y_1 = e^{rx}$ 线性无关的特解,所以微分方程 $y'' + py' + qy = 0$ 的通解为

$$y = C_1 e^{rx} + C_2 x e^{rx} = (C_1 + C_2 x)e^{rx} \quad (C_1, C_2 \text{ 为任意常数}).$$

例 2 求微分方程 $y'' - 6y' + 9y = 0$ 的通解,并求其满足初始条件 $y(0) = 1, y'(0) = 1$ 的特解.

解 特征方程为
$$r^2 - 6r + 9 = 0,$$
特征根为重根 $r_1 = r_2 = 3$,故所求微分方程的通解为
$$y = (C_1 + C_2 x)e^{3x} \quad (C_1, C_2 \text{ 为任意常数}).$$
将 $y(0) = 1$ 代入上式得 $C_1 = 1$,从而 $y = (1 + C_2 x)e^{3x}$,求导得
$$y' = (C_2 + 3 + 3C_2 x)e^{3x}.$$
将 $y'(0) = 1$ 代入上式得 $C_2 = -2$,故所求特解为
$$y = (1 - 2x)e^{3x}.$$

3. 特征根是一对共轭复根的情形

当特征方程的判别式 $\Delta = p^2 - 4q < 0$ 时,特征方程有一对共轭复根:
$$r_1 = \alpha + i\beta, \quad r_2 = \alpha - i\beta,$$
其中
$$\alpha = -\frac{p}{2}, \quad \beta = \frac{\sqrt{4q - p^2}}{2}, \quad i = \sqrt{-1}（\text{虚数单位}）.$$
可以证明,
$$y_1 = e^{\alpha x}\cos\beta x, \quad y_2 = e^{\alpha x}\sin\beta x$$
是微分方程 $y'' + py' + qy = 0$ 的两个线性无关的特解,故其通解为
$$y = e^{\alpha x}(C_1\cos\beta x + C_2\sin\beta x) \quad (C_1, C_2 \text{ 为任意常数}).$$

例 3 求微分方程 $y'' - 2y' + 5y = 0$ 的通解.

解 从特征方程 $r^2 - 2r + 5 = 0$,得出 $r_{1,2} = 1 \pm 2i$,故所求通解为
$$y = e^x(C_1\cos 2x + C_2\sin 2x) \quad (C_1, C_2 \text{ 为任意常数}).$$

为了便于应用,现将二阶常系数齐次线性微分方程 $y'' + py' + qy = 0$ 的通解求法归纳列表,如表 6 - 4 - 1 所示.

表 6 - 4 - 1

特征方程 $r^2 + pr + q = 0$ 根的情形	微分方程 $y'' + py' + qy = 0$ 的通解
有两个不相等的实根 $r_1 \neq r_2$	$y = C_1 e^{r_1 x} + C_2 e^{r_2 x}$
有重根 $r_1 = r_2 = r$	$y = (C_1 + C_2 x)e^{rx}$
有一对共轭复根 $r_{1,2} = \alpha \pm i\beta$	$y = e^{\alpha x}(C_1\cos\beta x + C_2\sin\beta x)$

三、二阶常系数非齐次线性微分方程解的结构

二阶常系数非齐次线性微分方程的一般形式是
$$y'' + py' + qy = f(x), \tag{6-4-4}$$
其中 p, q 为常数,$f(x)$ 不恒为 0. 我们称微分方程 $y'' + py' + qy = 0$ 为方程(6-4-4)对应的齐次线性微分方程.

我们学习了一阶非齐次线性微分方程,知道一阶非齐次线性微分方程本身的一个特解加

上其所对应的齐次线性微分方程的通解就是该一阶非齐次线性微分方程的通解. 二阶非齐次线性微分方程也有类似的结论.

定理 3 设 y^* 是方程(6-4-4)的一个特解，Y 是方程(6-4-4)对应的齐次线性微分方程的通解，则方程(6-4-4)的通解为

$$y = Y + y^*.$$

证 因为 y^* 是方程(6-4-4)的一个特解，所以

$$(y^*)'' + p(y^*)' + qy^* = f(x).$$

又因 Y 是对应的齐次线性微分方程的通解，故

$$Y'' + pY' + qY = 0.$$

将 $y = Y + y^*$ 代入方程(6-4-4)的左端，得

$$(Y + y^*)'' + p(Y + y^*)' + q(Y + y^*)$$
$$= (Y'' + pY' + qY) + [(y^*)'' + p(y^*)' + qy^*]$$
$$= f(x),$$

所以 $y = Y + y^*$ 是方程(6-4-4)的解. 又由于 Y 是对应的齐次线性微分方程

$$y'' + py' + qy = 0$$

的通解，故 Y 中含有两个独立的任意常数，所以 $y = Y + y^*$ 中也含有两个独立的任意常数，因此 $y = Y + y^*$ 是方程(6-4-4)的通解.

注：定理 3 对于一般的 n 阶非齐次线性微分方程(系数不是常数，而是自变量 x 的函数)

$$y^{(n)} + p_1(x)y^{(n-1)} + \cdots + p_{n-1}(x)y' + p_n(x)y = f(x)$$

的情形也成立.

定理 4 设 $y_1(x), y_2(x)$ 是 n 阶非齐次线性微分方程

$$y^{(n)} + p_1(x)y^{(n-1)} + \cdots + p_{n-1}(x)y' + p_n(x)y = f(x)$$

的两个解，则 $y_1(x) - y_2(x)$ 是该微分方程对应的齐次线性微分方程

$$y^{(n)} + p_1(x)y^{(n-1)} + \cdots + p_{n-1}(x)y' + p_n(x)y = 0$$

的解.

定理 5 设 $y_1(x), y_2(x)$ 分别是 n 阶非齐次线性微分方程

$$y^{(n)} + p_1(x)y^{(n-1)} + \cdots + p_{n-1}(x)y' + p_n(x)y = f_1(x)$$

和

$$y^{(n)} + p_1(x)y^{(n-1)} + \cdots + p_{n-1}(x)y' + p_n(x)y = f_2(x)$$

的两个解，则 $y_1(x) + y_2(x)$ 是微分方程

$$y^{(n)} + p_1(x)y^{(n-1)} + \cdots + p_{n-1}(x)y' + p_n(x)y = f_1(x) + f_2(x)$$

的解.

请读者自己完成定理 4 和定理 5 的证明.

四、两种特殊形式的非齐次线性微分方程的特解

由定理 3 知，求二阶常系数非齐次线性微分方程(6-4-4)的通解就转化为求方程(6-4-4)的一个特解和它对应的齐次线性微分方程的通解. 由于求二阶常系数齐次线性微分方程的通解问题已经解决，剩下就是如何求二阶常系数非齐次线性微分方程(6-4-4)的一个特解. 对于这个问题，我们只对 $f(x)$ 取以下两种形式的情形进行讨论.

1. $f(x) = P_n(x)e^{\lambda x}$ 型

现介绍

$$y'' + py' + qy = P_n(x)\mathrm{e}^{\lambda x} \tag{6-4-5}$$

型微分方程特解的求法,其中 λ 是常数,$P_n(x)$ 是一个 n 次多项式,即

$$P_n(x) = a_0 x^n + a_1 x^{n-1} + \cdots + a_{n-1}x + a_n.$$

可以证明,方程(6-4-5)的特解具有形式

$$y^* = x^k Q_n(x)\mathrm{e}^{\lambda x},$$

其中 $Q_n(x)$ 是一个与 $P_n(x)$ 具有相同次数的多项式,且 k 是一个整数,且 k 的取值分下面三种情况:

(1) 当 λ 不是特征方程的根时,取 $k = 0$;

(2) 当 λ 是特征方程的根,但不是重根时,取 $k = 1$;

(3) 当 λ 是特征方程的重根时,取 $k = 2$.

例 4　求微分方程 $y'' - y = -5x$ 的通解.

解　易求得 $y'' - y = 0$ 的通解为

$$Y = C_1 \mathrm{e}^x + C_2 \mathrm{e}^{-x}.$$

原微分方程中的 $f(x) = P_n(x)\mathrm{e}^{\lambda x} = -5x$,其中

$$P_n(x) = -5x, \quad \mathrm{e}^{\lambda x} = \mathrm{e}^{0 \cdot x} = 1, \quad \lambda = 0.$$

因 $\lambda = 0$ 不是特征方程 $r^2 - 1 = 0$ 的根,取 $k = 0$,所以可设原微分方程的特解为

$$y^* = Q_1(x)\mathrm{e}^{0 \cdot x} = Q_1(x) = Ax + B,$$

则

$$(y^*)' = A, \quad (y^*)'' = 0.$$

代入原微分方程得

$$-Ax - B = -5x.$$

解得 $A = 5, B = 0$,则原微分方程有一特解为

$$y^* = 5x.$$

故原微分方程的通解为

$$y = C_1 \mathrm{e}^x + C_2 \mathrm{e}^{-x} + 5x \quad (C_1, C_2 \text{ 为任意常数}).$$

例 5　求微分方程 $y'' - 3y' + 2y = x\mathrm{e}^x$ 的通解.

解　易求特征方程 $r^2 - 3r + 2 = 0$ 的根为 $r_1 = 1, r_2 = 2$,故对应的齐次线性微分方程的通解为

$$Y = C_1 \mathrm{e}^x + C_2 \mathrm{e}^{2x}.$$

因为 $\lambda = 1$ 是特征方程 $r^2 - 3r + 2 = 0$ 的单根,所以取 $k = 1$. 设特解为

$$y^* = xQ_1(x)\mathrm{e}^x = x(Ax + B)\mathrm{e}^x = (Ax^2 + Bx)\mathrm{e}^x,$$

求导得

$$(y^*)' = (2Ax + B)\mathrm{e}^x + (Ax^2 + Bx)\mathrm{e}^x,$$
$$(y^*)'' = 2A\mathrm{e}^x + 2(2Ax + B)\mathrm{e}^x + (Ax^2 + Bx)\mathrm{e}^x.$$

代入原微分方程整理,得

$$(-2Ax + 2A - B)\mathrm{e}^x = x\mathrm{e}^x.$$

比较上式两端,得

$$-2A = 1, \quad 2A - B = 0.$$

解得 $A = -\dfrac{1}{2}, B = -1$,则原微分方程的一个特解为

$$y^* = -\left(\frac{1}{2}x^2 + x\right)e^x.$$

故原微分方程的通解为

$$y = C_1 e^x + C_2 e^{2x} - \left(\frac{1}{2}x^2 + x\right)e^x \quad (C_1, C_2 \text{ 为任意常数}).$$

2. $f(x) = e^{\lambda x}(A\cos\omega x + B\sin\omega x)$ **型**

现介绍

$$y'' + py' + qy = e^{\lambda x}(A\cos\omega x + B\sin\omega x) \tag{6-4-6}$$

型微分方程特解的求法，其中 A, B, λ, ω 是常数.

可以证明，方程 $(6-4-6)$ 的特解具有形式

$$y^* = x^k e^{\lambda x}(A_1\cos\omega x + B_1\sin\omega x),$$

其中 A_1, B_1 是待定常数，k 是一个整数，且 k 的取值分下面两种情况：

（1）当 $\lambda \pm \omega i$ 不是特征方程的根时，取 $k = 0$；

（2）当 $\lambda \pm \omega i$ 是特征方程的根时，取 $k = 1$.

由于二阶特征方程有复根时，一定是一对共轭的复根，故不会出现重根，所以 k 不能等于 2.

例 6   求微分方程 $y'' + 2y' - 3y = 4\sin x$ 的通解.

解   易求得 $y'' + 2y' - 3y = 0$ 的通解为 $Y = C_1 e^x + C_2 e^{-3x}$.

由于在原微分方程中，

$$f(x) = 4\sin x = e^{0x}(0\cos x + 4\sin x),$$

故 $\lambda = 0, \omega = 1$. 又因为 $\lambda + \omega i = i$ 不是特征方程 $r^2 + 2r - 3 = 0$ 的根，所以 $k = 0$，原微分方程的特解可设为

$$y^* = A_1\cos x + B_1\sin x.$$

上式两端求导，得

$$(y^*)' = -A_1\sin x + B_1\cos x,$$

$$(y^*)'' = -A_1\cos x - B_1\sin x.$$

代入原微分方程，得

$$(-4A_1 + 2B_1)\cos x + (-2A_1 - 4B_1)\sin x = 4\sin x.$$

比较上式两边的同类项，得

$$\begin{cases} -4A_1 + 2B_1 = 0, \\ -2A_1 - 4B_1 = 4. \end{cases}$$

解上述方程组，得 $A_1 = -\dfrac{2}{5}, B_1 = -\dfrac{4}{5}$. 所以原微分方程的通解为

$$y = -\frac{2}{5}\cos x - \frac{4}{5}\sin x + C_1 e^x + C_2 e^{-3x} \quad (C_1, C_2 \text{ 为任意常数}).$$

练 习 6.4

1.求下列微分方程的通解：

(1) $y'' - 2y' - 3y = 0$；   (2) $y'' - 2y' - 8y = 0$；

(3) $y'' + 4y' + 4y = 0$；   (4) $y'' + 2y' + 5y = 0$；

(5) $y'' + 4y = 0$；   (6) $y'' + y = xe^{-x}$.

2.求解下列初值问题：

$(1)y'' - 4y' + 3y = 0, y\Big|_{x=0} = 6, y'\Big|_{x=0} = 10;$

$(2)4y'' + 4y' + y = 0, y\Big|_{x=0} = 2, y'\Big|_{x=0} = 0;$

$(3)y'' + 25y = 0, y\Big|_{x=0} = 2, y'\Big|_{x=0} = 5.$

3. 求下列微分方程的一个特解:

$(1)y'' - 2y' - 3y = 3x + 1;$ $(2)y'' - 5y' + 6y = xe^{2x};$

$(3)y'' + 9y = \cos x.$

§6.5 差分方程的一般概念

在科学技术和经济研究中,在连续变化的时间范围内,变量 y 的变化速度是用导数 $\dfrac{\mathrm{d}y}{\mathrm{d}t}$ 来刻画的. 但在经济管理的许多实际问题中,经济变量的数据大多按等间隔时间周期统计,如银行的定期存贷款按所设定的时间等间隔计息,国家财政预算按年制定等. 通常称这类变量为**离散型变量**. 对于这类变量,常取在规定的时间区间上的差商 $\dfrac{\Delta y}{\Delta t}$ 来刻画其变化速度. 如果选择 $\Delta t = 1$,则

$$\Delta y = y(t+1) - y(t)$$

可以近似表示变量 y 的变化率.

本节将介绍在经济管理中最常见的一种离散型数学模型 —— **差分方程**.

一、差分的概念与性质

定义 1 设函数 $y_t = y(t)$. 当自变量 t 依次取遍非负整数时,相应的函数值可以排成一个数列

$$y(0), y(1), \cdots, y(t), y(t+1), \cdots$$

或

$$y_0, y_1, \cdots, y_t, y_{t+1}, \cdots,$$

称函数的改变量 $y_{t+1} - y_t$ 为函数 y_t 在点 t 的**差分**,也称为函数 y_t 的**一阶差分**,记为 Δy_t,即

$$\Delta y_t = y_{t+1} - y_t$$

或

$$\Delta y(t) = y(t+1) - y(t) \quad (t = 0, 1, 2, \cdots).$$

例 1 设 $y_t = C$（C 为常数）,求 Δy_t.

解 $\Delta y_t = y_{t+1} - y_t = C - C = 0.$

例 2 设 $y_t = t^2$,求 Δy_t.

解 $\Delta y_t = y_{t+1} - y_t = (t+1)^2 - t^2 = 2t + 1.$

例 3 已知阶乘函数

$$t^{(n)} = t(t-1)(t-2)\cdots(t-n+1), \quad t^{(0)} = 1,$$

求 $\Delta t^{(n)}$.

解 设 $y_t = t^{(n)} = t(t-1)(t-2)\cdots(t-n+1)$,则

$$\Delta y_t = (t+1)^{(n)} - t^{(n)}$$

$$\begin{aligned}
&= (t+1)t(t-1)\cdots(t-n+3)[(t+1)-n+1] \\
&\quad - t(t-1)\cdots(t-n+2)(t-n+1) \\
&= [(t+1)-(t-n+1)][t(t-1)\cdots(t-n+2)] \\
&= n\{t(t-1)\cdots[t-(n-1)+1]\} \\
&= nt^{(n-1)}.
\end{aligned}$$

该结果与幂函数的导数相类似.

由一阶差分可推广到二阶及二阶以上的差分.

定义 2　称一阶差分的差分为**二阶差分**,记为 $\Delta^2 y_t$,即

$$\begin{aligned}
\Delta^2 y_t = \Delta(\Delta y_t) = \Delta y_{t+1} - \Delta y_t &= (y_{t+2} - y_{t+1}) - (y_{t+1} - y_t) \\
&= y_{t+2} - 2y_{t+1} + y_t.
\end{aligned}$$

类似地,可定义三阶差分,四阶差分,即

$$\Delta^3 y_t = \Delta(\Delta^2 y_t), \quad \Delta^4 y_t = \Delta(\Delta^3 y_t).$$

一般地,函数 y_t 的 $n-1$ 阶差分的差分称为 n **阶差分**,记为 $\Delta^n y_t$,可以证明

$$\Delta^n y_t = \Delta^{n-1} y_{t+1} - \Delta^{n-1} y_t = \sum_{i=0}^{n} (-1)^i C_n^i y_{t+n-i}.$$

二阶及二阶以上的差分统称为**高阶差分**.

例 4　设 $y_t = t^2$,求 $\Delta^2 y_t, \Delta^3 y_t$.

解　$\Delta y_t = (t+1)^2 - t^2 = 2t+1$,

$\Delta^2 y_t = \Delta y_{t+1} - \Delta y_t = [2(t+1)+1] - (2t+1) = 2$,

$\Delta^3 y_t = \Delta(\Delta^2 y_t) = 2 - 2 = 0.$

注:若 $f(t)$ 为 n 次多项式,则 $\Delta^n f(t)$ 为常数,且 $\Delta^m f(t) = 0 (m > n)$.

例 5　设 $y_t = a^t$(其中 $a > 0$ 且 $a \neq 1$),求 $\Delta^n y_t$(n 是正整数).

解　$\Delta y_t = a^{t+1} - a^t = a^t(a-1)$,

$\Delta^2 y_t = \Delta y_{t+1} - \Delta y_t = a^{t+1}(a-1) - a^t(a-1) = a^t(a-1)^2$,

$\Delta^3 y_t = \Delta^2 y_{t+1} - \Delta^2 y_t = a^{t+1}(a-1)^2 - a^t(a-1)^2 = a^t(a-1)^3.$

由此可见

$$\Delta^n y_t = a^t(a-1)^n \quad (n \text{ 是正整数}).$$

二、差分方程的概念

定义 3　含有未知函数 y_t 的差分的方程称为**差分方程**.差分方程的一般形式为

$$F(t, y_t, \Delta y_t, \Delta^2 y_t, \cdots, \Delta^n y_t) = 0,$$

其中 $\Delta^n y_t$ 必须出现.

由差分的定义及性质可知,任意阶的差分都可以表示为函数在不同时刻函数值的代数和.例如,将差分方程 $\Delta^2 y_t - 2y_t = 3^t$ 的左边写成

$$\begin{aligned}
\Delta^2 y_t - 2y_t &= \Delta y_{t+1} - \Delta y_t - 2y_t \\
&= (y_{t+2} - y_{t+1}) - (y_{t+1} - y_t) - 2y_t \\
&= y_{t+2} - 2y_{t+1} - y_t,
\end{aligned}$$

则该差分方程可转化为 $y_{t+2} - 2y_{t+1} - y_t = 3^t$.

因此,差分方程也可如下定义.

定义 3′　含有自变量 t 和两个或两个以上未知函数 $y_t, y_{t+1}, \cdots$ 的函数方程,称为**差分方**

程. 其一般形式为

$$G(t, y_t, y_{t+1}, \cdots, y_{t+n}) = 0,$$

并且要求 $y_t, y_{t+1}, \cdots, y_{t+n}$ 中至少有两个必须出现. 差分方程中未知函数的最大下标与最小下标的差称为差分方程的**阶**.

注: 不能以差分方程中差分的最高阶数作为差分方程的阶. 在经济模型等实际问题中, 后一种定义的差分方程使用较为普通.

例 6　指出下列等式中哪一个是差分方程, 并确定差分方程的阶:

(1) $y_{t+5} - 2y_t + y_{t-2} = 2^t$;

(2) $\Delta^2 y_t - y_t = 0$;

(3) $\Delta y_t + y_t = 2^t$.

解　(1) 该方程是差分方程. 由于未知函数的最大下标与最小下标的差为 7, 因此该差分方程的阶为 7.

(2) 由于原方程可改写为

$$\begin{aligned}
\Delta^2 y_t - y_t &= \Delta y_{t+1} - \Delta y_t - y_t \\
&= (y_{t+2} - y_{t+1}) - (y_{t+1} - y_t) - y_t \\
&= y_{t+2} - 2y_{t+1} = 0,
\end{aligned}$$

则该方程是差分方程, 且由于未知函数下标的最大差为 1, 因此该差分方程的阶为 1.

(3) 将原方程变形为

$$y_{t+1} - y_t + y_t = 2^t,$$

即

$$y_{t+1} = 2^t,$$

不符合定义 $3'$, 因此, 该等式不是差分方程.

定义 4　满足差分方程的函数称为**差分方程的解**. 如果差分方程的解中含有相互独立的任意常数的个数恰好等于差分方程的阶数, 则称这个解为该差分方程的**通解**.

我们往往要根据系统在初始时刻所处的状态, 对差分方程附加一定的条件, 这种附加条件称为**初始条件**. 差分方程的满足初始条件的解称为差分方程的**特解**.

例 7　公差为 2 的等差数列 $a_n = f(n)$ 满足等式

$$a_{n+1} - a_n = 2.$$

上式就是一个一阶差分方程. 易证

$$a_n = a_1 + 2(n-1)$$

就是它的特解, 而

$$a_n = A + 2(n-1) \quad (A \text{ 为任意常数})$$

是它的通解.

练　习　6.5

1. 求下列函数的一阶与二阶差分:

(1) $y = 2t - 1$;　　　　　　　　　　　(2) $y = 1 - 2t^2$;

(3) $y = \dfrac{1}{t^2}$;　　　　　　　　　　　(4) $y = e^{3t}$.

2. 将差分方程 $\Delta^2 y_t + 2\Delta y_t = 3 \cdot 2^t$ 表示成不含差分的形式.

3. 指出下列等式中哪一个是差分方程，并指出差分方程的阶：

(1) $y_{t+5} - ty_{t+1} + y_{t-1} = 0$；

(2) $\Delta^2 y_t + 5y_t = \dfrac{1}{2^t}$；

(3) $\Delta^3 y_t + y_t = 0$；

(4) $\Delta^2 y_t = y_{t+2} - 2y_{t+1} + y_t$.

4. 证明下列等式：

(1) $\Delta(u_t v_t) = u_{t+1}\Delta v_t + v_t\Delta u_{t+1}$；

(2) $\Delta\left(\dfrac{u_t}{v_t}\right) = \dfrac{v_t\Delta u_t - u_t\Delta v_t}{v_t v_{t+1}}$.

§6.6 一阶和二阶常系数线性差分方程

一阶常系数线性差分方程的一般形式为

$$y_{t+1} - py_t = f(t), \tag{6-6-1}$$

其中 p 为非零常数，$f(t)$ 为已知函数. 如果 $f(t) \equiv 0$，则方程 (6-6-1) 变为

$$y_{t+1} - py_t = 0. \tag{6-6-2}$$

方程 (6-6-2) 称为**一阶常系数齐次线性差分方程**，也称为方程 (6-6-1) 所对应的**齐次线性差分方程**. 相应地，当 $f(t)$ 不恒为零时，方程 (6-6-1) 称为**一阶常系数非齐次线性差分方程**.

一、一阶常系数齐次线性差分方程的通解

下面用**迭代法**求齐次线性差分方程 (6-6-2) 的通解. 将方程 (6-6-2) 改写为

$$y_{t+1} = py_t.$$

若 y_0 已知，则依次得出

$$y_1 = py_0,$$
$$y_2 = py_1 = p^2 y_0,$$
$$y_3 = py_2 = p^3 y_0,$$
$$\cdots\cdots$$
$$y_t = p^t y_0.$$

令 $y_0 = A$ 为任意常数，则方程 (6-6-2) 的通解为

$$y_t = Ap^t.$$

例 1 求差分方程 $y_{t+1} - 3y_t = 0$ 的通解.

解 因为 $p = 3$，所以其通解为

$$y_t = A3^t \quad (A \text{ 为任意常数}).$$

例 2 求差分方程 $2y_{t+1} + y_t = 0$ 满足初始条件 $y_0 = 1$ 的特解.

解 原差分方程变为 $y_{t+1} + \dfrac{1}{2}y_t = 0$，所以 $p = -\dfrac{1}{2}$，于是原差分方程的通解为

$$y_t = A\left(-\dfrac{1}{2}\right)^t.$$

将初始条件 $y_0 = 1$ 代入，得 $A = 1$，故所求特解为 $y_t = \left(-\dfrac{1}{2}\right)^t$.

二、一阶常系数非齐次线性差分方程的求解

与一阶非齐次线性微分方程解的结构类似，一阶常系数非齐次线性差分方程 (6-6-1) 的通解也由两部分构成：一部分是对应的齐次线性差分方程的通解；另一部分是非齐次线性差分方程本身的一个特解.

定理 1　若一阶常系数非齐次线性差分方程$(6-6-1)$的一个特解为y_t^*，Y_t为其所对应的齐次线性差分方程$(6-6-2)$的通解，则方程$(6-6-1)$的通解为

$$y_t = y_t^* + Y_t.$$

该定理表明，若要求非齐次线性差分方程的通解，则只要求出其所对应的齐次线性差分方程的通解，再找出非齐次线性差分方程的一个特解，然后相加即可.

如前所述，对应的齐次线性差分方程的通解已经解决，现讨论非齐次线性差分方程$(6-6-1)$的一个特解y_t^*的求法. 下面就非齐次线性差分方程$y_{t+1} - py_t = f(t)$的右端项$f(t)$是下列特殊形式的情形给出其特解的求法.

1. $f(t) = C$ 型（C 为非零常数）

当$f(t) = C$时，差分方程$y_{t+1} - py_t = f(t)$为

$$y_{t+1} - py_t = C. \tag{6-6-3}$$

选用迭代法：给定y_0，由上式得

$$y_1 = py_0 + C,$$
$$y_2 = py_1 + C = p^2 y_0 + C(1+p),$$
$$y_3 = py_2 + C = p^3 y_0 + C(1+p+p^2),$$
$$\cdots\cdots$$
$$y_t = py_{t-1} + C = p^t y_0 + C(1+p+\cdots+p^{t-1}).$$

当$p \neq 1$时，方程$(6-6-3)$的解为

$$y_t = p^t y_0 + C\frac{1-p^t}{1-p} = \left(y_0 - \frac{C}{1-p}\right)p^t + \frac{C}{1-p}.$$

由于当y_0为任意常数时，$A = y_0 - \dfrac{C}{1-p}$为任意常数，而

$$Y_t = \left(y_0 - \frac{C}{1-p}\right)p^t = Ap^t$$

是对应的齐次线性差分方程$(6-6-2)$的通解，所以另一项

$$y_t^* = \frac{C}{1-p}$$

就是方程$(6-6-3)$的特解.

当$p = 1$时，方程$(6-6-3)$的解为

$$y_t = y_0 + Ct.$$

由于当$A = y_0$为任意常数时，

$$Y_t = y_0 = A$$

是对应的齐次线性差分方程$(6-6-2)$的通解，所以另一项

$$y_t^* = Ct$$

就是方程$(6-6-3)$的特解.

综上分析，可设方程$(6-6-3)$的特解的形式为

$$y_t^* = Kt^s \quad (K \text{ 为待定常数}).$$

① 当$p \neq 1$时，取$s = 0$，此时，将$y_t^* = K$代入方程$(6-6-3)$，可得其特解为

$$y_t^* = \frac{C}{1-p},$$

从而方程$(6-6-3)$的通解为

$$y_t = Ap^t + \frac{C}{1-p} \quad (A \text{ 为任意常数}).$$

② 当 $p = 1$ 时，取 $s = 1$，此时，将 $y_t^* = Kt$ 代入方程(6-6-3)，可得其特解为

$$y_t^* = Ct,$$

从而方程(6-6-3)的通解为

$$y_t = A + Ct \quad (A \text{ 为任意常数}).$$

例 3 求差分方程 $y_{t+1} - 3y_t = -2$ 的通解.

解 因为 $p = 3 \neq 1, C = -2$，所以该差分方程的通解为

$$y_t = Ap^t + \frac{C}{1-p} = A3^t + 1 \quad (A \text{ 为任意常数}).$$

2. $f(t) = Ct^n$ 型（C 为非零常数，n 为正整数）

① 当 $p \neq 1$ 时，设方程(6-6-1)的特解为

$$y_t^* = B_0 + B_1 t + \cdots + B_n t^n,$$

其中 $B_0, B_1, \cdots, B_n$ 为待定系数. 将其代入方程(6-6-1)，求出系数 $B_0, B_1, \cdots, B_n$，就得到方程(6-6-1)的特解 y_t^*.

② 当 $p = 1$ 时，设方程(6-6-1)的特解为

$$y_t^* = t(B_0 + B_1 t + \cdots + B_n t^n),$$

其中 $B_0, B_1, \cdots, B_n$ 为待定系数. 将其代入方程(6-6-1)，求出系数 $B_0, B_1, \cdots, B_n$，就得到方程(6-6-1)的特解 y_t^*.

例 4 求差分方程 $y_{t+1} - 2y_t = t^2$ 的通解.

解 由于 $p = 2 \neq 1$，故设原差分方程的特解为

$$y_t^* = B_0 + B_1 t + B_2 t^2.$$

将 y_t^* 代入原差分方程并整理，可得

$$(-B_0 + B_1 + B_2) + (-B_1 + 2B_2)t - B_2 t^2 = t^2.$$

比较同次幂系数，得

$$B_0 = -3, \quad B_1 = -2, \quad B_2 = -1,$$

从而特解为

$$y_t^* = -3 - 2t - t^2.$$

由于对应的齐次线性差分方程的通解为 $Y_t = A2^t$（A 为任意常数），故原差分方程的通解为

$$y_t = -(3 + 2t + t^2) + A2^t \quad (A \text{ 为任意常数}).$$

3. $f(t) = Cb^t$ 型（C, b 为非零常数且 $b \neq 1$）

当 $f(x) = Cb^t$ 时，差分方程 $y_{t+1} - py_t = f(t)$ 为

$$y_{t+1} - py_t = Cb^t.$$

① 当 $p \neq b$ 时，设其特解为 $y_t^* = Kb^t$，代入原差分方程得

$$Kb^{t+1} - pKb^t = Cb^t.$$

解得

$$K = \frac{C}{b-p}.$$

所以，所求特解为

$$y_t^* = \frac{C}{b-p}b^t.$$

② 当 $p = b$ 时，设原差分方程的特解为 $y_t^* = Ktb^t$，代入原差分方程得

$$K(t+1)b^{t+1} - pKtb^t = Cb^t.$$

解得

$$K = \frac{C}{p} = \frac{C}{b}.$$

所以，所求特解为

$$y_t^* = \frac{C}{b}tb^t = Ctb^{t-1}.$$

例 5 求差分方程 $y_{t+1} - 3y_t = 3 \cdot 2^t$ 在初始条件 $y_0 = 2$ 下的特解.

解 由已知方程有 $p = 3, C = 3, b = 2$. 因为 $p \neq b$，所以原差分方程的一个特解为

$$y_t^* = \frac{C}{b-p}b^t = \frac{3}{2-3}2^t = -3 \cdot 2^t.$$

又由于对应的齐次线性差分方程的通解为 $Y_t = A3^t$（A 为任意常数），于是原差分方程的通解为

$$y_t = A3^t - 3 \cdot 2^t \quad （A \text{ 为任意常数}）.$$

将 $y_0 = 2$ 代入通解，得 $A = 5$，故所求特解为

$$y_t = 5 \cdot 3^t - 3 \cdot 2^t.$$

三、二阶常系数线性差分方程

二阶常系数线性差分方程的一般形式为

$$y_{t+2} + ay_{t+1} + by_t = f(t), \tag{6-6-4}$$

其中 a, b 均为常数，且 $b \neq 0$.

当 $f(t) \not\equiv 0$ 时，方程 $(6-6-4)$ 称为**二阶常系数非齐次线性差分方程**.

当 $f(t) \equiv 0$ 时，方程 $(6-6-4)$ 变成

$$y_{t+2} + ay_{t+1} + by_t = 0. \tag{6-6-5}$$

方程 $(6-6-5)$ 称为**二阶常系数齐次线性差分方程**，也称为方程 $(6-6-4)$ 所对应的齐次线性差分方程.

与二阶非齐次线性微分方程解的结构类似，二阶常系数非齐次线性差分方程 $(6-6-4)$ 的通解由两部分构成：一部分是对应的齐次线性差分方程的通解；另一部分是非齐次线性差分方程本身的一个特解.

定理 2 若二阶常系数非齐次线性差分方程 $(6-6-4)$ 的一个特解为 y_t^*，Y_t 为其所对应的齐次线性差分方程 $(6-6-5)$ 的通解，则方程 $(6-6-4)$ 的通解为

$$y_t = y_t^* + Y_t.$$

该定理表明，若要求非齐次线性差分方程的通解，则只要求出其对应的齐次线性差分方程的通解，再找出非齐次线性差分方程本身的一个特解，然后相加即可.

1. 二阶常系数齐次线性差分方程的通解

同二阶常系数齐次线性微分方程的解法类似，我们要找到一类函数 y_t，使得 y_{t+2}, y_{t+1} 都是 y_t 的常数倍，然后代入方程 $(6-6-5)$，从而找到方程 $(6-6-5)$ 的解. 而指数函数恰好符合这种特征，故不妨设 $y_t = \lambda^t (\lambda \neq 0)$ 为方程 $(6-6-5)$ 的解，代入该差分方程，得

$$\lambda^{t+2} + a\lambda^{t+1} + b\lambda^t = \lambda^t(\lambda^2 + a\lambda + b) = 0,$$

从而

$$\lambda^2 + a\lambda + b = 0. \tag{6-6-6}$$

称方程(6-6-6)为方程(6-6-5)的**特征方程**,称该特征方程的根为**特征根**.

下面根据特征方程(6-6-6)的解的三种情况,分别给出方程(6-6-5)的通解:

① 当特征方程有两个相异实根 λ_1,λ_2 时,方程(6-6-5)的通解为

$$Y_t = A_1\lambda_1^t + A_2\lambda_2^t \quad (A_1,A_2 \text{ 为任意常数});$$

② 当特征方程有二重根 $\lambda_1 = \lambda_2 = -\dfrac{a}{2}$ 时,方程(6-6-5)的通解为

$$Y_t = (A_1 + A_2 t)\left(-\frac{a}{2}\right)^t \quad (A_1,A_2 \text{ 为任意常数});$$

③ 当特征方程有一对共轭复根 $\lambda_{1,2} = \alpha \pm \beta i$ 时,方程(6-6-5)的通解为

$$Y_t = r^t(A_1\cos\theta t + A_2\sin\theta t) \quad (A_1,A_2 \text{ 为任意常数}).$$

上式中,

$$\alpha = -\frac{1}{2}a, \quad \beta = \frac{1}{2}\sqrt{4b - a^2} \quad (4b > a^2),$$

$$r = \sqrt{\alpha^2 + \beta^2} = \sqrt{b}, \quad \tan\theta = \frac{\beta}{\alpha} = -\frac{\sqrt{4b - a^2}}{a}.$$

2. 二阶常系数非齐次线性差分方程的特解

如前所述,齐次线性差分方程(6-6-5)的通解问题已经解决,现讨论非齐次线性差分方程(6-6-4)的特解 y_t^* 的求法.

对于二阶常系数非齐次线性差分方程

$$y_{t+2} + ay_{t+1} + by_t = f(t),$$

我们仅介绍当 $f(t) = P_m(t)C^t$ 时其特解的求法,其中 $P_m(t)$ 为 t 的 m 次多项式,C 为非零常数. 此时,该差分方程具有形如

$$y_t^* = t^k R_m(t)C^t$$

的特解,其中 $R_m(t)$ 是 t 的 m 次待定多项式,k 是一个整数. 该特解分以下三种情况:

① 当 $C^2 + Ca + b \neq 0$ 时,取 $k = 0$,则特解为

$$y_t^* = R_m(t)C^t = (B_0 + B_1 t + \cdots + B_m t^m)C^t;$$

② 当 $C^2 + Ca + b = 0$,但 $C \neq -\dfrac{a}{2}$ 时,取 $k = 1$,则特解为

$$y_t^* = tR_m(t)C^t = t(B_0 + B_1 t + \cdots + B_m t^m)C^t;$$

③ 当 $C^2 + Ca + b = 0$,且 $C = -\dfrac{a}{2}$ 时,取 $k = 2$,则特解为

$$y_t^* = t^2 R_m(t)C^t = t^2(B_0 + B_1 t + \cdots + B_m t^m)C^t.$$

就以上三种情形,分别把特解 y_t^* 代入原差分方程,比较等式两端同次项的系数,确定系数 $B_0,B_1,\cdots,B_m$ 的值,就可得到原差分方程的特解.

例 6 求差分方程 $y_{t+2} + 5y_{t+1} + 4y_t = t$ 的通解.

解 该差分方程对应的齐次线性差分方程的特征方程为

$$\lambda^2 + 5\lambda + 4 = 0,$$

其特征根为 $\lambda_1 = -1,\lambda_2 = -4$,故对应的齐次线性差分方程的通解为

$$Y_t = A_1(-1)^t + A_2(-4)^t \quad (A_1, A_2 \text{ 为任意常数}).$$

由于 $a = 5, b = 4, C = 1$，从而 $C^2 + Ca + b = 10 \neq 0$，故设原差分方程的特解为

$$y_t^* = B_0 + B_1 t.$$

将特解代入原差分方程，得

$$B_0 + B_1(t+2) + 5[B_0 + B_1(t+1)] + 4(B_0 + B_1 t) = t,$$

即

$$10B_0 + 7B_1 + 10B_1 t = t.$$

比较上式两端同类项系数，得

$$10B_0 + 7B_1 = 0, \quad 10B_1 = 1.$$

解得

$$B_0 = -\frac{7}{100}, \quad B_1 = \frac{1}{10}.$$

故原差分方程的通解为

$$y_t = A_1(-1)^t + A_2(-4)^t + \frac{1}{10}t - \frac{7}{100} \quad (A_1, A_2 \text{ 为任意常数}).$$

例 7　求差分方程 $y_{t+2} + 2y_{t+1} + y_t = 3 \cdot 2^t$ 的通解.

解　该差分方程对应的齐次线性差分方程的特征方程为

$$\lambda^2 + 2\lambda + 1 = 0,$$

其特征根为 $\lambda_1 = \lambda_2 = -1$，故对应的齐次线性差分方程的通解为

$$Y_t = (A_1 + A_2 t)(-1)^t \quad (A_1, A_2 \text{ 为任意常数}).$$

由于 $a = 2, b = 1, C = 2$，从而 $C^2 + Ca + b = 9 \neq 0$，故设原差分方程的特解为

$$y_t^* = B_0 2^t.$$

将特解代入原差分方程，得

$$B_0 2^{t+2} + 2B_0 2^{t+1} + B_0 2^t = 3 \cdot 2^t.$$

消去 2^t，解得 $B_0 = \frac{1}{3}$，特解为

$$y_t^* = \frac{1}{3} \cdot 2^t.$$

故原差分方程的通解为

$$y_t = (A_1 + A_2 t)(-1)^t + \frac{2^t}{3} \quad (A_1, A_2 \text{ 为任意常数}).$$

四、差分方程在经济学中的应用

1. 存款与贷款模型

例 8（存款模型）　设初始存款为 s_0（单位：元），年利率为 r，又 s_t 表示第 t 年末的存款总额，显然有下列差分方程：

$$s_{t+1} = s_t + rs_t,$$

试求第 t 年末的本利和.

解　将差分方程 $s_{t+1} = s_t + rs_t$ 改写为

$$s_{t+1} - (1+r)s_t = 0.$$

这是一个一阶常系数齐次线性差分方程，且 $p = 1+r$，因此该差分方程的通解为

$$s_t = C(1+r)^t.$$

代入初始条件 s_0，得 $C = s_0$. 于是，所求第 t 年末的本利和为

$$s_t = s_0(1+r)^t.$$

例 9（贷款模型）　某人购买一套新房，向银行申请 10 年期的贷款 20 万元. 现约定贷款的月利率为 0.4%，试问此人需要每月还银行多少钱？

解　先对这类问题的一般情况给出计算公式. 设此人需要每月还银行 x 元，贷款总额为 y_0，月利率为 r，则有

第 1 个月后还需偿还的贷款为

$$y_1 = (y_0 + ry_0) - x = (1+r)y_0 - x;$$

第 2 个月后还需偿还的贷款为

$$y_2 = (y_1 + ry_1) - x = (1+r)y_1 - x;$$

……

第 $t+1$ 个月后还需偿还的贷款为

$$y_{t+1} = (1+r)y_t - x,$$

得

$$y_{t+1} - (1+r)y_t = -x.$$

这是一个一阶常系数非齐次线性差分方程. 由于 $p = 1+r \neq 1$，故可设该差分方程有特解 $y_t^* = K$，代入上面的差分方程得到 $K = \dfrac{x}{r}$，于是得通解为

$$y_t = A(1+r)^t + \frac{x}{r} \quad (A \text{ 为任意常数}).$$

代入初始条件 y_0，得 $A = y_0 - \dfrac{x}{r}$，于是该差分方程的特解为

$$y_t = \left(y_0 - \frac{x}{r}\right)(1+r)^t + \frac{x}{r}.$$

现计划 n 年还清贷款，由于每年有 12 个月，n 年共有 $12n$ 个月，故 $y_{12n} = 0$，代入上式的特解，得

$$\left(y_0 - \frac{x}{r}\right)(1+r)^{12n} + \frac{x}{r} = 0.$$

从上面的等式解得

$$x = y_0 r \cdot \frac{(1+r)^{12n}}{(1+r)^{12n} - 1}.$$

将 $y_0 = 200\,000$，$r = 0.004$，$n = 10$，代入解得 $x = 2\,101.81$，即此人需要每月还银行 $2\,101.81$ 元.

2. 价格与库存模型

本模型只考虑库存与价格之间的关系.

设 $P(t)$ 为第 t 个时段某类产品的价格，$L(t)$ 为第 t 个时段的库存量，$\overline{L}$ 为该产品的合理库存量. 一般情况下，如果库存量超过合理库存量，则该产品的售价要下跌，如果库存量低于合理库存量，则该产品的售价要上涨，于是有等式

$$P_{t+1} - P_t = k(\overline{L} - L_t) \quad (k \neq 0), \tag{6-6-7}$$

其中 k 为比例常数. 由上式得

$$P_{t+2} - P_{t+1} = k(\overline{L} - L_{t+1}). \qquad (6\text{-}6\text{-}8)$$

$(6\text{-}6\text{-}8)$ 式减去 $(6\text{-}6\text{-}7)$ 式,得

$$P_{t+2} - 2P_{t+1} + P_t = -k(L_{t+1} - L_t). \qquad (6\text{-}6\text{-}9)$$

又设库存量 $L(t)$ 的改变与产品的生产销售状态有关,且在第 $t+1$ 时段库存增加量等于该时段的供给量 S_{t+1} 与需求量 D_{t+1} 之差,即

$$L_{t+1} - L_t = S_{t+1} - D_{t+1}.$$

设供给函数与需求函数分别为

$$S_{t+1} = a(P_{t+1} - \alpha) + \beta, \quad D_{t+1} = -b(P_{t+1} - \alpha) + \beta, \quad a > 0, b > 0,$$

代入上式,得

$$L_{t+1} - L_t = (a+b)P_{t+1} - \alpha(a+b).$$

将上式代入 $(6\text{-}6\text{-}9)$ 式,得差分方程

$$P_{t+2} + [k(a+b) - 2]P_{t+1} + P_t = k(a+b)\alpha. \qquad (6\text{-}6\text{-}10)$$

因为 $1^2 + 1 \cdot [k(a+b)-2] + 1 = k(a+b) \neq 0$,故可设差分方程 $(6\text{-}6\text{-}10)$ 的特解为 $P_t^* = A$,代入方程 $(6\text{-}6\text{-}10)$ 得 $P_t^* = A = \alpha$.

方程 $(6\text{-}6\text{-}10)$ 对应的齐次线性差分方程的特征方程为

$$\lambda^2 + [k(a+b) - 2]\lambda + 1 = 0.$$

解得

$$\lambda_{1,2} = -r \pm \sqrt{r^2 - 1},$$

其中 $r = \dfrac{1}{2}[k(a+b) - 2]$.

如果 $|r| < 1$,可设 $r = \cos\theta$,则方程 $(6\text{-}6\text{-}10)$ 的通解为

$$P_t = A_1\cos(\theta t) + A_2\sin(\theta t) + \alpha,$$

即第 t 个时段价格将围绕稳定值 α 循环变化.

如果 $|r| > 1$,则 λ_1, λ_2 是两个实根,方程 $(6\text{-}6\text{-}10)$ 的通解为

$$P_t = A_1\lambda_1^t + A_2\lambda_2^t + \alpha.$$

这时,由于 $\lambda_2 = -r - \sqrt{r^2-1} < -r < -1$,则当 $t \to +\infty$ 时,λ_2^t 将迅速变化,方程 $(6\text{-}6\text{-}10)$ 无稳定解.

综上,当 $-1 < r < 1$,即 $0 < r+1 < 2$,也即 $0 < k < \dfrac{4}{a+b}$ 时,价格稳定.

练　习　6.6

1.求下列一阶常系数齐次线性差分方程的通解:

(1) $y_{t+1} - 2y_t = 0$;　　　　　　　　　　(2) $y_{t+1} + 2y_t = 0$;

(3) $2y_{t+1} - 3y_t = 0$.

2.求下列差分方程在给定初始条件下的特解:

(1) $y_{t+1} - 2y_t = 0$,且 $y_0 = 5$;　　　　　(2) $y_{t+1} + y_t = 0$,且 $y_0 = -3$.

3.求下列一阶常系数非齐次线性差分方程的通解:

(1) $y_{t+1} + 2y_t = 3$;　　　　　　　　　　(2) $y_{t+1} - 2y_t = 3^t$;

(3) $y_{t+1} - y_t = t+1$;　　　　　　　　　(4) $y_{t+1} - \dfrac{1}{2}y_t = \left(\dfrac{3}{2}\right)^t$.

4.求下列差分方程在给定初始条件下的特解:

(1)$y_{t+2} + 3y_{t+1} - \dfrac{7}{4}y_t = 9$,且 $y_0 = 6, y_1 = 3$;

(2)$y_{t+2} - 2y_{t+1} + 2y_t = 0$,且 $y_0 = 2, y_1 = 2$;

(3)$y_{t+2} + y_{t+1} - 2y_t = 12$,且 $y_0 = 0, y_1 = 0$.

5.求二阶常系数非齐次线性差分方程

$$y_{t+2} + 3y_{t+1} - 4y_t = t$$

的通解.

习 题 六

（A）

1.求下列微分方程的通解:

(1)$x(y^2 + 1)dx + y(1 - x^2)dy = 0$;

(2)$(e^{x+y} - e^x)dx + (e^{x+y} + e^y)dy = 0$;

(3)$x(x + y)dy = y^2 dx$;

(4)$\dfrac{dy}{dx} = \dfrac{y}{x} + \tan\dfrac{y}{x}$.

2.求微分方程

$$\cos y dx + (1 + e^{-x})\sin y dy = 0$$

满足初始条件$y\big|_{x=0} = \dfrac{\pi}{4}$ 的特解.

3.求下列微分方程的通解:

(1)$\dfrac{dy}{dx} - \dfrac{y}{x} = xe^x$;

(2)$\dfrac{dy}{dx} + \dfrac{2xy}{x^2 + 1} = \dfrac{4x^2}{x^2 + 1}$;

(3)$\dfrac{dy}{dx} - 2xy = xe^{-x^2}$;

(4)$y' = \dfrac{y}{x - y^3}$.

4.求微分方程

$$x\dfrac{dy}{dx} - 2y = x^3 e^x$$

满足初始条件$y\big|_{x=1} = 0$ 的特解.

5.求下列微分方程的通解:

(1)$y'' = e^{3x}$;

(2)$y'' - y' = x$;

(3)$xy'' + y' = 0$.

6.求下列微分方程满足给定初始条件的特解:

(1)$y'' = 3\sqrt{y}, y\big|_{x=0} = 1, y'\big|_{x=0} = 2$;

(2)$yy'' = 2(y'^2 - y'), y(0) = 1, y'(0) = 2$.

7.求下列微分方程的通解:

(1)$y'' - 4y' + 4y = 0$;

(2)$y'' - 2y' - 3y = 2x + 1$;

(3)$y'' - y' - 2y = e^{2x}$;

(4)$y'' + 4y = 8\sin 2x$.

8.设曲线 $y = f(x)$ 过点$(0, -1)$,且其上任一点处的切线斜率为 $2x\ln(1 + x^2)$,求 $f(x)$.

9.设函数 $y = (1 + x)^2 u(x)$ 是微分方程 $y' - \dfrac{2}{x+1}y = (1 + x)^3$ 的通解,求 $u(x)$.

10.设 $f(x) = g_1(x)g_2(x)$,其中 $g_1(x), g_2(x)$ 在$(-\infty, +\infty)$ 上满足条件

$$g'_1(x) = g_2(x), \quad g'_2(x) = g_1(x),$$

且 $g_1(0)=0,g_1(x)+g_2(x)=2\mathrm{e}^x$.

(1) 求 $f(x)$ 所满足的一阶微分方程；

(2) 求 $f(x)$ 的表达式.

11. 在 xOy 面中，连续曲线 L 过点 $M(1,0)$，且其上任意点 $P(x,y)(x\neq0)$ 处的切线斜率与直线 OP 的斜率之差等于 ax（常数 $a>0$）.

(1) 求 L 的方程；

(2) 当 L 与直线 $y=ax$ 所围成平面图形的面积为 4 时，确定 a 的值.

12. 求下列差分方程的通解：

$(1)\,y_{t+1}+3y_t=t\cdot2^t$；　　　　　　　　　　$(2)\,y_{t+2}+2y_{t+1}-3y_t=0$；

$(3)\,y_{t+2}-y_{t+1}-6y_t=3^t(2t+1)$.

（B）

1. 填空题：

(1) 微分方程 $y\mathrm{d}x+(x-3y^2)\mathrm{d}y=0$ 满足初始条件 $y\big|_{x=1}=1$ 的特解为 _____.

（2012 考研数二）

(2) 已知 $y_1=\mathrm{e}^{3x}-x\mathrm{e}^{2x},y_2=\mathrm{e}^x-x\mathrm{e}^{2x},y_3=-x\mathrm{e}^{2x}$ 是某二阶常系数非齐次线性微分方程的三个解，则该微分方程满足 $y\big|_{x=0}=0,y'\big|_{x=0}=1$ 的特解 $y=$ _____.　　（2013 考研数二）

(3) 设函数 $y=y(x)$ 是微分方程 $y''+y'-2y=0$ 的解，且该函数在 $x=0$ 处取得极值 3，则 $y(x)=$ _____.

（2015 考研数三）

2. 若函数 $f(x)$ 满足微分方程
$$f''(x)+f'(x)-2f(x)=0,\quad f'(x)+f(x)=2\mathrm{e}^x.$$

(1) 求 $f(x)$ 的表达式；

(2) 求曲线 $y=f(x^2)\displaystyle\int_0^x f(-t^2)\mathrm{d}t$ 的拐点.　　（2012 考研数三）

3. 设函数 $f(x)$ 在定义域 I 上的导数大于零. 若对任意的 $x_0\in I$，曲线 $y=f(x)$ 在点 $(x_0,f(x_0))$ 处的切线与直线 $x=x_0$ 及 x 轴所围成区域的面积恒为 4，且 $f(0)=2$，求 $f(x)$ 的表达式.　　（2015 考研数三）

第 7 章

多元函数的微分学

前面所接触的函数都只有一个自变量,都是一元函数.但在实际问题中,经常需要研究多个变量之间的关系,这在数学上,就表现为一个变量与另外多个变量的相互依赖关系.因而,需要研究多元函数的概念及其微分与积分问题.

本章主要介绍空间解析几何的基础知识,然后进一步讨论二元函数为主要对象的多元函数微分学.

§7.1 空间解析几何简介

空间解析几何是用代数的方法来研究空间几何图形,本节主要介绍空间直角坐标系、空间两点间的距离、空间曲面及其方程等基本概念,这些内容是学习多元函数的微分学和积分学的基础.

一、空间直角坐标系

在空间取定一点 O,过 O 作三条两两相互垂直的实数轴(使三条实数轴的原点与 O 点重合),分别称为 x 轴(横轴)、y 轴(纵轴)、z 轴(竖轴),统称为**坐标轴**.规定三条坐标轴的正向构成右手系,即将右手伸直,拇指朝上的方向为 z 轴的正方向,其余四指的指向为 x 轴的正方向,四指弯曲 90° 后的指向为 y 轴的正方向,如图 7-1-1 所示.由此构成一个**空间直角坐标系** $Oxyz$,点 O 称为该坐标系的**原点**.

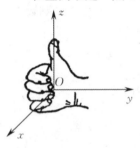

图 7-1-1

任意两条坐标轴都可以确定一个平面,称为**坐标面**.例如,由 x 轴和 y 轴确定的平面称为 xOy 面.类似地,有 yOz 和 zOx 面.三个坐标面把空间分成八个部分,每一部分称为一个**卦限**.八个卦限分别用罗马数字 Ⅰ,Ⅱ,Ⅲ,Ⅳ,Ⅴ,Ⅵ,Ⅶ,Ⅷ 表示,分别表示第 Ⅰ 至第 Ⅷ 卦限.位于 xOy 面的上方,含有三个正半轴的卦限是第 Ⅰ 卦限,在 xOy 面的上方,按逆时针方向旋转分别排列着第 Ⅱ、第 Ⅲ、第 Ⅳ 卦限.与之对应,在 xOy 面下方且在第 Ⅰ 卦限正下方的卦限为第 Ⅴ 卦限,在 xOy 面的下方,按逆时针方向旋转分别排列着第 Ⅵ、第 Ⅶ、第 Ⅷ 卦限,如图 7-1-2 所示.

对于空间中的任一点 M,过 M 作三个平面分别垂直于 x 轴、y 轴和 z 轴,并与 x 轴、y 轴和 z 轴的交点依次为 P,Q,R,如图 7-1-3 所示.这三个点在各坐标轴对应的数分别为 x,y,z,

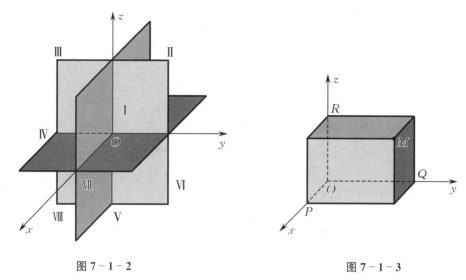

图 7 - 1 - 2

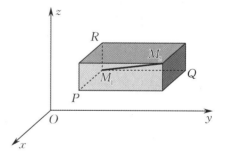

图 7 - 1 - 3

于是,点 M 唯一确定了一个有序三元数组 (x,y,z). 反之,任给一个有序三元数组 (x,y,z),在 x 轴、y 轴和 z 轴上分别取点 P,Q,R,使其对应的数分别为 x,y,z,然后过点 P,Q,R 分别作与 x 轴、y 轴和 z 轴垂直的平面,这三个平面的交点 M 就是由有序数组 (x,y,z) 唯一确定的点. 因此,空间的点 M 与有序三元数组 (x,y,z) 之间建立了一一对应的关系. 称 (x,y,z) 为**点 M 的坐标**,x,y 和 z 依次称为**横坐标**、**纵坐标**和**竖坐标**,点 M 可记为 $M(x,y,z)$.

显然,坐标系原点坐标为 $(0,0,0)$;

x 轴上点的坐标为 $(x,0,0)$;

y 轴上点的坐标为 $(0,y,0)$;

z 轴上点的坐标为 $(0,0,z)$;

xOy 面上点的坐标为 $(x,y,0)$;

yOz 面上点的坐标为 $(0,y,z)$;

zOx 面上点的坐标为 $(x,0,z)$.

二、空间两点间的距离

设 $M_1(x_1,y_1,z_1),M_2(x_2,y_2,z_2)$ 是空间任意两点,分别过 M_1 和 M_2 作三个垂直于坐标轴的平面,这六个平面构成了以 M_1M_2 为对角线的长方体,如图 7-1-4 所示. 易知,该长方体的棱长分别是

$$|x_2-x_1|, \quad |y_2-y_1|, \quad |z_2-z_1|.$$

图 7 - 1 - 4

于是得到空间两点 M_1,M_2 的距离公式为

$$d = |M_1M_2| = \sqrt{(x_2-x_1)^2+(y_2-y_1)^2+(z_2-z_1)^2}.$$

例 1 证明以 $A(4,3,1),B(7,1,2),C(5,2,3)$ 三点为顶点的三角形是等腰三角形.

证 因为

$$|AB| = \sqrt{(7-4)^2+(1-3)^2+(2-1)^2} = \sqrt{14},$$

$$|BC| = \sqrt{(5-7)^2+(2-1)^2+(3-2)^2} = \sqrt{6},$$

$$|AC| = \sqrt{(4-5)^2+(3-2)^2+(1-3)^2} = \sqrt{6},$$

所以 $|BC| = |AC|$,故 $\triangle ABC$ 是等腰三角形.

三、空间曲面及其方程

与平面解析几何中建立曲线和二元方程 $F(x,y)=0$ 的对应关系一样,可以建立空间曲面与三元方程 $F(x,y,z)=0$ 的对应关系.

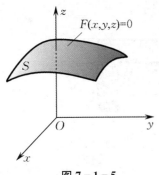

图 7-1-5

定义 1　在空间直角坐标系中,如果曲面 S 上任一点的坐标都满足方程 $F(x,y,z)=0$,而不在曲面 S 上的任何点的坐标都不满足该方程,则把方程 $F(x,y,z)=0$ 称为**曲面 S 的方程**,而曲面 S 就称为方程 $F(x,y,z)=0$ 的**图形**(或**曲面**),如图 7-1-5 所示.

例 2　已知 $M_1(1,-1,0)$,$M_2(2,0,-2)$,求线段 M_1M_2 的垂直平分面的方程.

解　设 $M(x,y,z)$ 是所求垂直平分面上任意一点,则点 M 与 M_1,M_2 的距离相等,即

$$|MM_1|=|MM_2|.$$

因此,有

$$\sqrt{(x-1)^2+(y+1)^2+(z-0)^2}=\sqrt{(x-2)^2+(y-0)^2+(z+2)^2},$$

化简后可得所求垂直平分面的方程为

$$x+y-2z-3=0.$$

可以证明,空间直角坐标系中任一平面的方程都为三元一次方程

$$Ax+By+Cz+D=0,$$

反之,任一三元一次方程 $Ax+By+Cz+D=0$ 在空间直角坐标系中的图形是一个平面,其中 A,B,C,D 均为常数,且 A,B,C 不全为零. 方程

$$Ax+By+Cz+D=0$$

称为**平面的一般方程**.

例 3　求过点 $P(a,0,0)$,$Q(0,b,0)$,$R(0,0,c)$ 的平面方程($abc\neq0$).

解　设所求平面方程为 $Ax+By+Cz+D=0$,且 A,B,C 不全为零. 由于点 P,Q,R 在该平面上,因此它们的坐标满足该平面方程,从而有

$$a\cdot A+D=0,\quad b\cdot B+D=0,\quad c\cdot C+D=0.$$

由于 $abc\neq0$,解得

$$A=-\frac{D}{a},\quad B=-\frac{D}{b},\quad C=-\frac{D}{c}.$$

由于 A,B,C 不全为零,故 $D\neq0$,代入所设方程,整理得所求平面方程为

$$\frac{x}{a}+\frac{y}{b}+\frac{z}{c}=1.$$

该方程称为平面的**截距式方程**.

例 4　求球心在点 $M_0(x_0,y_0,z_0)$,半径为 R 的球面的方程.

解　设 $M(x,y,z)$ 是球面上的任意一点,则

$$|M_0M|=R,$$

从而

$$\sqrt{(x-x_0)^2+(y-y_0)^2+(z-z_0)^2}=R,$$

即球心在点 $M_0(x_0,y_0,z_0)$,半径为 R 的球面的方程为

$$(x-x_0)^2+(y-y_0)^2+(z-z_0)^2=R^2.$$

特别地,球心在原点、半径为 R 的球面的方程为

$$x^2 + y^2 + z^2 = R^2.$$

而 $z = \sqrt{R^2 - x^2 - y^2}$ 表示该球面的上半部,如图 $7-1-6$(a) 所示;$z = -\sqrt{R^2 - x^2 - y^2}$ 表示该球面的下半部,如图 $7-1-6$(b) 所示.

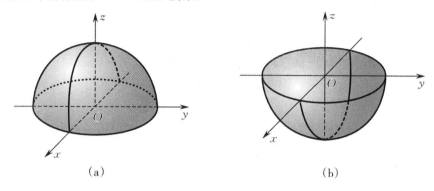

（a）　　　　　　　　（b）

图 $7-1-6$

例 5　方程 $x^2 + y^2 + z^2 - 2x + 4y + 4 = 0$ 表示怎样的曲面?

解　通过配方,原方程可以化为

$$(x - 1)^2 + (y + 2)^2 + z^2 = 1,$$

所以,原方程表示球心在点 $M_0(1, -2, 0)$、半径为 $R = 1$ 的球面.

四、柱面

定义 2　平行于某定直线 l 并沿定曲线 C 移动的直线 L 所形成的曲面称为**柱面**,其中定曲线 C 称为柱面的**准线**,动直线 L 称为柱面的**母线**,如图 $7-1-7$ 所示.

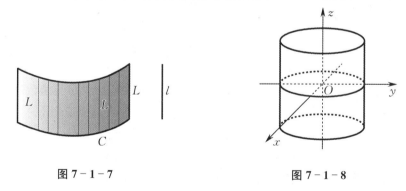

图 $7-1-7$　　　　　　　　图 $7-1-8$

例 6　方程 $x^2 + y^2 = R^2$ 表示怎样的曲面?

解　在 xOy 面上,方程 $x^2 + y^2 = R^2$ 表示圆心在原点 O、半径为 R 的圆.

在空间直角坐标系中,方程 $x^2 + y^2 = R^2$ 不含竖坐标 z,所以不论空间点的竖坐标 z 怎样变化,只要 x 和 y 能满足方程 $x^2 + y^2 = R^2$,那么这些点就在这个曲面上.

于是,沿着 xOy 面上的圆 $x^2 + y^2 = R^2$ 且平行于 z 轴移动的直线所形成的柱面方程就是 $x^2 + y^2 = R^2$,如图 $7-1-8$ 所示.

一般地,不含 z 的方程 $F(x, y) = 0$ 在空间直角坐标系中表示准线为 xOy 面上的曲线

$$C: \begin{cases} F(x, y) = 0, \\ z = 0, \end{cases}$$

母线平行于 z 轴的柱面.

类似地,可以解释方程 $G(y,z)=0$ 和 $R(z,x)=0$ 在空间直角坐标系中分别表示母线平行于 x 轴和 y 轴的柱面.

练 习 7.1

1. 在空间直角坐标系中,指出下列各点所在的卦限:

$$A(1,-1,1),\quad B(1,1,-1),\quad C(1,-1,-1),\quad D(-1,-1,1).$$

2. 已知点 $M(1,2,3)$,求点 M 关于坐标原点、各坐标轴及各坐标面的对称点的坐标.

3. 在空间直角坐标系中,指出下列各点所在的坐标轴或坐标面:

$$A(1,-1,0),\quad B(1,0,-1),\quad C(0,0,-1),\quad D(3,0,0).$$

4. 在 z 轴上求与点 $A(-4,1,7)$ 和 $B(3,5,-2)$ 等距离的点 C.

5. 求以点 $A(1,1,-1)$ 为球心,且经过坐标原点的球面方程.

6. 指出下列方程在空间解析几何中分别表示什么几何图形.

(1) $x^2+y^2+z^2=1$; (2) $x^2+y^2=1$;

(3) $z^2=1$; (4) $x^2-y^2=0$;

(5) $x^2=2y$; (6) $x^2+y^2=0$.

§7.2 多元函数的概念

一、多元函数的基本概念

在很多实际问题中,需要研究多个变量之间的依赖关系. 例如,圆柱体的体积 V 和它的底半径 r、高 h 之间的关系为

$$V=\pi r^2 h.$$

当 r,h 在集合 $\{(r,h)\mid r>0,h>0\}$ 内取一组定值时,V 的值也随之确定.

又如,某种商品的市场需求量不仅与价格有关,而且还与消费者的收入以及与这种商品有关的其他代用品的价格等因素有关. 要研究这类问题,就需要引入多元函数的概念.

定义 1 设 D 是平面上的一个非空点集. 如果对于 D 内的每一点 $P(x,y)$,按照某种法则 f,都有确定的实数 z 与之对应,则称 f 是定义在 D 上的**二元函数**,记为

$$z=f(x,y)\quad\text{或}\quad z=f(P),$$

其中 x,y 称为**自变量**,z 称为**因变量**. 点集 D 称为该函数的**定义域**,数集

$$\{z\mid z=f(x,y),(x,y)\in D\}$$

称为该函数的**值域**.

类似地,可定义三元及三元以上函数. 我们把二元及二元以上的函数统称为**多元函数**.

二元函数 $z=f(x,y)$ 的定义域在几何上表示一个平面区域. 所谓平面区域可以是整个 xOy 面或者是 xOy 面上由几条曲线所围成的部分. 围成平面区域的曲线称为该区域的**边界**;包括边界在内的区域称为**闭区域**;不包括边界的区域称为**开区域**;包括部分边界的区域称为**半开区域**. 如果区域延伸到无穷远处,则称该区域为**无界区域**;如果区域总可以包含在一个以原点为圆心、半径相当大的圆内,则称该区域为**有界区域**.

例 1　求函数 $z = \sqrt{1-x^2-y^2}$ 的定义域.

解　若要使函数有意义,则需满足 $1-x^2-y^2 \geqslant 0$,故该函数的定义域为

$$\{(x,y) \mid x^2+y^2 \leqslant 1\}.$$

这在几何上表示为:圆心在原点,半径为 1 的单位圆内部及边界上所有点的集合.这是一个有界闭区域,如图 7-2-1 所示.

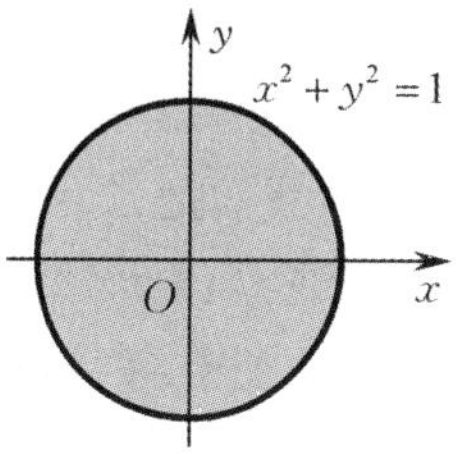

图 7-2-1

例 2　求二元函数 $z = \ln(x+y)$ 的定义域.

解　若要使函数有意义,则需满足 $x+y > 0$,故该函数的定义域为

$$\{(x,y) \mid x+y > 0\},$$

即 xOy 面上位于直线 $y = -x$ 上方的半平面,不包括 $y = -x$ 本身.这是一个无界开区域.

例 3　已知函数 $f(x,y)$ 满足 $f(x+y, x-y) = \dfrac{x^2-y^2}{x^2+y^2}$,求函数 $f(x,y)$.

解　设 $u = x+y, v = x-y$,则

$$x = \frac{u+v}{2}, \quad y = \frac{u-v}{2}.$$

代入已知等式得

$$f(u,v) = \frac{\left(\dfrac{u+v}{2}\right)^2 - \left(\dfrac{u-v}{2}\right)^2}{\left(\dfrac{u+v}{2}\right)^2 + \left(\dfrac{u-v}{2}\right)^2} = \frac{2uv}{u^2+v^2},$$

故有

$$f(x,y) = \frac{2xy}{x^2+y^2}.$$

由 §7.1 可知,二元函数 $z = f(x,y)$ 在空间直角坐标系中的图形是一张曲面.例如,函数 $z = x+y-1$ 的图形是一张平面,函数 $z = \sqrt{R^2-x^2-y^2}$ 的图形是球面的上半部,而函数 $z = -\sqrt{R^2-x^2-y^2}$ 的图形是球面的下半部.

二、二元函数的极限

定义 2　设函数 $z = f(x,y)$ 在点 $P_0(x_0, y_0)$ 的附近有定义(点 P_0 可除外).如果当点 $P(x,y)$ 以任何方式无限趋于点 $P_0(x_0, y_0)$ 时,函数 $f(x,y)$ 无限趋于一个常数 A,则称 A **为函数** $z = f(x,y)$ **当** $(x,y) \to (x_0, y_0)$ **时的极限**,记为

$$\lim_{(x,y) \to (x_0,y_0)} f(x,y) = A \quad \text{或} \quad \lim_{\substack{x \to x_0 \\ y \to y_0}} f(x,y) = A,$$

或者

$$f(x,y) \to A \quad ((x,y) \to (x_0, y_0)),$$

也记作

$$\lim_{P \to P_0} f(P) = A \quad \text{或} \quad f(P) \to A(P \to P_0).$$

二元函数极限的精确定义如下.

定义 2′　设函数 $z = f(x,y)$ 在点 $P_0(x_0, y_0)$ 的附近有定义(点 P_0 可除外).如果存在常数 A,对于任意给定的正数 ε(无论多么小),总存在正数 δ,使得当 $0 < \sqrt{(x-x_0)^2+(y-y_0)^2} = \rho < \delta$ 时,不等式

$$|f(x,y)-A|<\varepsilon$$

恒成立，则称常数 A 为函数 $z=f(x,y)$ 当 $(x,y)\rightarrow(x_0,y_0)$ 时的极限.

二元函数的极限与一元函数的极限具有相同的性质和运算法则，为了区别于一元函数的极限，我们把二元函数的极限称为**二重极限**.

注：二重极限存在，是指动点 $P(x,y)$ 以任何方式趋于 $P_0(x_0,y_0)$ 时，函数 $f(x,y)$ 的值都无限接近于同一个常数 A. 如果当动点 $P(x,y)$ 以不同的方式趋于 $P_0(x_0,y_0)$ 时，函数 $f(x,y)$ 趋近于不同的值，我们就可以断定，函数 $f(x,y)$ 在点 $P_0(x_0,y_0)$ 处不存在极限.

关于二元函数的极限定义、结论等可推广到 $n(n\geqslant3)$ 元函数上去.

例 4   求 $\lim\limits_{\substack{x\rightarrow0\\y\rightarrow0}}(x^2+y^2)\sin\dfrac{1}{x^2+y^2}$.

解   由于当 $(x,y)\rightarrow(0,0)$ 时，$x^2+y^2\rightarrow0$，即 x^2+y^2 是无穷小量，而 $\sin\dfrac{1}{x^2+y^2}$ 是有界量，因此

$$\lim_{\substack{x\rightarrow0\\y\rightarrow0}}(x^2+y^2)\sin\frac{1}{x^2+y^2}=0.$$

例 5   求 $\lim\limits_{(x,y)\rightarrow(0,2)}\dfrac{\sin(xy)}{x}$.

解 $\lim\limits_{(x,y)\rightarrow(0,2)}\dfrac{\sin(xy)}{x}=\lim\limits_{(x,y)\rightarrow(0,2)}y\dfrac{\sin(xy)}{xy}=\lim\limits_{(x,y)\rightarrow(0,2)}y\cdot\lim\limits_{(x,y)\rightarrow(0,2)}\dfrac{\sin(xy)}{xy}$
$$=2\times1=2.$$

例 6   讨论函数

$$f(x,y)=\begin{cases}\dfrac{xy}{x^2+y^2}, & x^2+y^2\neq0,\\[2mm]0, & x^2+y^2=0\end{cases}$$

在点 $(0,0)$ 处的极限的存在性.

解   当动点 $P(x,y)$ 沿直线 $y=kx$ 趋于点 $(0,0)$ 时，有

$$\lim_{(x,y)\rightarrow(0,0)}\frac{xy}{x^2+y^2}=\lim_{x\rightarrow0}\frac{kx^2}{x^2+k^2x^2}=\frac{k}{1+k^2}.$$

由于函数 $f(x,y)$ 的极限值随 k 的值不同而不同，因此函数 $f(x,y)$ 在点 $(0,0)$ 处的极限不存在.

三、二元函数的连续性

定义 3   设二元函数 $z=f(x,y)$ 在点 $P_0(x_0,y_0)$ 及其附近有定义. 如果
$$\lim_{\substack{x\rightarrow x_0\\y\rightarrow y_0}}f(x,y)=f(x_0,y_0),$$

则称 $z=f(x,y)$ **在点** $P_0(x_0,y_0)$ **处连续**，并称点 $P_0(x_0,y_0)$ 为**连续点**.

如果函数 $z=f(x,y)$ 在点 $P_0(x_0,y_0)$ 处不连续，则称函数 $z=f(x,y)$ **在** $P_0(x_0,y_0)$ **处间断**，称点 $P_0(x_0,y_0)$ 为**间断点**.

如果函数 $f(x,y)$ 在平面区域 D 内每一点都连续，则称函数 $f(x,y)$ 在区域 D 内连续.

例 7   讨论函数

$$f(x,y) = \begin{cases} \dfrac{\sin(x^2+y^2)}{x^2+y^2}, & x^2+y^2 \neq 0, \\ 0, & x^2+y^2 = 0 \end{cases}$$

在点 $O(0,0)$ 处是否连续.

解 因为

$$\lim_{\substack{x\to 0 \\ y\to 0}} f(x,y) = \lim_{\substack{x\to 0 \\ y\to 0}} \frac{\sin(x^2+y^2)}{x^2+y^2} = 1,$$

而 $f(0,0)=0$,于是 $\lim\limits_{\substack{x\to 0 \\ y\to 0}} f(x,y) \neq f(0,0)$,所以 $f(x,y)$ 在点 $O(0,0)$ 处不连续.

与一元函数类似,二元连续函数经过四则运算和复合运算后仍为二元连续函数. 由 x 和 y 的基本初等函数经过有限次的四则运算和复合步骤所构成的可用一个式子表示的二元函数称为**二元初等函数**.

例如,$\dfrac{y+\sin(xy^2)}{1+x^2}$,$\ln(1+\sqrt{x^2+y^2}\,)$,$2^{xy}$ 等都是二元初等函数.

由此可得结论:**一切二元(包括多元)初等函数在其定义的区域内是连续的.** 所谓定义的区域,是指包含在定义域内的区域或闭区域.

这个结论表明,若要计算某个二元初等函数在其定义的区域内一点处的极限,只要算出函数在该点处的函数值即可.

例 8 求 $\lim\limits_{\substack{x\to 0 \\ y\to 0}} \dfrac{\sqrt{xy+4}-2}{xy}$.

解
$$\begin{aligned}
\lim_{\substack{x\to 0 \\ y\to 0}} \frac{\sqrt{xy+4}-2}{xy} &= \lim_{\substack{x\to 0 \\ y\to 0}} \frac{(\sqrt{xy+4}-2)(\sqrt{xy+4}+2)}{xy(\sqrt{xy+4}+2)} \\
&= \lim_{\substack{x\to 0 \\ y\to 0}} \frac{xy+4-4}{xy(\sqrt{xy+4}+2)} \\
&= \lim_{\substack{x\to 0 \\ y\to 0}} \frac{1}{\sqrt{xy+4}+2} = \frac{1}{4}.
\end{aligned}$$

类似于在闭区间上连续的一元函数的性质,在有界闭区域 D 上连续的二元函数也有如下相对应的性质.

性质 1(最大值和最小值定理) 在有界闭区域 D 上连续的二元函数,在 D 上必取得它的最大值和最小值.

性质 2 在有界闭区域 D 上连续的二元函数,在 D 上一定有界.

性质 3(介值定理) 在有界闭区域 D 上连续的二元函数,若在 D 上取得两个不同的函数值,则它在 D 上必取得介于这两值之间的任何值至少一次.

关于二元连续函数、二元初等函数的定义、性质等都可以推广到一般 $n(n \geqslant 3)$ 元函数上去.

练 习 7.2

1.求下列函数的定义域,并画出其定义域的示意图:

(1)$z = \dfrac{x+y}{2x-y^2}$;

(2)$z = \sqrt{\arcsin(x^2+y^2)}$;

(3)$z = \sqrt{x-\sqrt{y}}$;

(4)$z = \sqrt{4-x^2-y^2} + \ln(x^2+y^2-1)$.

2.若 $f\left(x+y, \dfrac{y}{x}\right) = x^2 - y^2$,求 $f(x,y)$.

3. 计算下列极限：

(1) $\lim\limits_{(x,y)\to(2,0)} \dfrac{\sin(xy)}{y}$；

(2) $\lim\limits_{(x,y)\to(0,0)} \dfrac{xy}{\sqrt{xy+1}-1}$；

(3) $\lim\limits_{\substack{x\to\infty \\ y\to\infty}} (x^2+y^2)\sin\dfrac{1}{x^2+y^2}$；

(4) $\lim\limits_{\substack{x\to1 \\ y\to0}} \dfrac{x^2+y^2+1}{\arctan(x^2+y^2)}$。

4. 证明：当 $(x,y)\to(0,0)$ 时，$f(x,y)=\dfrac{x^2-y^2}{x^2+y^2}$ 的极限不存在。

5. 讨论下列函数在点 $(0,0)$ 处的连续性：

(1) $f(x,y)=\begin{cases} \dfrac{\mathrm{e}^{(x+1)(x^2+y^2)}-1}{x^2+y^2}, & (x,y)\neq(0,0), \\ 0, & (x,y)=(0,0); \end{cases}$

(2) $f(x,y)=\begin{cases} \dfrac{xy^2}{x^2+y^2}, & x^2+y^2\neq0, \\ 0, & x^2+y^2=0. \end{cases}$

§7.3 偏 导 数

一、偏导数的定义与计算

一元函数的导数刻画了函数相对于自变量的变化率。多元函数的自变量有两个或两个以上，函数对于自变量的变化率问题将更为复杂，但我们可以固定其他变量，只研究函数对其中一个自变量的变化率，这就是偏导数。

我们首先引入平面上点的邻域的概念。

设 $P(x_0,y_0)$ 是直角坐标平面上的一点，δ 为一正数，称点的集合

$$\{(x,y)\mid\sqrt{(x-x_0)^2+(y-y_0)^2}<\delta\}$$

为点 $P(x_0,y_0)$ 的 δ **邻域**（简称**邻域**），记作 $U_\delta(P)$。称

$$U_\delta(P)-\{P\}$$

为点 $P(x_0,y_0)$ 的**去心邻域**，记作 $\mathring{U}_\delta(P)$。

定义 1 设函数 $z=f(x,y)$ 在点 (x_0,y_0) 的某一邻域内有定义，当 y 固定在 y_0，而 x 在 x_0 处有改变量 Δx 时，相应地，函数有改变量

$$f(x_0+\Delta x,y_0)-f(x_0,y_0)。$$

如果极限

$$\lim\limits_{\Delta x\to0}\dfrac{f(x_0+\Delta x,y_0)-f(x_0,y_0)}{\Delta x}$$

存在，则称此极限为函数 $z=f(x,y)$ 在点 (x_0,y_0) 处对 x 的**偏导数**，记为

$$f_x(x_0,y_0),\quad \dfrac{\partial z}{\partial x}\Big|_{\substack{x=x_0 \\ y=y_0}},\quad \dfrac{\partial f}{\partial x}\Big|_{(x_0,y_0)},\quad z_x\Big|_{\substack{x=x_0 \\ y=y_0}}\quad \text{或}\quad z_x(x_0,y_0),$$

即

$$f_x(x_0,y_0)=\lim\limits_{\Delta x\to0}\dfrac{f(x_0+\Delta x,y_0)-f(x_0,y_0)}{\Delta x}。$$

类似地，可定义函数 $z=f(x,y)$ 在点 (x_0,y_0) 处对 y 的偏导数 $f_y(x_0,y_0)$ 为

$$f_y(x_0,y_0)=\lim\limits_{\Delta y\to0}\dfrac{f(x_0,y_0+\Delta y)-f(x_0,y_0)}{\Delta y}。$$

对 $f_y(x_0, y_0)$ 还可使用以下记号：

$$\frac{\partial z}{\partial y}\bigg|_{\substack{x=x_0 \\ y=y_0}}, \quad \frac{\partial f}{\partial y}\bigg|_{(x_0, y_0)}, \quad z_y\bigg|_{\substack{x=x_0 \\ y=y_0}} \quad \text{或} \quad z_y(x_0, y_0).$$

如果函数 $z = f(x, y)$ 在区域 D 内每一点 (x, y) 处对 x 的偏导数都存在，那么这个偏导数仍是 x, y 的函数，它称为函数 $z = f(x, y)$ 对 x 的**偏导函数**，记作

$$f_x(x, y), \quad \frac{\partial z}{\partial x}, \quad \frac{\partial f}{\partial x} \quad \text{或} \quad z_x.$$

显然有

$$f_x(x, y) = \lim_{\Delta x \to 0} \frac{f(x + \Delta x, y) - f(x, y)}{\Delta x}.$$

类似地，可定义函数 $z = f(x, y)$ 对 y 的偏导函数，记为

$$f_y(x, y), \quad \frac{\partial z}{\partial y}, \quad \frac{\partial f}{\partial y} \quad \text{或} \quad z_y,$$

即

$$f_y(x, y) = \lim_{\Delta y \to 0} \frac{f(x, y + \Delta y) - f(x, y)}{\Delta y}.$$

习惯上，在不致产生误解的情况下，偏导函数也简称偏导数. 从定义可看出，求 $f_x(x, y)$ 实际上是将 y 看作常量而对 x 求导数，所以本质上是一元函数的导数. 类似地，求 $f_y(x, y)$ 实际上是将 x 看作常量而对 y 求导数.

偏导数的概念还可推广到二元以上的函数. 例如，三元函数 $u = f(x, y, z)$ 在点 (x, y, z) 处对 x, y, z 的偏导数分别为

$$f_x(x, y, z) = \lim_{\Delta x \to 0} \frac{f(x + \Delta x, y, z) - f(x, y, z)}{\Delta x},$$

$$f_y(x, y, z) = \lim_{\Delta y \to 0} \frac{f(x, y + \Delta y, z) - f(x, y, z)}{\Delta y},$$

$$f_z(x, y, z) = \lim_{\Delta z \to 0} \frac{f(x, y, z + \Delta z) - f(x, y, z)}{\Delta z}.$$

例 1　求 $f(x, y) = x^2 + xy - 3y^2$ 在点 $(1, 1)$ 处的偏导数.

解　把 y 看作常量，对 x 求导得到

$$f_x(x, y) = 2x + y;$$

把 x 看作常量，对 y 求导得到

$$f_y(x, y) = x - 6y.$$

将 $x = 1, y = 1$ 代入，得所求偏导数为

$$f_x(1, 1) = 2 \times 1 + 1 = 3,$$
$$f_y(1, 1) = 1 - 6 \times 1 = -5.$$

例 2　求 $f(x, y) = \sin(x^2 y^3)$ 的偏导数.

解　$\dfrac{\partial f}{\partial x} = 2xy^3 \cos(x^2 y^3), \quad \dfrac{\partial f}{\partial y} = 3x^2 y^2 \cos(x^2 y^3).$

例 3　已知理想气体的状态方程为 $PV = RT$（R 为常数），求证：

$$\frac{\partial P}{\partial V} \cdot \frac{\partial V}{\partial T} \cdot \frac{\partial T}{\partial P} = -1.$$

证　因为 $P = \dfrac{RT}{V}$，将 P 看作是 T, V 的二元函数，于是

$$\frac{\partial P}{\partial V} = -\frac{RT}{V^2}.$$

同理,由 $V = \frac{RT}{P}$,得 $\frac{\partial V}{\partial T} = \frac{R}{P}$;由 $T = \frac{PV}{R}$,得 $\frac{\partial T}{\partial P} = \frac{V}{R}$. 所以

$$\frac{\partial P}{\partial V} \cdot \frac{\partial V}{\partial T} \cdot \frac{\partial T}{\partial P} = -\frac{RT}{V^2} \cdot \frac{R}{P} \cdot \frac{V}{R} = -\frac{RT}{PV} = -1.$$

注:(1) 从例 3 的证明过程可以看出,偏导数的记号 $\frac{\partial f}{\partial x}$ 是一个整体记号,不能像导数 $\frac{\mathrm{d}y}{\mathrm{d}x}$ 一样,看作分子 ∂f 与分母 ∂x 的商. 单独的记号 ∂f 和 ∂x 没有任何意义.

(2) 在一元函数的情形下,可导必定连续,而多元函数的偏导数存在并不能保证函数的连续.

例 4 考察函数

$$f(x,y) = \begin{cases} \dfrac{xy}{x^2 + y^2}, & (x,y) \neq (0,0), \\ 0, & (x,y) = (0,0) \end{cases}$$

在点 $(0,0)$ 处的偏导数与连续性.

解 由偏导数定义可得到函数 $f(x,y)$ 在点 $(0,0)$ 处的偏导数为

$$f_x(0,0) = \lim_{\Delta x \to 0} \frac{f(0 + \Delta x, 0) - f(0,0)}{\Delta x} = \lim_{\Delta x \to 0} \frac{0}{\Delta x} = 0,$$

$$f_y(0,0) = \lim_{\Delta y \to 0} \frac{f(0, 0 + \Delta y) - f(0,0)}{\Delta y} = \lim_{\Delta y \to 0} \frac{0}{\Delta y} = 0.$$

从 §7.2 例 6 可知,函数 $f(x,y)$ 在点 $(0,0)$ 处的极限不存在,从而 $f(x,y)$ 在点 $(0,0)$ 处不连续.

二、高阶偏导数

设函数 $z = f(x,y)$ 在区域 D 内具有偏导数

$$\frac{\partial z}{\partial x} = f_x(x,y) \quad 和 \quad \frac{\partial z}{\partial y} = f_y(x,y).$$

如果这两个函数又存在偏导数,则称它们为函数 $z = f(x,y)$ 的**二阶偏导数**. 按照对变量求导次序的不同,$z = f(x,y)$ 共有下列四种不同的二阶偏导数(等号右边为记号):

$$\frac{\partial}{\partial x}\left(\frac{\partial z}{\partial x}\right) = \frac{\partial^2 z}{\partial x^2} = f_{xx}(x,y), \quad \frac{\partial}{\partial y}\left(\frac{\partial z}{\partial x}\right) = \frac{\partial^2 z}{\partial x \partial y} = f_{xy}(x,y),$$

$$\frac{\partial}{\partial x}\left(\frac{\partial z}{\partial y}\right) = \frac{\partial^2 z}{\partial y \partial x} = f_{yx}(x,y), \quad \frac{\partial}{\partial y}\left(\frac{\partial z}{\partial y}\right) = \frac{\partial^2 z}{\partial y^2} = f_{yy}(x,y),$$

其中 $f_{xy}(x,y)$ 和 $f_{yx}(x,y)$ 称为**二阶混合偏导数**.

类似地,可以定义三阶及三阶以上偏导数. 把二阶及二阶以上的偏导数统称为**高阶偏导数**.

例 5 验证函数 $z = \ln\sqrt{x^2 + y^2}$ 满足方程 $\dfrac{\partial^2 z}{\partial x^2} + \dfrac{\partial^2 z}{\partial y^2} = 0$.

证 由于 $z = \ln\sqrt{x^2 + y^2} = \dfrac{1}{2}\ln(x^2 + y^2)$,因此

$$\frac{\partial z}{\partial x} = \frac{x}{x^2 + y^2}, \quad \frac{\partial z}{\partial y} = \frac{y}{x^2 + y^2},$$

$$\frac{\partial^2 z}{\partial x^2} = \frac{(x^2 + y^2) - x \cdot 2x}{(x^2 + y^2)^2} = \frac{y^2 - x^2}{(x^2 + y^2)^2},$$

$$\frac{\partial^2 z}{\partial y^2} = \frac{(x^2 + y^2) - y \cdot 2y}{(x^2 + y^2)^2} = \frac{x^2 - y^2}{(x^2 + y^2)^2},$$

故

$$\frac{\partial^2 z}{\partial x^2} + \frac{\partial^2 z}{\partial y^2} = \frac{x^2 - y^2}{(x^2 + y^2)^2} + \frac{y^2 - x^2}{(x^2 + y^2)^2} = 0.$$

例 6　求函数 $z = e^{x^2 y}$ 的二阶混合偏导数.

解　$\dfrac{\partial z}{\partial x} = e^{x^2 y} \dfrac{\partial(x^2 y)}{\partial x} = 2xy e^{x^2 y},$

$\dfrac{\partial z}{\partial y} = e^{x^2 y} \dfrac{\partial(x^2 y)}{\partial y} = x^2 e^{x^2 y},$

$\dfrac{\partial^2 z}{\partial x \partial y} = \dfrac{\partial(2xy e^{x^2 y})}{\partial y} = 2x e^{x^2 y} + 2xy \dfrac{\partial(e^{x^2 y})}{\partial y}$

$\qquad = 2x e^{x^2 y} + 2xy e^{x^2 y} x^2 = 2x e^{x^2 y}(1 + x^2 y),$

$\dfrac{\partial^2 z}{\partial y \partial x} = \dfrac{\partial(x^2 e^{x^2 y})}{\partial x} = 2x e^{x^2 y} + x^2 \dfrac{\partial(e^{x^2 y})}{\partial x}$

$\qquad = 2x e^{x^2 y} + x^2 e^{x^2 y} 2xy = 2x e^{x^2 y}(1 + x^2 y).$

从例 6 可知两个二阶混合偏导数相等,即 $\dfrac{\partial^2 z}{\partial x \partial y} = \dfrac{\partial^2 z}{\partial y \partial x}$,那么什么时候两个二阶混合偏导数相等呢?有下面的定理.

定理 1　如果函数 $z = f(x, y)$ 的两个二阶混合偏导数 $\dfrac{\partial^2 z}{\partial y \partial x}$ 及 $\dfrac{\partial^2 z}{\partial x \partial y}$ 在区域 D 内连续,则在该区域 D 内有

$$\frac{\partial^2 z}{\partial y \partial x} = \frac{\partial^2 z}{\partial x \partial y}. \tag{证明略}$$

三、偏导数在经济学中的应用

对于一元函数,通过边际分析和弹性分析,知道了导数在经济学中有广泛应用.同样,多元函数微分学在经济学中也有广泛的应用.

1. 边际分析

定义 2　设函数 $z = f(x, y)$ 在点 (x_0, y_0) 处的偏导数存在,则称

$$f_x(x_0, y_0) = \lim_{\Delta x \to 0} \frac{f(x_0 + \Delta x, y_0) - f(x_0, y_0)}{\Delta x}$$

为函数 $z = f(x, y)$ 在点 (x_0, y_0) 处**对 x 的边际**,称 $f_x(x, y)$ 为函数 $z = f(x, y)$ **对 x 的边际函数**.

类似地,称 $f_y(x_0, y_0)$ 为 $z = f(x, y)$ 在点 (x_0, y_0) 处对 y 的边际,称 $f_y(x, y)$ 为函数 $z = f(x, y)$ 对 y 的边际函数.

边际 $f_x(x_0, y_0)$ 的经济含义是:在点 (x_0, y_0) 处,若 y 保持不变而 x 多生产一个单位,则 $z = f(x, y)$ 将近似地改变 $f_x(x_0, y_0)$ 个单位.

例 7　某工厂生产甲、乙两种产品,其产量分别用 x kg 和 y kg 表示,总成本为

$$C(x,y) = 4x^2 + 3xy + 5y^2 + 6(元),$$

求当 $x = 5\,\mathrm{kg}, y = 6\,\mathrm{kg}$ 时，两种产品的边际成本，并解释其经济含义.

解 由于

$$C_x(x,y) = 8x + 3y, \quad C_y(x,y) = 3x + 10y,$$

因此当 $x = 5\,\mathrm{kg}, y = 6\,\mathrm{kg}$ 时，甲种产品的边际成本为

$$C_x(5,6) = 8 \times 5 + 3 \times 6 = 58(元);$$

乙种产品的边际成本为

$$C_y(5,6) = 3 \times 5 + 10 \times 6 = 75(元).$$

其经济含义是，在甲种产品的产量为 $5\,\mathrm{kg}$，乙种产品的产量为 $6\,\mathrm{kg}$ 的条件下：

(1) 如果乙种产品的产量不变而甲种产品的产量增加 $1\,\mathrm{kg}$，则总成本大约增加 58 元；

(2) 如果甲种产品的产量不变而乙种产品的产量增加 $1\,\mathrm{kg}$，则总成本大约增加 75 元.

2. 偏弹性分析

定义 3 设函数 $z = f(x,y)$ 在点 (x_0,y_0) 处的偏导数存在，且 $z_0 = f(x_0,y_0)$. 函数 $z = f(x,y)$ 对 x 的偏改变量记为

$$\Delta_x z = f(x_0 + \Delta x, y_0) - f(x_0,y_0),$$

称 $\Delta_x z$ 的相对改变量 $\dfrac{\Delta_x z}{z_0}$ 与自变量 x 的相对改变量 $\dfrac{\Delta x}{x_0}$ 之比

$$\frac{\Delta_x z}{z_0} \bigg/ \frac{\Delta x}{x_0} = \frac{\Delta_x z}{\Delta x} \cdot \frac{x_0}{z_0}$$

为函数 $f(x,y)$ 在点 (x_0,y_0) 处对 x 从 x_0 到 $x_0 + \Delta x$ 两点间的弹性. 令 $\Delta x \to 0$，则上式的极限称为 $f(x,y)$ 在点 (x_0,y_0) 处对 x 的偏弹性，记为 E_x，即

$$E_x = \lim_{\Delta x \to 0} \frac{\Delta_x z}{\Delta x} \cdot \frac{x_0}{z_0} = f_x(x_0,y_0) \cdot \frac{x_0}{f(x_0,y_0)}.$$

类似地，可定义 $f(x,y)$ 在点 (x_0,y_0) 处对 y 的偏弹性，记为 E_y，即

$$E_y = \lim_{\Delta y \to 0} \frac{\Delta_y z}{\Delta y} \cdot \frac{y_0}{z_0} = f_y(x_0,y_0) \cdot \frac{y_0}{f(x_0,y_0)}.$$

一般地，称

$$E_x = f_x(x,y) \cdot \frac{x}{f(x,y)} \quad 及 \quad E_y = f_y(x,y) \cdot \frac{y}{f(x,y)}$$

为 $f(x,y)$ 分别对 x 和 y 的偏弹性函数.

例 8 设某产品的需求量为 $Q = Q(P,Y)$，其中 P 为该产品的价格，Y 为消费者收入，则称

$$E_P = -\lim_{\Delta P \to 0} \frac{\Delta_P Q/Q}{\Delta P/P} = -\frac{\partial Q}{\partial P} \cdot \frac{P}{Q}$$

为需求 Q 对价格 P 的偏弹性；称

$$E_Y = \lim_{\Delta Y \to 0} \frac{\Delta_Y Q/Q}{\Delta Y/Y} = \frac{\partial Q}{\partial Y} \cdot \frac{Y}{Q}$$

为需求 Q 对收入 Y 的偏弹性.

练 习 7.3

1. 求下列函数的偏导数：

(1)$z = x^3 + 2xy + y^3$；

(2)$z = \dfrac{\tan y}{x}$；

(3)$z = \ln(3x - 2y)$；

(4)$z = \sin(x^2 - 2xy)$；

(5)$u = e^{xyz}$；

(6)$u = x^{\frac{z}{y}}$ $(x > 0, x \neq 1)$.

2.求下列函数在指定点处的偏导数：

(1)$f(x, y) = e^{x^2 + y^2}$,求 $f_x(1, 0)$, $f_y(1, 0)$；

(2)$f(x, y) = \arctan \dfrac{y}{x}$,求 $f_x(1, 1)$, $f_y(-1, -1)$.

3.设 $u = \sqrt{x^2 + y^2 + z^2}$,证明：

(1)$\left(\dfrac{\partial u}{\partial x}\right)^2 + \left(\dfrac{\partial u}{\partial y}\right)^2 + \left(\dfrac{\partial u}{\partial z}\right)^2 = 1$；

(2)$\dfrac{\partial^2(\ln u)}{\partial x^2} + \dfrac{\partial^2(\ln u)}{\partial y^2} + \dfrac{\partial^2(\ln u)}{\partial z^2} = \dfrac{1}{u^2}$.

4.求函数 $z = 3x^2 y - x^3 y^2 + 4y^2 + 1$ 的二阶偏导数.

5.设 $z = \dfrac{y}{x}(x \neq 0)$,求 $\dfrac{\partial z}{\partial x}, \dfrac{\partial z}{\partial y}, \dfrac{\partial^2 z}{\partial y \partial x}$.

6.某水泥厂生产甲、乙两种标号的水泥,其日产量分别记作 x, y(单位：t),总成本(单位：元) 为

$$C(x, y) = 20 + 30x^2 + 10xy + 20y^2.$$

求当 $x = 4, y = 3$ 时,两种标号水泥的边际成本,并解释其经济含义.

§7.4 全微分及其应用

一、全微分的定义

首先回忆一元函数的微分定义：如果函数 $y = f(x)$ 在点 x_0 处的改变量

$$\Delta y = f(x_0 + \Delta x) - f(x_0)$$

可表示为

$$\Delta y = A \Delta x + o(\Delta x),$$

其中 $A = f'(x_0)$ 是与 Δx 无关的常数,则称函数 $y = f(x)$ 在点 x_0 处可微,$A \Delta x$ 称为 $y = f(x)$ 在点 x_0 处的微分,记作 dy. 类似地,可给出二元函数微分的定义.

如果函数 $z = f(x, y)$ 在点 $P(x, y)$ 的某邻域内有定义,并设 $P'(x + \Delta x, y + \Delta y)$ 为该邻域内的任意一点,则称

$$\Delta z = f(x + \Delta x, y + \Delta y) - f(x, y)$$

为函数 $f(x, y)$ 在点 P 处的**全增量**.

定义 1 设函数 $z = f(x, y)$ 在点 $P(x, y)$ 的某邻域内有定义. 如果函数在点 $P(x, y)$ 的全增量 Δz 可以表示为

$$\Delta z = A \Delta x + B \Delta y + o(\rho),$$

其中 A, B 与 $\Delta x, \Delta y$ 无关,而仅与 x, y 有关,$\rho = \sqrt{(\Delta x)^2 + (\Delta y)^2}$,则称函数 $z = f(x, y)$ 在点 $P(x, y)$ 处**可微**,$A \Delta x + B \Delta y$ 称为函数 $z = f(x, y)$ 在点 $P(x, y)$ 处的**全微分**,记为 dz,即

$$dz = A \Delta x + B \Delta y.$$

若函数 $z = f(x, y)$ 在区域 D 内各点处均可微,则称 $z = f(x, y)$ 在 D **内可微**.

习惯上,将 Δx 与 Δy 写成 dx 与 dy,于是,函数 $z = f(x, y)$ 的全微分可写成

$$dz = A dx + B dy.$$

定理 1（可微的必要条件）　　如果函数 $z = f(x, y)$ 在点 (x_0, y_0) 处可微,则 $f(x, y)$ 在点 (x_0, y_0) 处连续,且 $A = f_x(x_0, y_0)$, $B = f_y(x_0, y_0)$.（证明略）

由定理 1 知,函数 $z = f(x, y)$ 在点 (x_0, y_0) 处的微分可表示为

$$
\begin{aligned}
\mathrm{d}z\Big|_{(x_0, y_0)} &= f_x(x_0, y_0)\Delta x + f_y(x_0, y_0)\Delta y \\
&= f_x(x_0, y_0)\mathrm{d}x + f_y(x_0, y_0)\mathrm{d}y.
\end{aligned}
$$

于是,函数 $z = f(x, y)$ 在任意点 (x, y) 处的微分可表示为

$$
\mathrm{d}z = f_x(x, y)\Delta x + f_y(x, y)\Delta y = f_x(x, y)\mathrm{d}x + f_y(x, y)\mathrm{d}y.
$$

函数的微分概念可以推广到三元及三元以上函数. 例如,三元函数 $u = f(x, y, z)$ 在点 (x, y, z) 处的微分可表示为

$$
\mathrm{d}u = f_x(x, y, z)\mathrm{d}x + f_y(x, y, z)\mathrm{d}y + f_z(x, y, z)\mathrm{d}z.
$$

例 1　　求函数 $z = 2x^3 y + x^2 y^3 - 1$ 的全微分.

解　　因为

$$
\frac{\partial z}{\partial x} = 6x^2 y + 2xy^3, \quad \frac{\partial z}{\partial y} = 2x^3 + 3x^2 y^2,
$$

所以

$$
\mathrm{d}z = \frac{\partial z}{\partial x}\mathrm{d}x + \frac{\partial z}{\partial y}\mathrm{d}y = (6x^2 y + 2xy^3)\mathrm{d}x + (2x^3 + 3x^2 y^2)\mathrm{d}y.
$$

例 2　　计算函数 $z = \mathrm{e}^{xy}$ 在点 $(1, 2)$ 处的全微分.

解　　因为

$$
\frac{\partial z}{\partial x} = y\mathrm{e}^{xy}, \quad \frac{\partial z}{\partial y} = x\mathrm{e}^{xy},
$$

从而

$$
\frac{\partial z}{\partial x}\Big|_{(1, 2)} = 2\mathrm{e}^2, \quad \frac{\partial z}{\partial y}\Big|_{(1, 2)} = \mathrm{e}^2,
$$

所以

$$
\mathrm{d}z\Big|_{(1, 2)} = 2\mathrm{e}^2\,\mathrm{d}x + \mathrm{e}^2\,\mathrm{d}y.
$$

例 3　　求函数 $u = \sin(xyz)$ 的全微分.

解　　由于

$$
\frac{\partial u}{\partial x} = yz\cos(xyz), \quad \frac{\partial u}{\partial y} = xz\cos(xyz), \quad \frac{\partial u}{\partial z} = xy\cos(xyz),
$$

故所求全微分为

$$
\mathrm{d}u = yz\cos(xyz)\mathrm{d}x + xz\cos(xyz)\mathrm{d}y + xy\cos(xyz)\mathrm{d}z.
$$

定理 2（可微的充分条件）　　如果函数 $z = f(x, y)$ 的偏导数 $\dfrac{\partial z}{\partial x}$, $\dfrac{\partial z}{\partial y}$ 在点 (x, y) 处连续,则函数 $z = f(x, y)$ 在该点处可微.（证明略）

* 二、全微分在近似计算中的应用

设二元函数 $z = f(x, y)$ 在点 $P(x, y)$ 处的全微分存在,当 $|\Delta x|$, $|\Delta y|$ 都较小时,可忽略 $o(\rho)$,则有

$$
\begin{aligned}
\Delta z &= f(x + \Delta x, y + \Delta y) - f(x, y) \\
&= f_x(x, y)\Delta x + f_y(x, y)\Delta y + o(\rho)
\end{aligned}
$$

$$\approx f_x(x,y)\Delta x + f_y(x,y)\Delta y,$$

即

$$f(x+\Delta x,y+\Delta y) - f(x,y) \approx f_x(x,y)\Delta x + f_y(x,y)\Delta y.$$

于是得到二元函数的全微分近似计算公式

$$f(x+\Delta x,y+\Delta y) \approx f(x,y) + f_x(x,y)\Delta x + f_y(x,y)\Delta y.$$

例 4　计算 $(1.05)^{3.02}$ 的近似值.

解　设函数 $f(x,y)=x^y$, 取 $x=1,y=3,\Delta x=0.05,\Delta y=0.02$, 则

$$f(1,3)=1, \quad f_x(x,y)=yx^{y-1}, \quad f_y(x,y)=x^y\ln x,$$
$$f_x(1,3)=3, \quad f_y(1,3)=0.$$

由二元函数的全微分近似计算公式, 得

$$(1.05)^{3.02} \approx 1 + 3\times0.05 + 0\times0.02 = 1.15.$$

若用计算器计算, 取小数点后 5 位, $(1.05)^{3.02}$ 的值为 1.15876.

练　习　7.4

1. 求下列函数的全微分:

(1) $z=\mathrm{e}^{x^2+y^2}$;

(2) $z=\ln(x^2+y^2)$;

(3) $z=\arctan\dfrac{y}{x}$;

(4) $u=x^{yz}$　$(x>0,x\neq1)$.

2. 求函数 $z=\ln(1+x^2+y^2)$ 在点 $(1,-1)$ 处的全微分.

3. 设 $u=x^{\frac{z}{y}}$, 求 $\mathrm{d}u\Big|_{(e,1,1)}$.

4. 求函数 $z=f(x,y)=\dfrac{y}{x}$ 在点 $(2,1)$ 处关于 $\Delta x=0.1,\Delta y=-0.2$ 的全增量与全微分.

5. 计算 $\sqrt{(1.02)^3+(1.97)^3}$ 的近似值.

§7.5　多元复合函数与隐函数的导数

一、多元复合函数的求导法则

多元复合函数的求导与一元复合函数的求导有相似的链式法则, 它在多元函数微分学中起着重要的作用.

定理 1　设函数 $u=u(t),v=v(t)$ 都在点 t 处可导, 函数 $z=f(u,v)$ 在对应点 (u,v) 处可微, 则复合函数 $z=f(u(t),v(t))$ 在点 t 处可导, 且有

$$\frac{\mathrm{d}z}{\mathrm{d}t} = \frac{\partial z}{\partial u}\cdot\frac{\mathrm{d}u}{\mathrm{d}t} + \frac{\partial z}{\partial v}\cdot\frac{\mathrm{d}v}{\mathrm{d}t}. \tag{7-5-1}$$

证　因为 $z=f(u,v)$ 可微, 所以

$$\mathrm{d}z = \frac{\partial z}{\partial u}\mathrm{d}u + \frac{\partial z}{\partial v}\mathrm{d}v.$$

又因为 $u=u(t)$ 及 $v=v(t)$ 都可导, 因而可微, 故有

$$\mathrm{d}u = \frac{\mathrm{d}u}{\mathrm{d}t}\mathrm{d}t, \quad \mathrm{d}v = \frac{\mathrm{d}v}{\mathrm{d}t}\mathrm{d}t.$$

于是得

$$\mathrm{d}z = \frac{\partial z}{\partial u} \cdot \frac{\mathrm{d}u}{\mathrm{d}t}\mathrm{d}t + \frac{\partial z}{\partial v} \cdot \frac{\mathrm{d}v}{\mathrm{d}t}\mathrm{d}t = \left(\frac{\partial z}{\partial u} \cdot \frac{\mathrm{d}u}{\mathrm{d}t} + \frac{\partial z}{\partial v} \cdot \frac{\mathrm{d}v}{\mathrm{d}t}\right)\mathrm{d}t,$$

从而

$$\frac{\mathrm{d}z}{\mathrm{d}t} = \frac{\partial z}{\partial u} \cdot \frac{\mathrm{d}u}{\mathrm{d}t} + \frac{\partial z}{\partial v} \cdot \frac{\mathrm{d}v}{\mathrm{d}t}.$$

定理 1 可推广到中间变量多于两个的情形. 例如,设 $z = f(u,v,w)$, $u = u(t)$, $v = v(t)$, $w = w(t)$,则复合函数 $z = f(u(t),v(t),w(t))$ 对 t 的导数为

$$\frac{\mathrm{d}z}{\mathrm{d}t} = \frac{\partial z}{\partial u} \cdot \frac{\mathrm{d}u}{\mathrm{d}t} + \frac{\partial z}{\partial v} \cdot \frac{\mathrm{d}v}{\mathrm{d}t} + \frac{\partial z}{\partial w} \cdot \frac{\mathrm{d}w}{\mathrm{d}t}. \tag{7-5-2}$$

公式 $(7-5-1)$ 和公式 $(7-5-2)$ 的导数 $\dfrac{\mathrm{d}z}{\mathrm{d}t}$ 称为**全导数**.

上述定理还可以推广到中间变量不是一元函数而是多元函数的情形. 我们有下面的定理.

定理 2　如果函数 $u = u(x,y)$, $v = v(x,y)$ 都在点 (x,y) 处具有对 x 及 y 的偏导数,且函数 $z = f(u,v)$ 在对应点 (u,v) 处可微,则复合函数 $z = f(u(x,y),v(x,y))$ 在点 (x,y) 处的两个偏导数存在,且有

$$\frac{\partial z}{\partial x} = \frac{\partial z}{\partial u} \cdot \frac{\partial u}{\partial x} + \frac{\partial z}{\partial v} \cdot \frac{\partial v}{\partial x}, \tag{7-5-3}$$

$$\frac{\partial z}{\partial y} = \frac{\partial z}{\partial u} \cdot \frac{\partial u}{\partial y} + \frac{\partial z}{\partial v} \cdot \frac{\partial v}{\partial y}. \tag{7-5-4}$$

事实上,求 $\dfrac{\partial z}{\partial x}$ 时将 y 看作常量,此时仍可将中间变量 u 和 v 看作关于 x 的一元函数而应用定理 1. 但复合函数 $z = f(u(x,y),v(x,y))$ 及 $u = u(x,y)$ 和 $v = v(x,y)$ 都是关于 x,y 的二元函数,所以应把 $(7-5-1)$ 式中的 d 改为 ∂,再把 t 改为 x,便得到 $(7-5-3)$ 式. 类似可得到公式 $(7-5-4)$.

多元复合函数的求导或求偏导公式较难记忆,我们可以根据复合函数各变量之间的相互依赖关系图来写出求导公式. 以函数

$$z = f(u,v), \quad u = u(x,y), \quad v = v(x,y)$$

的复合函数

$$z = f(u(x,y),v(x,y))$$

求偏导为例,具体做法如下:

(1) 作出各变量之间相互依赖关系图(见图 $7-5-1$);

(2) 求 $\dfrac{\partial z}{\partial x}$ 时,由于从 z 到 x 有两条路线,故 $\dfrac{\partial z}{\partial x}$ 是两项之和;

(3) 走第一条路线 $z \to u \to x$ 时,得到第一项为 $\dfrac{\partial z}{\partial u} \cdot \dfrac{\partial u}{\partial x}$;

(4) 走第二条路线 $z \to v \to x$ 时,得到第二项为 $\dfrac{\partial z}{\partial v} \cdot \dfrac{\partial v}{\partial x}$.

由此可写出

$$\frac{\partial z}{\partial x} = \frac{\partial z}{\partial u} \cdot \frac{\partial u}{\partial x} + \frac{\partial z}{\partial v} \cdot \frac{\partial v}{\partial x}.$$

类似可写出

$$\frac{\partial z}{\partial y} = \frac{\partial z}{\partial u} \cdot \frac{\partial u}{\partial y} + \frac{\partial z}{\partial v} \cdot \frac{\partial v}{\partial y}.$$

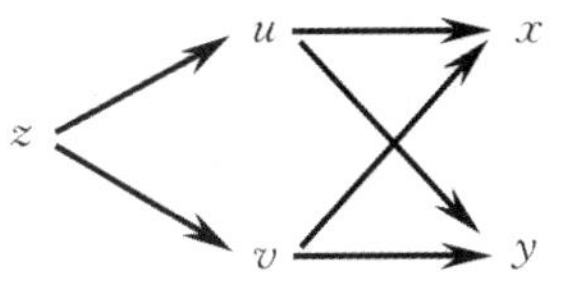

图 7 - 5 - 1 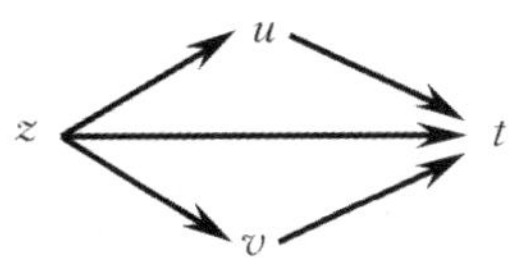　　　　　　　　　　图 7 - 5 - 2

例 1　设 $z = f(u,v,t) = uv + \sin t, u = \mathrm{e}^t, v = \cos t$,求全导数 $\dfrac{\mathrm{d}z}{\mathrm{d}t}$.

解　先作出各变量之间的相互依赖关系图(见图 7 - 5 - 2),根据图 7 - 5 - 2 写出求导公式:

$$\frac{\mathrm{d}z}{\mathrm{d}t} = \frac{\partial f}{\partial u} \cdot \frac{\mathrm{d}u}{\mathrm{d}t} + \frac{\partial f}{\partial v} \cdot \frac{\mathrm{d}v}{\mathrm{d}t} + \frac{\partial f}{\partial t}.$$

因为 $\dfrac{\partial f}{\partial u} = v, \dfrac{\partial f}{\partial v} = u, \dfrac{\mathrm{d}u}{\mathrm{d}t} = \mathrm{e}^t, \dfrac{\mathrm{d}v}{\mathrm{d}t} = -\sin t, \dfrac{\partial f}{\partial t} = \cos t$,所以有

$$\frac{\mathrm{d}z}{\mathrm{d}t} = v\mathrm{e}^t - u\sin t + \cos t = \cos t \cdot \mathrm{e}^t - \mathrm{e}^t \sin t + \cos t$$

$$= \mathrm{e}^t(\cos t - \sin t) + \cos t.$$

本题可把 $u = \mathrm{e}^t, v = \cos t$ 代入 $z = uv + \sin t$,得 $z = \mathrm{e}^t \cos t + \sin t$,然后对 t 求导,结果与上式相同.

例 2　设 $z = (3x^2 + y^2)^{2x+3y}(xy \neq 0)$,求 $\dfrac{\partial z}{\partial x}$ 和 $\dfrac{\partial z}{\partial y}$.

解　设 $u = 3x^2 + y^2, v = 2x + 3y$,则 $z = (3x^2 + y^2)^{2x+3y}$ 是由 $z = u^v$ 与 $u = 3x^2 + y^2$, $v = 2x + 3y$ 复合而成. 由复合函数求导公式得

$$\frac{\partial z}{\partial x} = \frac{\partial z}{\partial u} \cdot \frac{\partial u}{\partial x} + \frac{\partial z}{\partial v} \cdot \frac{\partial v}{\partial x} = vu^{v-1} \cdot 6x + u^v \ln u \cdot 2$$

$$= 6x(2x + 3y)(3x^2 + y^2)^{2x+3y-1} + 2(3x^2 + y^2)^{2x+3y} \ln(3x^2 + y^2),$$

$$\frac{\partial z}{\partial y} = \frac{\partial z}{\partial u} \cdot \frac{\partial u}{\partial y} + \frac{\partial z}{\partial v} \cdot \frac{\partial v}{\partial y} = vu^{v-1} \cdot 2y + u^v \ln u \cdot 3$$

$$= 2y(2x + 3y)(3x^2 + y^2)^{2x+3y-1} + 3(3x^2 + y^2)^{2x+3y} \ln(3x^2 + y^2).$$

例 3　设 $z = f(x,y,u) = \mathrm{e}^{xy} + u, u = \varphi(x,y) = 3x + 2y$,求 $\dfrac{\partial z}{\partial x}, \dfrac{\partial z}{\partial y}$ 和 $\dfrac{\partial^2 z}{\partial x \partial y}$.

解　根据各变量之间的相互依赖关系图写出求导公式:

$$\frac{\partial z}{\partial x} = \frac{\partial f}{\partial x} + \frac{\partial f}{\partial u} \cdot \frac{\partial u}{\partial x} = y\mathrm{e}^{xy} + 3,$$

$$\frac{\partial z}{\partial y} = \frac{\partial f}{\partial y} + \frac{\partial f}{\partial u} \cdot \frac{\partial u}{\partial y} = x\mathrm{e}^{xy} + 2,$$

于是得

$$\frac{\partial^2 z}{\partial x \partial y} = \frac{\partial}{\partial y}\left(\frac{\partial z}{\partial x}\right) = \frac{\partial}{\partial y}(y\mathrm{e}^{xy} + 3) = \mathrm{e}^{xy} + y\mathrm{e}^{xy}x = \mathrm{e}^{xy}(1 + xy).$$

注:这里 $\dfrac{\partial z}{\partial x}$ 与 $\dfrac{\partial f}{\partial x}$ 是不同的,$\dfrac{\partial z}{\partial x}$ 是把复合函数 $z = f(x,y,\varphi(x,y))$ 中的 y 看作常量而对 x 求偏导数,$\dfrac{\partial f}{\partial x}$ 是把函数 $z = f(x,y,u)$ 中的 u 及 y 看作常量而对 x 求偏导数. $\dfrac{\partial z}{\partial y}$ 与 $\dfrac{\partial f}{\partial y}$ 也有

类似的区别.

二、隐函数的求导公式

我们曾经介绍过怎样求由方程 $F(x,y)=0$ 所确定的隐函数 $y=y(x)$ 的导数. 现在介绍怎样用偏导数来求由方程所确定的隐函数的导数.

1. 由方程 $F(x,y)=0$ 所确定的隐函数 $y=y(x)$ 的导数

将 $y=y(x)$ 代入 $F(x,y)=0$,得 $F(x,y(x))=0$. 将等式 $F(x,y(x))=0$ 的左边看成是 x 的复合函数,求其全导数,可得

$$\frac{\partial F}{\partial x}+\frac{\partial F}{\partial y}\cdot\frac{\mathrm{d}y}{\mathrm{d}x}=0.$$

当 $F_y(x,y)\neq 0$ 时,可得

$$\frac{\mathrm{d}y}{\mathrm{d}x}=-\frac{F_x(x,y)}{F_y(x,y)}. \tag{7-5-5}$$

例 4　求由方程 $xy+\mathrm{e}^{-x}-\mathrm{e}^y=0$ 所确定的隐函数 $y=y(x)$ 的导数 $\dfrac{\mathrm{d}y}{\mathrm{d}x}$ 和 $\dfrac{\mathrm{d}y}{\mathrm{d}x}\Big|_{x=0}$.

解　令 $F(x,y)=xy+\mathrm{e}^{-x}-\mathrm{e}^y$,则

$$F_x(x,y)=y-\mathrm{e}^{-x},\quad F_y(x,y)=x-\mathrm{e}^y,$$

故

$$\frac{\mathrm{d}y}{\mathrm{d}x}=-\frac{F_x(x,y)}{F_y(x,y)}=\frac{\mathrm{e}^{-x}-y}{x-\mathrm{e}^y}.$$

由原方程知,当 $x=0$ 时,$y=0$,所以

$$\frac{\mathrm{d}y}{\mathrm{d}x}\Big|_{x=0}=\frac{\mathrm{e}^{-x}-y}{x-\mathrm{e}^y}\Big|_{\substack{x=0\\y=0}}=-1.$$

2. 由方程 $F(x,y,z)=0$ 所确定的隐函数 $z=z(x,y)$ 的偏导数

(7-5-5)式可应用于 F 含两个以上变量的情况. 例如,求由三元方程 $F(x,y,z)=0$ 所确定的隐函数 $z=z(x,y)$ 的偏导数时,可分别将 y 和 x 看作常量,应用公式(7-5-5)得到

$$\frac{\partial z}{\partial x}=-\frac{F_x}{F_z},\quad \frac{\partial z}{\partial y}=-\frac{F_y}{F_z},$$

其中 F_x 表示函数 $F(x,y,z)$ 对 x 求偏导数,F_y 与 F_z 的含义类似.

例 5　求由方程 $\dfrac{x}{z}=\ln\dfrac{z}{y}$ 所确定的隐函数 $z=z(x,y)$ 的偏导数 $\dfrac{\partial z}{\partial x},\dfrac{\partial z}{\partial y}$.

解　令 $F(x,y,z)=\dfrac{x}{z}-\ln\dfrac{z}{y}=\dfrac{x}{z}-\ln z+\ln y$,则

$$F_x=\frac{1}{z},\quad F_y=\frac{1}{y},\quad F_z=-\frac{x}{z^2}-\frac{1}{z}=-\frac{x+z}{z^2}.$$

所以

$$\frac{\partial z}{\partial x}=-\frac{F_x}{F_z}=\frac{z}{x+z},\quad \frac{\partial z}{\partial y}=-\frac{F_y}{F_z}=\frac{z^2}{y(x+z)}.$$

练　习　7.5

1. 设 $z=\mathrm{e}^{x+y},x=\sin t,y=\cos t$,求全导数 $\dfrac{\mathrm{d}z}{\mathrm{d}t}$.

2. 设 $z=u^2v^2+\mathrm{e}^{2t},u=\sin t,v=\cos t$,求全导数 $\dfrac{\mathrm{d}z}{\mathrm{d}t}$.

3. 设 $z = u^2 \ln v, u = \dfrac{x}{y}, v = x + y$, 求 $\dfrac{\partial z}{\partial x}$ 和 $\dfrac{\partial z}{\partial y}$.

4. 设 $z = (2x + y)^{2x+y}$, 求 $\dfrac{\partial z}{\partial x}$ 和 $\dfrac{\partial z}{\partial y}$.

5. 设 $z = \arctan \dfrac{u}{v}, u = x + y, v = x - y$, 证明: $\dfrac{\partial z}{\partial x} + \dfrac{\partial z}{\partial y} = \dfrac{x - y}{x^2 + y^2}$.

6. 求下列复合函数的一阶偏导数(其中 f 可微):

(1) $w = f(u,v), u = x^2 - y^2, v = xy$;

(2) $w = f(u,v), u = \dfrac{x}{y}, v = \dfrac{y}{z}$.

7. 已知 $\ln \sqrt{x^2 + y^2} = \arctan \dfrac{y}{x}$, 求 $\dfrac{\mathrm{d}y}{\mathrm{d}x}$.

8. 已知 $x + 2y + z - 2\sqrt{xyz} = 0$, 求 $\dfrac{\partial z}{\partial x}$ 和 $\dfrac{\partial z}{\partial y}$.

9. 已知 $2\sin(x + 2y - 3z) = x + 2y - 3z$, 证明: $\dfrac{\partial z}{\partial x} + \dfrac{\partial z}{\partial y} = 1$.

§7.6　多元函数的极值及其求法

在实际问题中,常常需要求出多元函数的最大值和最小值. 与一元函数的情形类似,多元函数的最大值、最小值与极大值、极小值有着密切关系. 我们主要以二元函数为例来讨论多元函数的极值问题.

一、二元函数的极值

定义 1　设函数 $z = f(x,y)$ 在点 (x_0, y_0) 的某一邻域内有定义. 如果对于该邻域内任一异于 (x_0, y_0) 的点 (x,y), 都有
$$f(x,y) < f(x_0, y_0),$$
则称 $f(x_0, y_0)$ 是函数 $z = f(x,y)$ 的**极大值**;如果
$$f(x,y) > f(x_0, y_0),$$
则称 $f(x_0, y_0)$ 是函数 $z = f(x,y)$ 的**极小值**.

极大值、极小值统称为**极值**. 使函数取得极值的点称为**极值点**.

例如:

(1) 函数 $z = 2x^2 + 3y^2$ 在点 $(0,0)$ 处有极小值 0;

(2) 函数 $z = 1 - x^2 - y^2$ 在点 $(0,0)$ 处有极大值 1;

(3) 点 $(0,0)$ 不是函数 $z = f(x,y) = xy$ 的极值点.

以上关于二元函数的极值概念,可推广到 $n(n \geqslant 3)$ 元函数的情形.

在一元函数中,若函数在点 x_0 处有极值且可导,则函数在该点处的导数必为 0. 对于多元函数也有类似的结论.

定理 1(必要条件)　设函数 $z = f(x,y)$ 在点 (x_0, y_0) 处具有偏导数,且在点 (x_0, y_0) 处有极值,则它在该点的偏导数必然为零,即
$$f_x(x_0, y_0) = 0, \quad f_y(x_0, y_0) = 0. \tag{证明略}$$
使 $f_x(x,y) = 0, f_y(x,y) = 0$ 同时成立的点 (x_0, y_0) 称为函数 $z = f(x,y)$ 的**驻点**.

注:函数偏导数存在的极值点必定是驻点,但函数的驻点不一定是极值点.

例如,函数 $f(x,y) = xy$ 在点 $(0,0)$ 处的两个偏导数都为零,即点 $(0,0)$ 是 $f(x,y) = xy$

的驻点,但函数 $f(x,y) = xy$ 在点 $(0,0)$ 处无极值.

定理 2（充分条件） 设函数 $z = f(x,y)$ 在点 (x_0,y_0) 的某邻域内有直到二阶的连续偏导数,且点 (x_0,y_0) 是 $f(x,y)$ 的驻点,记

$$f_{xx}(x_0,y_0) = A, \quad f_{xy}(x_0,y_0) = B, \quad f_{yy}(x_0,y_0) = C.$$

(1) 当 $AC - B^2 > 0$ 时,函数 $f(x,y)$ 在点 (x_0,y_0) 处有极值,且当 $A > 0$ 时有极小值,当 $A < 0$ 时有极大值;

(2) 当 $AC - B^2 < 0$ 时,函数 $f(x,y)$ 在点 (x_0,y_0) 处没有极值;

(3) 当 $AC - B^2 = 0$ 时,函数 $f(x,y)$ 在点 (x_0,y_0) 处可能有极值,也可能没有极值(需另做讨论). （证明略）

根据定理 1 与定理 2,如果函数 $f(x,y)$ 具有二阶连续偏导数,则求函数 $z = f(x,y)$ 的极值的一般步骤如下:

第一步,解方程组 $f_x(x,y) = 0, f_y(x,y) = 0$,求出 $f(x,y)$ 的所有驻点;

第二步,求出函数 $f(x,y)$ 的二阶偏导数,然后依次确定函数在驻点处的 A,B,C 的值;

第三步,根据 $AC - B^2$ 的符号来判定驻点是否为极值点,最后求出函数 $f(x,y)$ 在极值点处的极值.

例 1 求函数 $f(x,y) = x^3 - y^3 + 3x^2 + 3y^2 - 9x$ 的极值.

解 先求驻点. 解方程组

$$\begin{cases} f_x(x,y) = 3x^2 + 6x - 9 = 0, \\ f_y(x,y) = -3y^2 + 6y = 0, \end{cases}$$

求得 $x = 1$ 或 $-3, y = 0$ 或 2. 于是得驻点为 $(1,0),(1,2),(-3,0),(-3,2)$.

再求出二阶偏导数:

$$f_{xx}(x,y) = 6x + 6, \quad f_{xy}(x,y) = 0, \quad f_{yy}(x,y) = -6y + 6.$$

在点 $(1,0)$ 处,$AC - B^2 = 72 > 0$,因为 $A = 12 > 0$,所以函数在 $(1,0)$ 处有极小值 $f(1,0) = -5$;

在点 $(1,2)$ 处,$AC - B^2 = -72 < 0$,所以 $f(1,2)$ 不是函数的极值;

在点 $(-3,0)$ 处,$AC - B^2 = -72 < 0$,所以 $f(-3,0)$ 不是函数的极值;

在点 $(-3,2)$ 处,$AC - B^2 = 72 > 0$,因为 $A = -12 < 0$,所以函数在 $(-3,2)$ 处有极大值 $f(-3,2) = 31$.

注:不是驻点的点也可能是极值点. 例如,函数 $z = \sqrt{x^2 + y^2}$ 在点 $(0,0)$ 处有极小值 0,而该函数在点 $(0,0)$ 处的偏导数不存在,即点 $(0,0)$ 不是该函数的驻点. 因此,在讨论函数的极值问题时,除了考虑函数的驻点外,还要考虑偏导数不存在的点.

二、二元函数的最大值和最小值

在有界闭区域 D 上的二元连续函数一定有最大值或最小值. 求函数 $f(x,y)$ 在区域 D 上的最大值和最小值的一般步骤如下:

(1) 求函数 $f(x,y)$ 在 D 内所有驻点及偏导数不存在的点处的函数值;

(2) 求 $f(x,y)$ 在 D 的边界上的最大值和最小值;

(3) 将前两步得到的所有函数值进行比较,其中最大者即为最大值,最小者即为最小值.

在通常遇到的实际问题中,如果根据问题的实际意义,可以判断出二元函数的最大值(最小值)一定在区域 D 的内部取得,而该函数在 D 内只有一个驻点,则可以断定该驻点处的函

数值就是该函数在 D 上的最大值(最小值).

三、条件极值 拉格朗日乘数法

在前面我们求二元函数 $z = f(x,y)$ 的极值时,函数的两个自变量 x 与 y 是相互独立的,即不受其他条件约束,此时的极值称为**无条件极值**(简称**极值**). 如果 x 与 y 之间还要满足条件 $\varphi(x,y) = 0$(称为约束条件或约束方程),则这时所求的极值称为**条件极值**.

例如,在平面直角坐标系中,求圆 $(x-3)^2 + (y-3)^2 = 1$ 上的点到坐标原点$(0,0)$的最大距离和最小距离. 此问题即为条件极值问题.

下面介绍求条件极值的**拉格朗日乘数法**.

求二元函数 $z = f(x,y)$ 在约束条件 $\varphi(x,y) = 0$ 下的极值的步骤如下:

(1)作辅助函数(称为拉格朗日函数)
$$F(x,y,\lambda) = f(x,y) + \lambda\varphi(x,y);$$

(2)求 $F(x,y,\lambda)$ 对 x, y 和 λ 的一阶偏导数,并令它们等于 0,得方程组:
$$\begin{cases} F_x = f_x(x,y) + \lambda\varphi_x(x,y) = 0, \\ F_y = f_y(x,y) + \lambda\varphi_y(x,y) = 0, \\ F_\lambda = \varphi(x,y) = 0; \end{cases}$$

(3)由上述方程组解出 x, y 和 λ,其中(x,y)就可能是所求条件极值的极值点. 一般可以根据具体问题的性质进行判别.

拉格朗日乘数法可推广到自变量多于两个而约束条件多于一个的情形. 例如,要求函数 $u = f(x,y,z)$ 在约束条件
$$\varphi(x,y,z) = 0, \quad \psi(x,y,z) = 0$$
下的极值问题,可以先作拉格朗日函数
$$F(x,y,z,\lambda,\mu) = f(x,y,z) + \lambda\varphi(x,y,z) + \mu\psi(x,y,z),$$
然后再按类似的步骤求出极值.

例 2 求函数 $f(x,y) = x^2 + y^2 - x - y$ 在有界闭区域
$$D = \{(x,y) \mid x^2 + y^2 \leqslant 1\}$$
上的最大值与最小值.

解 (1)先求函数在 D 内的驻点. 解方程组
$$\begin{cases} f_x(x,y) = 2x - 1 = 0, \\ f_y(x,y) = 2y - 1 = 0, \end{cases}$$
得函数在 D 内部唯一驻点 $\left(\dfrac{1}{2}, \dfrac{1}{2}\right)$.

(2)再求 $f(x,y)$ 在 D 的边界上的最值,即求 $f(x,y)$ 在约束条件 $x^2 + y^2 = 1$ 下的极值. 设
$$F(x,y,\lambda) = x^2 + y^2 - x - y + \lambda(x^2 + y^2 - 1),$$
求 $F(x,y,\lambda)$ 对 x, y 和 λ 的一阶偏导数,并令它们等于 0,得方程组
$$\begin{cases} F_x = 2x - 1 + 2x\lambda = 0, \\ F_y = 2y - 1 + 2y\lambda = 0, \\ F_\lambda = x^2 + y^2 - 1 = 0. \end{cases}$$
由上述方程组的前两个方程得 $x = y = \dfrac{1}{2 + 2\lambda}$,代入第三个方程得 $f(x,y)$ 在区域 D 的边界上的极值点为

$$\left(\frac{\sqrt{2}}{2},\frac{\sqrt{2}}{2}\right),\quad\left(-\frac{\sqrt{2}}{2},-\frac{\sqrt{2}}{2}\right).$$

计算得

$$f\left(\frac{1}{2},\frac{1}{2}\right)=-\frac{1}{2},\quad f\left(\frac{\sqrt{2}}{2},\frac{\sqrt{2}}{2}\right)=1-\sqrt{2},\quad f\left(-\frac{\sqrt{2}}{2},-\frac{\sqrt{2}}{2}\right)=1+\sqrt{2}.$$

由于

$$-\frac{1}{2}<1-\sqrt{2}<1+\sqrt{2},$$

因此 $f(x,y)$ 在区域 D 上的最大值为 $f\left(-\frac{\sqrt{2}}{2},-\frac{\sqrt{2}}{2}\right)=1+\sqrt{2}$，最小值为 $f\left(\frac{1}{2},\frac{1}{2}\right)=-\frac{1}{2}$.

例3　某工厂在生产中使用甲、乙两种原料来生产某种产品. 已知甲、乙两种原料分别使用 x 单位和 y 单位可生产 $Q(x,y)$ 单位的该种产品,它们之间有如下关系:

$$Q(x,y)=10xy+20.2x+30.3y-10x^2-5y^2.$$

已知甲原料单价为 20 元/单位,乙原料单价为 30 元/单位,生产出来的该种产品每单位的售价为 100 元,产品固定成本为 1 000 元,求该公司的最大利润.

解　当甲、乙两种原料分别使用 x 单位和 y 单位时,总收入为 $100Q(x,y)$(元),总成本为 $20x+30y+1\,000$(元). 若设总利润为 $L(x,y)$,则

$$\begin{aligned}L(x,y)&=100Q(x,y)-(20x+30y+1\,000)\\&=1\,000xy+2\,000x+3\,000y-1\,000x^2-500y^2-1\,000(\text{元}).\end{aligned}$$

解方程组

$$\begin{cases}L_x(x,y)=1\,000y+2\,000-2\,000x=0,\\L_y(x,y)=1\,000x+3\,000-1\,000y=0,\end{cases}$$

得函数 $L(x,y)$ 的唯一驻点 $(5,8)$. 由于

$$A=L_{xx}(5,8)=-2\,000,\quad B=L_{xy}(5,8)=1\,000,\quad C=L_{yy}(5,8)=-1\,000,$$

故 $AC-B^2=1\,000\,000>0$,而 $A=-2\,000<0$,故 $L(x,y)$ 在点 $(5,8)$ 处取极大值 $L(5,8)=16\,000$,所以该公司的最大利润为 16 000 元.

练　习　7.6

1. 求下列函数的极值:

(1) $f(x,y)=x^3+y^3-3xy$;

(2) $f(x,y)=-\frac{1}{2}x^2+4xy-9y^2-3x+14y-\frac{1}{2}$;

(3) $f(x,y)=(x+y^2)e^{\frac{x}{2}}$.

2. 求下列函数在给定条件下的极大值或极小值:

(1) $f(x,y)=xy,\quad x+y=2$,极大值;

(2) $f(x,y)=xy-1,\quad (x-1)(y-1)=1$,极小值.

3. 求表面积为 $a^2(a>0)$ 而体积为最大的长方体的体积.

4. 求椭圆 $\frac{x^2}{a^2}+\frac{y^2}{b^2}=1$ 的内接矩形的面积最大值.

5. 某工厂生产甲、乙两种产品,甲产品的售价为 900 元/t,乙种产品的售价为 1 000 元/t,已知生产 x t 甲种产品和 y t 乙种产品的总成本为

$$C(x,y)=30\,000+300x+200y+3x^2+xy+3y^2(\text{元}).$$

问甲、乙两种产品的产量分别为多少时,利润最大?

6.求函数 $z = xy$ 在区域 $D = \{(x,y) \mid x^2 + y^2 \leqslant 1\}$ 上的最大值与最小值.

习　题　七

（A）

1.求下列函数的定义域,并画出其在平面直角坐标系中的图形:

(1)$z = \sin \dfrac{1}{x^2 + y^2 - 1}$;

(2)$z = \sqrt{1 - x^2} + \sqrt{1 - y^2}$;

(3)$f(x,y) = \ln(x - y)$;

(4)$f(x,y) = \arcsin(x^2 + y^2 - 3)$.

2.已知 $f(x - y, \sqrt{xy}) = x^2 + y^2$,求 $f(x,y)$.

3.计算下列极限:

(1) $\lim\limits_{\substack{x \to 0 \\ y \to 1}} \dfrac{2^x + y}{x + y}$;

(2) $\lim\limits_{(x,y) \to (5,0)} \dfrac{\sin(xy)}{y}$;

(3) $\lim\limits_{\substack{x \to \infty \\ y \to 1}} \left(1 + \dfrac{1}{x}\right)^{\frac{x^2}{x + y}}$;

(4) $\lim\limits_{(x,y) \to (0,0)} \dfrac{\sin(x^3 + y^3)}{x + y}$.

4.证明:$\lim\limits_{\substack{x \to \infty \\ y \to \infty}} \dfrac{x + y}{x^2 - xy + y^2} = 0$.

5.讨论极限 $\lim\limits_{(x,y) \to (0,0)} \dfrac{x^2 y}{x^4 + y^2}$ 是否存在.

6.讨论函数

$$f(x,y) = \begin{cases} \dfrac{x^2 - y^2}{x + y}, & (x,y) \neq (0,0), \\ 0, & (x,y) = (0,0) \end{cases}$$

在点$(0,0)$ 处是否连续.

7.求下列函数的一阶偏导数:

(1)$z = x^3 y - xy^3$;

(2)$z = \sin(xy) + \cos^2(xy)$;

(3)$z = \ln \tan \dfrac{y}{x}$;

(4)$z = (1 + xy)^x$.

8.求下列函数的二阶偏函数$\dfrac{\partial^2 z}{\partial x^2}, \dfrac{\partial^2 z}{\partial x \partial y}, \dfrac{\partial^2 z}{\partial y^2}$:

(1)$z = x e^{y^2}$;

(2)$z = \arctan \dfrac{y}{x}$.

9.设方程 $x + y - z = e^z$ 确定了隐函数 $z = z(x,y)$,求$\dfrac{\partial^2 z}{\partial x^2}, \dfrac{\partial^2 z}{\partial y^2}$.

10.求 $u = x^y y^z z^x$ 的全微分$(x > 0, y > 0, z > 0)$.

11.设函数 $z = f(x,y) = \displaystyle\int_0^{xy} e^{-t^2} \, dt$,求$\dfrac{\partial z}{\partial x}$ 和$\dfrac{\partial z}{\partial y}$.

12.证明函数

$$f(x,y) = \begin{cases} (x^2 + y^2) \sin \dfrac{1}{x^2 + y^2}, & (x,y) \neq (0,0), \\ 0, & (x,y) = (0,0) \end{cases}$$

在点$(0,0)$ 处可微.

13.求下列函数的极值:

(1) $f(x,y) = x^2 + y^3 - 6xy + 18x - 39y + 16$；

(2) $f(x,y) = 3xy - x^3 - y^3 + 1$.

14. 求函数 $f(x,y) = x^2 - 2xy + 2y$ 在矩形区域 $D = \{(x,y) \mid 0 \leqslant x \leqslant 3, 0 \leqslant y \leqslant 2\}$ 上的最大值和最小值.

15. 某工厂生产甲、乙两种产品的日产量分别为 x 件和 y 件，总成本函数为
$$C(x,y) = 1\,000 + 8x^2 - xy + 12y^2 \text{（元）},$$
要求每天生产这两种产品的总量为 42 件. 问甲、乙两种产品的日产量分别为多少时，成本最低？

16. 假设某公司可通过电视台和报纸两种方式做销售某种商品的广告. 根据资料统计，销售收入 R（万元）与电视台广告费用 x（万元）和报纸广告费用 y（万元）之间的关系如下：
$$R(x,y) = 15 + 14x + 32y - 8xy - 2x^2 - 10y^2 \text{（万元）}.$$

(1) 在广告费用不限的情况下，求最优广告策略；

(2) 若广告费用为 2 万元，求相应的最优广告策略.

17. 设 $z = xy + xf(u)$，而 $u = \dfrac{y}{x}$，$f(u)$ 为可导函数，证明：
$$x\frac{\partial z}{\partial x} + y\frac{\partial z}{\partial y} = z + xy.$$

（B）

1. 选择题：

(1) 设函数 $f(x,y)$ 可微，且对任意的 x,y，都有 $\dfrac{\partial f(x,y)}{\partial x} > 0, \dfrac{\partial f(x,y)}{\partial y} < 0$，则使得 $f(x_1, y_1) < f(x_2, y_2)$ 成立的一个充分条件是（　）.

A. $x_1 > x_2, y_1 < y_2$ 　　　　　　B. $x_1 > x_2, y_1 > y_2$

C. $x_1 < x_2, y_1 < y_2$ 　　　　　　D. $x_1 < x_2, y_1 > y_2$ 　　　　（2012 考研数二）

(2) 设 $z = \dfrac{y}{x} f(xy)$，其中函数 f 可微，则 $\dfrac{x}{y} \cdot \dfrac{\partial z}{\partial x} + \dfrac{\partial z}{\partial y} = $（　）.

A. $2yf'(xy)$ 　　　B. $-2yf'(xy)$ 　　　C. $\dfrac{2}{x}f(xy)$ 　　　D. $-\dfrac{2}{x}f(xy)$ 　（2013 考研数二）

(3) 设函数 $u(x,y)$ 在有界闭区域 D 上连续，在 D 的内部有二阶连续偏导数，且满足 $\dfrac{\partial^2 u}{\partial x \partial y} \neq 0, \dfrac{\partial^2 u}{\partial x^2} + \dfrac{\partial^2 u}{\partial y^2} = 0$，则（　）.

A. $u(x,y)$ 的最大值和最小值都在 D 的边界上取得

B. $u(x,y)$ 的最大值和最小值都在 D 的内部取得

C. $u(x,y)$ 的最大值在 D 的内部取得，最小值在 D 的边界上取得

D. $u(x,y)$ 的最小值在 D 的内部取得，最大值在 D 的边界上取得 　　　　（2014 考研数二）

(4) 设函数 $f(u,v)$ 满足 $f\left(x+y, \dfrac{y}{x}\right) = x^2 - y^2$，则 $\left.\dfrac{\partial f}{\partial u}\right|_{\substack{u=1 \\ v=1}}$ 与 $\left.\dfrac{\partial f}{\partial v}\right|_{\substack{u=1 \\ v=1}}$ 依次是（　）.

A. $\dfrac{1}{2}, 0$ 　　　B. $0, \dfrac{1}{2}$ 　　　C. $-\dfrac{1}{2}, 0$ 　　　D. $0, -\dfrac{1}{2}$ 　　（2015 考研数二）

2. 填空题：

(1) 设 $z = f\left(\ln x + \dfrac{1}{y}\right)$，其中函数 $f(u)$ 可微，则 $x\dfrac{\partial z}{\partial x} + y^2\dfrac{\partial z}{\partial y} = $ _____. 　　（2012 考研数二）

(2) 设函数 $z = f(x,y)$ 在点 $(0,1)$ 处可微，且满足
$$\lim_{\substack{x \to 0 \\ y \to 1}} \frac{f(x,y) - 2x + y - 2}{\sqrt{x^2 + (y-1)^2}} = 0,$$

则 $\mathrm{d}z\Big|_{(0,1)} = $ _____. 　　　　　　　　　　　　　　　　　（2012 考研数三）

(3) 设函数 $z = z(x, y)$ 由方程 $(z + y)^x = xy$ 所确定,则 $\left. \dfrac{\partial z}{\partial x} \right|_{(1,2)} = $ _____.　　(2013 考研数三)

(4) 设 $z = z(x, y)$ 是由方程 $\mathrm{e}^{2yz} + x + y^2 + z = \dfrac{7}{4}$ 所确定的函数,则 $\mathrm{d}z \left. \right|_{\left(\frac{1}{2}, \frac{1}{2} \right)} = $ _____.

　　　　　　　　　　　　　　　　　　　　　　　　　　　　　　　　　　(2014 考研数二)

(5) 若函数 $z = z(x, y)$ 由方程 $\mathrm{e}^{x + 2y + 3z} + xyz = 1$ 所确定,则 $\mathrm{d}z \left. \right|_{(0,0)} = $ _____.　(2015 考研数三)

3. 求 $f(x, y) = x\mathrm{e}^{-\frac{x^2 + y^2}{2}}$ 的极值.　　　　　　　　　　　　　　　　　　　(2012 考研数二)

4. 某企业为生产甲、乙两种型号的产品,投入固定成本 10 000 万元. 设该企业生产甲、乙两种产品的产量分别为 x 件和 y 件,且固定两种产品的边际成本分别为 $20 + \dfrac{x}{2}$(万元 / 件) 与 $6 + y$(万元 / 件).

(1) 求生产甲、乙两种产品的总成本函数 $C(x, y)$;

(2) 当总产量为 50 件时,甲、乙两种产品的产量各为多少时可以使总成本最小?求最小的成本;

(3) 求总产量为 50 件且总成本最小时甲产品的边际成本,并解释其经济意义.　　(2012 考研数三)

5. 设生产某产品的固定成本为 6 000 元,可变成本为 20 元 / 件,价格函数为 $P = 60 - \dfrac{Q}{1\,000}$($P$ 是单价,单位:元;Q 是销量,单位:件). 已知产销平衡,求:

(1) 该产品的边际利润;

(2) $P = 50$ 时的边际利润,并解释其经济意义;

(3) 使得利润最大的定价 P.　　　　　　　　　　　　　　　　　　　　　　(2013 考研数三)

6. 设函数 $y = y(x)$ 由方程 $x^2 + y^2 y' = 1 - y'$ 所确定,且 $y(2) = 0$,求 $y = y(x)$ 的极值.

　　　　　　　　　　　　　　　　　　　　　　　　　　　　　　　　　　(2014 考研数二)

7. 设函数 $f(u)$ 具有二阶连续导数,函数 $z = f(\mathrm{e}^x \cos y)$ 满足

$$\frac{\partial^2 z}{\partial x^2} + \frac{\partial^2 z}{\partial y^2} = (4z + \mathrm{e}^x \cos y)\mathrm{e}^{2x}, \quad f(0) = f'(0) = 0,$$

求 $f(u)$ 的表达式.　　　　　　　　　　　　　　　　　　　　　(2014 考研数一、二、三)

8. 已知函数 $f(x, y)$ 满足

$$f_{xy}(x, y) = 2(y + 1)\mathrm{e}^x, \quad f_x(x, 0) = (x + 1)\mathrm{e}^x, \quad f(0, y) = y^2 + 2y,$$

求 $f(x, y)$ 的极值.　　　　　　　　　　　　　　　　　　　　　　　(2015 考研数二)

第 8 章

二重积分

本章主要介绍二元函数的积分(重积分).

§8.1 二重积分的概念与性质

在一元函数积分学中我们已经知道,定积分是某种特定的和式的极限. 本章我们把一元函数定积分的概念推广到二元函数的情形,建立二重积分的概念,并讨论它的计算方法.

一、引例

求曲顶柱体的体积.

设有一立体,它的底是 xOy 面上的有界闭区域 D,它的侧面是以 D 的边界曲线为准线而母线平行于 z 轴的柱面,它的顶是曲面 $z = f(x,y)$.这里假设 $f(x,y) \geqslant 0$,且 $f(x,y)$ 在 D 上连续,如图 $8-1-1(a)$ 所示.现在我们来讨论:如何求这个曲顶柱体的体积.

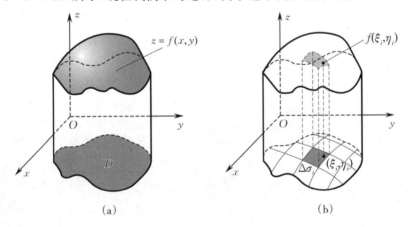

(a)　　　　　　　　　　(b)

图 $8-1-1$

我们知道,平顶柱体的体积可用下面公式来计算:

$$体积 = 底面积 \times 高.$$

但曲顶柱体的高是变化的,不能按上述公式来计算其体积. 我们同样可以用类似于曲边梯形面积的计算方法:先在局部上"以平顶柱体代替曲顶柱体",求得小曲顶柱体体积的近似值;然后通过做和、取极限,得到这个曲顶柱体体积的精确值. 也就是说,可以用"分割、近似、做和、取极限"的方法来求曲顶柱体的体积.

先将区域 D 分割成 n 个小区域 $\Delta\sigma_1,\Delta\sigma_2,\cdots,\Delta\sigma_n$,同时也用 $\Delta\sigma_i(i=1,2,\cdots,n)$ 表示第 i 个小区域的面积. 以每个小区域的边界曲线为准线,作母线平行于 z 轴的柱面,这样就把给定的曲顶柱体分割成了 n 个小曲顶柱体. 用 d_i 表示第 i 个小区域内任意两点之间的距离的最大值(也称为第 i 个小区域的直径)$(i=1,2,\cdots,n)$,并记

$$d=\max\{d_1,d_2,\cdots,d_n\}.$$

当分割很细密,即 $d\to 0$ 时,由于 $z=f(x,y)$ 是连续变化的,因此在每个小区域 $\Delta\sigma_i$ 上,各点高度变化不大,可以近似看作平顶柱体. 在 $\Delta\sigma_i$ 上任意取一点 (ξ_i,η_i),把这点的高度 $f(\xi_i,\eta_i)$ 作为第 i 个小平顶柱体的高,如图 8-1-1(b) 所示. 所以第 i 个小曲顶柱体的体积的近似值为

$$\Delta V_i\approx f(\xi_i,\eta_i)\Delta\sigma_i,$$

故所求曲顶柱体体积的近似值为

$$V=\sum_{i=1}^{n}\Delta V_i\approx\sum_{i=1}^{n}f(\xi_i,\eta_i)\Delta\sigma_i.$$

当分割越来越细,小区域 $\Delta\sigma_i$ 的直径越来越小,并逐渐收缩成接近一点时,$\sum_{i=1}^{n}f(\xi_i,\eta_i)\Delta\sigma_i$ 就越来越接近 V. 若令 $d\to 0$,对 $\sum_{i=1}^{n}f(\xi_i,\eta_i)\Delta\sigma_i$ 取极限,则该极限值就是曲顶柱体的体积 V,即

$$V=\lim_{d\to 0}\sum_{i=1}^{n}f(\xi_i,\eta_i)\Delta\sigma_i.$$

除去上述问题的几何特征,可以从这类问题中抽象地概括出它们共同的数学本质,得出二重积分的定义.

二、二重积分的定义

定义 1　设 $f(x,y)$ 是有界闭区域 D 上的有界函数,将 D 任意划分成 n 个小区域 $\Delta\sigma_1$, $\Delta\sigma_2,\cdots,\Delta\sigma_n$,并以 $\Delta\sigma_i$ 和 d_i 分别表示第 i 个小区域的面积和直径,记

$$d=\max\{d_1,d_2,\cdots,d_n\}.$$

在每个小区域 $\Delta\sigma_i$ 上任取一点 $(\xi_i,\eta_i)(i=1,2,\cdots,n)$,并做和

$$\sum_{i=1}^{n}f(\xi_i,\eta_i)\Delta\sigma_i.$$

如果极限

$$\lim_{d\to 0}\sum_{i=1}^{n}f(\xi_i,\eta_i)\Delta\sigma_i$$

存在,则称此极限为函数 $f(x,y)$ 在闭区域 D 上的**二重积分**,记作 $\iint\limits_{D}f(x,y)\mathrm{d}\sigma$,即

$$\iint\limits_{D}f(x,y)\mathrm{d}\sigma=\lim_{d\to 0}\sum_{i=1}^{n}f(\xi_i,\eta_i)\Delta\sigma_i,$$

其中 $f(x,y)$ 称为**被积函数**,x,y 称为**积分变量**,$f(x,y)\mathrm{d}\sigma$ 称为**被积表达式**,$\mathrm{d}\sigma$ 称为**面积元素**,D 称为**积分区域**,$\sum_{i=1}^{n}f(\xi_i,\eta_i)\Delta\sigma_i$ 称为**积分和**.

二重积分定义的说明:

(1) 这里积分和的极限存在与区域 D 的分法及小区域 $\Delta\sigma_i$ 上点 (ξ_i,η_i) 的取法无关.

(2) 在直角坐标系中,常用分别平行于 x 轴和 y 轴的两组直线来分割积分区域 D,这样大多数的小区域 $\Delta\sigma_i$ 都是小矩形. 这时小区域的面积 $\Delta\sigma_i=\Delta x_i\Delta y_i$,如图 8-1-2 所示. 因此在

直角坐标系下面积元素为 $\mathrm{d}\sigma = \mathrm{d}x\mathrm{d}y$，则

$$\iint_D f(x,y)\mathrm{d}\sigma = \iint_D f(x,y)\mathrm{d}x\mathrm{d}y.$$

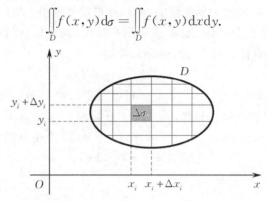

图 8 - 1 - 2

（3）设函数 $f(x,y)$ 连续，当 $f(x,y) \geqslant 0$ 时，二重积分 $\iint_D f(x,y)\mathrm{d}\sigma$ 在数值上等于以区域 D 为底，以曲面 $z = f(x,y)$ 为顶的曲顶柱体的体积；当 $f(x,y) \leqslant 0$ 时，二重积分 $\iint_D f(x,y)\mathrm{d}\sigma$ 在数值上等于该曲顶柱体体积的相反数；当 $f(x,y)$ 有正有负时，二重积分 $\iint_D f(x,y)\mathrm{d}\sigma$ 在数值上等于以曲面 $z = f(x,y)$ 为顶，以 D 为底的被 xOy 面分成的上方和下方的曲顶柱体体积的代数和.

三、二重积分的性质

比较二重积分和一元函数定积分的定义，可以看出二重积分与一元函数定积分有类似的性质. 为了叙述简便，假设下面提到的二重积分都存在.

性质 1　设 α,β 为常数，则

$$\iint_D (\alpha f(x,y) + \beta g(x,y))\mathrm{d}\sigma = \alpha\iint_D f(x,y)\mathrm{d}\sigma + \beta\iint_D g(x,y)\mathrm{d}\sigma.$$

特别地，当 $\alpha = 1,\beta = \pm 1$ 时，有

$$\iint_D (f(x,y) \pm g(x,y))\mathrm{d}\sigma = \iint_D f(x,y)\mathrm{d}\sigma \pm \iint_D g(x,y)\mathrm{d}\sigma;$$

当 $\beta = 0$ 时，有

$$\iint_D \alpha f(x,y)\mathrm{d}\sigma = \alpha\iint_D f(x,y)\mathrm{d}\sigma.$$

性质 2　若积分区域 D 可分成两个区域 D_1 和 D_2（其中 D_1 与 D_2 除边界外无公共点），则

$$\iint_D f(x,y)\mathrm{d}\sigma = \iint_{D_1} f(x,y)\mathrm{d}\sigma + \iint_{D_2} f(x,y)\mathrm{d}\sigma.$$

性质 3　若 $f(x,y) = 1$，区域 D 的面积为 σ，则 $\iint_D f(x,y)\mathrm{d}\sigma = \iint_D \mathrm{d}\sigma = \sigma.$

性质 4　如果在区域 D 上总有 $f(x,y) \leqslant g(x,y)$，则 $\iint_D f(x,y)\mathrm{d}\sigma \leqslant \iint_D g(x,y)\mathrm{d}\sigma.$

特别地，

$$\left|\iint\limits_{D} f(x,y)\mathrm{d}\sigma\right| \leqslant \iint\limits_{D} |f(x,y)|\mathrm{d}\sigma.$$

性质 5　设 M,m 分别是函数 $f(x,y)$ 在闭区域 D 上的最大值与最小值，σ 是 D 的面积，则

$$m\sigma \leqslant \iint\limits_{D} f(x,y)\mathrm{d}\sigma \leqslant M\sigma.$$

性质 6（二重积分的中值定理）　设 $f(x,y)$ 在有界闭区域 D 上连续，σ 是 D 的面积，则在 D 内至少存在一点 (ξ,η)，使得

$$\iint\limits_{D} f(x,y)\mathrm{d}\sigma = f(\xi,\eta)\sigma.$$

练　习　8.1

1.试比较下列二重积分的大小：

(1) $I_1 = \iint\limits_{D}(x+y)^2\mathrm{d}\sigma$ 与 $I_2 = \iint\limits_{D}(x+y)^3\mathrm{d}\sigma$，其中 D 是由 x 轴、y 轴及直线 $x+y=1$ 所围成的闭区域；

(2) $I_1 = \iint\limits_{D}\ln(x+y)\mathrm{d}\sigma$ 与 $I_2 = \iint\limits_{D}[\ln(x+y)]^2\mathrm{d}\sigma$，其中 D 表示平面区域 $3 \leqslant x \leqslant 5, 0 \leqslant y \leqslant 2$；

(3) $I_1 = \iint\limits_{D}[\ln(x+y)]^3\mathrm{d}\sigma, I_2 = \iint\limits_{D}(x+y)^3\mathrm{d}\sigma, I_3 = \iint\limits_{D}[\sin(x+y)]^3\mathrm{d}\sigma$，其中 D 是由直线 $x=0, y=0$，
$x+y = \dfrac{1}{2}, x+y=1$ 所围成的闭区域.

2.根据二重积分的几何意义，确定二重积分 $\iint\limits_{D}(a-\sqrt{a^2-x^2-y^2})\mathrm{d}\sigma$ 的值，其中 D 为 $x^2+y^2 \leqslant a^2, a>0$.

3.估计下列二重积分的值：

(1) $I = \iint\limits_{D}xy(x+y)\mathrm{d}\sigma$，其中 D 表示矩形区域 $0 \leqslant x \leqslant 1, 0 \leqslant y \leqslant 1$；

(2) $I = \iint\limits_{D}(x^2+4y^2+9)\mathrm{d}\sigma$，其中 D 表示圆形区域 $x^2+y^2 \leqslant 4$.

§8.2　二重积分的计算

一、直角坐标系下二重积分的计算

若积分区域
$$D = \{(x,y)\,|\,\varphi_1(x) \leqslant y \leqslant \varphi_2(x), a \leqslant x \leqslant b\},$$
则称 D 为 X -型区域.这种区域的特点是：穿过 D 内部且垂直于 x 轴的直线与 D 的边界的交点最多有两个，如图 $8-2-1$ 所示.

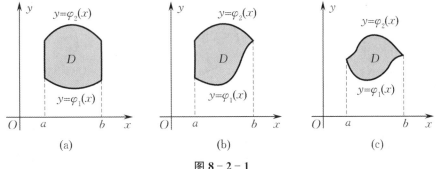

图 8-2-1

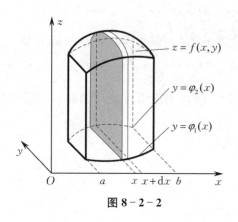

图 8 - 2 - 2

设 $z = f(x, y)$ 在 D 上连续，且 $f(x, y) \geqslant 0$，由二重积分的几何意义，$\iint\limits_D f(x, y)\mathrm{d}\sigma$ 的值等于以 D 为底，以曲面 $z = f(x, y)$ 为顶的曲顶柱体的体积，如图 8 - 2 - 2 所示.

首先在区间 $[a, b]$ 上任取一小子区间 $[x, x + \mathrm{d}x]$，然后把 x 看作常量，过点 $(x, 0, 0)$ 作垂直于 x 轴的平面去截曲顶柱体，得到的截面是以 $[\varphi_1(x), \varphi_2(x)]$ 为底边，以空间曲线 $z = f(x, y)$ 为曲边的曲边梯形，其面积为

$$A(x) = \int_{\varphi_1(x)}^{\varphi_2(x)} f(x, y)\mathrm{d}y.$$

再用过点 $(x + \mathrm{d}x, 0, 0)$ 且垂直于 x 轴的平面去截曲顶柱体，得一夹在两个平行平面之间的小曲顶柱体. 它可近似看作以截面面积 $A(x)$ 为底面积，以 $\mathrm{d}x$ 为高的薄柱体，其体积元素为

$$\mathrm{d}V = A(x)\mathrm{d}x.$$

由于 x 的变化范围是 $[a, b]$，因此曲顶柱体的体积为

$$V = \int_a^b A(x)\mathrm{d}x = \int_a^b \left(\int_{\varphi_1(x)}^{\varphi_2(x)} f(x, y)\mathrm{d}y \right)\mathrm{d}x,$$

简记为

$$V = \int_a^b \mathrm{d}x \int_{\varphi_1(x)}^{\varphi_2(x)} f(x, y)\mathrm{d}y.$$

于是得到在直角坐标系下二重积分的计算公式：

$$\iint\limits_D f(x, y)\mathrm{d}x\mathrm{d}y = \int_a^b \mathrm{d}x \int_{\varphi_1(x)}^{\varphi_2(x)} f(x, y)\mathrm{d}y.$$

上式右端是一个先对 y，后对 x 的二次积分（或累次积分）. 先对 y 积分时，将 x 看作常量，y 是积分变量，积分的上、下限是 x 的函数，积分的结果是有关 x 的函数；最后再对 x 计算在区间 $[a, b]$ 上的定积分.

若积分区域 D 由曲线 $x = \psi_1(y), x = \psi_2(y)(\psi_1(y) \leqslant \psi_2(y))$ 及直线 $y = c, y = d$ 所围成，即

$$D = \{(x, y) \mid \psi_1(y) \leqslant x \leqslant \psi_2(y), c \leqslant y \leqslant d\},$$

则称 D 为 **Y-型区域**. 这种区域的特点是：穿过 D 内部且垂直于 y 轴的直线与 D 的边界的交点最多有两个，如图 8 - 2 - 3 所示.

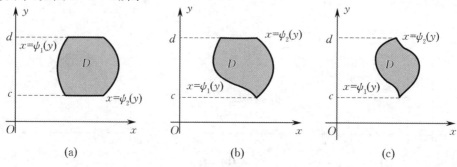

图 8 - 2 - 3

类似可得

$$\iint\limits_{D} f(x,y)\mathrm{d}x\mathrm{d}y = \int_c^d \mathrm{d}y \int_{\psi_1(y)}^{\psi_2(y)} f(x,y)\mathrm{d}x.$$

例 1 设 $f_1(x), f_2(x)$ 可积且 $f(x,y) = f_1(x)f_2(y)$,积分区域为

$$D = \{(x,y) \mid a \leqslant x \leqslant b, c \leqslant y \leqslant d\},$$

证明:

$$\iint\limits_{D} f(x,y)\mathrm{d}x\mathrm{d}y = \int_a^b f_1(x)\mathrm{d}x \int_c^d f_2(y)\mathrm{d}y.$$

证 先对 y 积分,后对 x 积分,得

$$\iint\limits_{D} f(x,y)\mathrm{d}x\mathrm{d}y = \int_a^b \left(\int_c^d f_1(x)f_2(y)\mathrm{d}y \right)\mathrm{d}x.$$

由于先对 y 积分时,x 看作常量,故常量 $f_1(x)$ 可移到积分符号外面,在对 x 积分时,则把常量 $\int_c^d f_2(y)\mathrm{d}y$ 移到积分符号外,因此

$$\iint\limits_{D} f(x,y)\mathrm{d}x\mathrm{d}y = \int_a^b \left(\int_c^d f_1(x)f_2(y)\mathrm{d}y \right)\mathrm{d}x = \int_a^b f_1(x) \left(\int_c^d f_2(y)\mathrm{d}y \right)\mathrm{d}x$$

$$= \int_a^b f_1(x)\mathrm{d}x \int_c^d f_2(y)\mathrm{d}y.$$

例 2 计算 $\iint\limits_{D} \mathrm{e}^{2x+y}\mathrm{d}x\mathrm{d}y$,其中 $D = \{(x,y) \mid 0 \leqslant x \leqslant 1, 0 \leqslant y \leqslant 1\}$.

解 由例 1 得

$$\iint\limits_{D} \mathrm{e}^{2x+y}\mathrm{d}x\mathrm{d}y = \iint\limits_{D} \mathrm{e}^{2x} \mathrm{e}^{y}\mathrm{d}x\mathrm{d}y = \int_0^1 \mathrm{e}^{2x}\mathrm{d}x \int_0^1 \mathrm{e}^{y}\mathrm{d}y = \frac{1}{2}\mathrm{e}^{2x}\Big|_0^1 \cdot \mathrm{e}^{y}\Big|_0^1$$

$$= \frac{1}{2}(\mathrm{e}^2 - 1)(\mathrm{e} - 1).$$

例 3 计算 $\iint\limits_{D} x^2 y\mathrm{d}x\mathrm{d}y$,其中 D 是由直线 $y=x, x=1$ 及 $y=0$ 所围成的闭区域.

解 **方法 1** 区域 D 如图 $8-2-4$ 所示. 先对 y 积分,后对 x 积分,积分区域 D 表示为

$$D = \{(x,y) \mid 0 \leqslant x \leqslant 1, 0 \leqslant y \leqslant x\},$$

则

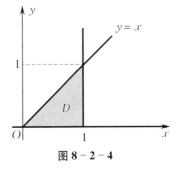

图 $8-2-4$

$$\iint\limits_{D} x^2 y\mathrm{d}x\mathrm{d}y = \int_0^1 \mathrm{d}x \int_0^x x^2 y\mathrm{d}y = \int_0^1 x^2 \cdot \frac{1}{2}y^2 \Big|_0^x \mathrm{d}x$$

$$= \frac{1}{2}\int_0^1 x^4\mathrm{d}x = \frac{1}{2} \cdot \frac{1}{5}x^5 \Big|_0^1 = \frac{1}{10}.$$

方法 2 先对 x 积分,后对 y 积分,积分区域 D 表示为

$$D = \{(x,y) \mid 0 \leqslant y \leqslant 1, y \leqslant x \leqslant 1\},$$

则

$$\iint\limits_{D} x^2 y\mathrm{d}x\mathrm{d}y = \int_0^1 \mathrm{d}y \int_y^1 x^2 y\mathrm{d}x = \int_0^1 y \cdot \frac{1}{3}x^3 \Big|_y^1 \mathrm{d}y$$

$$= \int_0^1 \frac{1}{3}y(1 - y^3)\mathrm{d}y = \frac{1}{3}\int_0^1 (y - y^4)\mathrm{d}y$$

$$= \frac{1}{3}\left(\frac{1}{2}y^2 - \frac{1}{5}y^5 \right)\Big|_0^1 = \frac{1}{3}\left(\frac{1}{2} - \frac{1}{5} \right) = \frac{1}{10}.$$

例4　计算 $\iint\limits_{D} \dfrac{\sin y}{y}\mathrm{d}x\mathrm{d}y$，其中 D 是由直线 $y=1,y=x$ 及 $x=0$ 所围成的闭区域.

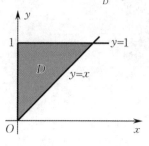

图 $8-2-5$

解　如图 $8-2-5$ 所示，积分区域 D 可表示为
$$D=\{(x,y)\mid 0\leqslant x\leqslant 1,x\leqslant y\leqslant 1\}$$
或
$$D=\{(x,y)\mid 0\leqslant y\leqslant 1,0\leqslant x\leqslant y\}.$$
若先对 y 积分后对 x 积分，则
$$\iint\limits_{D}\dfrac{\sin y}{y}\mathrm{d}x\mathrm{d}y=\int_{0}^{1}\mathrm{d}x\int_{x}^{1}\dfrac{\sin y}{y}\mathrm{d}y.$$
由于 $\dfrac{\sin y}{y}$ 的原函数不能用初等函数表示，因此定积分 $\int_{x}^{1}\dfrac{\sin y}{y}\mathrm{d}y$ 不能计算出来. 改用先对 x 积分后对 y 积分，则
$$\iint\limits_{D}\dfrac{\sin x}{x}\mathrm{d}x\mathrm{d}y=\int_{0}^{1}\mathrm{d}y\int_{0}^{y}\dfrac{\sin y}{y}\mathrm{d}x=\int_{0}^{1}\dfrac{\sin y}{y}\cdot x\Big|_{0}^{y}\mathrm{d}x=\int_{0}^{1}\sin y\mathrm{d}y$$
$$=-\cos y\Big|_{0}^{1}=1-\cos 1.$$

可见，如果积分次序选取不正确，积分值就可能计算不出来.

例5　应用二重积分，计算在 xOy 面上由抛物线 $y=x^2$ 与 $y=4x-x^2$ 所围成的闭区域的面积.

解　设由 $y=x^2$ 与 $y=4x-x^2$ 所围成的闭区域为 D，由二重积分的性质知，D 的面积为二重积分 $\iint\limits_{D}1\mathrm{d}x\mathrm{d}y$，其中
$$D=\{(x,y)\mid 0\leqslant x\leqslant 2,x^2\leqslant y\leqslant 4x-x^2\},$$
如图 $8-2-6$ 所示. 因此，区域 D 的面积为
$$S=\iint\limits_{D}\mathrm{d}x\mathrm{d}y=\int_{0}^{2}\mathrm{d}x\int_{x^2}^{4x-x^2}\mathrm{d}y=\int_{0}^{2}(4x-2x^2)\mathrm{d}x$$
$$=\left(2x^2-\dfrac{2}{3}x^3\right)\Big|_{0}^{2}=\dfrac{8}{3}.$$

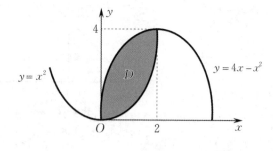

图 $8-2-6$

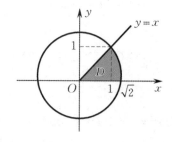

图 $8-2-7$

例6　交换积分次序 $\int_{0}^{1}\mathrm{d}y\int_{y}^{\sqrt{2-y^2}}f(x,y)\mathrm{d}x$.

解　由所给积分的上、下限可知，积分区域 D 可表示为
$$D=\{(x,y)\mid 0\leqslant y\leqslant 1,y\leqslant x\leqslant\sqrt{2-y^2}\},$$
而区域 D 又可分成区域

$$D_1 = \{(x,y) \mid 0 \leqslant x \leqslant 1, 0 \leqslant y \leqslant x\}$$

和区域

$$D_2 = \{(x,y) \mid 1 \leqslant x \leqslant \sqrt{2}, 0 \leqslant y \leqslant \sqrt{2-x^2}\}$$

两部分,如图 8-2-7 所示. 所以交换积分次序为

$$\int_0^1 \mathrm{d}y \int_y^{\sqrt{2-y^2}} f(x,y)\mathrm{d}x = \iint\limits_{D_1} f(x,y)\mathrm{d}\sigma + \iint\limits_{D_2} f(x,y)\mathrm{d}\sigma$$

$$= \int_0^1 \mathrm{d}x \int_0^x f(x,y)\mathrm{d}y + \int_1^{\sqrt{2}} \mathrm{d}x \int_0^{\sqrt{2-x^2}} f(x,y)\mathrm{d}y.$$

二、极坐标系下二重积分的计算

当积分区域或被积函数中含有 $x^2 + y^2$ 项时,用极坐标计算二重积分可能会比较简单.

如图 8-2-8 所示,设在极坐标系下的积分区域为 D,我们用一组以极点为圆心的同心圆($r = $ 常数)及过极点的一组射线($\theta = $ 常数)将区域 D 分割成 n 个小区域.

将极角分别为 θ 与 $\theta + \Delta\theta$ 的两条射线和半径分别为 r 与 $r + \Delta r$ 的两条圆弧所围成的小区域记作 $\Delta\sigma$,则由扇形面积计算公式得

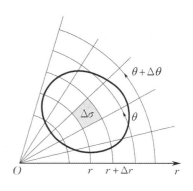

图 8-2-8

$$\Delta\sigma = \frac{1}{2}(r+\Delta r)^2 \Delta\theta - \frac{1}{2}r^2 \Delta\theta$$

$$= r\Delta r\Delta\theta + \frac{1}{2}(\Delta r)^2 \Delta\theta.$$

由于当 $\Delta r \to 0, \Delta\theta \to 0$ 时,$\frac{1}{2}(\Delta r)^2 \Delta\theta$ 相对于 $\Delta r\Delta\theta$ 是高阶无穷小量,故可略去 $\frac{1}{2}(\Delta r)^2 \Delta\theta$. 因此

$$\Delta\sigma \approx r\Delta r\Delta\theta,$$

从而二重积分的面积元素为

$$\mathrm{d}\sigma = r\mathrm{d}r\mathrm{d}\theta.$$

再根据平面上的点的直角坐标 (x,y) 与该点的极坐标 (r,θ) 之间的关系

$$x = r\cos\theta, \quad y = r\sin\theta,$$

则可将直角坐标系下的二重积分转化为极坐标系下的二重积分:

$$\iint\limits_D f(x,y)\mathrm{d}\sigma = \iint\limits_D f(r\cos\theta, r\sin\theta)r\mathrm{d}r\mathrm{d}\theta.$$

与直角坐标系相似,在极坐标系下计算二重积分同样要化为关于积分变量 r 和 θ 的累次积分来计算. 下面依区域 D 的三种情形加以讨论.

(1) 若极点 O 在区域 D 之外,且 D 由两条连续曲线 $r = r_1(\theta), r = r_2(\theta)$ 所围成,如图 8-2-9(a) 所示,则积分区域为

$$D = \{(r,\theta) \mid \alpha \leqslant \theta \leqslant \beta, r_1(\theta) \leqslant r \leqslant r_2(\theta)\},$$

于是

$$\iint\limits_D f(r\cos\theta, r\sin\theta)r\mathrm{d}r\mathrm{d}\theta = \int_\alpha^\beta \mathrm{d}\theta \int_{r_1(\theta)}^{r_2(\theta)} f(r\cos\theta, r\sin\theta)r\mathrm{d}r.$$

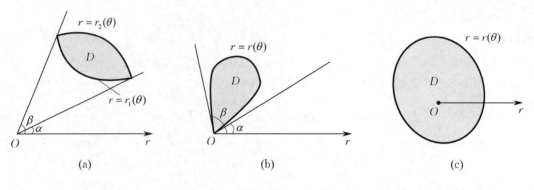

图 8-2-9

（2）若极点 O 在区域 D 的边界上，且 D 的边界曲线为 $r=r(\theta)$，如图 8-2-9(b) 所示，则积分区域为

$$D=\{(r,\theta)\,|\,\alpha\leqslant\theta\leqslant\beta,0\leqslant r\leqslant r(\theta)\},$$

于是

$$\iint\limits_{D}f(r\cos\theta,r\sin\theta)r\mathrm{d}r\mathrm{d}\theta=\int_{\alpha}^{\beta}\mathrm{d}\theta\int_{0}^{r(\theta)}f(r\cos\theta,r\sin\theta)r\mathrm{d}r.$$

（3）若极点 O 在区域 D 内，且 D 的边界曲线为 $r=r(\theta)(0\leqslant\theta\leqslant2\pi)$，如图 8-2-9(c) 所示，则积分区域为

$$D=\{(r,\theta)\,|\,0\leqslant\theta\leqslant2\pi,0\leqslant r\leqslant r(\theta)\},$$

于是

$$\iint\limits_{D}f(r\cos\theta,r\sin\theta)r\mathrm{d}r\mathrm{d}\theta=\int_{0}^{2\pi}\mathrm{d}\theta\int_{0}^{r(\theta)}f(r\cos\theta,r\sin\theta)r\mathrm{d}r.$$

例 7　计算 $\iint\limits_{D}\mathrm{e}^{-x^{2}-y^{2}}\mathrm{d}x\mathrm{d}y$，其中 D 为圆 $x^{2}+y^{2}=a^{2}(a>0)$ 所围成的闭区域.

解　积分区域 D 是一个圆域，且

$$D=\{(r,\theta)\,|\,0\leqslant\theta\leqslant2\pi,0\leqslant r\leqslant a\},$$

于是

$$\iint\limits_{D}\mathrm{e}^{-x^{2}-y^{2}}\mathrm{d}x\mathrm{d}y=\iint\limits_{D}\mathrm{e}^{-r^{2}}r\mathrm{d}r\mathrm{d}\theta=\int_{0}^{2\pi}\mathrm{d}\theta\int_{0}^{a}r\mathrm{e}^{-r^{2}}\mathrm{d}r=\int_{0}^{2\pi}\left(-\frac{1}{2}\mathrm{e}^{-r^{2}}\right)\Big|_{0}^{a}\mathrm{d}\theta$$

$$=\frac{1}{2}\int_{0}^{2\pi}(1-\mathrm{e}^{-a^{2}})\mathrm{d}\theta=\pi(1-\mathrm{e}^{-a^{2}}).$$

例 8　计算 $\iint\limits_{D}\dfrac{\mathrm{d}x\mathrm{d}y}{1+x^{2}+y^{2}}$，其中 D 是由圆 $x^{2}+y^{2}=1$ 所围成的平面区域.

解　积分区域 D 是一个圆域，且

$$D=\{(r,\theta)\,|\,0\leqslant\theta\leqslant2\pi,0\leqslant r\leqslant1\},$$

于是

$$\iint\limits_{D}\frac{\mathrm{d}x\mathrm{d}y}{1+x^{2}+y^{2}}=\int_{0}^{2\pi}\mathrm{d}\theta\int_{0}^{1}\frac{r}{1+r^{2}}\mathrm{d}r=\int_{0}^{2\pi}\frac{1}{2}\ln(1+r^{2})\Big|_{0}^{1}\mathrm{d}\theta$$

$$=\frac{1}{2}\ln2\int_{0}^{2\pi}\mathrm{d}\theta=\pi\ln2.$$

例 9　计算 $\iint\limits_{D}\dfrac{y^{2}}{x^{2}}\mathrm{d}\sigma$，其中 D 是由曲线 $x^{2}+y^{2}=2x$ 所围成的闭区域.

解 画出积分区域 D，如图 $8-2-10$ 所示. 因为曲线 $x^2 + y^2 = 2x$ 化为极坐标方程为 $r = 2\cos\theta$，所以 D 用极坐标表示为

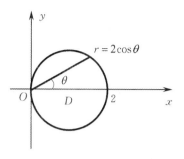

$$D = \left\{ (r,\theta) \,\middle|\, -\frac{\pi}{2} \leqslant \theta \leqslant \frac{\pi}{2}, 0 \leqslant r \leqslant 2\cos\theta \right\}.$$

于是

$$\iint\limits_{D} \frac{y^2}{x^2} \mathrm{d}\sigma = \int_{-\frac{\pi}{2}}^{\frac{\pi}{2}} \mathrm{d}\theta \int_0^{2\cos\theta} \frac{\sin^2\theta}{\cos^2\theta} r \mathrm{d}r = \int_{-\frac{\pi}{2}}^{\frac{\pi}{2}} \frac{\sin^2\theta}{\cos^2\theta} \cdot \frac{1}{2} r^2 \bigg|_0^{2\cos\theta} \mathrm{d}\theta$$

$$= \int_{-\frac{\pi}{2}}^{\frac{\pi}{2}} 2\sin^2\theta \mathrm{d}\theta = \int_{-\frac{\pi}{2}}^{\frac{\pi}{2}} (1 - \cos 2\theta) \mathrm{d}\theta$$

$$= \left(\theta - \frac{1}{2}\sin 2\theta \right) \bigg|_{-\frac{\pi}{2}}^{\frac{\pi}{2}} = \pi.$$

图 $8-2-10$

一般地，当二重积分的积分区域为圆域或圆域的一部分，被积函数为 $f(\sqrt{x^2 + y^2})$，$f\left(\dfrac{y}{x}\right)$ 或 $f\left(\dfrac{x}{y}\right)$ 等形式时，用极坐标计算较方便.

例 10 证明：$\displaystyle\int_0^{+\infty} \mathrm{e}^{-x^2} \mathrm{d}x = \frac{\sqrt{\pi}}{2}.$

证 如图 $8-2-11$ 所示，D_1, D_2 分别表示圆心在原点，半径为 R 和 $\sqrt{2}R$ 的圆形区域在第一象限的部分，S 是边长为 R 的正方形区域.

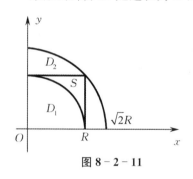

因为函数 $\mathrm{e}^{-x^2-y^2} > 0$，所以有不等式

$$\iint\limits_{D_1} \mathrm{e}^{-x^2-y^2} \mathrm{d}\sigma \leqslant \iint\limits_{S} \mathrm{e}^{-x^2-y^2} \mathrm{d}\sigma \leqslant \iint\limits_{D_2} \mathrm{e}^{-x^2-y^2} \mathrm{d}\sigma. \qquad (8-2-1)$$

又因为

$$\iint\limits_{S} \mathrm{e}^{-x^2-y^2} \mathrm{d}\sigma = \int_0^R \mathrm{e}^{-x^2} \mathrm{d}x \int_0^R \mathrm{e}^{-y^2} \mathrm{d}y = \left(\int_0^R \mathrm{e}^{-x^2} \mathrm{d}x \right)^2,$$

由例 7 知，

$$\iint\limits_{D_1} \mathrm{e}^{-x^2-y^2} \mathrm{d}\sigma = \frac{\pi}{4}(1 - \mathrm{e}^{-R^2}), \quad \iint\limits_{D_2} \mathrm{e}^{-x^2-y^2} \mathrm{d}\sigma = \frac{\pi}{4}(1 - \mathrm{e}^{-2R^2}),$$

图 $8-2-11$

所以不等式 $(8-2-1)$ 化为

$$\frac{\pi}{4}(1 - \mathrm{e}^{-R^2}) \leqslant \left(\int_0^R \mathrm{e}^{-x^2} \mathrm{d}x \right)^2 \leqslant \frac{\pi}{4}(1 - \mathrm{e}^{-2R^2}).$$

令 $R \to +\infty$，上式两端的极限都等于 $\dfrac{\pi}{4}$，从而

$$\int_0^{+\infty} \mathrm{e}^{-x^2} \mathrm{d}x = \lim_{R \to +\infty} \int_0^R \mathrm{e}^{-x^2} \mathrm{d}x = \sqrt{\frac{\pi}{4}} = \frac{\sqrt{\pi}}{2}.$$

特别地，若令 $x = \dfrac{t}{\sqrt{2}}$，则 $x^2 = \dfrac{t^2}{2}$，$\mathrm{d}x = \dfrac{\mathrm{d}t}{\sqrt{2}}$. 当 $x = 0$ 时，$t = 0$；当 $x \to +\infty$ 时，$t \to +\infty$. 于是

$$\int_0^{+\infty} \mathrm{e}^{-x^2} \mathrm{d}x = \int_0^{+\infty} \mathrm{e}^{-\frac{t^2}{2}} \cdot \frac{1}{\sqrt{2}} \mathrm{d}t = \frac{1}{\sqrt{2}} \int_0^{+\infty} \mathrm{e}^{-\frac{t^2}{2}} \mathrm{d}t,$$

从而

$$\frac{1}{\sqrt{2}} \int_0^{+\infty} \mathrm{e}^{-\frac{t^2}{2}} \mathrm{d}t = \frac{\sqrt{\pi}}{2},$$

即 $\int_0^{+\infty} \mathrm{e}^{-\frac{t^2}{2}} \mathrm{d}t = \dfrac{\sqrt{2\pi}}{2}$. 因此

$$\int_{-\infty}^{+\infty} \mathrm{e}^{-\frac{t^2}{2}} \mathrm{d}t = 2\int_0^{+\infty} \mathrm{e}^{-\frac{t^2}{2}} \mathrm{d}t = \sqrt{2\pi}.$$

这个结果在概率统计中有着非常重要的应用.

练 习 8.2

1. 计算下列二重积分：

(1) $\iint\limits_D (x+y)\mathrm{d}\sigma$, 其中 D 为矩形闭区域 $|x| \leqslant 1, |y| \leqslant 1$；

(2) $\iint\limits_D (3x+2y)\mathrm{d}\sigma$, 其中 D 是由直线 $x=0, y=0$ 及 $x+y=2$ 所围成的闭区域；

(3) $\iint\limits_D \sin^2 x\cos^2 y\mathrm{d}\sigma$, 其中 D 为 $0 \leqslant x \leqslant \pi, 0 \leqslant y \leqslant \pi$；

(4) $\iint\limits_D xy\mathrm{d}\sigma$, 其中 D 是由直线 $y=x$ 与抛物线 $y=x^2$ 所围成的闭区域；

(5) $\iint\limits_D (x-y^2)\mathrm{d}\sigma$, 其中 D 为 $0 \leqslant x \leqslant \pi, 0 \leqslant y \leqslant \sin x$.

2. 交换下列二次积分的积分次序：

(1) $\int_0^1 \mathrm{d}y \int_0^y f(x,y)\mathrm{d}x$；　　　　　　(2) $\int_0^2 \mathrm{d}y \int_{y^2}^{2y} f(x,y)\mathrm{d}x$；

(3) $\int_1^e \mathrm{d}x \int_0^{\ln x} f(x,y)\mathrm{d}y$；　　　　　　(4) $\int_{-1}^0 \mathrm{d}x \int_{x+1}^{\sqrt{1-x^2}} f(x,y)\mathrm{d}y$；

(5) $\int_0^1 \mathrm{d}y \int_{\frac{1}{2}y}^y f(x,y)\mathrm{d}x + \int_1^2 \mathrm{d}y \int_{\frac{1}{2}y}^1 f(x,y)\mathrm{d}x$.

3. 求由平面 $x=0, y=0, x=1, y=1$ 所围成的柱体被平面 $z=0$ 及 $2x+3y+z=6$ 截得的立体体积.

4. 画出积分区域, 把二重积分 $\iint\limits_D f(x,y)\mathrm{d}\sigma$ 表示为极坐标系下的二次积分, 其中积分区域 D 分别满足下列条件：

(1) $x^2 + y^2 \leqslant a^2 (a \geqslant 0)$；　　　　　　(2) $x^2 + y^2 \leqslant 2x$；

(3) $1 \leqslant x^2 + y^2 \leqslant 9$；　　　　　　(4) $0 \leqslant y \leqslant 1-x, 0 \leqslant x \leqslant 1$.

5. 把下列二次积分化为极坐标形式, 并计算其积分值：

(1) $\int_0^2 \mathrm{d}x \int_0^{\sqrt{2x-x^2}} (x^2+y^2)\mathrm{d}y$；　　　　　　(2) $\int_0^1 \mathrm{d}x \int_{x^2}^x \dfrac{1}{\sqrt{x^2+y^2}}\mathrm{d}y$.

6. 在极坐标系下计算下列二重积分：

(1) $\iint\limits_D \mathrm{e}^{x^2+y^2}\mathrm{d}\sigma$, 其中 D 是圆形闭区域 $x^2+y^2 \leqslant 1$；

(2) $\iint\limits_D \ln(1+x^2+y^2)\mathrm{d}\sigma$, 其中 D 是由圆周 $x^2+y^2=1$ 及坐标轴所围成的在第一象限内的闭区域；

(3) $\iint\limits_D \dfrac{y}{x}\mathrm{d}\sigma$, 其中 D 是由圆周 $x^2+y^2=1, x^2+y^2=4$ 及直线 $y=0, y=x$ 所围成的在第一象限内的闭区域.

7. 选择适当的坐标系计算下列二重积分：

(1) $\iint\limits_D \dfrac{x^2}{y^2}\mathrm{d}\sigma$, 其中 D 是由直线 $x=2, y=x$ 及曲线 $xy=1$ 所围成的闭区域；

(2) $\iint\limits_D \sin\sqrt{x^2+y^2}\mathrm{d}\sigma$, 其中 D 是由圆周 $x^2+y^2=\pi^2$ 及坐标轴所围成的在第一象限内的闭区域.

8. 求由抛物面 $z=6-x^2-y^2$ 与圆锥面 $z=\sqrt{x^2+y^2}$ 所围成的立体的体积.

习 题 八

（A）

1. 交换下列二次积分的次序：

(1) $\int_0^1 dy \int_y^{\sqrt{y}} f(x,y)dx$；

(2) $\int_0^1 dx \int_0^x f(x,y)dy + \int_1^2 dx \int_0^{\sqrt{2x-x^2}} f(x,y)dy$；

(3) $\int_0^1 dx \int_0^x f(x,y)dy + \int_1^2 dx \int_0^{2-x} f(x,y)dy$.

2. 计算下列二重积分：

(1) $\iint\limits_D (1+x+y)d\sigma$，其中 D 为 $|x| \leqslant 1, |y| \leqslant 1$；

(2) $\iint\limits_D xy dx dy$，其中 D 是由直线 $y=1,x=2$ 及 $y=x$ 所围成的闭区域；

(3) $\iint\limits_D (2x-y)dx dy$，其中 D 是由直线 $y=1,y=x+3$ 及 $x+y=3$ 所围成的闭区域；

(4) $\iint\limits_D (1+x)\sin y d\sigma$，其中 D 是由直线 $x=1,y=x+1$ 及 $x=0,y=0$ 所围成的闭区域.

3. 计算下列二重积分：

(1) $\iint\limits_D xy^2 d\sigma$，其中 D 是单位圆在第一象限内的部分；

(2) $\iint\limits_D x^2 dx dy$，其中 D 是圆 $x^2+y^2=1$ 和圆 $x^2+y^2=4$ 之间的环形闭区域；

(3) $\iint\limits_D \sqrt{\dfrac{1-x^2-y^2}{1+x^2+y^2}} dx dy$，其中 $D = \{(x,y) \mid x^2+y^2 \leqslant a^2, 0<a<1\}$.

4. 求由平面 $z=0$ 与曲面 $z=4-x^2-y^2$ 所围空间立体的体积.

5. 求由球面 $x^2+y^2+z^2=2az(a>0)$ 与圆锥面 $z^2=x^2+y^2$ 所围成的立体（含 z 轴的部分）的体积.

6. 证明：$\int_0^1 dy \int_0^{\sqrt{y}} e^y f(x)dx = \int_0^1 (e-e^{x^2})f(x)dx$.

（B）

1. 选择题：

(1) 设区域 D 由曲线 $y=\sin x$ 与直线 $x=\pm\dfrac{\pi}{2}, y=1$ 所围成，则 $\iint\limits_D (x^5 y-1)dx dy = ($).

A. π B. 2   C. -2 D. $-\pi$ (2012 考研数二)

(2) 设 $f(t)$ 连续，则二次积分 $\int_0^{\frac{\pi}{2}} d\theta \int_0^{2\cos\theta} f(r^2)r dr = ($).

A. $\int_0^2 dx \int_{\sqrt{2x-x^2}}^{\sqrt{4-x^2}} \sqrt{x^2+y^2} f(x^2+y^2)dy$ B. $\int_0^2 dx \int_{\sqrt{2x-x^2}}^{\sqrt{4-x^2}} f(x^2+y^2)dy$

C. $\int_0^2 dx \int_{1+\sqrt{2x-x^2}}^{\sqrt{4-x^2}} \sqrt{x^2+y^2} f(x^2+y^2)dy$ D. $\int_0^2 dx \int_{1+\sqrt{2x-x^2}}^{\sqrt{4-x^2}} f(x^2+y^2)dy$ (2012 考研数三)

(3) 设 D_k 是圆域 $D = \{(x,y) \mid x^2+y^2 \leqslant 1\}$ 位于第 k 象限的部分，

$$I_k = \iint\limits_{D_k} (y-x)dx dy \quad (k=1,2,3,4),$$

则（ ）.

A. $I_1 > 0$ B. $I_2 > 0$ C. $I_3 > 0$ D. $I_4 > 0$ (2013 考研数二、三)

(4) 设 $D = \{(x,y) \mid x^2 + y^2 \leqslant 2x, x^2 + y^2 \leqslant 2y\}$，函数 $f(x,y)$ 在 D 上连续，则 $\iint\limits_D f(x,y)\mathrm{d}x\mathrm{d}y =$ （　　）.

A. $\int_0^{\frac{\pi}{4}} \mathrm{d}\theta \int_0^{2\cos\theta} f(r\cos\theta, r\sin\theta) r\mathrm{d}r + \int_{\frac{\pi}{4}}^{\frac{\pi}{2}} \mathrm{d}\theta \int_0^{2\sin\theta} f(r\cos\theta, r\sin\theta) r\mathrm{d}r$

B. $\int_0^{\frac{\pi}{4}} \mathrm{d}\theta \int_0^{2\sin\theta} f(r\cos\theta, r\sin\theta) r\mathrm{d}r + \int_{\frac{\pi}{4}}^{\frac{\pi}{2}} \mathrm{d}\theta \int_0^{2\cos\theta} f(r\cos\theta, r\sin\theta) r\mathrm{d}r$

C. $2\int_0^1 \mathrm{d}x \int_{1-\sqrt{1-x^2}}^x f(x,y)\mathrm{d}y$

D. $2\int_0^1 \mathrm{d}x \int_x^{\sqrt{2x-x^2}} f(x,y)\mathrm{d}y$

　　　　　　　　　　　　　　　　　　　　　　（2015 考研数三）

(5) 设 D 是第一象限内由曲线 $2xy = 1, 4xy = 1$ 与直线 $y = x, y = \sqrt{3}x$ 所围成的平面区域，函数 $f(x,y)$ 在 D 上连续，则 $\iint\limits_D f(x,y)\mathrm{d}x\mathrm{d}y = $ （　　）.

A. $\int_{\frac{\pi}{4}}^{\frac{\pi}{3}} \mathrm{d}\theta \int_{\frac{1}{2\sin 2\theta}}^{\frac{1}{\sin 2\theta}} f(r\cos\theta, r\sin\theta) r\mathrm{d}r$

B. $\int_{\frac{\pi}{4}}^{\frac{\pi}{3}} \mathrm{d}\theta \int_{\sqrt{\frac{1}{2\sin 2\theta}}}^{\sqrt{\frac{1}{\sin 2\theta}}} f(r\cos\theta, r\sin\theta) r\mathrm{d}r$

C. $\int_{\frac{\pi}{4}}^{\frac{\pi}{3}} \mathrm{d}\theta \int_{\frac{1}{2\sin 2\theta}}^{\frac{1}{\sin 2\theta}} f(r\cos\theta, r\sin\theta)\mathrm{d}r$

D. $\int_{\frac{\pi}{4}}^{\frac{\pi}{3}} \mathrm{d}\theta \int_{\sqrt{\frac{1}{2\sin 2\theta}}}^{\sqrt{\frac{1}{\sin 2\theta}}} f(r\cos\theta, r\sin\theta)\mathrm{d}r$　　　　（2015 考研数二）

2. 填空题：

(1) 封闭曲线 L 的极坐标方程为 $r = \cos 3\theta \left(-\frac{\pi}{6} \leqslant \theta \leqslant \frac{\pi}{6}\right)$，则 L 所围成的平面图形的面积为

_____.　　　　　　　　　　　　　　　　　　　　　　　　　　　　　（2013 考研数二）

(2) 设 D 为 $x^2 + y^2 \leqslant a^2$，且 $\iint\limits_D \sqrt{a^2 - x^2 - y^2}\mathrm{d}x\mathrm{d}y = \pi$，则 $a = $ _____.

3. 过点 $(0,1)$ 作曲线 $L: y = \ln x$ 的切线，切点为 A. 又 L 与 x 轴交于 B 点，区域 D 由 L 与直线 AB 及 x 轴围成.

(1) 求区域 D 的面积；

(2) 求 D 绕 x 轴旋转一周所得旋转体的体积.　　　　　　　　　（2012 考研数二）

4. 计算二重积分 $\iint\limits_D xy\mathrm{d}\sigma$，其中 D 由曲线 $r = 1 + \cos x(0 \leqslant x \leqslant \pi)$ 与极轴所围成.　　（2012 考研数二）

5. 计算二重积分 $\iint\limits_D \mathrm{e}^x xy\mathrm{d}x\mathrm{d}y$，其中 D 由曲线 $y = \sqrt{x}$ 与 $y = \frac{1}{\sqrt{x}}$ 及 y 轴所围成.　　（2012 考研数三）

6. 设平面区域 D 由直线 $x = 3y, y = 3x$ 及 $x + y = 8$ 所围成，计算 $\iint\limits_D x^2\mathrm{d}x\mathrm{d}y$.　　　（2013 考研数二、三）

7. 已知函数 $f(x,y)$ 满足 $\dfrac{\partial f}{\partial y} = 2(y+1)$，且 $f(y,y) = (y+1)^2 - (2-y)\ln y$，求曲线 $f(x,y) = 0$ 所围成的图形绕 $y = -1$ 旋转所成旋转体的体积.　　　　　　　　　　（2014 考研数二）

8. 计算二重积分 $\iint\limits_D x(x+y)\mathrm{d}x\mathrm{d}y$，其中 $D = \{(x,y) \mid x^2 + y^2 \leqslant 2, y \geqslant x^2\}$.　　（2015 考研数三）

第 9 章

无 穷 级 数

无穷级数是高等数学的一个重要组成部分,它是表示函数,研究函数的性质及进行函数值近似计算的一个重要工具.本章主要介绍常数项级数、任意项级数及幂级数的概念,以及如何将函数展开成幂级数.

§9.1 常数项级数的概念与性质

一、常数项级数的概念

例1 将循环小数 $0.333\cdots$ 表示成分数形式.

解 因为

$$0.3 = \frac{3}{10}, \quad 0.03 = \frac{3}{10^2}, \quad 0.003 = \frac{3}{10^3}, \quad \cdots, \quad \underbrace{0.00\cdots03}_{n} = \frac{3}{10^n},$$

所以有

$$\frac{3}{10} + \frac{3}{10^2} + \cdots + \frac{3}{10^n} = \frac{\frac{3}{10}\left(1 - \frac{1}{10^n}\right)}{1 - \frac{1}{10}}.$$

上式两边当 $n \to \infty$ 时取极限,得

$$\lim_{n\to\infty}\left(\frac{3}{10} + \frac{3}{10^2} + \cdots + \frac{3}{10^n}\right) = \frac{1}{3},$$

所以

$$0.333\cdots = \frac{3}{10} + \frac{3}{10^2} + \cdots + \frac{3}{10^n} + \cdots = \frac{1}{3}.$$

上面中间的式子称为一个级数.

定义1 给定数列 $\{u_n\}$,表达式

$$u_1 + u_2 + \cdots + u_n + \cdots = \sum_{n=1}^{\infty} u_n$$

称为一个**常数项级数**(或**数项级数**),简称为**级数**,其中 u_n 称为该级数的**通项**或**一般项**.

给定级数 $\sum_{n=1}^{\infty} u_n$,它的前 n 项和

$$S_n = u_1 + u_2 + \cdots + u_n$$

称为该级数的**部分和**.当 n 分别取 $1,2,3,\cdots$ 时,它们构成一个数列:

$$S_1 = u_1, \quad S_2 = u_1 + u_2, \quad \cdots, \quad S_n = u_1 + u_2 + \cdots + u_n, \quad \cdots,$$

称数列 $\{S_n\}$ 为级数 $\sum\limits_{n=1}^{\infty} u_n$ 的**部分和数列**.

定义 2 若级数 $\sum\limits_{n=1}^{\infty} u_n$ 的部分和数列 $\{S_n\}$ 的极限存在,且等于 S,即

$$\lim_{n\to\infty} S_n = S,$$

则称**级数** $\sum\limits_{n=1}^{\infty} u_n$ **收敛**,S 称为**级数的和**,并记为 $\sum\limits_{n=1}^{\infty} u_n = S$. 这时也称**该级数收敛于** S. 若部分和

数列的极限不存在,则称**级数** $\sum\limits_{n=1}^{\infty} u_n$ **发散**.

例 2 讨论等比级数(或几何级数)

$$\sum_{n=1}^{\infty} ar^{n-1} = a + ar + ar^2 + \cdots + ar^{n-1} + \cdots \quad (a \neq 0)$$

的敛散性,其中 r 称为该级数的公比.

解 根据等比数列的求和公式可知,当 $r \neq 1$ 时,所给级数的部分和为

$$S_n = \frac{a(1-r^n)}{1-r}.$$

当 $|r| < 1$ 时,

$$\lim_{n\to\infty} S_n = \lim_{n\to\infty} a \cdot \frac{1-r^n}{1-r} = \frac{a}{1-r},$$

所以该等比级数收敛,其和 $S = \dfrac{a}{1-r}$,即

$$\sum_{n=1}^{\infty} ar^{n-1} = a + ar + ar^2 + \cdots + ar^{n-1} + \cdots = \frac{a}{1-r}, \quad |r| < 1.$$

当 $|r| > 1$ 时,

$$\lim_{n\to\infty} S_n = \lim_{n\to\infty} a \cdot \frac{1-r^n}{1-r} = \infty,$$

所以该等比级数发散.

当 $r = 1$ 时,

$$S_n = na \to \infty \quad (\text{当 } n \to \infty \text{时}),$$

所以该等比级数发散.

当 $r = -1$ 时,

$$S_n = a - a + a - a + \cdots + (-1)^{n-1} a = \begin{cases} 0, & \text{当 } n \text{ 为偶数时}, \\ a, & \text{当 } n \text{ 为奇数时}, \end{cases}$$

此时,部分和数列 $\{S_n\}$ 的极限不存在,故该等比级数发散.

综上讨论可知:等比级数 $\sum\limits_{n=1}^{\infty} ar^{n-1}$,当公比 $|r| < 1$ 时收敛,当公比 $|r| \geqslant 1$ 时发散.

例 3 求级数 $\sum\limits_{n=1}^{\infty} \dfrac{1}{n(n+1)}$ 的和.

解 由于

$$\frac{1}{n(n+1)} = \frac{1}{n} - \frac{1}{n+1},$$

故

$$S_n = \frac{1}{1 \cdot 2} + \frac{1}{2 \cdot 3} + \frac{1}{3 \cdot 4} + \cdots + \frac{1}{n(n+1)}$$

$$= \left(1-\frac{1}{2}\right)+\left(\frac{1}{2}-\frac{1}{3}\right)+\left(\frac{1}{3}-\frac{1}{4}\right)+\cdots+\left(\frac{1}{n}-\frac{1}{n+1}\right)$$

$$= 1-\frac{1}{n+1}.$$

所以该级数的和为

$$S = \lim_{n\to\infty}S_n = \lim_{n\to\infty}\left(1-\frac{1}{n+1}\right) = 1,$$

即

$$\sum_{n=1}^{\infty}\frac{1}{n(n+1)} = 1.$$

二、常数项级数的性质

根据级数收敛的概念和极限运算法则,可以得出常数项级数如下的基本性质.

性质 1　若级数 $\sum\limits_{n=1}^{\infty}u_n$ 与 $\sum\limits_{n=1}^{\infty}v_n$ 都收敛,则级数 $\sum\limits_{n=1}^{\infty}(u_n\pm v_n)$ 也收敛,且

$$\sum_{n=1}^{\infty}(u_n\pm v_n) = \sum_{n=1}^{\infty}u_n\pm\sum_{n=1}^{\infty}v_n.$$

证　设 $\sum\limits_{n=1}^{\infty}u_n$ 与 $\sum\limits_{n=1}^{\infty}v_n$ 的前 n 项和分别为 A_n 和 B_n,且设 $\lim\limits_{n\to\infty}A_n = S_1$, $\lim\limits_{n\to\infty}B_n = S_2$,则级数 $\sum\limits_{n=1}^{\infty}(u_n\pm v_n)$ 的前 n 项和为

$$S_n = \sum_{k=1}^{n}(u_k\pm v_k) = A_n\pm B_n,$$

于是

$$\lim_{n\to\infty}S_n = \lim_{n\to\infty}(A_n\pm B_n) = S_1\pm S_2,$$

即

$$\sum_{n=1}^{\infty}(u_n\pm v_n) = \sum_{n=1}^{\infty}u_n\pm\sum_{n=1}^{\infty}v_n.$$

性质 1 的结论可推广到有限个收敛级数的情形.

性质 2　若级数 $\sum\limits_{n=1}^{\infty}u_n$ 收敛,k 是任一常数,则级数 $\sum\limits_{n=1}^{\infty}ku_n$ 也收敛,且

$$\sum_{n=1}^{\infty}ku_n = k\sum_{n=1}^{\infty}u_n.$$

证　设 $\sum\limits_{n=1}^{\infty}u_n$ 的部分和为 S_n,且 $\lim\limits_{n\to\infty}S_n = S$,则 $\sum\limits_{n=1}^{\infty}u_n = S$. 由此得级数 $\sum\limits_{n=1}^{\infty}ku_n$ 的部分和为 $S'_n = kS_n$,且

$$\lim_{n\to\infty}S'_n = \lim_{n\to\infty}kS_n = k\lim_{n\to\infty}S_n = kS,$$

即

$$\sum_{n=1}^{\infty}ku_n = kS = k\sum_{n=1}^{\infty}u_n.$$

性质 3　在一个级数中增加或删去有限个项不改变级数的敛散性,但一般会改变收敛级数的和.　　　　　　　　　　　　　　　　　　　　　　　　　　　（证明略）

性质 4　如果级数 $\sum\limits_{n=1}^{\infty}u_n$ 收敛,则对该级数的项任意加括号后所成的新级数

$$(u_1 + \cdots + u_{n_1}) + (u_{n_1+1} + \cdots + u_{n_2}) + \cdots + (u_{n_{k-1}+1} + \cdots + u_{n_k}) + \cdots$$

仍收敛,且其和不变.　　　　　　　　　　　　　　　　　　　　　　　　　　（证明略）

　　要注意的是,加括号后的级数收敛时,不能断定原来未加括号的级数也收敛. 例如级数

$$(1-1) + (1-1) + \cdots + (1-1) + \cdots$$

收敛于零,但级数

$$\sum_{n=1}^{\infty} (-1)^{n-1} = 1 - 1 + 1 - 1 + \cdots$$

是发散的. 这是因为 $S_n = \begin{cases} 1, & n \text{ 奇数时,} \\ 0, & n \text{ 偶数时,} \end{cases}$ 因而 $\{S_n\}$ 的极限不存在.

　　性质 5（级数收敛的必要条件）　　若级数 $\sum\limits_{n=1}^{\infty} u_n$ 收敛,则它的一般项 u_n 的极限为零,即

$$\lim_{n \to \infty} u_n = 0.$$

　　证　　设级数 $\sum\limits_{n=1}^{\infty} u_n$ 收敛于 S,则 $\lim\limits_{n\to\infty} S_n = \lim\limits_{n\to\infty} S_{n-1} = S$. 由于

$$u_n = S_n - S_{n-1},$$

所以

$$\lim_{n \to \infty} u_n = \lim_{n \to \infty} (S_n - S_{n-1}) = \lim_{n \to \infty} S_n - \lim_{n \to \infty} S_{n-1} = S - S = 0.$$

　　需要特别指出的是,$\lim\limits_{n\to\infty} u_n = 0$ 仅是级数收敛的必要条件,不能由 $u_n \to 0$（当 $n \to \infty$ 时）就得出级数 $\sum\limits_{n=1}^{\infty} u_n$ 收敛的结论.

　　例 4　　证明调和级数 $\sum\limits_{n=1}^{\infty} \dfrac{1}{n} = 1 + \dfrac{1}{2} + \dfrac{1}{3} + \cdots + \dfrac{1}{n} + \cdots$ 发散.

　　证　　假设调和级数收敛于 S,则

$$\lim_{n \to \infty} (S_{2n} - S_n) = S - S = 0.$$

而

$$S_{2n} - S_n = \frac{1}{n+1} + \frac{1}{n+2} + \cdots + \frac{1}{n+n} \geqslant \frac{n}{2n} = \frac{1}{2},$$

所以

$$\lim_{n \to \infty} (S_{2n} - S_n) \geqslant \frac{1}{2},$$

得出矛盾,故调和级数发散.

　　上例说明调和级数 $\sum\limits_{n=1}^{\infty} \dfrac{1}{n}$ 的一般项 $u_n = \dfrac{1}{n} \to 0$（当 $n \to \infty$ 时）,但调和级数 $\sum\limits_{n=1}^{\infty} \dfrac{1}{n}$ 是发散的.

　　由级数收敛的必要条件可以得出如下判定级数发散的方法.

　　推论 1　　若 $\lim\limits_{n\to\infty} u_n \neq 0$,则级数 $\sum\limits_{n=1}^{\infty} u_n$ 发散.

　　例 5　　试证明级数

$$\sum_{n=1}^{\infty} \frac{1}{\sqrt[n]{3}} = \frac{1}{\sqrt[1]{3}} + \frac{1}{\sqrt[2]{3}} + \frac{1}{\sqrt[3]{3}} + \cdots + \frac{1}{\sqrt[n]{3}} + \cdots$$

发散.

　　证　　级数的一般项为 $u_n = \dfrac{1}{\sqrt[n]{3}}$,因为

$$\lim_{n\to\infty} u_n = \lim_{n\to\infty} \frac{1}{\sqrt[n]{3}} = 1 \neq 0,$$

所以该级数发散.

注:在判定级数是否收敛时,我们往往先观察一下当 $n\to\infty$ 时,通项 u_n 的极限是否为零. 当 $\lim\limits_{n\to\infty} u_n = 0$ 时,再用其他方法来判断级数收敛或发散.

练　习　9.1

1. 根据级数收敛与发散的定义判定下列级数的敛散性:

(1) $\sum\limits_{n=1}^{\infty} \dfrac{1}{\sqrt{n+1}+\sqrt{n}}$;

(2) $\sum\limits_{n=1}^{\infty} \ln\dfrac{n+1}{n}$;

(3) $\dfrac{1}{1\cdot 3} + \dfrac{1}{3\cdot 5} + \dfrac{1}{5\cdot 7} + \cdots + \dfrac{1}{(2n-1)(2n+1)} + \cdots$.

2. 判别下列级数的敛散性,若收敛,则求其和:

(1) $\sum\limits_{n=1}^{\infty} \left(\dfrac{1}{2^n} + \dfrac{1}{3^n} \right)$;

(2) $\sum\limits_{n=1}^{\infty} \dfrac{1}{n(n+1)(n+2)}$;

(3) $\sum\limits_{n=1}^{\infty} \dfrac{1}{2n}$;

(4) $\sum\limits_{n=0}^{\infty} \dfrac{3^n}{2^n}$;

(5) $\sum\limits_{n=0}^{\infty} \dfrac{(-1)^n \cdot n}{6n+1}$;

(6) $\sum\limits_{n=1}^{\infty} n\ln\dfrac{n}{n+1}$.

§9.2　正项级数及其审敛法

正项级数是常数项级数中最基本、最重要的一种类型. 许多级数的敛散性问题都可归结为正项级数的敛散性问题.

若级数 $\sum\limits_{n=1}^{\infty} u_n$ 中各项均为非负,即 $u_n \geqslant 0(n=1,2,\cdots)$,则称该级数为**正项级数**. 这时,由于

$$u_n = S_n - S_{n-1},$$

因此有

$$S_n = S_{n-1} + u_n \geqslant S_{n-1},$$

即正项级数的部分和数列 $\{S_n\}$ 是一个单调增加数列.

我们知道,单调增加且有上界的数列必有极限,而收敛的数列必有界. 根据这一结论,可以得到判定正项级数收敛的一个充分必要条件.

定理 1(正项级数的基本收敛定理)　正项级数 $\sum\limits_{n=1}^{\infty} u_n$ 收敛的充分必要条件是正项级数 $\sum\limits_{n=1}^{\infty} u_n$ 的部分和数列 $\{S_n\}$ 有界.

由定理 1 可知,若正项级数 $\sum\limits_{n=1}^{\infty} u_n$ 发散,则它的部分和数列 $\{S_n\}$ 满足 $\lim\limits_{n\to\infty} S_n = +\infty$.

应用定理 1 来判定正项级数是否收敛有时不太方便,但由定理 1 可以得到常用的正项级数的几个判别法.

定理 2(比较判别法)　设有两个正项级数 $\sum\limits_{n=1}^{\infty} u_n$ 和 $\sum\limits_{n=1}^{\infty} v_n$,满足 $u_n \leqslant kv_n (n=1,2,\cdots;k$ 是大于 0 的常数),那么

（1）若级数 $\sum\limits_{n=1}^{\infty} v_n$ 收敛,则级数 $\sum\limits_{n=1}^{\infty} u_n$ 也收敛;

（2）若级数 $\sum\limits_{n=1}^{\infty} u_n$ 发散,则级数 $\sum\limits_{n=1}^{\infty} v_n$ 也发散.

证　（1）设 $\sum\limits_{n=1}^{\infty} u_n$ 的前 n 项和为 σ_n,$\sum\limits_{n=1}^{\infty} v_n$ 的前 n 项和为 τ_n,于是 $\sigma_n \leqslant k\tau_n$. 因为 $\sum\limits_{n=1}^{\infty} v_n$ 收敛,由定理 1 知有常数 M 存在,使得 $\tau_n \leqslant M(n=1,2,3,\cdots)$ 成立. 于是 $\sigma_n \leqslant kM(n=1,2,3,\cdots)$,即级数 $\sum\limits_{n=1}^{\infty} u_n$ 的部分和数列有界,所以级数 $\sum\limits_{n=1}^{\infty} u_n$ 收敛.

（2）用反证法. 假设 $\sum\limits_{n=1}^{\infty} v_n$ 收敛,则由已经证明的结论（1）知 $\sum\limits_{n=1}^{\infty} u_n$ 也收敛. 这与已知 $\sum\limits_{n=1}^{\infty} u_n$ 发散矛盾,故级数 $\sum\limits_{n=1}^{\infty} v_n$ 也发散.

推论 1（比较判别法的极限形式）　若正项级数 $\sum\limits_{n=1}^{\infty} u_n$ 与 $\sum\limits_{n=1}^{\infty} v_n$ 满足

$$\lim_{n \to \infty} \frac{u_n}{v_n} = \rho \quad (0 < \rho < +\infty),$$

则级数 $\sum\limits_{n=1}^{\infty} u_n$ 与 $\sum\limits_{n=1}^{\infty} v_n$ 具有相同的敛散性.

证　由于 $\lim\limits_{n \to \infty} \dfrac{u_n}{v_n} = \rho > 0$,取 $\varepsilon = \dfrac{\rho}{2} > 0$,则存在 $N > 0$,当 $n > N$ 时,有

$$\left| \frac{u_n}{v_n} - \rho \right| < \varepsilon = \frac{\rho}{2}.$$

解上述不等式得

$$\frac{\rho}{2} v_n < u_n < \frac{3\rho}{2} v_n.$$

再由定理 2 知结论成立.

例 1　判断级数 $\sum\limits_{n=1}^{\infty} \sin \dfrac{1}{2^n}$ 的敛散性.

解　由于 $\lim\limits_{n \to \infty} \dfrac{\sin \dfrac{1}{2^n}}{\dfrac{1}{2^n}} = 1 > 0$,而级数 $\sum\limits_{n=1}^{\infty} \dfrac{1}{2^n}$ 收敛,由比较判别法的极限形式知 $\sum\limits_{n=1}^{\infty} \sin \dfrac{1}{2^n}$ 收敛.

例 2　讨论 p-级数 $\sum\limits_{n=1}^{\infty} \dfrac{1}{n^p}(p > 0)$ 的敛散性.

解　当 $p \leqslant 1$ 时,$n^p \leqslant n$,从而 $\dfrac{1}{n^p} \geqslant \dfrac{1}{n}$. 由 $\sum\limits_{n=1}^{\infty} \dfrac{1}{n}$ 发散及比较判别法知,$\sum\limits_{n=1}^{\infty} \dfrac{1}{n^p}$ 发散.

当 $p > 1$ 时,由于

$$1 + \left(\frac{1}{2^p} + \frac{1}{3^p} \right) + \left(\frac{1}{4^p} + \frac{1}{5^p} + \frac{1}{6^p} + \frac{1}{7^p} \right) + \left(\frac{1}{8^p} + \frac{1}{9^p} + \cdots + \frac{1}{15^p} \right) + \cdots$$

的各项均不大于级数

$$1 + \left(\frac{1}{2^p} + \frac{1}{2^p} \right) + \left(\frac{1}{4^p} + \frac{1}{4^p} + \frac{1}{4^p} + \frac{1}{4^p} \right) + \left(\frac{1}{8^p} + \frac{1}{8^p} + \cdots + \frac{1}{8^p} \right) + \cdots$$

的对应项,而后一个级数为

$$1 + \frac{1}{2^{p-1}} + \frac{1}{4^{p-1}} + \frac{1}{8^{p-1}} + \cdots,$$

它是一个公比为 $q = \frac{1}{2^{p-1}} < 1$ 的等比级数, 故后一个级数收敛. 由此得级数 $\sum\limits_{n=1}^{\infty} \frac{1}{n^p}$ 收敛.

综上所述, 当 $p > 1$ 时, $\sum\limits_{n=1}^{\infty} \frac{1}{n^p}$ 收敛; 当 $p \leqslant 1$ 时, $\sum\limits_{n=1}^{\infty} \frac{1}{n^p}$ 发散.

注: p-级数 $\sum\limits_{n=1}^{\infty} \frac{1}{n^p} (p > 0)$ 的敛散性结论, 经常用来比较判断某些正项级数的敛散性, 应熟记.

例 3 判断级数 $\sum\limits_{n=1}^{\infty} \frac{1}{\sqrt{n(n^2+1)}}$ 的敛散性.

解 因为

$$\frac{1}{\sqrt{n(n^2+1)}} < \frac{1}{\sqrt{n \cdot n^2}} = \frac{1}{n^{3/2}},$$

而 p-级数 $\sum\limits_{n=1}^{\infty} \frac{1}{n^{3/2}}$ 收敛 $\left(p = \frac{3}{2} > 1\right)$, 故由定理 2 知 $\sum\limits_{n=1}^{\infty} \frac{1}{\sqrt{n(n^2+1)}}$ 收敛.

例 4 试证明正项级数 $\sum\limits_{n=1}^{\infty} \frac{n+1}{n^2+2n-1}$ 发散.

证 因为

$$\frac{n+1}{n^2+2n-1} > \frac{n}{n^2+2n-1} > \frac{n}{n^2+2n} = \frac{1}{n+2} \quad (n = 1, 2, 3, \cdots),$$

而级数 $\sum\limits_{n=1}^{\infty} \frac{1}{n+2}$ 是发散的, 由比较判别法知, $\sum\limits_{n=1}^{\infty} \frac{n+1}{n^2+2n-1}$ 发散.

从例 3 与例 4 可以发现, 如果正项级数的通项 u_n 是分式, 而其分子、分母都是 n 的多项式, 则只要分母的最高次数高出分子的最高次数一次以上(不包括一次), 该正项级数就收敛. 否则, 该正项级数发散.

利用比较判别法, 可以证明下面两个很有用的判别法.

定理 3(达朗贝尔比值判别法) 设正项级数 $\sum\limits_{n=1}^{\infty} u_n$ 满足

$$\lim_{n \to \infty} \frac{u_{n+1}}{u_n} = \rho,$$

那么

(1) 当 $\rho < 1$ 时, 级数收敛;

(2) 当 $\rho > 1$(包括 $\rho = +\infty$ 时, 级数发散;

(3) 当 $\rho = 1$ 时, 级数可能收敛也可能发散(需另行判别).

证 (1) 当 $\lim\limits_{n \to \infty} \frac{u_{n+1}}{u_n} = \rho < 1$ 时, 总可找到一个适当小的正数 ε_0, 使得 $\rho + \varepsilon_0 = q < 1$. 而对此给定的 ε_0, 必有正整数 N 存在, 当 $n \geqslant N$ 时, 有不等式

$$\left| \frac{u_{n+1}}{u_n} - \rho \right| < \varepsilon_0.$$

由上面不等式得

$$\frac{u_{n+1}}{u_n} < \rho + \varepsilon_0 = q.$$

于是,对于正项级数 $\sum\limits_{n=1}^{\infty} u_n$,从第 N 项开始有

$$u_{N+1} < qu_N, \quad u_{N+2} < qu_{N+1} < q^2 u_N, \quad \cdots.$$

因此,正项级数

$$u_N + u_{N+1} + u_{N+2} + \cdots = \sum_{n=N}^{\infty} u_n$$

的每一项都小于或等于正项级数

$$u_N + qu_N + q^2 u_N + \cdots = \sum_{n=1}^{\infty} u_N q^{n-1}$$

的各对应项. 而级数 $\sum\limits_{n=1}^{\infty} u_N q^{n-1}$ 是公比的绝对值 $|q| < 1$ 的等比级数,是收敛的,于是由比较判别法可知,级数 $\sum\limits_{n=N}^{\infty} u_n$ 收敛,从而级数 $\sum\limits_{n=1}^{\infty} u_n$ 也收敛.

(2) 由于 $\lim\limits_{n\to\infty} \dfrac{u_{n+1}}{u_n} = \rho > 1$,总可找到一个适当小的正数 ε_0,使得 $\rho - \varepsilon_0 > 1$. 而对比给定的 ε_0,存在 $N > 0$,当 $n > N$ 时,有

$$\left| \frac{u_{n+1}}{u_n} - \rho \right| < \varepsilon_0.$$

解得

$$\frac{u_{n+1}}{u_n} > \rho - \varepsilon_0 > 1,$$

即正项级数 $\sum\limits_{n=1}^{\infty} u_n$ 从第 N 项开始,$u_{n+1} \geqslant u_n$. 这表明 $\lim\limits_{n\to\infty} u_n \neq 0$,因此,由级数收敛的必要条件可知,正项级数 $\sum\limits_{n=1}^{\infty} u_n$ 发散.

注:当 $\rho = 1$ 时,正项级数 $\sum\limits_{n=1}^{\infty} u_n$ 可能收敛,也可能发散. 这个结论从 p-级数就可以看出. 事实上,对于 p-级数 $\sum\limits_{n=1}^{\infty} \dfrac{1}{n^p}$,有

$$\lim_{n\to\infty} \frac{u_{n+1}}{u_n} = \lim_{n\to\infty} \frac{\dfrac{1}{(n+1)^p}}{\dfrac{1}{n^p}} = \lim_{n\to\infty} \frac{1}{\left(1 + \dfrac{1}{n}\right)^p} = 1,$$

而当 $p \leqslant 1$ 时,p-级数发散,$p > 1$ 时,p-级数收敛.

例5 试证明正项级数 $\sum\limits_{n=1}^{\infty} 2^n \sin \dfrac{\pi}{3^n}$ 收敛.

证 因为

$$\lim_{n\to\infty} \frac{u_{n+1}}{u_n} = \lim_{n\to\infty} \frac{2^{n+1} \sin \dfrac{\pi}{3^{n+1}}}{2^n \sin \dfrac{\pi}{3^n}} = \lim_{n\to\infty} \left\{ \frac{2}{3} \cdot \frac{\dfrac{\pi}{3^n}}{\sin \dfrac{\pi}{3^n}} \cdot \frac{\sin \dfrac{\pi}{3^{n+1}}}{\dfrac{\pi}{3^{n+1}}} \right\} = \frac{2}{3} < 1,$$

所以原级数收敛.

定理4(柯西根值判别法) 设正项级数 $\sum\limits_{n=1}^{\infty} u_n$ 满足

$$\lim_{n\to\infty} \sqrt[n]{u_n} = \rho,$$

那么

(1) 当 $\rho < 1$ 时，$\sum\limits_{n=1}^{\infty} u_n$ 收敛；

(2) 当 $\rho > 1$（包括 $\rho = +\infty$）时，$\sum\limits_{n=1}^{\infty} u_n$ 发散；

(3) 当 $\rho = 1$ 时，$\sum\limits_{n=1}^{\infty} u_n$ 可能收敛，也可能发散（需另行判别）.

（证明略）

例 6 判别级数

$$1 + \frac{1}{2^2} + \frac{1}{3^3} + \cdots + \frac{1}{n^n} + \cdots$$

的敛散性.

解 因为

$$\lim_{n \to \infty} \sqrt[n]{u_n} = \lim_{n \to \infty} \sqrt[n]{\frac{1}{n^n}} = \lim_{n \to \infty} \frac{1}{n} = 0 < 1,$$

所以原级数收敛.

练　习　9.2

1.判断下列级数的敛散性：

(1) $0.1 + \sqrt{0.1} + \sqrt[3]{0.1} + \cdots + \sqrt[n]{0.1} + \cdots$；

(2) $\sum\limits_{n=1}^{\infty} (-1)^{n-1} \dfrac{2^n}{3^n}$；

(3) $\dfrac{1}{2} + \dfrac{2}{3} + \dfrac{3}{4} + \dfrac{4}{5} + \cdots$；

(4) $\sum\limits_{n=1}^{\infty} \left(\dfrac{1}{2^n} - \dfrac{1}{3^n} \right)$.

2.用比较判别法判断下列级数的敛散性：

(1) $1 + \dfrac{1}{3} + \dfrac{1}{5} + \cdots + \dfrac{1}{2n-1} + \cdots$；

(2) $\sum\limits_{n=1}^{\infty} \dfrac{1}{n^{3/2} + 1}$；

(3) $1 + \dfrac{2}{3} + \dfrac{2^2}{3 \cdot 5} + \dfrac{2^3}{3 \cdot 5 \cdot 7} + \cdots + \dfrac{2^{n-1}}{3 \cdot 5 \cdot 7 \cdot \cdots \cdot (2n-1)} + \cdots$；

(4) $\sum\limits_{n=1}^{\infty} \ln(1 + n)$；

(5) $\sum\limits_{n=1}^{\infty} \dfrac{n}{(n+1) \sqrt{n^3 + 1}}$.

3.判断下列级数的敛散性：

(1) $\sum\limits_{n=1}^{\infty} \dfrac{2n-1}{2^n}$；

(2) $\sum\limits_{n=1}^{\infty} \dfrac{3^n}{n \cdot 2^n}$；

(3) $\sum\limits_{n=1}^{\infty} \dfrac{3^n}{n!}$；

(4) $\sum\limits_{n=1}^{\infty} 2^n \tan \dfrac{\pi}{5^n}$；

(5) $\sum\limits_{n=1}^{\infty} \left(\dfrac{n}{2n+1} \right)^n$；

(6) $\sum\limits_{n=1}^{\infty} \dfrac{n!}{n^n}$.

§9.3　任意项级数、条件收敛、绝对收敛

任意项级数是指各项具有任意正负号. 例如, 数项级数 $\sum\limits_{n=1}^{\infty} n \sin \dfrac{n\pi}{2}$ 是任意项级数. 在任意

项级数中,比较常见和重要的是交错级数.

一、交错级数及其审敛法

如果在任意项级数 $\sum\limits_{n=1}^{\infty} u_n$ 中,正负号相间出现,这样的任意项级数就叫作**交错级数**. 它的一般形式为

$$\sum_{n=1}^{\infty} (-1)^{n-1} u_n = u_1 - u_2 + u_3 - u_4 + \cdots + u_{2k-1} - u_{2k} + \cdots \qquad (9\text{-}3\text{-}1)$$

或

$$\sum_{n=1}^{\infty} (-1)^n u_n = -u_1 + u_2 - u_3 + u_4 - \cdots - u_{2k-1} + u_{2k} - \cdots, \qquad (9\text{-}3\text{-}2)$$

其中 $u_n > 0 (n = 1, 2, 3, \cdots)$.

由于级数(9-3-1)与级数(9-3-2)具有相同的敛散性,故我们主要讨论级数(9-3-1). 交错级数的审敛法由下面定理给出.

定理 1(莱布尼茨判别法) 设交错级数 $\sum\limits_{n=1}^{\infty} (-1)^{n-1} u_n$ 满足

(1) $u_n \geqslant u_{n+1} (n = 1, 2, \cdots)$,

(2) $\lim\limits_{n \to \infty} u_n = 0$,

则级数 $\sum\limits_{n=1}^{\infty} (-1)^{n-1} u_n$ 收敛,且其和 $S \leqslant u_1$.

证 根据项数 n 是奇数或偶数分别考察 S_n.

当 n 为偶数时,令 $n = 2k$, S_n 写成以下两种形式:

$$S_n = S_{2k} = (u_1 - u_2) + (u_3 - u_4) + \cdots + (u_{2k-1} - u_{2k})$$

及

$$S_n = S_{2k} = u_1 - (u_2 - u_3) - (u_4 - u_5) - \cdots - (u_{2k-2} - u_{2k-1}) - u_{2k}.$$

由条件(1)可知,两等式中每个括号内的值都是非负的.

由第一个等式可知 S_{2k} 随着 k 的增大而增大,由第二个等式可知 $S_{2k} \leqslant u_1$,即数列 $\{S_n\}$ 单调增加且有上界,从而数列 $\{S_n\}$ 收敛. 设

$$\lim_{n \to \infty} S_n = \lim_{k \to \infty} S_{2k} = S.$$

当 n 为奇数时,不妨设 $n = 2k + 1$,因为

$$S_n = S_{2k+1} = S_{2k} + u_{2k+1},$$

再由条件(2)可得

$$\lim_{n \to \infty} S_n = \lim_{k \to \infty} S_{2k+1} = \lim_{k \to \infty} S_{2k} + \lim_{k \to \infty} u_{2k+1} = S + 0 = S.$$

这就说明,不管 n 为奇数还是偶数,都有

$$\lim_{n \to \infty} S_n = S,$$

故交错级数 $\sum\limits_{n=1}^{\infty} (-1)^{n-1} u_n$ 收敛.

由于 $S_{2k} \leqslant u_1$,而 $\lim\limits_{k \to \infty} S_{2k} = S$,因此根据极限的保号性可知 $S \leqslant u_1$.

例 1 判定级数 $\sum\limits_{n=1}^{\infty} (-1)^{n-1} \dfrac{1}{n}$ 的敛散性.

解 这是一个交错级数, $u_n = \dfrac{1}{n}$,且 $u_n = \dfrac{1}{n} > u_{n+1} = \dfrac{1}{n+1}$,而

$$\lim_{n \to \infty} u_n = \lim_{n \to \infty} \frac{1}{n} = 0,$$

所以，由莱布尼茨判别法知 $\displaystyle\sum_{n=1}^{\infty} (-1)^{n-1} \frac{1}{n}$ 收敛.

二、绝对收敛与条件收敛

为了讨论一般的任意项级数的敛散性，首先引入绝对收敛的概念.

定义 1 对于级数 $\displaystyle\sum_{n=1}^{\infty} u_n$，若 $\displaystyle\sum_{n=1}^{\infty} |u_n|$ 收敛，则称级数 $\displaystyle\sum_{n=1}^{\infty} u_n$ **绝对收敛**；如果 $\displaystyle\sum_{n=1}^{\infty} |u_n|$ 发散，但 $\displaystyle\sum_{n=1}^{\infty} u_n$ 本身收敛，则称级数 $\displaystyle\sum_{n=1}^{\infty} u_n$ **条件收敛**.

例如，级数 $\displaystyle\sum_{n=1}^{\infty} (-1)^{n-1} \frac{1}{n}$ 就是条件收敛.

绝对收敛与收敛之间有着下面的重要关系.

定理 2 若级数 $\displaystyle\sum_{n=1}^{\infty} |u_n|$ 收敛，则级数 $\displaystyle\sum_{n=1}^{\infty} u_n$ 收敛.

证 设

$$A_n = \frac{1}{2}(|u_n| + u_n), \quad B_n = \frac{1}{2}(|u_n| - u_n) \quad (n = 1, 2, \cdots),$$

由于 $\pm u_n \leqslant |u_n|$，故

$$0 \leqslant A_n = \frac{1}{2}(|u_n| + u_n) \leqslant \frac{1}{2}(|u_n| + |u_n|) = |u_n|,$$

$$0 \leqslant B_n = \frac{1}{2}(|u_n| - u_n) \leqslant \frac{1}{2}(|u_n| + |u_n|) = |u_n|.$$

因为 $\displaystyle\sum_{n=1}^{\infty} |u_n|$ 收敛，根据正项级数的比较判别法知，$\displaystyle\sum_{n=1}^{\infty} A_n$ 与 $\displaystyle\sum_{n=1}^{\infty} B_n$ 都收敛.

又因为 $u_n = A_n - B_n$，所以级数 $\displaystyle\sum_{n=1}^{\infty} u_n = \sum_{n=1}^{\infty} (A_n - B_n)$ 收敛.

由定义 1 可见，判别一个级数 $\displaystyle\sum_{n=1}^{\infty} u_n$ 是否绝对收敛，实际上，就是判别一个正项级数 $\displaystyle\sum_{n=1}^{\infty} |u_n|$ 的敛散性. 但要注意，当 $\displaystyle\sum_{n=1}^{\infty} |u_n|$ 发散时，我们只能判定 $\displaystyle\sum_{n=1}^{\infty} u_n$ 非绝对收敛，而不能判定 $\displaystyle\sum_{n=1}^{\infty} u_n$ 本身也是发散的. 例如，对于级数

$$\sum_{n=1}^{\infty} (-1)^{n-1} \frac{1}{n},$$

虽然

$$\sum_{n=1}^{\infty} \left| (-1)^{n-1} \frac{1}{n} \right| = \sum_{n=1}^{\infty} \frac{1}{n}$$

发散，但 $\displaystyle\sum_{n=1}^{\infty} (-1)^{n-1} \frac{1}{n}$ 却是收敛的. 我们有下面的定理.

定理 3 若任意项级数 $\displaystyle\sum_{n=1}^{\infty} u_n$ 满足

$$\lim_{n \to \infty} \frac{|u_{n+1}|}{|u_n|} = \rho,$$

则当 $\rho < 1$ 时，级数绝对收敛；当 $\rho > 1$（或 $\rho = +\infty$）时，级数发散.

证　当 $\rho<1$ 时，由 §9.2 定理 3 知正项级数 $\sum\limits_{n=1}^{\infty}|u_n|$ 收敛，所以级数 $\sum\limits_{n=1}^{\infty}u_n$ 绝对收敛.

当 $\rho>1$（或 $\rho=+\infty$）时，一定存在适当小的正数 ε，使 $\rho-\varepsilon>1$. 而对于 ε，一定存在正整数 N，当 $n>N$ 时，

$$\left|\frac{|u_{n+1}|}{|u_n|}-\rho\right|<\varepsilon.$$

解此不等式得

$$\frac{|u_{n+1}|}{|u_n|}>\rho-\varepsilon>1,$$

即当 $n>N$ 时，$|u_{n+1}|>|u_n|$，所以 $\lim\limits_{n\to\infty}|u_n|\neq0$，从而 $\lim\limits_{n\to\infty}u_n\neq0$. 故级数 $\sum\limits_{n=1}^{\infty}u_n$ 发散.

例 2　证明级数 $\sum\limits_{n=1}^{\infty}(-1)^n\dfrac{n!}{n^n}$ 绝对收敛.

证　因为

$$\lim_{n\to\infty}\frac{|u_{n+1}|}{|u_n|}=\lim_{n\to\infty}\frac{\dfrac{(n+1)!}{(n+1)^{n+1}}}{\dfrac{n!}{n^n}}=\lim_{n\to\infty}\left(\frac{n}{n+1}\right)^n=\lim_{n\to\infty}\frac{1}{\left(1+\dfrac{1}{n}\right)^n}=\frac{1}{\mathrm{e}}<1,$$

所以级数 $\sum\limits_{n=1}^{\infty}(-1)^n\dfrac{n!}{n^n}$ 绝对收敛.

例 3　判别级数 $\sum\limits_{n=1}^{\infty}(-1)^n\dfrac{x^n}{n}$ 的敛散性.

解　记 $u_n=(-1)^n\dfrac{x^n}{n}$，则

$$\lim_{n\to\infty}\left|\frac{u_{n+1}}{u_n}\right|=\lim_{n\to\infty}\frac{\dfrac{|x|^{n+1}}{n+1}}{\dfrac{|x|^n}{n}}=\lim_{n\to\infty}\frac{n}{n+1}|x|=|x|.$$

当 $|x|<1$ 时，级数 $\sum\limits_{n=1}^{\infty}(-1)^n\dfrac{x^n}{n}$ 绝对收敛；

当 $|x|>1$ 时，级数 $\sum\limits_{n=1}^{\infty}(-1)^n\dfrac{x^n}{n}$ 发散；

当 $x=1$ 时，级数 $\sum\limits_{n=1}^{\infty}(-1)^n\dfrac{x^n}{n}=\sum\limits_{n=1}^{\infty}(-1)^n\dfrac{1}{n}$ 条件收敛；

当 $x=-1$ 时，级数 $\sum\limits_{n=1}^{\infty}(-1)^n\dfrac{x^n}{n}=\sum\limits_{n=1}^{\infty}\dfrac{1}{n}$ 发散.

练　习　9.3

1.判定下列级数是否收敛，如果是收敛级数，指出其是绝对收敛还是条件收敛：

(1) $\sum\limits_{n=1}^{\infty}(-1)^{n-1}\dfrac{1}{\sqrt{n}}$；　　　　　　　　(2) $\sum\limits_{n=1}^{\infty}(-1)^{n-1}\dfrac{n}{2^{n-1}}$；

(3) $\sum\limits_{n=1}^{\infty}(-1)^{n-1}\dfrac{1}{\ln(1+n)}$；　　　　　　(4) $\sum\limits_{n=1}^{\infty}\dfrac{\sin nx}{n^2}$；

(5) $\displaystyle\sum_{n=1}^{\infty} \frac{(-1)^{n-1}}{na^n}$ $(a > 0)$.

2. 判断下列级数的敛散性:

(1) $\displaystyle\sum_{n=2}^{\infty} (-1)^n \frac{\sqrt{n}}{n-1}$; $\qquad\qquad$ (2) $\displaystyle\sum_{n=1}^{\infty} (-1)^{n-1} \frac{2^{n^2}}{n!}$.

§9.4 幂 级 数

一、函数项级数

给定在某一区间 I 上的函数构成的序列

$$u_1(x), u_2(x), \cdots, u_n(x), \cdots,$$

把由这个函数列构成的表达式

$$\sum_{n=1}^{\infty} u_n(x) = u_1(x) + u_2(x) + \cdots + u_n(x) + \cdots \qquad (9-4-1)$$

称为区间 I 上的**函数项级数**.

在函数项级数 $(9-4-1)$ 中,取区间 I 中某一确定值 x_0,则得到一个常数项级数

$$\sum_{n=1}^{\infty} u_n(x_0) = u_1(x_0) + u_2(x_0) + \cdots + u_n(x_0) + \cdots. \qquad (9-4-2)$$

若数项级数 $(9-4-2)$ 收敛,则称点 x_0 为函数项级数 $(9-4-1)$ 的一个**收敛点**. 反之,若数项级数 $(9-4-2)$ 发散,则称点 x_0 为函数项级数 $(9-4-1)$ 的一个**发散点**. 函数项级数 $(9-4-1)$ 的收敛点的全体构成的集合,称为函数项级数的**收敛域**.

若 x_0 是收敛域内的一个点,则必有唯一一个和 $S(x_0)$ 与 x_0 对应,即

$$S(x_0) = \sum_{n=1}^{\infty} u_n(x_0) = u_1(x_0) + u_2(x_0) + \cdots + u_n(x_0) + \cdots.$$

当 x_0 在收敛域内变化时,由对应关系,就得到一个定义在收敛域上的函数 $S(x)$,使得

$$S(x) = \sum_{n=1}^{\infty} u_n(x) = u_1(x) + u_2(x) + \cdots + u_n(x) + \cdots.$$

通常这个函数 $S(x)$ 称为函数项级数的**和函数**.

把函数项级数 $(9-4-1)$ 的前 n 项和记为 $S_n(x)$,且称之为**部分和函数**,即

$$S_n(x) = u_1(x) + u_2(x) + \cdots + u_n(x),$$

那么,在函数项级数的收敛域内有

$$\lim_{n \to \infty} S_n(x) = S(x).$$

把 $r_n(x) = S(x) - S_n(x)$ 叫作函数项级数的**余项**. 显然在其收敛域内,有

$$\lim_{n \to \infty} r_n(x) = \lim_{n \to \infty} (S(x) - S_n(x)) = 0.$$

在函数项级数中,比较常见的是幂级数,下面我们讨论幂级数.

二、幂级数及其收敛性

定义 1 具有下列形式的函数项级数

$$\sum_{n=0}^{\infty} a_n(x - x_0)^n = a_0 + a_1(x - x_0) + a_2(x - x_0)^2 + \cdots + a_n(x - x_0)^n + \cdots$$

称为 $x - x_0$ 的**幂级数**,其中 $a_0, a_1, a_2, \cdots, a_n, \cdots$ 均为常数,称为**幂级数的系数**.

特别地,当 $x_0 = 0$ 时,则称

$$\sum_{n=0}^{\infty} a_n x^n = a_0 + a_1 x + a_2 x^2 + \cdots + a_n x^n + \cdots \qquad (9-4-3)$$

为 x 的幂级数. 下面主要讨论具有(9-4-3)这种形式的幂级数, 因为令 $t = x - x_0$, 则

$$\sum_{n=0}^{\infty} a_n (x - x_0)^n = \sum_{n=0}^{\infty} a_n t^n.$$

为了求幂级数的收敛域, 首先介绍阿贝尔定理.

定理 1（阿贝尔定理）

(1) 若幂级数 $\sum_{n=0}^{\infty} a_n x^n$ 在点 $x = x_0 (x_0 \neq 0)$ 处收敛, 则对于满足 $|x| < |x_0|$ 的任何 x, $\sum_{n=0}^{\infty} a_n x^n$ 都绝对收敛.

(2) 若幂级数 $\sum_{n=0}^{\infty} a_n x^n$ 在点 $x = x_0 (x_0 \neq 0)$ 处发散, 则对于满足 $|x| > |x_0|$ 的任何 x, $\sum_{n=0}^{\infty} a_n x^n$ 均发散.

证 (1) 设 $\sum_{n=0}^{\infty} a_n x_0^n$ 收敛, 由级数收敛的必要条件知 $\lim_{n \to \infty} a_n x_0^n = 0$, 由于收敛的数列必有界, 故存在常数 $M > 0$, 使得

$$|a_n x_0^n| \leqslant M \quad (n = 1, 2, \cdots),$$

所以

$$|a_n x^n| = \left| a_n x_0^n \cdot \frac{x^n}{x_0^n} \right| = |a_n x_0^n| \left| \frac{x}{x_0} \right|^n \leqslant M \left| \frac{x}{x_0} \right|^n.$$

当 $|x| < |x_0|$ 时, $\left| \frac{x}{x_0} \right| < 1$, 故幂级数 $\sum_{n=0}^{\infty} M \left| \frac{x}{x_0} \right|^n$ 收敛. 由正项级数的比较判别法知 $\sum_{n=0}^{\infty} |a_n x^n|$ 收敛, 从而幂级数 $\sum_{n=0}^{\infty} a_n x^n$ 绝对收敛.

(2) 设 $\sum_{n=0}^{\infty} a_n x_0^n$ 发散, 运用反证法可以证明, 对所有满足 $|x| > |x_0|$ 的 x, $\sum_{n=0}^{\infty} a_n x^n$ 均发散. 事实上, 若存在 x_1, 满足 $|x_1| > |x_0|$, 但 $\sum_{n=0}^{\infty} a_n x_1^n$ 收敛, 则由(1)的证明可知, $\sum_{n=0}^{\infty} a_n x_0^n$ 绝对收敛, 这与已知矛盾. 于是定理得证.

定理1说明, 若 x_0 是 $\sum_{n=0}^{\infty} a_n x^n$ 的非零收敛点, 则该幂级数在 $(-|x_0|, |x_0|)$ 内绝对收敛; 若 x_0 是 $\sum_{n=0}^{\infty} a_n x^n$ 的非零发散点, 则该幂级数在 $(-\infty, -|x_0|) \cup (|x_0|, +\infty)$ 内发散. 由此可知, 对幂级数 $\sum_{n=0}^{\infty} a_n x^n$ 来说, 一定存在关于原点对称的两个点 $x = \pm R (R > 0)$, 它们将幂级数的收敛点与发散点分隔开来, 在 $(-R, R)$ 内的点幂级数都绝对收敛, 而在 $[-R, R]$ 以外的点幂级数均发散, 在分界点 $x = \pm R$ 处, 幂级数可能收敛, 也可能发散. 我们称正数 R 为幂级数 $\sum_{n=0}^{\infty} a_n x^n$ 的**收敛半径**.

当幂级数 $\sum_{n=0}^{\infty} a_n x^n$ 仅在 $x = 0$ 处收敛时, 规定其收敛半径为 $R = 0$; 当 $\sum_{n=0}^{\infty} a_n x^n$ 在整个数轴上都收敛时, 规定其收敛半径为 $R = +\infty$, 此时幂级数的收敛域为 $(-\infty, +\infty)$. 关于幂级数 $\sum_{n=0}^{\infty} a_n x^n$ 收敛半径的求法, 有如下定理.

定理 2 设 R 是幂级数 $\sum\limits_{n=0}^{\infty} a_n x^n$ 的收敛半径. 如果该幂级数相邻两项的系数 a_n, a_{n+1} 满足

$$\lim_{n \to \infty} \left| \frac{a_{n+1}}{a_n} \right| = \rho,$$

则

(1) 当 $0 < \rho < +\infty$ 时, $R = \dfrac{1}{\rho}$;

(2) 当 $\rho = 0$ 时, $R = +\infty$;

(3) 当 $\rho = +\infty$ 时, $R = 0$.

例 1 试求幂级数 $\sum\limits_{n=1}^{\infty} (-1)^{n-1} \dfrac{x^n}{n}$ 的收敛半径与收敛域.

解 因为 $a_n = \dfrac{(-1)^{n-1}}{n}$, 所以

$$\rho = \lim_{n \to \infty} \left| \frac{a_{n+1}}{a_n} \right| = \lim_{n \to \infty} \frac{\dfrac{1}{n+1}}{\dfrac{1}{n}} = \lim_{n \to \infty} \frac{1}{1 + \dfrac{1}{n}} = 1.$$

因此, 该幂级数的收敛半径为

$$R = \frac{1}{\rho} = 1.$$

当 $x = 1$ 时, 级数

$$\sum_{n=1}^{\infty} (-1)^{n-1} \frac{x^n}{n} = \sum_{n=1}^{\infty} (-1)^{n-1} \frac{1}{n}$$

收敛; 当 $x = -1$ 时, 级数

$$\sum_{n=1}^{\infty} (-1)^{n-1} \frac{x^n}{n} = -\sum_{n=1}^{\infty} \frac{1}{n}$$

发散. 所以原幂级数的收敛域为 $(-1, 1]$.

例 2 求 $\sum\limits_{n=1}^{\infty} \dfrac{1}{n!} x^n$ 的收敛半径.

解 因为

$$\rho = \lim_{n \to \infty} \left| \frac{a_{n+1}}{a_n} \right| = \lim_{n \to \infty} \frac{\dfrac{1}{(n+1)!}}{\dfrac{1}{n!}} = \lim_{n \to \infty} \frac{1}{n+1} = 0,$$

故收敛半径为 $R = +\infty$.

例 3 求 $\sum\limits_{n=1}^{\infty} n! x^n$ 的收敛半径.

解 因为

$$\rho = \lim_{n \to \infty} \left| \frac{a_{n+1}}{a_n} \right| = \lim_{n \to \infty} \frac{(n+1)!}{n!} = \lim_{n \to \infty} (n+1) = +\infty,$$

故收敛半径为 $R = 0$, 即级数仅在 $x = 0$ 处收敛.

例 4 求幂级数 $\sum\limits_{n=0}^{\infty} \dfrac{1}{4^n} (x-1)^{2n}$ 的收敛半径及收敛域.

解 设 $t = x - 1$, 则原幂级数化为 $\sum\limits_{n=0}^{\infty} \dfrac{1}{4^n} t^{2n}$. 由于此幂级数为 t 的幂级数, 且缺少 t 的奇

次幂的项，不能直接运用定理 2 来求它的收敛半径，但可以运用收敛半径的定义来求它的收敛半径. 令 $u_n = \dfrac{1}{4^n}t^{2n}$，则

$$\lim_{n\to\infty}\left|\frac{u_{n+1}}{u_n}\right| = \lim_{n\to\infty}\left|\frac{\dfrac{1}{4^{n+1}}t^{2n+2}}{\dfrac{1}{4^n}t^{2n}}\right| = \frac{1}{4}\ |t|^2.$$

当 $\dfrac{1}{4}t^2 < 1$，即 $|t| < 2$ 时，幂级数 $\displaystyle\sum_{n=0}^{\infty}\frac{1}{4^n}t^{2n}$ 绝对收敛；

当 $\dfrac{1}{4}t^2 > 1$，即 $|t| > 2$ 时，幂级数 $\displaystyle\sum_{n=0}^{\infty}\frac{1}{4^n}t^{2n}$ 发散.

于是，幂级数 $\displaystyle\sum_{n=0}^{\infty}\frac{1}{4^n}t^{2n}$ 的收敛半径为 $R = 2$.

当 $t = \pm 2$ 时，级数 $\displaystyle\sum_{n=0}^{\infty}\frac{1}{4^n}t^{2n} = 1+1+\cdots$ 发散，所以幂级数 $\displaystyle\sum_{n=0}^{\infty}\frac{1}{4^n}t^{2n}$ 的收敛域为 $(-2,2)$.
再由 $-2 < t = x-1 < 2$，解得

$$-1 < x < 3.$$

所以，原幂级数的收敛域为 $(-1,3)$.

三、幂级数的运算

关于幂级数的运算有如下结果.

设幂级数 $\displaystyle\sum_{n=0}^{\infty}a_n x^n$ 与 $\displaystyle\sum_{n=0}^{\infty}b_n x^n$ 的收敛半径分别为 R_1 与 R_2，记 $R = \min\{R_1,R_2\}$，它们的和函数分别为 $S_1(x)$ 与 $S_2(x)$，则对任意 $x \in (-R,R)$，这两个幂级数可进行如下运算.

（1）加减法运算：

$$\sum_{n=0}^{\infty}a_n x^n \pm \sum_{n=0}^{\infty}b_n x^n = \sum_{n=0}^{\infty}(a_n \pm b_n)x^n = S_1(x) \pm S_2(x).$$

（2）乘法运算：

$$\sum_{n=0}^{\infty}a_n x^n \cdot \sum_{n=0}^{\infty}b_n x^n = \sum_{n=0}^{\infty}c_n x^n = S_1(x) \cdot S_2(x),$$

其中 $c_n = a_0 b_n + a_1 b_{n-1} + \cdots + a_n b_0$.

（3）逐项求导：

若幂级数 $\displaystyle\sum_{n=0}^{\infty}a_n x^n$ 的和函数为 $S(x)$，收敛半径为 R，则 $S(x)$ 在 $(-R,R)$ 内可导（连续），且有

$$S'(x) = \Big(\sum_{n=0}^{\infty}a_n x^n\Big)' = \sum_{n=0}^{\infty}(a_n x^n)' = \sum_{n=1}^{\infty}a_n n x^{n-1}.$$

所得幂级数的收敛半径仍为 R，但在收敛区间端点处的敛散性可能改变.

（4）逐项积分：

设幂级数 $\displaystyle\sum_{n=0}^{\infty}a_n x^n$ 的和函数为 $S(x)$，收敛半径为 R，则 $S(x)$ 在 $(-R,R)$ 上可积，且有

$$\int_0^x S(t)\,\mathrm{d}t = \int_0^x \sum_{n=0}^{\infty}a_n t^n\,\mathrm{d}t = \sum_{n=0}^{\infty}\int_0^x a_n t^n\,\mathrm{d}t = \sum_{n=0}^{\infty}\frac{a_n}{n+1}x^{n+1}.$$

所得幂级数的收敛半径仍为 R，但在收敛区间端点处的敛散性可能改变.

以上结论证明略.

例 5 求幂级数 $\sum\limits_{n=1}^{\infty} nx^{n-1}$ 的收敛域及和函数,并求级数 $\sum\limits_{n=1}^{\infty} \dfrac{n}{2^n}$ 的和.

解 由

$$\lim_{n\to\infty} \frac{|a_{n+1}|}{|a_n|} = \lim_{n\to\infty} \frac{n+1}{n} = 1,$$

得该幂级数的收敛半径为 $R=1$. 由于 $x=\pm 1$ 时,$\lim\limits_{n\to\infty} |nx^{n-1}| = \lim\limits_{n\to\infty} n = \infty$,故该幂级数发散,所以幂级数的收敛域为 $(-1,1)$.

设

$$S(x) = \sum_{n=1}^{\infty} nx^{n-1} = 1 + 2x + 3x^2 + \cdots + nx^{n-1} + \cdots.$$

两边由 0 到 x 取定积分,得

$$\int_0^x S(t)\mathrm{d}t = \int_0^x 1\mathrm{d}t + \int_0^x 2t\mathrm{d}t + \int_0^x 3t^2\mathrm{d}t + \cdots + \int_0^x nt^{n-1}\mathrm{d}t + \cdots$$
$$= x + x^2 + x^3 + \cdots + x^n + \cdots$$
$$= \frac{x}{1-x} = \frac{1}{1-x} - 1.$$

等式两边对 x 求导,得

$$S(x) = \left(\frac{1}{1-x} - 1\right)' = \frac{1}{(1-x)^2},$$

即

$$S(x) = \sum_{n=1}^{\infty} nx^{n-1} = \frac{1}{(1-x)^2}, \quad x \in (-1,1).$$

取 $x = \dfrac{1}{2}$,代入上式,得

$$\sum_{n=1}^{\infty} \frac{n}{2^{n-1}} = \frac{1}{\left(1 - \dfrac{1}{2}\right)^2} = 4,$$

所以

$$\sum_{n=1}^{\infty} \frac{n}{2^n} = \frac{1}{2} \sum_{n=1}^{\infty} \frac{n}{2^{n-1}} = \frac{1}{2} \cdot 4 = 2.$$

练 习 9.4

1.求下列幂级数的收敛域:

(1) $\sum\limits_{n=1}^{\infty} (-1)^{n-1} \dfrac{x^n}{n^2}$;

(2) $\sum\limits_{n=1}^{\infty} \dfrac{x^n}{n \cdot 3^n}$;

(3) $\sum\limits_{n=1}^{\infty} \dfrac{x^n}{2^n \cdot n!}$;

(4) $\sum\limits_{n=1}^{\infty} (-1)^n \dfrac{x^{2n+1}}{2n+1}$;

(5) $\sum\limits_{n=0}^{\infty} (-1)^n \dfrac{x^n}{5^n \cdot \sqrt{n+1}}$;

(6) $\sum\limits_{n=1}^{\infty} (-1)^n \dfrac{(x-5)^n}{\sqrt{n}}$.

2.求下列幂级数的和函数:

(1) $\sum\limits_{n=1}^{\infty} (-1)^n \dfrac{x^n}{n}$;

(2) $\sum\limits_{n=1}^{\infty} nx^{n-1}$;

(3) $\sum\limits_{n=0}^{\infty} (2n+1)x^n$.

3. 求幂级数 $\displaystyle\sum_{n=1}^{\infty} n(n+1)x^n$ 的和函数，并求数项级数 $\displaystyle\sum_{n=1}^{\infty} \frac{n(n+1)}{2^n}$ 的和.

§9.5 函数展开为幂级数

我们前面介绍了幂级数在其收敛域内总是收敛于一个和函数，并介绍了幂级数在其收敛域内求和函数的问题；我们自然会提出相反的问题：对于给定的函数 $f(x)$，能否在某个区间内用幂级数表示？又如何表示？本节将讨论并解决这一问题.

一、泰勒级数

我们知道，如果函数 $f(x)$ 在 $x = x_0$ 的某一邻域内有直到 $n+1$ 阶的导数，则对该邻域内的任意点 x，有 $f(x)$ 的 n 阶泰勒公式：

$$f(x) = f(x_0) + f'(x_0)(x - x_0) + \frac{f''(x_0)}{2!}(x - x_0)^2 + \cdots$$
$$+ \frac{f^{(n)}(x_0)}{n!}(x - x_0)^n + R_n(x),$$

其中

$$R_n(x) = \frac{f^{(n+1)}(\xi)}{(n+1)!}(x - x_0)^{n+1}$$

为拉格朗日型余项，而 ξ 介于 x_0 与 x 之间.

如果令

$$P_n(x) = f(x_0) + f'(x_0)(x - x_0) + \frac{f''(x_0)}{2!}(x - x_0)^2 + \cdots + \frac{f^{(n)}(x_0)}{n!}(x - x_0)^n,$$

则

$$f(x) = P_n(x) + R_n(x).$$

这时，在该邻域内，若函数 $f(x)$ 用 n 次多项式 $P_n(x)$ 来近似表示，则其误差的绝对值为拉格朗日型余项的绝对值 $|R_n(x)|$. 如果函数 $f(x)$ 在该邻域内有任意阶导数，且

$$\lim_{n \to \infty} R_n(x) = 0,$$

则

$$f(x) = \lim_{n \to \infty} P_n(x).$$

而 $P_n(x)$ 恰好是幂级数

$$\sum_{n=0}^{\infty} \frac{f^{(n)}(x_0)}{n!}(x - x_0)^n$$

的前 $n+1$ 项组成的部分和. 所以上面的级数收敛于 $f(x)$，故有下面的定理.

定理1　设函数 $f(x)$ 在 $x = x_0$ 的某一邻域 $U(x_0)$ 内有任意阶导数，则在该邻域内，

$$f(x) = \sum_{n=0}^{\infty} \frac{f^{(n)}(x_0)}{n!}(x - x_0)^n \tag{9-5-1}$$

的充分必要条件为

$$\lim_{n \to \infty} R_n(x) = 0.$$

等式（9-5-1）右端的幂级数称为 $f(x)$ 的**泰勒级数**.

特别地，当 $x_0 = 0$ 时，等式（9-5-1）就可写成

$$f(x) = \sum_{n=0}^{\infty} \frac{f^{(n)}(0)}{n!}x^n. \tag{9-5-2}$$

此时,等式$(9-5-2)$右端的幂级数称为$f(x)$的**麦克劳林级数**.

二、函数展开为幂级数

1. 直接展开法

利用麦克劳林公式$(9-5-2)$将函数$f(x)$展开成幂级数的方法,称为**直接展开法**.

例 1 将函数$f(x) = \mathrm{e}^x$展开成x的幂级数.

解 因为

$$f^{(n)}(x) = \mathrm{e}^x \quad (n = 0, 1, 2, \cdots),$$

所以

$$f^{(n)}(0) = \mathrm{e}^0 = 1 \quad (n = 0, 1, 2, \cdots).$$

于是我们得到幂级数

$$\sum_{n=0}^{\infty} \frac{f^{(n)}(0)}{n!} x^n = 1 + \frac{x}{1!} + \frac{x^2}{2!} + \frac{x^3}{3!} + \cdots + \frac{x^n}{n!} + \cdots.$$

显然,该幂级数的收敛域为$(-\infty, +\infty)$,至于它是否以$f(x) = \mathrm{e}^x$为和函数,还要考察是否余项$R_n(x) \to 0(n \to \infty)$. 对于任何有限数$x(\xi$介于$0$与$x$之间),有

$$|R_n(x)| = \left| \frac{f^{(n+1)}(\xi)}{(n+1)!} x^{n+1} \right| = \left| \frac{\mathrm{e}^\xi}{(n+1)!} x^{n+1} \right|$$

$$= \frac{\mathrm{e}^\xi}{(n+1)!} |x|^{n+1} \leqslant \frac{\mathrm{e}^{|\xi|}}{(n+1)!} |x|^{n+1} \leqslant \frac{\mathrm{e}^{|x|}}{(n+1)!} |x|^{n+1}.$$

因为$\mathrm{e}^{|x|}$是有限数,而$\dfrac{|x|^{n+1}}{(n+1)!}$是绝对收敛级数$\displaystyle\sum_{n=0}^{\infty} \frac{1}{(n+1)!} |x|^{n+1}$的一般项,于是

$$\lim_{n \to \infty} \frac{\mathrm{e}^{|x|}}{(n+1)!} |x|^{n+1} = \mathrm{e}^{|x|} \lim_{n \to \infty} \frac{1}{(n+1)!} |x|^{n+1} = \mathrm{e}^{|x|} 0 = 0.$$

由此得

$$\lim_{n \to \infty} R_n(x) = 0,$$

从而

$$f(x) = \mathrm{e}^x = 1 + \frac{x}{1!} + \frac{x^2}{2!} + \cdots + \frac{x^n}{n!} + \cdots \quad (-\infty < x < +\infty). \quad (9-5-3)$$

例 2 将函数$f(x) = \sin x$展开成x的幂级数.

解 因为

$$f^{(n)}(x) = \sin\left(x + \frac{n\pi}{2}\right), \quad f^{(n)}(0) = \sin \frac{n\pi}{2} \quad (n = 0, 1, 2, \cdots),$$

所以

$$f(0) = 0, \quad f'(0) = 1, \quad f''(0) = 0, \quad f'''(0) = -1, \quad \cdots,$$

$$f^{(2n)}(0) = 0, \quad f^{(2n+1)}(0) = (-1)^n.$$

于是,得到幂级数

$$x - \frac{1}{3!} x^3 + \frac{1}{5!} x^5 - \frac{1}{7!} x^7 + \cdots + \frac{(-1)^n}{(2n+1)!} x^{2n+1} + \cdots,$$

且它的收敛域为$(-\infty, +\infty)$. 又因为

$$R_n(x) = \frac{\sin\left[\xi + \frac{(n+1)\pi}{2}\right]}{(n+1)!} x^{n+1},$$

所以

$$|R_n(x)| = \frac{\left| \sin\left[\xi + \frac{(n+1)\pi}{2}\right] \right|}{(n+1)!} |x|^{n+1} \leqslant \frac{|x|^{n+1}}{(n+1)!}.$$

由例 1 知

$$\lim_{n\to\infty} \frac{|x|^{n+1}}{(n+1)!} = 0,$$

故 $\lim\limits_{n\to\infty} R_n(x) = 0$，所以

$$\sin x = x - \frac{1}{3!}x^3 + \frac{1}{5!}x^5 - \cdots + \frac{(-1)^n}{(2n+1)!}x^{2n+1} + \cdots, \quad x \in (-\infty, +\infty).$$

$$(9-5-4)$$

2. 间接展开法

我们已经得到了函数 $\dfrac{1}{1-x}$，e^x 及 $\sin x$ 的幂级数展开式，利用已知的展开式，通过幂级数的运算，可以得到其他函数的幂级数展开式. 这种求函数的幂级数展开式的方法称为**间接展开法**.

例 3 求函数 $f(x) = \cos x$ 在 $x = 0$ 处的幂级数展开式.

解 因为 $(\sin x)' = \cos x$，而

$$\sin x = x - \frac{1}{3!}x^3 + \frac{1}{5!}x^5 - \cdots + \frac{(-1)^n}{(2n+1)!}x^{2n+1} + \cdots, \quad x \in (-\infty, +\infty),$$

所以根据幂级数可逐项求导的法则，可得

$$\cos x = 1 - \frac{1}{2!}x^2 + \frac{1}{4!}x^4 - \cdots + \frac{(-1)^n}{(2n)!}x^{2n} + \cdots, \quad x \in (-\infty, +\infty). \quad (9-5-5)$$

由于

$$\frac{1}{1-x} = 1 + x + x^2 + \cdots + x^n + \cdots, \quad -1 < x < 1, \quad (9-5-6)$$

在 $(9-5-6)$ 式中把 x 分别换成 $-x, -x^2, x^2$，则得

$$\frac{1}{1+x} = 1 - x + x^2 - \cdots + (-1)^n x^n + \cdots, \quad -1 < x < 1; \quad (9-5-7)$$

$$\frac{1}{1+x^2} = 1 - x^2 + x^4 - x^6 + \cdots + (-1)^n x^{2n} + \cdots, \quad -1 < x < 1; \quad (9-5-8)$$

$$\frac{1}{1-x^2} = 1 + x^2 + x^4 + x^6 + \cdots + x^{2n} + \cdots, \quad -1 < x < 1. \quad (9-5-9)$$

分别将等式 $(9-5-7),(9-5-8),(9-5-9)$ 的两边从 0 到 x 逐项积分，得

$$\ln(1+x) = x - \frac{x^2}{2} + \frac{x^3}{3} - \cdots + (-1)^n \frac{x^{n+1}}{n+1} + \cdots, \quad -1 < x \leqslant 1; \quad (9-5-10)$$

$$\arctan x = x - \frac{x^3}{3} + \frac{x^5}{5} - \cdots + (-1)^n \frac{x^{2n+1}}{2n+1} + \cdots, \quad -1 \leqslant x \leqslant 1; \quad (9-5-11)$$

$$\ln\frac{1+x}{1-x} = 2\left(x + \frac{x^3}{3} + \frac{x^5}{5} - \cdots + \frac{x^{2n+1}}{2n+1} + \cdots\right), \quad -1 < x < 1. \quad (9-5-12)$$

函数 $f(x) = (1+x)^\alpha$ 在 $x = 0$ 处的幂级数展开式为

$$(1+x)^\alpha = 1 + \alpha x + \frac{\alpha(\alpha-1)}{2!}x^2 + \cdots + \frac{\alpha(\alpha-1)(\alpha-2)\cdots(\alpha-n+1)}{n!}x^n + \cdots, \quad -1 < x < 1.$$

$$(9-5-13)$$

$(9-5-13)$ 式的推导略.

例 4 试将函数 $\ln x$ 展开成 $x-1$ 的幂级数.

解 由

$$\ln(1+x) = x - \frac{x^2}{2} + \frac{x^3}{3} - \cdots + (-1)^n \frac{x^{n+1}}{n+1} + \cdots, \quad -1 < x \leqslant 1,$$

得

$$\ln x = \ln[1+(x-1)]$$

$$= (x-1) - \frac{(x-1)^2}{2} + \frac{(x-1)^3}{3} - \cdots + (-1)^n \frac{(x-1)^{n+1}}{n+1} + \cdots$$

$$= \sum_{n=0}^{\infty} (-1)^n \frac{(x-1)^{n+1}}{n+1}.$$

由 $-1 < x-1 \leqslant 1$，得 $0 < x \leqslant 2$，即级数的收敛域为 $(0,2]$.

例 5 试将函数 $f(x) = \dfrac{1}{x^2-x-2}$ 展开成 x 的幂级数.

解 因为

$$f(x) = \frac{1}{x^2-x-2} = \frac{1}{(x+1)(x-2)} = \frac{1}{3}\left(\frac{1}{x-2} - \frac{1}{x+1}\right),$$

由

$$\frac{1}{1-x} = 1 + x + x^2 + \cdots + x^n + \cdots = \sum_{n=0}^{\infty} x^n, \quad -1 < x < 1,$$

得

$$\frac{1}{x-2} = -\frac{1}{2} \cdot \frac{1}{1-\frac{x}{2}} = -\frac{1}{2}\sum_{n=0}^{\infty}\left(\frac{x}{2}\right)^n = -\sum_{n=0}^{\infty}\frac{x^n}{2^{n+1}} \quad (\mid x \mid < 2),$$

$$\frac{1}{x+1} = \frac{1}{1-(-x)} = \sum_{n=0}^{\infty} (-x)^n = \sum_{n=0}^{\infty} (-1)^n x^n \quad (\mid x \mid < 1),$$

所以

$$f(x) = \frac{1}{3}\left(\frac{1}{x-2} - \frac{1}{x+1}\right) = \frac{1}{3}\left[-\sum_{n=0}^{\infty}\frac{x^n}{2^{n+1}} - \sum_{n=0}^{\infty}(-1)^n x^n\right]$$

$$= -\frac{1}{3}\sum_{n=0}^{\infty}\left[\frac{1}{2^{n+1}} + (-1)^n\right]x^n.$$

根据幂级数和的运算法则，其收敛半径应取较小的一个，故 $R=1$，因此所得级数的收敛域为 $(-1,1)$.

例 6 设 $f(x) = \dfrac{\mathrm{e}^x-1}{x}$，试把 $f(x)$ 的导函数 $f'(x)$ 展开成 x 的幂级数.

解 由于 e^x 的幂级数展开式为

$$\mathrm{e}^x = 1 + \frac{x}{1!} + \frac{x^2}{2!} + \frac{x^3}{3!} + \cdots + \frac{x^n}{n!} + \cdots \quad (-\infty < x < +\infty),$$

故

$$f(x) = \frac{\mathrm{e}^x-1}{x} = \frac{1}{1!} + \frac{x}{2!} + \frac{x^2}{3!} + \cdots + \frac{x^{n-1}}{n!} + \cdots \quad (x \neq 0, x \in \mathbf{R}).$$

上式两边对 x 求导，得

$$f'(x) = \frac{1}{2!} + \frac{2}{3!}x + \cdots + \frac{n-1}{n!}x^{n-2} + \cdots = \sum_{n=2}^{\infty}\frac{n-1}{n!}x^{n-2} \quad (x \in \mathbf{R}, x \neq 0).$$

例 7 试将 $\dfrac{1}{5-x}$ 展开为 $x-2$ 的幂级数.

解 由

$$\frac{1}{1-x} = 1 + x + x^2 + \cdots + x^n + \cdots = \sum_{n=0}^{\infty} x^n \quad (-1 < x < 1),$$

得

$$\frac{1}{5-x}=\frac{1}{3-(x-2)}=\frac{1}{3}\cdot\frac{1}{1-\dfrac{x-2}{3}}$$

$$=\frac{1}{3}\Big[1+\frac{x-2}{3}+\Big(\frac{x-2}{3}\Big)^2+\cdots+\Big(\frac{x-2}{3}\Big)^n+\cdots\Big]$$

$$=\frac{1}{3}\Big[1+\frac{1}{3}(x-2)+\frac{1}{3^2}(x-2)^2+\cdots+\frac{1}{3^n}(x-2)^n+\cdots\Big]$$

$$=\frac{1}{3}\sum_{n=0}^{\infty}\frac{1}{3^n}(x-2)^n.$$

由 $-1<\dfrac{x-2}{3}<1$，得 $-1<x<5$，即级数的收敛域为 $(-1,5)$.

*三、函数的幂级数展开式的应用

1. 函数值的近似计算

有了函数的幂级数展开式，就可以用它来计算函数值的近似值，并且函数值可以利用这个幂级数按精度要求计算出来.

例 8　计算 e 的近似值.

解　由于 e^x 的幂级数展开式为

$$e^x=1+\frac{x}{1!}+\frac{x^2}{2!}+\cdots+\frac{x^n}{n!}+\cdots\quad(-\infty<x<+\infty),$$

令 $x=1$，得

$$e=1+\frac{1}{1!}+\frac{1}{2!}+\cdots+\frac{1}{n!}+\cdots.$$

取它的前 $n+1$ 项和作为 e 的近似值，即

$$e\approx1+\frac{1}{1!}+\frac{1}{2!}+\cdots+\frac{1}{n!},$$

其误差为

$$R_n=\frac{1}{(n+1)!}+\frac{1}{(n+2)!}+\frac{1}{(n+3)!}+\cdots$$

$$=\frac{1}{(n+1)!}\Big[1+\frac{1}{n+2}+\frac{1}{(n+2)(n+3)}+\cdots\Big]$$

$$\leqslant\frac{1}{(n+1)!}\Big[1+\frac{1}{n+1}+\frac{1}{(n+1)^2}+\cdots\Big]$$

$$=\frac{1}{(n+1)!}\cdot\frac{1}{1-\dfrac{1}{n+1}}=\frac{1}{n\cdot n!}.$$

如果要精确到 10^{-10}，则只需要 $\dfrac{1}{n\cdot n!}\leqslant10^{-10}$ 即可，即 $n\cdot n!\geqslant10^{10}$. 由于 $13\times13!\approx8\times10^{10}>10^{10}$，故取 $n=13$，得

$$e\approx1+\frac{1}{1!}+\frac{1}{2!}+\cdots+\frac{1}{13!}.$$

上式在计算机上编程计算得 $e\approx2.718\ 281\ 828\ 5$.

2. 计算某类不定积分、定积分

例 9　求不定积分 $\displaystyle\int e^{-x^2}\mathrm{d}x$.

解 由于 e^{-x^2} 的原函数不是初等函数,所以这一不定积分"积不出来",但可以用幂级数表示该不定积分. 将等式

$$e^x = 1 + \frac{x}{1!} + \frac{x^2}{2!} + \cdots + \frac{x^n}{n!} + \cdots \quad (-\infty < x < +\infty)$$

中的 x 换成 $-x^2$,得

$$e^{-x^2} = 1 - \frac{x^2}{1!} + \frac{x^4}{2!} - \cdots + (-1)^n \frac{x^{2n}}{n!} + \cdots.$$

两边取不定积分,得

$$\int e^{-x^2} dx = C + x - \frac{x^3}{3 \times 1!} + \frac{x^5}{5 \times 2!} - \cdots + (-1)^n \frac{x^{2n+1}}{(2n+1) \cdot n!} + \cdots.$$

例 10 求定积分 $\int_0^1 \frac{\sin x}{x} dx$ 的近似值,精确到 10^{-4}.

解 定义函数 $\frac{\sin x}{x}$ 在 $x = 0$ 处的函数值为 1,则函数 $\frac{\sin x}{x}$ 在 $[0,1]$ 上连续.

由

$$\sin x = x - \frac{1}{3!}x^3 + \frac{1}{5!}x^5 - \frac{1}{7!}x^7 + \cdots, \quad x \in (-\infty, +\infty).$$

得

$$\frac{\sin x}{x} = 1 - \frac{1}{3!}x^2 + \frac{1}{5!}x^4 - \frac{1}{7!}x^6 + \cdots, \quad x \in (-\infty, +\infty).$$

等式两边在 $[0,1]$ 上逐项积分,得

$$\int_0^1 \frac{\sin x}{x} dx = 1 - \frac{1}{3 \times 3!} + \frac{1}{5 \times 5!} - \frac{1}{7 \times 7!} + \cdots.$$

如果取前三项作为定积分的近似值,则其误差为

$$|R_3| \leqslant \frac{1}{7 \times 7!} < \frac{1}{30\,000} < 10^{-4},$$

所以

$$\int_0^1 \frac{\sin x}{x} dx \approx 1 - \frac{1}{3! \times 3} + \frac{1}{5! \times 5} \approx 0.946\,1.$$

练 习 9.5

1.将下列函数展开成 x 的幂级数:

(1) $f(x) = a^x \quad (a > 0, a \neq 1)$;　　　　(2) $f(x) = e^{-\frac{x^2}{2}}$;

(3) $f(x) = \ln(a + x) \quad (a > 0)$;　　　　(4) $f(x) = \cos^2 x$.

2.将函数 $f(x) = \frac{1}{x}$ 展开成 $x - 3$ 的幂级数.

3.将函数 $f(x) = \frac{1}{x^2 + 3x + 2}$ 展开成 $x + 4$ 的幂级数.

习 题 九

(A)

1.判别下列正项级数的敛散性:

(1) $\sum_{n=1}^{\infty} \dfrac{2^n}{(2n-1)3^n}$；

(2) $\sum_{n=1}^{\infty} (\sin 1)^n$；

(3) $\sum_{n=1}^{\infty} \left(1 - \cos \dfrac{2}{n}\right)$；

(4) $\sum_{n=1}^{\infty} \left(\tan \dfrac{\pi}{n}\right)^2$；

(5) $\sum_{n=1}^{\infty} \dfrac{5^{n-1}}{n!}$；

(6) $\sum_{n=1}^{\infty} \dfrac{2^n}{n(n+1)}$；

(7) $\sum_{n=1}^{\infty} \dfrac{1}{n\sqrt[n]{n}}$；

(8) $\sum_{n=1}^{\infty} \dfrac{n^n}{(n!)^2}$．

2. 设正项级数 $\sum_{n=1}^{\infty} u_n$，$\sum_{n=1}^{\infty} v_n$ 都收敛，试证明级数 $\sum_{n=1}^{\infty} (u_n + v_n)^2$ 也收敛.

3. 判别下列级数是绝对收敛、条件收敛，还是发散：

(1) $\sum_{n=1}^{\infty} (-1)^{n-1} \ln \dfrac{n+1}{n}$；

(2) $\sum_{n=1}^{\infty} (-2)^n \sin \dfrac{\pi}{3^n}$；

(3) $\sum_{n=1}^{\infty} (-1)^{n-1} \dfrac{n}{2n+1}$；

(4) $\sum_{n=1}^{\infty} (-1)^{n-1} (2^{\frac{1}{n}} - 1)$．

4. 讨论级数 $\sum_{n=1}^{\infty} \left(\dfrac{na}{n+1}\right)^n$ 的敛散性.

5. 求下列幂级数的收敛域：

(1) $\sum_{n=0}^{\infty} \dfrac{x^n}{(2n-1)(2n)}$；

(2) $\sum_{n=1}^{\infty} \dfrac{x^{n-1}}{2^n}$；

(3) $\sum_{n=1}^{\infty} \dfrac{\ln(n+1)}{n+1} x^{n+1}$；

(4) $\sum_{n=1}^{\infty} (\ln x)^n$；

(5) $\sum_{n=1}^{\infty} \dfrac{x^{2n}}{(2n-1)!}$；

(6) $\sum_{n=1}^{\infty} \dfrac{(x-2)^{n-1}}{n^2}$；

(7) $\sum_{n=1}^{\infty} \left[\dfrac{(-1)^n}{2^n} x^n + 3^n x^n\right]$；

(8) $\sum_{n=1}^{\infty} \dfrac{2^n}{\sqrt{n+1} + \sqrt{n}} x^{2n}$．

6. 求下列幂级数的收敛域及和函数：

(1) $\sum_{n=1}^{\infty} (-1)^{n-1} \dfrac{x^{2n-1}}{2n-1}$；

(2) $\sum_{n=0}^{\infty} (2n) x^{2n-1}$；

(3) $\sum_{n=1}^{\infty} \dfrac{1}{n(n+1)} x^{n+1}$；

(4) $\sum_{n=1}^{\infty} n(n+2) x^n$．

7. 将下列函数展开成 x 的幂级数：

(1) $\dfrac{1}{2} (e^x - e^{-x})$；

(2) $\dfrac{1}{x} \ln(1+x)$；

(3) $\dfrac{1}{\sqrt{1-x^2}}$；

(4) $\dfrac{1}{(x-1)(x-2)}$．

8. 利用 e^x 的幂级数展开式，求幂级数 $\sum_{n=0}^{\infty} \dfrac{x^n}{2^n(n+1)!}$ 的和函数，并求数项级数 $\sum_{n=0}^{\infty} \dfrac{2^n}{(n+1)!}$ 的和.

（B）

1. 选择题：

(1) 设 $a_n > 0 (n=1,2,\cdots)$，$S_n = a_1 + a_2 + \cdots + a_n$，则 $\{S_n\}$ 有界是级数 $\sum_{n=1}^{\infty} a_n$ 收敛的（　）.

A. 充分必要条件

B. 充分非必要条件

C. 必要非充分条件

D. 既非充分也非必要条件　　　　（2012 考研数二）

(2) 已知级数 $\sum_{n=1}^{\infty} (-1)^n \sqrt{n} \sin \dfrac{1}{n^\alpha}$ 绝对收敛，$\sum_{n=1}^{\infty} \dfrac{(-1)^n}{n^{2-\alpha}}$ 条件收敛，则 α 的范围为（　）.

A. $0 < \alpha \leqslant \dfrac{1}{2}$

B. $\dfrac{1}{2} < \alpha \leqslant 1$

C. $1 < \alpha \leqslant \dfrac{3}{2}$ D. $\dfrac{3}{2} < \alpha < 2$ (2012 考研数三)

(3) 设 $\{a_n\}$ 为正项数列,下列选项中正确的是(   ).

A. 若 $a_n > a_{n+1}$,则 $\displaystyle\sum_{n=1}^{\infty} (-1)^{n-1} a_n$ 收敛

B. 若 $\displaystyle\sum_{n=1}^{\infty} (-1)^{n-1} a_n$ 收敛,则 $a_n > a_{n+1}$

C. 若 $\displaystyle\sum_{n=1}^{\infty} a_n$ 收敛,则存在正常数 $p > 1$,使 $\displaystyle\lim_{n\to\infty} n^p a_n$ 存在

D. 若存在正常数 $p > 1$,使 $\displaystyle\lim_{n\to\infty} n^p a_n$ 存在,则 $\displaystyle\sum_{n=1}^{\infty} a_n$ 收敛   (2013 考研数三)

(4) 下列级数中发散的是(   ).

A. $\displaystyle\sum_{n=1}^{\infty} \dfrac{n}{3^n}$ B. $\displaystyle\sum_{n=1}^{\infty} \dfrac{1}{\sqrt{n}} \ln\left(1 + \dfrac{1}{n}\right)$

C. $\displaystyle\sum_{n=2}^{\infty} \dfrac{(-1)^n + 1}{\ln n}$ D. $\displaystyle\sum_{n=1}^{\infty} \dfrac{n!}{n^n}$ (2015 考研数三)

2. 求幂级数 $\displaystyle\sum_{n=0}^{\infty} (n+1)(n+3)x^n$ 的收敛域及和函数.   (2014 考研数三)

初等数学常用公式

一、初等代数公式

1. 绝对值

(1) $|a| = \begin{cases} a, & a \geqslant 0, \\ -a, & a < 0; \end{cases}$

(2) $|ab| = |a| \cdot |b|$;

(3) $\left|\dfrac{a}{b}\right| = \dfrac{|a|}{|b|}(b \neq 0)$;

(4) $|x| \leqslant a (a > 0) \Leftrightarrow -a < x < a$;

(5) $|a| - |b| \leqslant |a \pm b| \leqslant |a| + |b|$.

2. 指数的运算性质

(1) $a^m \cdot a^n = a^{m+n}$;

(2) $\dfrac{a^m}{a^n} = a^{m-n}$;

(3) $(a^m)^n = a^{mn}$;

(4) $\left(\dfrac{a}{b}\right)^m = \dfrac{a^m}{b^m}$;

(5) $(ab)^m = a^m b^m$(a, b 是正实数，m, n 是任意实数).

3. 对数的运算性质

设 $a > 0, a \neq 1$.

(1) $\log_a xy = \log_a x + \log_a y$;

(2) $\log_a \dfrac{x}{y} = \log_a x - \log_a y$;

(3) $\log_a x^b = b \log_a x$;

(4) $\log_a x = \dfrac{\log_b x}{\log_b a}$;

(5) $a^{\log_a x} = x$, $\log_a 1 = 0$, $\log_a a = 1$.

4. 二项展开与分解公式

(1) $(a \pm b)^2 = a^2 \pm 2ab + b^2$;

(2) $(a \pm b)^3 = a^3 \pm 3a^2 b + 3ab^2 \pm b^3$;

(3) $a^2 - b^2 = (a+b)(a-b)$;

(4) $a^3 \pm b^3 = (a \pm b)(a^2 \mp ab + b^2)$;

(5) $a^n - b^n = (a-b)(a^{n-1} + a^{n-2}b + a^{n-3}b^2 + \cdots + ab^{n-2} + b^{n-1})$;

(6) $(a+b)^n = a^n + na^{n-1}b + \dfrac{n(n-1)}{2!}a^{n-2}b^2 + \cdots + \dfrac{n(n-1)\cdots(n-k+1)}{k!}a^{n-k}b^k + \cdots + b^n$.

5. 数列

(1) $a + aq + aq^2 + \cdots + aq^{n-1} = \dfrac{a(1-q^n)}{1-q}$;

(2) $1 + 2 + 3 + \cdots + n = \dfrac{n(n+1)}{2}$;

(3) $1 + 3 + 5 + \cdots + (2n-1) = n^2$;

(4) $1^2 + 2^2 + 3^2 + \cdots + n^2 = \dfrac{n(n+1)(2n+1)}{6}$;

(5) $1^3 + 2^3 + 3^3 + \cdots + n^3 = \left[\dfrac{n(n+1)}{2}\right]^2$.

二、基本三角公式

1. 基本公式

(1) $\sin^2 \alpha + \cos^2 \alpha = 1$;

(2) $1 + \tan^2 \alpha = \sec^2 \alpha$;

(3) $1 + \cot^2\alpha = \csc^2\alpha$;

(4) $\dfrac{\sin\alpha}{\cos\alpha} = \tan\alpha$;

(5) $\dfrac{\cos\alpha}{\sin\alpha} = \cot\alpha$;

(6) $\cot\alpha = \dfrac{1}{\tan\alpha}$;

(7) $\csc\alpha = \dfrac{1}{\sin\alpha}$;

(8) $\sec\alpha = \dfrac{1}{\cos\alpha}$.

2. 和差公式

(1) $\sin(\alpha \pm \beta) = \sin\alpha\cos\beta \pm \cos\alpha\sin\beta$;

(2) $\cos(\alpha \pm \beta) = \cos\alpha\cos\beta \mp \sin\alpha\sin\beta$;

(3) $\tan(\alpha \pm \beta) = \dfrac{\tan\alpha \pm \tan\beta}{1 \mp \tan\alpha\tan\beta}$;

(4) $\cot(\alpha \pm \beta) = \dfrac{\cot\alpha\cot\beta \mp 1}{\cot\beta \pm \cot\alpha}$.

3. 倍角和半角公式

(1) $\sin 2\alpha = 2\sin\alpha\cos\alpha$;

(2) $\cos 2\alpha = \cos^2\alpha - \sin^2\alpha = 1 - 2\sin^2\alpha = 2\cos^2\alpha - 1$;

(3) $\tan 2\alpha = \dfrac{2\tan\alpha}{1 - \tan^2\alpha}$;

(4) $\cot 2\alpha = \dfrac{\cot^2\alpha - 1}{2\cot\alpha}$;

(5) $\sin\dfrac{\alpha}{2} = \pm\sqrt{\dfrac{1 - \cos\alpha}{2}}$;

(6) $\cos\dfrac{\alpha}{2} = \pm\sqrt{\dfrac{1 + \cos\alpha}{2}}$;

(7) $\tan\dfrac{\alpha}{2} = \pm\sqrt{\dfrac{1 - \cos\alpha}{1 + \cos\alpha}} = \dfrac{1 - \cos\alpha}{\sin\alpha} = \dfrac{\sin\alpha}{1 + \cos\alpha}$;

(8) $\cot\dfrac{\alpha}{2} = \pm\sqrt{\dfrac{1 + \cos\alpha}{1 - \cos\alpha}} = \dfrac{\sin\alpha}{1 - \cos\alpha} = \dfrac{1 + \cos\alpha}{\sin\alpha}$.

4. 和差化积公式

(1) $\sin A + \sin B = 2\sin\dfrac{A+B}{2}\cos\dfrac{A-B}{2}$;

(2) $\sin A - \sin B = 2\cos\dfrac{A+B}{2}\sin\dfrac{A-B}{2}$;

(3) $\cos A + \cos B = 2\cos\dfrac{A+B}{2}\cos\dfrac{A-B}{2}$;

(4) $\cos A - \cos B = -2\sin\dfrac{A+B}{2}\sin\dfrac{A-B}{2}$.

5. 积化和差公式

(1) $\cos A\cos B = \dfrac{1}{2}\left(\cos(A - B) + \cos(A + B)\right)$;

(2) $\sin A\sin B = \dfrac{1}{2}\left(\cos(A - B) - \cos(A + B)\right)$;

(3) $\sin A\cos B = \dfrac{1}{2}\left(\sin(A - B) + \sin(A + B)\right)$.

三、常用几何公式

1. 平面图形的基本公式

(1) 梯形面积 $S = \dfrac{1}{2}(a + b)h$ (a, b 为上、下底, h 为高);

(2) 圆面积 $S = \pi R^2$, 圆周长 $l = 2\pi R$ (R 为圆的半径);

(3) 圆扇形面积 $S = \dfrac{1}{2}R^2\theta$, 圆扇形弧长 $l = R\theta$ (R 是圆的半径, θ 为圆心角, 单位为弧度).

2. 立体图形的基本公式

(1) 圆柱体体积 $V = \pi R^2 h$, 圆柱体侧面积 $S = 2\pi Rh$ (R 是底半径, h 是高);

(2) 正圆锥体体积 $V = \dfrac{1}{3}\pi R^2 h$, 正圆锥体侧面积 $S = \pi Rl$ (R 为底半径, l 为斜高, 即 $l = \sqrt{R^2 + h^2}$);

(3) 棱柱体积 $V = Sh$ (S 为底面积, h 为高);

(4) 棱锥体积 $V = \dfrac{1}{3}Sh$ (S 为底面积, h 为高);

(5) 球体积 $V = \dfrac{4}{3}\pi R^3$, 球表面积 $S = 4\pi R^2$ (R 为球的半径);

(6) 圆台体积 $V = \dfrac{1}{3}\pi h(R^2 + Rr + r^2)$, 圆台侧面积 $S = \pi l(R + r)$ (R, r 分别为上、下底半径, h 为高, l 为斜高).

积 分 表

（一）含有 $ax+b$ 的积分

1. $\int \dfrac{\mathrm{d}x}{ax+b} = \dfrac{1}{a}\ln|ax+b|+C$

2. $\int (ax+b)^{\mu}\mathrm{d}x = \dfrac{1}{a(\mu+1)}(ax+b)^{\mu+1}+C \quad (\mu\neq-1)$

3. $\int \dfrac{x}{ax+b}\mathrm{d}x = \dfrac{1}{a^2}(ax+b-b\ln|ax+b|)+C$

4. $\int \dfrac{x^2}{ax+b}\mathrm{d}x = \dfrac{1}{a^3}\left(\dfrac{1}{2}(ax+b)^2-2b(ax+b)+b^2\ln|ax+b|\right)+C$

5. $\int \dfrac{\mathrm{d}x}{x(ax+b)} = -\dfrac{1}{b}\ln\left|\dfrac{ax+b}{x}\right|+C$

6. $\int \dfrac{\mathrm{d}x}{x^2(ax+b)} = -\dfrac{1}{bx}+\dfrac{a}{b^2}\ln\left|\dfrac{ax+b}{x}\right|+C$

7. $\int \dfrac{x}{(ax+b)^2}\mathrm{d}x = \dfrac{1}{a^2}\left(\ln|ax+b|+\dfrac{b}{ax+b}\right)+C$

8. $\int \dfrac{x^2}{(ax+b)^2}\mathrm{d}x = \dfrac{1}{a^3}\left(ax+b-2b\ln|ax+b|-\dfrac{b^2}{ax+b}\right)+C$

9. $\int \dfrac{\mathrm{d}x}{x(ax+b)^2} = \dfrac{1}{b(ax+b)}-\dfrac{1}{b^2}\ln\left|\dfrac{ax+b}{x}\right|+C$

（二）含有 $\sqrt{ax+b}$ 的积分

10. $\int \sqrt{ax+b}\,\mathrm{d}x = \dfrac{2}{3a}\sqrt{(ax+b)^3}+C$

11. $\int x\sqrt{ax+b}\,\mathrm{d}x = \dfrac{2}{15a^2}(3ax-2b)\sqrt{(ax+b)^3}+C$

12. $\int x^2\sqrt{ax+b}\,\mathrm{d}x = \dfrac{2}{105a^3}(15a^2x^2-12abx+8b^2)\sqrt{(ax+b)^3}+C$

13. $\int \dfrac{x}{\sqrt{ax+b}}\mathrm{d}x = \dfrac{2}{3a^2}(ax-2b)\sqrt{ax+b}+C$

14. $\int \dfrac{x^2}{\sqrt{ax+b}}\mathrm{d}x = \dfrac{2}{15a^3}(3a^2x^2-4abx+8b^2)\sqrt{ax+b}+C$

15. $\int \dfrac{\mathrm{d}x}{x\sqrt{ax+b}} = \begin{cases} \dfrac{1}{\sqrt{b}}\ln\left|\dfrac{\sqrt{ax+b}-\sqrt{b}}{\sqrt{ax+b}+\sqrt{b}}\right|+C & (b>0) \\[3mm] \dfrac{2}{\sqrt{-b}}\arctan\sqrt{\dfrac{ax+b}{-b}}+C & (b<0) \end{cases}$

16. $\int \dfrac{\mathrm{d}x}{x^2\sqrt{ax+b}} = -\dfrac{\sqrt{ax+b}}{bx}-\dfrac{a}{2b}\int \dfrac{\mathrm{d}x}{x\sqrt{ax+b}}$

17. $\displaystyle\int \frac{\sqrt{ax+b}}{x}\mathrm{d}x = 2\sqrt{ax+b} + b\int \frac{\mathrm{d}x}{x\sqrt{ax+b}}$

18. $\displaystyle\int \frac{\sqrt{ax+b}}{x^2}\mathrm{d}x = -\frac{\sqrt{ax+b}}{x} + \frac{a}{2}\int \frac{\mathrm{d}x}{x\sqrt{ax+b}}$

（三）含有 $x^2 \pm a^2$ 的积分

19. $\displaystyle\int \frac{\mathrm{d}x}{x^2+a^2} = \frac{1}{a}\arctan \frac{x}{a} + C$

20. $\displaystyle\int \frac{\mathrm{d}x}{(x^2+a^2)^n} = \frac{x}{2(n-1)a^2(x^2+a^2)^{n-1}} + \frac{2n-3}{2(n-1)a^2}\int \frac{\mathrm{d}x}{(x^2+a^2)^{n-1}}$

21. $\displaystyle\int \frac{\mathrm{d}x}{x^2-a^2} = \frac{1}{2a}\ln \left|\frac{x-a}{x+a}\right| + C$

（四）含有 $ax^2+b(a>0)$ 的积分

22. $\displaystyle\int \frac{\mathrm{d}x}{ax^2+b} = \begin{cases} \dfrac{1}{\sqrt{ab}}\arctan \sqrt{\dfrac{a}{b}}\,x + C \quad (b>0) \\[4mm] \dfrac{1}{2\sqrt{-ab}}\ln \left|\dfrac{\sqrt{a}\,x - \sqrt{-b}}{\sqrt{a}\,x + \sqrt{-b}}\right| + C \quad (b<0) \end{cases}$

23. $\displaystyle\int \frac{x}{ax^2+b}\mathrm{d}x = \frac{1}{2a}\ln |ax^2+b| + C$

24. $\displaystyle\int \frac{x^2}{ax^2+b}\mathrm{d}x = \frac{x}{a} - \frac{b}{a}\int \frac{\mathrm{d}x}{ax^2+b}$

25. $\displaystyle\int \frac{\mathrm{d}x}{x(ax^2+b)} = \frac{1}{2b}\ln \frac{x^2}{|ax^2+b|} + C$

26. $\displaystyle\int \frac{\mathrm{d}x}{x^2(ax^2+b)} = -\frac{1}{bx} - \frac{a}{b}\int \frac{\mathrm{d}x}{ax^2+b}$

27. $\displaystyle\int \frac{\mathrm{d}x}{x^3(ax^2+b)} = \frac{a}{2b^2}\ln \frac{|ax^2+b|}{x^2} - \frac{1}{2bx^2} + C$

28. $\displaystyle\int \frac{\mathrm{d}x}{(ax^2+b)^2} = \frac{x}{2b(ax^2+b)} + \frac{1}{2b}\int \frac{\mathrm{d}x}{ax^2+b}$

（五）含有 $ax^2+bx+c(a>0)$ 的积分

29. $\displaystyle\int \frac{\mathrm{d}x}{ax^2+bx+c} = \begin{cases} \dfrac{2}{\sqrt{4ac-b^2}}\arctan \dfrac{2ax+b}{\sqrt{4ac-b^2}} + C \quad (b^2<4ac) \\[4mm] \dfrac{1}{\sqrt{b^2-4ac}}\ln \left|\dfrac{2ax+b-\sqrt{b^2-4ac}}{2ax+b+\sqrt{b^2-4ac}}\right| + C \quad (b^2>4ac) \end{cases}$

30. $\displaystyle\int \frac{x}{ax^2+bx+c}\mathrm{d}x = \frac{1}{2a}\ln |ax^2+bx+c| - \frac{b}{2a}\int \frac{\mathrm{d}x}{ax^2+bx+c}$

（六）含有 $\sqrt{x^2+a^2}\ (a>0)$ 的积分

31. $\displaystyle\int \frac{\mathrm{d}x}{\sqrt{x^2+a^2}} = \ln(x + \sqrt{x^2+a^2}) + C$

32. $\displaystyle\int \frac{\mathrm{d}x}{\sqrt{(x^2+a^2)^3}} = \frac{x}{a^2\sqrt{x^2+a^2}} + C$

33. $\displaystyle\int \frac{x}{\sqrt{x^2+a^2}}\mathrm{d}x = \sqrt{x^2+a^2} + C$

34. $\displaystyle\int \frac{x}{\sqrt{(x^2+a^2)^3}}\mathrm{d}x = -\frac{1}{\sqrt{x^2+a^2}} + C$

35. $\displaystyle\int \frac{x^2}{\sqrt{x^2+a^2}}\mathrm{d}x = \frac{x}{2}\sqrt{x^2+a^2} - \frac{a^2}{2}\ln(x + \sqrt{x^2+a^2}) + C$

36. $\displaystyle\int \frac{x^2}{\sqrt{(x^2+a^2)^3}}\mathrm{d}x = -\frac{x}{\sqrt{x^2+a^2}} + \ln(x + \sqrt{x^2+a^2}) + C$

37. $\int \dfrac{\mathrm{d}x}{x\sqrt{x^2+a^2}} = \dfrac{1}{a}\ln\dfrac{\sqrt{x^2+a^2}-a}{|x|}+C$

38. $\int \dfrac{\mathrm{d}x}{x^2\sqrt{x^2+a^2}} = -\dfrac{\sqrt{x^2+a^2}}{a^2 x}+C$

39. $\int \sqrt{x^2+a^2}\,\mathrm{d}x = \dfrac{x}{2}\sqrt{x^2+a^2}+\dfrac{a^2}{2}\ln(x+\sqrt{x^2+a^2})+C$

40. $\int \sqrt{(x^2+a^2)^3}\,\mathrm{d}x = \dfrac{x}{8}(2x^2+5a^2)\sqrt{x^2+a^2}+\dfrac{3}{8}a^4\ln(x+\sqrt{x^2+a^2})+C$

41. $\int x\sqrt{x^2+a^2}\,\mathrm{d}x = \dfrac{1}{3}\sqrt{(x^2+a^2)^3}+C$

42. $\int x^2\sqrt{x^2+a^2}\,\mathrm{d}x = \dfrac{x}{8}(2x^2+a^2)\sqrt{x^2+a^2}-\dfrac{a^4}{8}\ln(x+\sqrt{x^2+a^2})+C$

43. $\int \dfrac{\sqrt{x^2+a^2}}{x}\,\mathrm{d}x = \sqrt{x^2+a^2}+a\ln\dfrac{\sqrt{x^2+a^2}-a}{|x|}+C$

44. $\int \dfrac{\sqrt{x^2+a^2}}{x^2}\,\mathrm{d}x = -\dfrac{\sqrt{x^2+a^2}}{x}+\ln(x+\sqrt{x^2+a^2})+C$

（七）含有 $\sqrt{x^2-a^2}\,(a>0)$ 的积分

45. $\int \dfrac{\mathrm{d}x}{\sqrt{x^2-a^2}} = \ln|x+\sqrt{x^2-a^2}|+C$

46. $\int \dfrac{\mathrm{d}x}{\sqrt{(x^2-a^2)^3}} = -\dfrac{x}{a^2\sqrt{x^2-a^2}}+C$

47. $\int \dfrac{x}{\sqrt{x^2-a^2}}\,\mathrm{d}x = \sqrt{x^2-a^2}+C$

48. $\int \dfrac{x}{\sqrt{(x^2-a^2)^3}}\,\mathrm{d}x = -\dfrac{1}{\sqrt{x^2-a^2}}+C$

49. $\int \dfrac{x^2}{\sqrt{x^2-a^2}}\,\mathrm{d}x = \dfrac{x}{2}\sqrt{x^2-a^2}+\dfrac{a^2}{2}\ln|x+\sqrt{x^2-a^2}|+C$

50. $\int \dfrac{x^2}{\sqrt{(x^2-a^2)^3}}\,\mathrm{d}x = -\dfrac{x}{\sqrt{x^2-a^2}}+\ln|x+\sqrt{x^2-a^2}|+C$

51. $\int \dfrac{\mathrm{d}x}{x\sqrt{x^2-a^2}} = \dfrac{1}{a}\arccos\dfrac{a}{|x|}+C$

52. $\int \dfrac{\mathrm{d}x}{x^2\sqrt{x^2-a^2}} = \dfrac{\sqrt{x^2-a^2}}{a^2 x}+C$

53. $\int \sqrt{x^2-a^2}\,\mathrm{d}x = \dfrac{x}{2}\sqrt{x^2-a^2}-\dfrac{a^2}{2}\ln|x+\sqrt{x^2-a^2}|+C$

54. $\int \sqrt{(x^2-a^2)^3}\,\mathrm{d}x = \dfrac{x}{8}(2x^2-5a^2)\sqrt{x^2-a^2}+\dfrac{3}{8}a^4\ln|x+\sqrt{x^2-a^2}|+C$

55. $\int x\sqrt{x^2-a^2}\,\mathrm{d}x = \dfrac{1}{3}\sqrt{(x^2-a^2)^3}+C$

56. $\int x^2\sqrt{x^2-a^2}\,\mathrm{d}x = \dfrac{x}{8}(2x^2-a^2)\sqrt{x^2-a^2}-\dfrac{a^4}{8}\ln|x+\sqrt{x^2-a^2}|+C$

57. $\int \dfrac{\sqrt{x^2-a^2}}{x}\,\mathrm{d}x = \sqrt{x^2-a^2}-a\arccos\dfrac{a}{|x|}+C$

58. $\int \dfrac{\sqrt{x^2-a^2}}{x^2}\,\mathrm{d}x = -\dfrac{\sqrt{x^2-a^2}}{x}+\ln|x+\sqrt{x^2-a^2}|+C$

（八）含有 $\sqrt{a^2-x^2}\,(a>0)$ 的积分

59. $\int \dfrac{\mathrm{d}x}{\sqrt{a^2-x^2}} = \arcsin\dfrac{x}{a}+C$

60. $\displaystyle\int \frac{\mathrm{d}x}{\sqrt{(a^2-x^2)^3}} = \frac{x}{a^2\sqrt{a^2-x^2}} + C$

61. $\displaystyle\int \frac{x}{\sqrt{a^2-x^2}}\mathrm{d}x = -\sqrt{a^2-x^2} + C$

62. $\displaystyle\int \frac{x}{\sqrt{(a^2-x^2)^3}}\mathrm{d}x = \frac{1}{\sqrt{a^2-x^2}} + C$

63. $\displaystyle\int \frac{x^2}{\sqrt{a^2-x^2}}\mathrm{d}x = -\frac{x}{2}\sqrt{a^2-x^2} + \frac{a^2}{2}\arcsin\frac{x}{a} + C$

64. $\displaystyle\int \frac{x^2}{\sqrt{(a^2-x^2)^3}}\mathrm{d}x = \frac{x}{\sqrt{a^2-x^2}} - \arcsin\frac{x}{a} + C$

65. $\displaystyle\int \frac{\mathrm{d}x}{x\sqrt{a^2-x^2}} = \frac{1}{a}\ln\frac{a-\sqrt{a^2-x^2}}{|x|} + C$

66. $\displaystyle\int \frac{\mathrm{d}x}{x^2\sqrt{a^2-x^2}} = -\frac{\sqrt{a^2-x^2}}{a^2x} + C$

67. $\displaystyle\int \sqrt{a^2-x^2}\,\mathrm{d}x = \frac{x}{2}\sqrt{a^2-x^2} + \frac{a^2}{2}\arcsin\frac{x}{a} + C$

68. $\displaystyle\int \sqrt{(a^2-x^2)^3}\,\mathrm{d}x = \frac{x}{8}(5a^2-2x^2)\sqrt{a^2-x^2} + \frac{3}{8}a^4\arcsin\frac{x}{a} + C$

69. $\displaystyle\int x\sqrt{a^2-x^2}\,\mathrm{d}x = -\frac{1}{3}\sqrt{(a^2-x^2)^3} + C$

70. $\displaystyle\int x^2\sqrt{a^2-x^2}\,\mathrm{d}x = \frac{x}{8}(2x^2-a^2)\sqrt{a^2-x^2} + \frac{a^4}{8}\arcsin\frac{x}{a} + C$

71. $\displaystyle\int \frac{\sqrt{a^2-x^2}}{x}\mathrm{d}x = \sqrt{a^2-x^2} + a\ln\frac{a-\sqrt{a^2-x^2}}{|x|} + C$

72. $\displaystyle\int \frac{\sqrt{a^2-x^2}}{x^2}\mathrm{d}x = -\frac{\sqrt{a^2-x^2}}{x} - \arcsin\frac{x}{a} + C$

（九）含有 $\sqrt{\pm ax^2+bx+c}\,(a>0)$ 的积分

73. $\displaystyle\int \frac{\mathrm{d}x}{\sqrt{ax^2+bx+c}} = \frac{1}{\sqrt{a}}\ln|\,2ax+b+2\sqrt{a}\sqrt{ax^2+bx+c}\,| + C$

74. $\displaystyle\int \sqrt{ax^2+bx+c}\,\mathrm{d}x = \frac{2ax+b}{4a}\sqrt{ax^2+bx+c}$
$$+ \frac{4ac-b^2}{8\sqrt{a^3}}\ln|\,2ax+b+2\sqrt{a}\sqrt{ax^2+bx+c}\,| + C$$

75. $\displaystyle\int \frac{x}{\sqrt{ax^2+bx+c}}\mathrm{d}x = \frac{1}{a}\sqrt{ax^2+bx+c}$
$$- \frac{b}{2\sqrt{a^3}}\ln|\,2ax+b+2\sqrt{a}\sqrt{ax^2+bx+c}\,| + C$$

76. $\displaystyle\int \frac{\mathrm{d}x}{\sqrt{c+bx-ax^2}} = -\frac{1}{\sqrt{a}}\arcsin\frac{2ax-b}{\sqrt{b^2+4ac}} + C$

77. $\displaystyle\int \sqrt{c+bx-ax^2}\,\mathrm{d}x = \frac{2ax-b}{4a}\sqrt{c+bx-ax^2} + \frac{b^2+4ac}{8\sqrt{a^3}}\arcsin\frac{2ax-b}{\sqrt{b^2+4ac}} + C$

78. $\displaystyle\int \frac{x}{\sqrt{c+bx-ax^2}}\mathrm{d}x = -\frac{1}{a}\sqrt{c+bx-ax^2} + \frac{b}{2\sqrt{a^3}}\arcsin\frac{2ax-b}{\sqrt{b^2+4ac}} + C$

（十）含有 $\sqrt{\pm\dfrac{x-a}{x-b}}$ 或 $\sqrt{(x-a)(b-x)}$ 的积分

79. $\displaystyle\int \sqrt{\frac{x-a}{x-b}}\,\mathrm{d}x = (x-b)\sqrt{\frac{x-a}{x-b}} + (b-a)\ln(\sqrt{|x-a|} + \sqrt{|x-b|}) + C$

80. $\displaystyle\int \sqrt{\frac{x-a}{b-x}}\mathrm{d}x = (x-b)\sqrt{\frac{x-a}{b-x}} + (b-a)\arcsin\sqrt{\frac{x-a}{b-a}} + C$

81. $\displaystyle\int \frac{\mathrm{d}x}{\sqrt{(x-a)(b-x)}} = 2\arcsin\sqrt{\frac{x-a}{b-a}} + C \quad (a<b)$

82. $\displaystyle\int \sqrt{(x-a)(b-x)}\,\mathrm{d}x = \frac{2x-a-b}{4}\sqrt{(x-a)(b-x)} + \frac{(b-a)^2}{4}\arcsin\sqrt{\frac{x-a}{b-a}} + C \quad (a<b)$

（十一）含有三角函数的积分

83. $\displaystyle\int \sin x\,\mathrm{d}x = -\cos x + C$

84. $\displaystyle\int \cos x\,\mathrm{d}x = \sin x + C$

85. $\displaystyle\int \tan x\,\mathrm{d}x = -\ln|\cos x| + C$

86. $\displaystyle\int \cot x\,\mathrm{d}x = \ln|\sin x| + C$

87. $\displaystyle\int \sec x\,\mathrm{d}x = \ln\left|\tan\left(\frac{\pi}{4}+\frac{x}{2}\right)\right| + C = \ln|\sec x + \tan x| + C$

88. $\displaystyle\int \csc x\,\mathrm{d}x = \ln\left|\tan\frac{x}{2}\right| + C = \ln|\csc x - \cot x| + C$

89. $\displaystyle\int \sec^2 x\,\mathrm{d}x = \tan x + C$

90. $\displaystyle\int \csc^2 x\,\mathrm{d}x = -\cot x + C$

91. $\displaystyle\int \sec x\tan x\,\mathrm{d}x = \sec x + C$

92. $\displaystyle\int \csc x\cot x\,\mathrm{d}x = -\csc x + C$

93. $\displaystyle\int \sin^2 x\,\mathrm{d}x = \frac{x}{2} - \frac{1}{4}\sin 2x + C$

94. $\displaystyle\int \cos^2 x\,\mathrm{d}x = \frac{x}{2} + \frac{1}{4}\sin 2x + C$

95. $\displaystyle\int \sin^n x\,\mathrm{d}x = -\frac{1}{n}\sin^{n-1} x\cos x + \frac{n-1}{n}\int \sin^{n-2} x\,\mathrm{d}x$

96. $\displaystyle\int \cos^n x\,\mathrm{d}x = \frac{1}{n}\cos^{n-1} x\sin x + \frac{n-1}{n}\int \cos^{n-2} x\,\mathrm{d}x$

97. $\displaystyle\int \frac{\mathrm{d}x}{\sin^n x} = -\frac{1}{n-1}\cdot\frac{\cos x}{\sin^{n-1} x} + \frac{n-2}{n-1}\int \frac{\mathrm{d}x}{\sin^{n-2} x}$

98. $\displaystyle\int \frac{\mathrm{d}x}{\cos^n x} = \frac{1}{n-1}\cdot\frac{\sin x}{\cos^{n-1} x} + \frac{n-2}{n-1}\int \frac{\mathrm{d}x}{\cos^{n-2} x}$

99. $\displaystyle\int \cos^m x\sin^n x\,\mathrm{d}x = \frac{1}{m+n}\cos^{m-1} x\sin^{n+1} x + \frac{m-1}{m+n}\int \cos^{m-2} x\sin^n x\,\mathrm{d}x$

$\displaystyle\qquad\qquad = -\frac{1}{m+n}\cos^{m+1} x\sin^{n-1} x + \frac{n-1}{m+n}\int \cos^m x\sin^{n-2} x\,\mathrm{d}x$

100. $\displaystyle\int \sin ax\cos bx\,\mathrm{d}x = -\frac{1}{2(a+b)}\cos(a+b)x - \frac{1}{2(a-b)}\cos(a-b)x + C$

101. $\displaystyle\int \sin ax\sin bx\,\mathrm{d}x = -\frac{1}{2(a+b)}\sin(a+b)x + \frac{1}{2(a-b)}\sin(a-b)x + C$

102. $\displaystyle\int \cos ax\cos bx\,\mathrm{d}x = \frac{1}{2(a+b)}\sin(a+b)x + \frac{1}{2(a-b)}\sin(a-b)x + C$

103. $\displaystyle\int \frac{\mathrm{d}x}{a+b\sin x} = \frac{2}{\sqrt{a^2-b^2}}\arctan\frac{a\tan\frac{x}{2}+b}{\sqrt{a^2-b^2}} + C \quad (a^2>b^2)$

104. $\displaystyle\int\frac{\mathrm{d}x}{a+b\sin x}=\frac{1}{\sqrt{b^2-a^2}}\ln\left|\frac{a\tan\dfrac{x}{2}+b-\sqrt{b^2-a^2}}{a\tan\dfrac{x}{2}+b+\sqrt{b^2-a^2}}\right|+C\quad(a^2<b^2)$

105. $\displaystyle\int\frac{\mathrm{d}x}{a+b\cos x}=\frac{2}{a+b}\sqrt{\frac{a+b}{a-b}}\arctan\left(\sqrt{\frac{a-b}{a+b}}\tan\frac{x}{2}\right)+C\quad(a^2>b^2)$

106. $\displaystyle\int\frac{\mathrm{d}x}{a+b\cos x}=\frac{1}{a+b}\sqrt{\frac{a+b}{b-a}}\ln\left|\frac{\tan\dfrac{x}{2}+\sqrt{\dfrac{a+b}{b-a}}}{\tan\dfrac{x}{2}-\sqrt{\dfrac{a+b}{b-a}}}\right|+C\quad(a^2<b^2)$

107. $\displaystyle\int\frac{\mathrm{d}x}{a^2\cos^2x+b^2\sin^2x}=\frac{1}{ab}\arctan\left(\frac{b}{a}\tan x\right)+C$

108. $\displaystyle\int\frac{\mathrm{d}x}{a^2\cos^2x-b^2\sin^2x}=\frac{1}{2ab}\ln\left|\frac{b\tan x+a}{b\tan x-a}\right|+C$

109. $\displaystyle\int x\sin ax\,\mathrm{d}x=\frac{1}{a^2}\sin ax-\frac{1}{a}x\cos ax+C$

110. $\displaystyle\int x^2\sin ax\,\mathrm{d}x=-\frac{1}{a}x^2\cos ax+\frac{2}{a^2}x\sin ax+\frac{2}{a^3}\cos ax+C$

111. $\displaystyle\int x\cos ax\,\mathrm{d}x=\frac{1}{a^2}\cos ax+\frac{1}{a}x\sin ax+C$

112. $\displaystyle\int x^2\cos ax\,\mathrm{d}x=\frac{1}{a}x^2\sin ax+\frac{2}{a^2}x\cos ax-\frac{2}{a^3}\sin ax+C$

（十二）含有反三角函数的积分$(a>0)$

113. $\displaystyle\int\arcsin\frac{x}{a}\,\mathrm{d}x=x\arcsin\frac{x}{a}+\sqrt{a^2-x^2}+C$

114. $\displaystyle\int x\arcsin\frac{x}{a}\,\mathrm{d}x=\left(\frac{x^2}{2}-\frac{a^2}{4}\right)\arcsin\frac{x}{a}+\frac{x}{4}\sqrt{a^2-x^2}+C$

115. $\displaystyle\int x^2\arcsin\frac{x}{a}\,\mathrm{d}x=\frac{x^3}{3}\arcsin\frac{x}{a}+\frac{1}{9}(x^2+2a^2)\sqrt{a^2-x^2}+C$

116. $\displaystyle\int\arccos\frac{x}{a}\,\mathrm{d}x=x\arccos\frac{x}{a}-\sqrt{a^2-x^2}+C$

117. $\displaystyle\int x\arccos\frac{x}{a}\,\mathrm{d}x=\left(\frac{x^2}{2}-\frac{a^2}{4}\right)\arccos\frac{x}{a}-\frac{x}{4}\sqrt{a^2-x^2}+C$

118. $\displaystyle\int x^2\arccos\frac{x}{a}\,\mathrm{d}x=\frac{x^3}{3}\arccos\frac{x}{a}-\frac{1}{9}(x^2+2a^2)\sqrt{a^2-x^2}+C$

119. $\displaystyle\int\arctan\frac{x}{a}\,\mathrm{d}x=x\arctan\frac{x}{a}-\frac{a}{2}\ln(a^2+x^2)+C$

120. $\displaystyle\int x\arctan\frac{x}{a}\,\mathrm{d}x=\frac{1}{2}(a^2+x^2)\arctan\frac{x}{a}-\frac{a}{2}x+C$

121. $\displaystyle\int x^2\arctan\frac{x}{a}\,\mathrm{d}x=\frac{x^3}{3}\arctan\frac{x}{a}-\frac{a}{6}x^2+\frac{a^3}{6}\ln(a^2+x^2)+C$

（十三）含有指数函数的积分

122. $\displaystyle\int a^x\,\mathrm{d}x=\frac{1}{\ln a}a^x+C$

123. $\displaystyle\int\mathrm{e}^{ax}\,\mathrm{d}x=\frac{1}{a}\mathrm{e}^{ax}+C$

124. $\displaystyle\int x\mathrm{e}^{ax}\,\mathrm{d}x=\frac{1}{a^2}(ax-1)\mathrm{e}^{ax}+C$

125. $\displaystyle\int x^n\mathrm{e}^{ax}\,\mathrm{d}x=\frac{1}{a}x^n\mathrm{e}^{ax}-\frac{n}{a}\int x^{n-1}\mathrm{e}^{ax}\,\mathrm{d}x$

126. $\displaystyle\int xa^x\,\mathrm{d}x=\frac{x}{\ln a}a^x-\frac{1}{(\ln a)^2}a^x+C$

127. $\int x^n a^x \mathrm{d}x = \dfrac{1}{\ln a} x^n a^x - \dfrac{n}{\ln a}\int x^{n-1}a^x \mathrm{d}x$

128. $\int \mathrm{e}^{ax}\sin bx \, \mathrm{d}x = \dfrac{1}{a^2+b^2}\mathrm{e}^{ax}(a\sin bx - b\cos bx)+C$

129. $\int \mathrm{e}^{ax}\cos bx \, \mathrm{d}x = \dfrac{1}{a^2+b^2}\mathrm{e}^{ax}(b\sin bx + a\cos bx)+C$

130. $\int \mathrm{e}^{ax}\sin^n bx \, \mathrm{d}x = \dfrac{1}{a^2+b^2 n^2}\mathrm{e}^{ax}\sin^{n-1}bx(a\sin bx - nb\cos bx)+\dfrac{n(n-1)b^2}{a^2+b^2 n^2}\int \mathrm{e}^{ax}\sin^{n-2}bx \, \mathrm{d}x$

131. $\int \mathrm{e}^{ax}\cos^n bx \, \mathrm{d}x = \dfrac{1}{a^2+b^2 n^2}\mathrm{e}^{ax}\cos^{n-1}bx(a\cos bx + nb\sin bx)+\dfrac{n(n-1)b^2}{a^2+b^2 n^2}\int \mathrm{e}^{ax}\cos^{n-2}bx \, \mathrm{d}x$

（十四）含有对数函数的积分

132. $\int \ln x \, \mathrm{d}x = x\ln x - x + C$

133. $\int \dfrac{\mathrm{d}x}{x\ln x} = \ln|\ln x| + C$

134. $\int x^n \ln x \, \mathrm{d}x = \dfrac{1}{n+1}x^{n+1}\left(\ln x - \dfrac{1}{n+1}\right)+C$

135. $\int (\ln x)^n \mathrm{d}x = x(\ln x)^n - n\int (\ln x)^{n-1}\mathrm{d}x$

136. $\int x^m(\ln x)^n \mathrm{d}x = \dfrac{1}{m+1}x^{m+1}(\ln x)^n - \dfrac{n}{m+1}\int x^m(\ln x)^{n-1}\mathrm{d}x$

（十五）含有双曲函数的积分

137. $\int \mathrm{sh}\,x \, \mathrm{d}x = \mathrm{ch}\,x + C$

138. $\int \mathrm{ch}\,x \, \mathrm{d}x = \mathrm{sh}\,x + C$

139. $\int \mathrm{th}\,x \, \mathrm{d}x = \ln \mathrm{ch}\,x + C$

140. $\int \mathrm{sh}^2 x \, \mathrm{d}x = -\dfrac{x}{2}+\dfrac{1}{4}\mathrm{sh}\,2x + C$

141. $\int \mathrm{ch}^2 x \, \mathrm{d}x = \dfrac{x}{2}+\dfrac{1}{4}\mathrm{sh}\,2x + C$

（十六）定积分

142. $\displaystyle\int_{-\pi}^{\pi}\cos nx \, \mathrm{d}x = \int_{-\pi}^{\pi}\sin nx \, \mathrm{d}x = 0$

143. $\displaystyle\int_{-\pi}^{\pi}\cos mx \sin nx \, \mathrm{d}x = 0$

144. $\displaystyle\int_{-\pi}^{\pi}\cos mx \cos nx \, \mathrm{d}x = \begin{cases} 0, & m \neq n \\ \pi, & m = n \end{cases}$

145. $\displaystyle\int_{-\pi}^{\pi}\sin mx \sin nx \, \mathrm{d}x = \begin{cases} 0, & m \neq n \\ \pi, & m = n \end{cases}$

146. $\displaystyle\int_{0}^{\pi}\sin mx \sin nx \, \mathrm{d}x = \int_{0}^{\pi}\cos mx \cos nx \, \mathrm{d}x = \begin{cases} 0, & m \neq n \\ \pi/2, & m = n \end{cases}$

147. $I_n = \displaystyle\int_{0}^{\frac{\pi}{2}}\sin^n x \, \mathrm{d}x = \int_{0}^{\frac{\pi}{2}}\cos^n x \, \mathrm{d}x$

$I_n = \dfrac{n-1}{n}I_{n-2} = \begin{cases} \dfrac{n-1}{n}\cdot\dfrac{n-3}{n-2}\cdot\cdots\cdot\dfrac{4}{5}\cdot\dfrac{2}{3}(n\text{ 为大于 1 的正奇数}), & I_1 = 1 \\[2mm] \dfrac{n-1}{n}\cdot\dfrac{n-3}{n-2}\cdot\cdots\cdot\dfrac{3}{4}\cdot\dfrac{1}{2}\cdot\dfrac{\pi}{2}(n\text{ 为正偶数}), & I_0 = \dfrac{\pi}{2} \end{cases}$

常用曲线

(1) 半立方抛物线

$y^2 = ax^3$

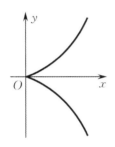

(2) 概率曲线

$y = e^{-\frac{x^2}{2}}$

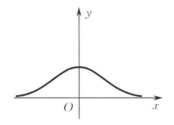

(3) 悬链线

$y = a\cosh\dfrac{x}{a}$

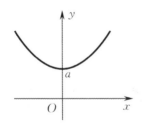

(4) 星形线(内摆线)

$x^{\frac{2}{3}} + y^{\frac{2}{3}} = a^{\frac{2}{3}}$ 或 $\begin{cases} x = a\cos^3\theta \\ y = a\sin^3\theta \end{cases}$

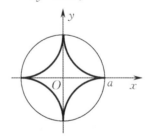

(5) 摆线

$\begin{cases} x = a(\theta - \sin\theta) \\ y = a(1 - \cos\theta) \end{cases}$

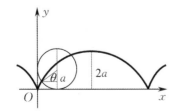

(6) 圆的渐开线

$\begin{cases} x = a(\cos\theta + \theta\sin\theta) \\ y = a(\sin\theta - \theta\cos\theta) \end{cases}$

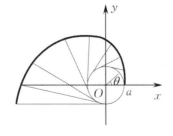

（7）圆

$x^2+y^2=a^2$ 或 $r=a$

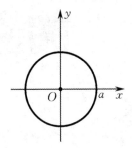

（8）圆

$x^2+(y-a)^2=a^2$ 或 $r=2a\sin\theta$

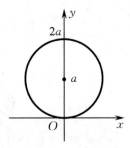

（9）圆

$(x-a)^2+y^2=a^2$

或 $r=2a\cos\theta$

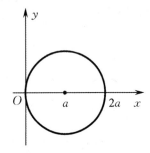

（10）心形线

$x^2+y^2-ax=a\sqrt{x^2+y^2}$

或 $r=a(1+\cos\theta)$

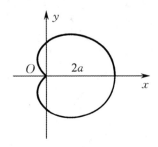

（11）心形线

$x^2+y^2+ax=a\sqrt{x^2+y^2}$

或 $r=a(1-\cos\theta)$

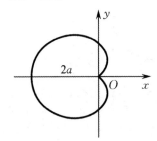

（12）双纽线

$(x^2+y^2)^2=a^2(x^2-y^2)$

或 $r^2=a^2\cos2\theta$

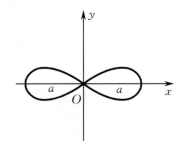

（13）双纽线

$(x^2+y^2)^2=2a^2xy$

或 $r^2=a^2\sin2\theta$

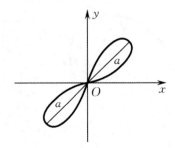

（14）三叶玫瑰线

$r=a\sin3\theta$

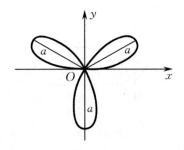

(15) 三叶玫瑰线

$r = a\cos 3\theta$

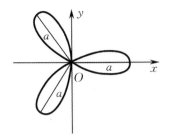

(16) 四叶玫瑰线

$r = a\sin 2\theta$

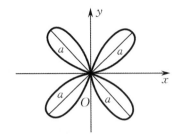

(17) 四叶玫瑰线

$r = a\cos 2\theta$

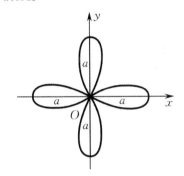

(18) 阿基米德螺线

$r = a\theta$

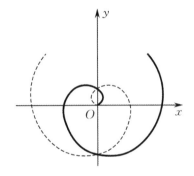

(19) 对数螺线

$r = e^{a\theta}$

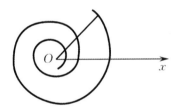

(20) 射线

$\theta = \alpha$

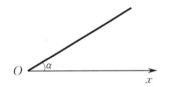

习题参考答案

练　习　1.1

1. (1)$(1,3]$;　　　　　　　　　　　　　(2)$[0,2]$;
　 (3)$(-\infty,-1)\bigcup(-1,1)\bigcup(1,2)$;　　(4)$(1,2)$.

2. (1) 相等;　　　　　　　　　　　　(2) 不相等.

3. $f(1)=15,f(x)=x^3+4x^2+6x+4$.

4. (1)$(-\infty,1)\bigcup(3,+\infty)$;　　　　　(2)$(a-\delta,a+\delta)$.

练　习　1.2

1. (1) 偶函数;　　　(2) 奇函数;　　　(3) 非奇非偶函数;　　(4) 奇函数.

2. (2) 和(4).

3. π.

练　习　1.3

1. (2),(3),(4) 不是基本初等函数. (2) 由 $y=\ln u$ 和 $u=x^{-2}$ 复合而成;(3) 由 $y=\arcsin u$ 和 $u=x^{\frac{1}{2}}$ 复合而成;(4) 由 $y=u^{\frac{1}{2}},u=\tan v$ 和 $v=\mathrm{e}^x$ 复合而成.

2. $f(x-1)=\begin{cases}-1, & x<1,\\ 0, & x=1,\\ 1, & x>1.\end{cases}$

练　习　1.4

1. (1)121 元;　　　(2)122.5 元;　　　(3)11 年.

2. 市场均衡价格为 7;市场均衡数量为 165.

3. $C(x)=150+16x,x\in[0,200]$;　$\overline{C}(x)=\dfrac{150}{x}+16$.

习　题　一

1. (2) 和(4) 相同.

2. (1)$[-1,3]$;　　　　　　　　　　　(2)$(-\infty,-1)\bigcup(-1,1)\bigcup(1,2)$;
　 (3)$[1,4]$;　　　　　　　　　　　(4)$[-3,-2)\bigcup(3,4]$.

3. $f(2)=0;f(-x)=x^2+3x+2;f\left(\dfrac{1}{x}\right)=\dfrac{1}{x^2}-\dfrac{3}{x}+2;f(x+1)=x^2-x$.

4. (1),(4),(5) 为奇函数;(2),(6) 为偶函数;(3) 是非奇非偶函数.

5. (1),(3) 为初等函数.

6. $2\cos^2 x$.

7. $e^x + 1$.

8. $\dfrac{3x}{4} + \dfrac{1}{4} \cdot \dfrac{x+1}{x-1}$.

练 习 2.1

1.(1) 收敛于 0;   (2) 收敛于 0;   (3) 发散;   (4) 收敛于 1;

   (5) 发散;   (6) 收敛于 1.

2.(1) 错误;   (2) 正确;   (3) 正确;   (4) 错误.

3. 略.

练 习 2.2

1.(1)0;   (2)$+\infty$;   (3)0;   (4)π;

   (5) 极限不存在;   (6) -1.

2.(1) 错误;   (2) 错误;   (3) 错误;   (4) 正确.

3.(1) $\lim\limits_{x\to 0^-} f(x) = b,\ \lim\limits_{x\to 0^+} f(x) = 1$;   (2)$b = 1$.

4. 不存在.

5. $\sim$ 6. 略.

练 习 2.3

1.(1),(3),(4) 为无穷大量;(2) 为无穷小量.

2.(1),(2),(3) 的极限均为零.

3.(1)1;   (2)0;   (3)$+\infty$.

练 习 2.4

1.(1),(2),(3) 均为错误,不符合极限四则运算法则的前提条件.

2.(1) $\dfrac{3}{2}$;   (2) $\dfrac{1}{2}$;   (3) $\dfrac{2}{5}$;   (4)0;

   (5) -1;   (6)1;   (7) $\dfrac{2^{10}}{3^{30}}$;   (8) $\dfrac{1}{3}$.

3. $k = -2$.

练 习 2.5

1.(1)2;   (2)1;   (3)2;   (4)1;

   (5)0;   (6) $\dfrac{1}{2}$;   (7)1;   (8)0.

2.(1) $\dfrac{1}{e}$;   (2)e^3;   (3)e^5;   (4)e^{-2};

   (5) $\dfrac{1}{e}$;   (6)e^2;   (7)1;   (8) $\dfrac{2}{3}$;

   (9) $\dfrac{1}{e}$.

3. 略.

练　习　2.6

1.(4) 对于 x 是高阶无穷小量;(1),(3) 对于 x 是等价无穷小量;(2) 对于 x 是同阶无穷小量.

2.(1) $\dfrac{a}{b}$;　　　　　　(2) $\dfrac{2}{3}$;　　　　　　(3)3;　　　　　　(4)2;

　(5)2;　　　　　　　(6) $\dfrac{1}{2}$;　　　　　　(7) $\dfrac{3}{2}$;　　　　　　(8) $\dfrac{b^2-a^2}{2}$.

练　习　2.7

1.(1) 在实数域上连续;

　(2) $x=-1$ 是第一类间断点中的跳跃间断点,在 $(-\infty,-1)\bigcup(-1,+\infty)$ 上连续.

2.(1) $x=1$ 是第一类间断点中的可去间断点,补充 $x=1$ 时的函数值为 2.

　(2) $x=0$ 是第一类间断点中的可去间断点,补充 $x=0$ 时的函数值为 $\dfrac{1}{3}$;

　　　$x=\dfrac{\pi}{2}+k\pi(k\in\mathbf{Z})$ 是第二类间断点.

　(3) $x=0$ 是第二类间断点; $x=1$ 是第一类间断点中的可去间断点,补充 $x=1$ 时的函数值为 -1.

　(4) $x=0$ 是第二类间断点.

　(5) $x=0$ 是第一类间断点中的跳跃间断点.

　(6) $x=0$ 是第一类间断点中的跳跃间断点.

3.(1) $a=4$;　　　　　　(2) $a=1$.

4.(1)2;　　　　　　(2)3;　　　　　　(3) -1;　　　　　　(4) -2;

　(5) $\ln 3$;　　　　　　(6) $\dfrac{1}{4}$.

5.略.

习　题　二

(A)

1.(1)3;　　　　　　(2) $\dfrac{1}{2}$;　　　　　　(3) $\dfrac{1}{3}$;　　　　　　(4)1;

　(5) -3;　　　　　　(6)1;　　　　　　(7) e^6;　　　　　　(8) $\dfrac{2}{3}$;

　(9)1;　　　　　　(10)2;　　　　　　(11) $-\dfrac{\pi}{2}$;　　　　　　(12) e;

　(13)4;　　　　　　(14)2.

2.(1) $a=-5,b=0$;　　　　(2) a 为任意实数, $b\neq 0$.

3. $f(x)$ 在 $x=0$ 处的极限存在且为 1.

4.略.

5.(1) $x=1$ 是第一类间断点中的跳跃间断点.

　(2) $x=-1$ 是第二类间断点; $x=1$ 是第一类间断点中的可去间断点,补充 $f(1)=\dfrac{1}{2}$.

6.(1) $k=1$;　　　　　　(2) $k=2$.

7.(1) $\lim\limits_{x\to 0^-}f(x)=1$;　　(2) $\lim\limits_{x\to 0^+}f(x)=-1$;　　(3) $\lim\limits_{x\to\infty}f(x)=0$.

8. $\sim$ 10.略.

11. $a=1,b=-1$.

12. $a = 1$.

13. $x = \pm 1$ 为第一类间断点中的跳跃间断点.

14. $\sim$ 15. 略.

(B)

1. (1)C;　　　　　(2)D;　　　　　(3)B;　　　　　(4)D.

2. (1)2;　　　　　(2)$-\dfrac{1}{2}$.

3. $a = 7, n = 2$.

练　习　3.1

1. $-\dfrac{1}{4}$.

2. -3.

3. (1)$-a$;　　　　　(2)$2a$.

4. (1)$6x^5$;　　　　(2)$\dfrac{3}{4\sqrt[4]{x}}$;　　　　(3)$\dfrac{1}{x\ln 2}$;　　　　(4)$(3e)^x \ln(3e)$.

5. 可导,$f'(0) = 1$.

6. $f(x)$ 在点 $x = 0$ 处连续,但不可导.

7. 切线方程:$x - y + 1 = 0$;法线方程:$x + y - 1 = 0$.

8. $f(0) = 1; f'(0) = 2$.

练　习　3.2

1. (1)$2x + 2 - \cos x$;　　　　　(2)$3x^2 - 5x^{-\frac{7}{2}} + 3x^{-4}$;

　(3)$\dfrac{1 - \cos x - x\sin x}{(1 - \cos x)^2}$;　　　　(4)$\ln x$;

　(5)$\dfrac{2}{(x+1)^2}$;　　　　　(6)$(1 + x)^2 e^x$.

2. (1)$\dfrac{\cos \ln x}{x}$;　　　　　(2)$18(2x - 1)^8$;

　(3)$-\dfrac{1}{x^2} \sec^2 \left(\dfrac{1}{x} \right) \cdot e^{\tan \frac{1}{x}}$;　　　　(4)$\dfrac{1}{\sqrt{x}(1 - x)}$

　(5)$\sin 2x \sin x^2 + 2x \sin^2 x \cos x^2$;　　　　(6)$\dfrac{1}{2\sqrt{x(1 - x)}}$;

　(7)$\dfrac{1}{\sqrt{x^2 + a^2}}$;　　　　(8)$\dfrac{2x}{1 + (1 + x^2)^2}$;

　(9)$\sqrt{a^2 - x^2}$.

3. (1)$\dfrac{\sqrt{3}\pi}{12}$;　　　　　(2)$\dfrac{1}{36}$.

4. $y' = \sin 2x (f'(\sin^2 x) - f'(\cos^2 x))$.

5. 略.

练　习　3.3

1. (1)$\dfrac{y\ln y}{y - x}$;　　(2)$\dfrac{ye^{xy} - 1}{1 - xe^{xy}}$;　　(3)$\dfrac{y\cos(xy)}{\sin(xy) - x\cos(xy)}$;　　(4)$\dfrac{x^2 + y^2 + y}{x}$.

2. $y = x - 4$.

3. (1) $x^x(1+\ln x)$;

(2) $\dfrac{1}{2}\sqrt{\dfrac{(x-1)(x-2)}{(x-3)(x-4)}}\left(\dfrac{1}{x-1}+\dfrac{1}{x-2}-\dfrac{1}{x-3}-\dfrac{1}{x-4}\right)$;

(3) $(x+1)(x+2)^2(x+3)^3\left(\dfrac{1}{x+1}+\dfrac{2}{x+2}+\dfrac{3}{x+3}\right)$;

(4) $x^{e^x}e^x\left(\dfrac{1}{x}+\ln x\right)$.

4. (1) $\dfrac{3t^2-1}{2t}$;　　　　　　　　　　　　　　(2) $\dfrac{\cos t-\sin t}{\cos t+\sin t}$.

5. 切线方程: $y-\dfrac{\pi}{4}=\dfrac{1}{2}(x-\ln 2)$; 法线方程: $y-\dfrac{\pi}{4}=-2(x-\ln 2)$.

6. 切线方程: $y=-x$; 法线方程: $y=x$.

练 习 3.4

1. 0.009.

2. $\mathrm{d}y=3\mathrm{d}x$.

3. (1) $6x\mathrm{d}x$;　　　　(2) $\dfrac{2}{x}\mathrm{d}x$;　　　　(3) $\dfrac{1+x^2}{(1-x^2)^2}\mathrm{d}x$;　　　(4) $\dfrac{1}{2(1+x)\sqrt{x}}\mathrm{d}x$;

(5) $-\dfrac{1}{x^2}\mathrm{d}x$;　　(6) $\dfrac{e^y}{2-y}\mathrm{d}x$.

4. (1) $1.000\,02$;　　　　(2) $0.492\,4$.

5. (1) $2x$;　　　　(2) $\dfrac{3}{2}x^2$;　　　　(3) $\dfrac{1}{2}\sin 2x$;　　　(4) $\dfrac{1}{3}\tan 3x$.

6. (1) $-\dfrac{2x}{(1+x^2)^2}$;　　(2) $\dfrac{2-2x^2}{(1+x^2)^2}$;　　(3) $\dfrac{1}{x}$;

(4) $2(\cos(1+x^2)-2x^2\sin(1+x^2))$;　　　(5) $2xe^{x^2}(3+2x^2)$;　　(6) $-\dfrac{1}{y^3}$.

7. $\dfrac{3}{4(t-1)}$.

8. (1) $y^{(n)}=2^n\sin\left(2x+\dfrac{n\pi}{2}\right)$;　　　　　　(2) $y^{(n)}=3^n e^{3x}$.

习 题 三

(A)

1. $a=2,b=-1$.

2. $f'_-(0)=0,f'_+(0)=1,f'(0)$ 不存在.

3. (1) $\dfrac{2}{3\sqrt[3]{x^2}}+\dfrac{3}{x^2}$;　　　　　　(2) $-200x(1-x^2)^{99}$;

(3) $\dfrac{1+3x^2}{2\sqrt{x}(1-x^2)^2}$;　　　　　(4) $\dfrac{\sin x}{2\sqrt{x}}+\sqrt{x}\cos x$;

(5) $2^x\ln 2+2e^{2x}$;　　　　　　(6) $\sec x(\sec x-\tan x)$;

(7) $\dfrac{7}{8}x^{-\frac{1}{8}}$;　　　　　　　　(8) $-\csc x\cot x+\dfrac{1}{x\ln 2}$;

(9) $\dfrac{2x}{1+x^2}$;　　　　　　　　(10) $2\sin(3-2x)$;

(11) $-xe^{-\frac{1}{2}x^2}$;　　　　　　　(12) $-x\csc^2\left(\dfrac{1}{2}x^2\right)$;

(13) $\dfrac{e^x}{1+e^{2x}}$；

(14) $\dfrac{2\arcsin x}{\sqrt{1-x^2}}$；

(15) $\dfrac{\mid x\mid}{x^2\sqrt{x^2-1}}$；

(16) $\dfrac{2}{\sin 2x}$；

(17) $-\dfrac{e^{\arccos\sqrt{x}}}{2\sqrt{x(1-x)}}$；

(18) $-\sec x$；

(19) $x^{e^x}\left(e^x\ln x+\dfrac{e^x}{x}\right)$；

(20) $\dfrac{1}{x\ln x\ln(\ln x)}$；

(21) $ax^{a-1}+a^x\ln a+x^x(1+\ln x)$；

(22) $\dfrac{e^{x^2}}{2}\sqrt{\dfrac{(x-1)(x-2)}{x-3}}\left(4x+\dfrac{1}{x-1}+\dfrac{1}{x-2}-\dfrac{1}{x-3}\right)$.

4. $\dfrac{9}{4}$.

5. (1) $-\dfrac{e^y}{1+xe^y}$；

(2) $-\dfrac{\sin(x+y)}{1+\sin(x+y)}$.

6. $-\tan t,\dfrac{\sec^4 t}{3a\sin t}$.

7. $y-2=\dfrac{1}{3}(x-1)$；$y-2=-3(x-1)$.

8. (1) $dy=6x^2 dx$；

(2) $dy=\left(\cos x+\dfrac{1}{x}\right)dx$；

(3) $dy=3^x[2x+(x^2+1)\ln 3]dx$；

(4) $dy=\dfrac{x^2+1}{(1-x^2)^2}dx$；

(5) $dy=\dfrac{xe^x-e^x-1}{x^2}dx$；

(6) $dy=\dfrac{2x+1}{2\sqrt{x^2+x}}dx$；

(7) $dy=(e^x\sin x+xe^x\sin x+xe^x\cos x)dx$；

(8) $dy=\dfrac{1}{2(1+x)\sqrt{x}}dx$；

(9) $dy=\dfrac{1}{2}\cot\dfrac{x}{2}dx$；

(10) $dy=e^{2x}\left(2\arcsin x+\dfrac{1}{\sqrt{1-x^2}}\right)dx$.

9. (1) $2\sqrt{x}$；

(2) $\dfrac{1}{t}\sin tx$；

(3) $-\dfrac{1}{2}e^{-2x}$；

(4) $2\arctan x$.

10. (1) 0.99；

(2) 0.01.

11. (1) $y^{(n)}=3^n e^{3x}+\sin\left(x+\dfrac{n\pi}{2}\right)$；

(2) $y^{(n)}=(-1)^{n-1}(n-1)!(1+x)^{-n}$.

12. 2.

13. (1) $-1+\ln 2$；　　　　　(2) 1.

(B)

1. (1) A；　　　　　(2) A；　　　　　(3) A.

2. (1) $\dfrac{2x}{e^y+1}$；　　　(2) $\sqrt{2}$；　　　(3) $y=\dfrac{\pi}{2}-\dfrac{2}{\pi}x$；　　(4) 1；

(5) 48.

3. 6.

练　习　4.1

1. (1) 不满足；　　　(2) 满足，$\xi=0$；　　　(3) 满足，$\xi=2$；　　　(4) 不满足.

2. (1) 满足，$\xi=\dfrac{2\sqrt{3}}{3}$；　　　(2) 满足，$\xi=\dfrac{1}{\ln 2}$；　　　(3) 不满足；　　　(4) 不满足.

3. $\xi = \dfrac{14}{9}$.

4. 有两个实根,分别在区间$(-1,0)$和$(0,1)$内.

5. $\sim$ 7. 略.

练 习 4.2

1. (1) $\displaystyle\sum_{k=0}^{n} \dfrac{x^k}{k!} (\ln a)^k + o(x^n)$;   (2) $\dfrac{1}{2}\displaystyle\sum_{k=0}^{n} \dfrac{x^k}{2^k} + o(x^n)$.

2. (1) $\dfrac{1}{6}$;   (2) 2;   (3) $\dfrac{1}{3}$;   (4) $\dfrac{1}{128}$.

练 习 4.3

1. (1) $\dfrac{1}{a}$;   (2) 2;   (3) $\ln a$;   (4) $\dfrac{\ln 2}{\ln 3}$;

  (5) $\cos a$;   (6) 2;   (7) 1;   (8) 1;

  (9) $-\dfrac{1}{2}$;   (10) 0;   (11) 1;   (12) 1.

2. 极限为 1.

3. 6.

练 习 4.4

1. (1) 在$(-\infty,-1]$上严格单调减少;在$[-1,+\infty)$上严格单调增加.

  (2) 在$(-\infty,0]$及$[1,+\infty)$上严格单调增加;在$[0,1]$上严格单调减少.

  (3) 在$(-\infty,-2]$及$[0,+\infty)$上严格单调增加;在$[-2,-1)$及$(-1,0]$上严格单调减少.

  (4) 在$[1,+\infty)$上严格单调增加;在$(0,1]$上严格单调减少.

2. (1) 极大值为 $f(0)=7$,极小值为 $f(2)=3$;

  (2) 极大值为 $f(0)=1$;

  (3) 极大值为 $f(0)=0$,极小值为 $f\left(\dfrac{2}{5}\right)=-\dfrac{3}{5}\sqrt[3]{\dfrac{4}{25}}$;

  (4) 极大值为 $f\left(\dfrac{1}{2}\right)=\dfrac{1}{2e}$.

3. 略.

4. $a=2$,极大值为 $\sqrt{3}$.

5. (1) 最大值为 $f(0)=6$,最小值为 $f(-1)=1$;

  (2) 最大值为 $f(1)=\dfrac{1}{e}$,最小值为 $f(0)=0$.

6. 设计桶的半径 $r=\sqrt[3]{\dfrac{V}{2\pi}}$,高 $h=2\sqrt[3]{\dfrac{V}{2\pi}}$ 时,才能使桶的材料最省.

练 习 4.5

1. (1) 凹区间为 $\left(-\infty,\dfrac{1}{3}\right)$,凸区间为 $\left(\dfrac{1}{3},+\infty\right)$,拐点为 $\left(\dfrac{1}{3},\dfrac{2}{27}\right)$;

  (2) 凹区间为 $(-\infty,0)$ 和 $\left(\dfrac{2}{3},+\infty\right)$,凸区间为 $\left(0,\dfrac{2}{3}\right)$,拐点为 $(0,1)$ 和 $\left(\dfrac{2}{3},\dfrac{11}{27}\right)$;

  (3) 凹区间为 $(1,+\infty)$,凸区间为 $(-\infty,1)$,拐点为 $\left(1,\dfrac{1}{e^2}\right)$;

(4) 凹区间为 $\left(-\infty,-\dfrac{1}{\sqrt{3}}\right)$ 和 $\left(\dfrac{1}{\sqrt{3}},+\infty\right)$，凸区间为 $\left(-\dfrac{1}{\sqrt{3}},\dfrac{1}{\sqrt{3}}\right)$，拐点为 $\left(\dfrac{1}{\sqrt{3}},\dfrac{3}{4}\right)$ 和 $\left(-\dfrac{1}{\sqrt{3}},\dfrac{3}{4}\right)$.

2. 凹区间为 $(0,1)$，凸区间为 $(1,+\infty)$.

3. (1) 水平渐近线 $y=0$;   (2) 垂直渐近线为 $x=0$;

    (3) 水平渐近线为 $y=1$，垂直渐近线为 $x=0$;

    (4) 垂直渐近线为 $x=1,x=2$，斜渐近线为 $y=x+3$.

4. 略.

5. $\dfrac{\sqrt{2}}{2}$.

6. $x=-\dfrac{b}{2a}$.

练 习 4.6

1. (1)21 250 元,212.5 元/只;   (2)210 元/只,200 只;   (3)400 只,3 000 元,212.5 元/只.

2. 2 100,7,4.

3. (1)12 000,120,95;   (2)8 800,88,65;   (3)230.

4. (1) $\dfrac{P}{5}$.

    (2) $\eta(4)=\dfrac{4}{5}<1$，说明当 $P=4$ 时，价格上涨 1%，需求减少 0.8%;

    $\eta(5)=1$，说明当 $P=5$ 时，价格与需求变动幅度相同;

    $\eta(6)=\dfrac{6}{5}>1$，说明当 $P=6$ 时，价格上涨 1%，需求减少 1.2%.

习 题 四

（A）

1. $\xi=\dfrac{\pi}{2}$.

2. 有 3 个实根，分别在区间 $(1,2),(2,3),(3,4)$ 内.

3. ～ 5. 略.

6. (1) $\dfrac{m}{n}$;   (2) $-\sin a$;   (3) ∞;   (4)0;

    (5) $a^a(\ln a-1)$;   (6)2e;   (7) $\dfrac{a^2}{b^2}$;   (8)0;

    (9)e;   (10)1;   (11) $-\dfrac{1}{6}$;   (12)1.

7. (1) $\dfrac{1}{2}$;   (2) $-\dfrac{3}{4}$.

8. (1) 单调增加区间为 $(-\infty,-1]$ 和 $[3,+\infty)$，单调减少区间为 $[-1,3]$，极大值为 $f(-1)=8$，极小值为 $f(3)=-24$;

    (2) 单调增加区间为 $[-1,1]$，单调减少区间为 $(-\infty,-1]$ 和 $[1,+\infty)$，极大值为 $f(1)=2$，极小值为 $f(-1)=-2$;

    (3) 单调增加区间为 $\left[\dfrac{1}{2},+\infty\right)$，单调减少区间为 $\left(0,\dfrac{1}{2}\right]$，极小值为 $f\left(\dfrac{1}{2}\right)=\dfrac{1}{2}+\ln 2$;

    (4) 单调增加区间为 $[-1,1]$，单调减少区间为 $(-\infty,-1]$ 和 $[1,+\infty)$，极大值为 $f(1)=1$，极小值为 $f(-1)=-1$;

(5) 单调增加区间为 $(-\infty,0]$,单调减少区间为 $[0,+\infty)$,极大值为 $f(0)=-1$;

(6) 单调增加区间为 $[1,+\infty)$,单调减少区间为 $(0,1)$,极小值为 $f(1)=1$.

9.(1) 最小值为 $f(-3)=-1$,最大值为 $f\left(\dfrac{3}{4}\right)=\dfrac{5}{4}$;

(2) 最小值为 $f(0)=0$,最大值为 $f(2)=\ln 5$;

(3) 最小值为 $f(0)=0$,最大值为 $f(1)=f\left(-\dfrac{1}{2}\right)=\dfrac{1}{2}$;

(4) 最小值为 $f(0)=0$,最大值为 $f(-1)=\mathrm{e}$.

10.(1) 凹区间为 $\left(\dfrac{5}{3},+\infty\right)$,凸区间为 $\left(-\infty,\dfrac{5}{3}\right)$,拐点为 $\left(\dfrac{5}{3},\dfrac{20}{27}\right)$;

(2) 凹区间为 $(2,+\infty)$,凸区间为 $(-\infty,2)$,拐点为 $\left(2,\dfrac{2}{\mathrm{e}^2}\right)$;

(3) 凹区间为 $(-1,1)$,凸区间为 $(-\infty,-1)$ 和 $(1,+\infty)$,拐点为 $(\pm 1,\ln 2)$;

(4) 凹区间为 $(0,2)$,凸区间为 $(2,+\infty)$,拐点为 $\left(2,\dfrac{1}{2}+\ln 2\right)$.

11. ～ 15. 略.

（B）

1.(1)C; (2)C; (3)D; (4)C; (5)D; (6)C; (7)D.

(2) 提示:$\displaystyle\lim_{x\to 0}\dfrac{|x|^x-1}{x(x+1)\ln|x|}=\lim_{x\to 0}\dfrac{\mathrm{e}^{x\ln|x|}-1}{x(x+1)\ln|x|}=\lim_{x\to 0}\dfrac{x\ln|x|}{x(x+1)\ln|x|}=\lim_{x\to 0}\dfrac{1}{x+1}=1,$

$\displaystyle\lim_{x\to 1}\dfrac{|x|^x-1}{x(x+1)\ln|x|}=\lim_{x\to 1}\dfrac{\mathrm{e}^{x\ln|x|}-1}{x(x+1)\ln|x|}=\lim_{x\to 1}\dfrac{x\ln|x|}{x(x+1)\ln|x|}=\lim_{x\to 1}\dfrac{1}{x+1}=\dfrac{1}{2},$

$\displaystyle\lim_{x\to -1}\dfrac{|x|^x-1}{x(x+1)\ln|x|}=\lim_{x\to -1}\dfrac{1}{x+1}=\infty.$

所以有两个可去间断点 $x_1=0,x_2=1$.

2.(1)$\mathrm{e}^{-\sqrt{2}}$; (2)$\dfrac{1}{12}$; (3)$\mathrm{e}^{\frac{1}{2}}$; (4)$(-1,0)$.

3.(1)$a=1$; (2)$k=1$.

4.略.

5.(1) 设利润为 I,则 $I=PQ-(20Q+6\,000)=40Q-\dfrac{Q^2}{1\,000}-6\,000$,故边际利润为 $I'=40-\dfrac{Q}{500}$.

(2) 当 $P=50$ 时,边际利润为 20.经济意义:当产品单价为 50 元/件,若销量增加一件,则利润增加 20 元.

(3) 令 $I'=0$,得 $Q=20\,000$,此时 $P=60-\dfrac{Q}{1\,000}=40$.

6.设 $f(x)=x^n+x^{n-1}+\cdots+x-1$,则 $f(x)$ 在 $\left[\dfrac{1}{2},1\right]$ 上连续. 又因为

$$f\left(\dfrac{1}{2}\right)=\left(\dfrac{1}{2}\right)^n+\left(\dfrac{1}{2}\right)^{n-1}+\cdots+\dfrac{1}{2}-1=\dfrac{\dfrac{1}{2}\left(1-\left(\dfrac{1}{2}\right)^n\right)}{1-\dfrac{1}{2}}-1=-\left(\dfrac{1}{2}\right)^n<0,$$

$f(1)=n-1>0$,所以 $x^n+x^{n-1}+\cdots+x=1$ 在 $\left(\dfrac{1}{2},1\right)$ 内至少有一实根.

又由于 $f(x)$ 在 $\left[\dfrac{1}{2},1\right]$ 上严格单调增加,因此方程 $x^n+x^{n-1}+\cdots+x=1$ 在区间 $\left(\dfrac{1}{2},1\right)$ 内有且仅有一个实根.

(2) 假设 x_n 是方程 $x^n+x^{n-1}+\cdots+x=1$ 的根,则

$$x_n^n+x_n^{n-1}+\cdots+x_n=1,\quad x_{n+1}^{n+1}+x_{n+1}^n+x_{n+1}^{n-1}+\cdots+x_{n+1}=1.$$

由此得

$$x_{n+1}^n + x_{n+1}^{n-1} + \cdots + x_{n+1} = 1 - x_{n+1}^{n+1} < 1 = x_n^n + x_n^{n-1} + \cdots + x_n.$$

由

$$x_{n+1}^n + x_{n+1}^{n-1} + \cdots + x_{n+1} < x_n^n + x_n^{n-1} + \cdots + x_n$$

可证明

$$x_{n+1} < x_n \quad (n = 2, 3, \cdots),$$

即数列 $\{x_n\}$ 单调减少. 又因为 $\frac{1}{2} < x_n < 1$, 所以 $\lim\limits_{n\to\infty} x_n$ 存在. 设 $\lim\limits_{n\to\infty} x_n = a$, 由 $\frac{1}{2} < x_n < x_2 < 1 (n = 3, 4, \cdots)$,

得 $\lim\limits_{n\to\infty} x_n^n = 0$. 又因为

$$\lim_{n\to\infty} f(x_n) = \lim_{n\to\infty}(x_n^n + x_n^{n-1} + \cdots + x_n - 1)$$

$$= \lim_{n\to\infty}\left[\frac{x_n(1 - x_n^n)}{1 - x_n} - 1\right] = \frac{a}{1-a} - 1 = 0, 得 a = \frac{1}{2}.$$

7. 提示: 因为

$$\ln(1+x) = x - \frac{x^2}{2} + \frac{x^3}{3} + o(x^3), \quad \sin x = x - \frac{x^3}{3!} + o(x^3),$$

所以

$$1 = \lim_{x\to 0}\frac{f(x)}{g(x)} = \frac{x + a\ln(1+x) + bx\sin x}{kx^3} = \lim_{x\to 0}\frac{(1+a)x + \left(b - \frac{a}{2}\right)x^2 + \frac{a}{3}x^3 + o(x^3)}{kx^3},$$

可得

$$1 + a = 0, \quad b - \frac{a}{2} = 0, \quad \frac{a}{3k} = 1,$$

所以

$$a = -1, \quad b = -\frac{1}{2}, \quad k = -\frac{1}{3}.$$

8. 提示: (1) 由于利润函数 $L(Q) = R(Q) - C(Q) = PQ - C(Q)$, 两边对 Q 求导, 得

$$\frac{dL}{dQ} = P + Q\frac{dP}{dQ} - C'(Q) = P + Q\frac{dP}{dQ} - MC.$$

当且仅当 $\frac{dL}{dQ} = 0$ 时, 利润 $L(Q)$ 最大. 又由于

$$\eta = -\frac{P}{Q} \cdot \frac{dQ}{dP},$$

因此

$$\frac{dQ}{dP} = -\frac{1}{\eta} \cdot \frac{P}{Q},$$

故当 $P = \dfrac{MC}{1 - \dfrac{1}{\eta}}$ 时, 利润最大.

(2) 由于

$$MC = C'(Q) = 2Q = 2(40 - P),$$

则

$$\eta = -\frac{P}{Q} \cdot \frac{dQ}{dP} = \frac{P}{40 - P},$$

代入 (1) 中的定价模型, 得

$$P = \frac{2(40 - P)}{1 - \dfrac{40 - P}{P}},$$

从而解得 $P = 30$.

练 习 5.1

1. (1) $\dfrac{4}{3}x^{\frac{3}{2}}-\dfrac{2}{5}x^{\frac{5}{2}}+C$;

    (2) $\dfrac{1}{2}x^2-2x+\ln|x|+C$;

    (3) $\dfrac{(2\mathrm{e})^x}{1+\ln 2}+C$;

    (4) $2x-\dfrac{7\cdot 2^x}{(\ln 2-\ln 3)3^x}+C$;

    (5) $-\dfrac{1}{x}-\arctan x+C$;

    (6) $x-\arctan x+C$;

    (7) $\tan x-\sec x+C$;

    (8) $-\cot x-\tan x+C$;

    (9) $\dfrac{8}{15}x^{\frac{15}{8}}+C$;

    (10) $\dfrac{1}{2}x-\dfrac{1}{2}\sin x+C$.

2. $f(x)=\dfrac{x}{\sqrt{1+x^2}}$.

3. (1) $f(x)=x-\dfrac{1}{3}x^3+1$;

    (2) $\dfrac{1}{x}+C$.

4. $Q(P)=1\,000\left(\dfrac{1}{3}\right)^P$.

5. $y=1+\ln x$.

练 习 5.2

1. (1) $\dfrac{1}{2}\sin(2x+3)+C$;

    (2) $\dfrac{1}{5}\mathrm{e}^{5x}+C$;

    (3) $\dfrac{1}{6}\ln|6x+1|+C$;

    (4) $\dfrac{3^{2x+5}}{2\ln 3}+C$;

    (5) $-\dfrac{1}{2}\cos x^2+C$;

    (6) $2\sin\sqrt{x}+C$;

    (7) $\dfrac{1}{3}(\ln x)^3+C$;

    (8) $\dfrac{1}{2}(\arctan x)^2+C$;

    (9) $\dfrac{1}{2}\arctan\dfrac{x+1}{2}+C$;

    (10) $\dfrac{1}{2}(\ln f(x))^2+C$.

2. (1) $\sqrt{2x-3}-\ln(1+\sqrt{2x-3})+C$;

    (2) $2(\sqrt{x}-\arctan\sqrt{x})+C$;

    (3) $\dfrac{1}{2}(\arcsin x-x\sqrt{1-x^2})+C$;

    (4) $\dfrac{x}{\sqrt{1+x^2}}+C$;

    (5) $\sqrt{x^2-9}-3\arccos\dfrac{3}{x}+C$;

    (6) $2\sqrt{x}-3\sqrt[3]{x}+6\sqrt[6]{x}-6\ln(1+\sqrt[6]{x})+C$;

    (7) $\ln\dfrac{\sqrt{\mathrm{e}^x+1}-1}{\sqrt{\mathrm{e}^x+1}+1}+C$;

    (8) $-\dfrac{(a^2-x^2)^{\frac{3}{2}}}{3a^2x^3}+C$.

练 习 5.3

1. (1) $-x\cos x+\sin x+C$;

    (2) $x\ln(1+x^2)-2x+2\arctan x+C$;

    (3) $x\arctan x-\dfrac{1}{2}\ln(1+x^2)+C$;

    (4) $\dfrac{1}{2}(x^2-1)\ln(x-1)-\dfrac{1}{4}x^2-\dfrac{1}{2}x+C$;

    (5) $-x\mathrm{e}^{-x}-\mathrm{e}^{-x}+C$;

    (6) $2(\sqrt{x}\sin\sqrt{x}+\cos\sqrt{x})+C$;

    (7) $-\dfrac{1}{x}\ln x-\dfrac{1}{x}+C$;

    (8) $(1+x)^2\mathrm{e}^x-2(1+x)\mathrm{e}^x+2\mathrm{e}^x+C$;

    (9) $2(x-2)\sqrt{\mathrm{e}^x-3}+4\sqrt{3}\arctan\sqrt{\dfrac{\mathrm{e}^x}{3}-1}+C$;

$(10)\ \dfrac{1}{2}\sec x\tan x+\dfrac{1}{2}\ln\mid\sec x+\tan x\mid+C.$

练　习　5.4

1. $(1)\ \dfrac{1}{2}$;　　　　　　　　$(2)\mathrm{e}-1.$

2. $(1)\ 0$;　　　　　　　　　$(2)\ \dfrac{\pi}{4}.$

3. $(1)\ \displaystyle\int_0^1 x^2\mathrm{d}x>\int_0^1 x^3\mathrm{d}x$;　　　　$(2)\ \displaystyle\int_3^4\ln x\mathrm{d}x<\int_3^4(\ln x)^2\mathrm{d}x$;

　$(3)\ \displaystyle\int_0^{\frac{\pi}{2}}\sin x\mathrm{d}x<\int_0^{\frac{\pi}{2}}x\mathrm{d}x$;　　　$(4)\ \displaystyle\int_0^1 x\mathrm{d}x>\int_0^1\ln(1+x)\mathrm{d}x$;

　$(5)\ \displaystyle\int_{-\frac{\pi}{2}}^0\sin x\mathrm{d}x=-\int_0^{\frac{\pi}{2}}\sin x\mathrm{d}x$;　　$(6)\ \displaystyle\int_0^1\mathrm{e}^x\mathrm{d}x>\int_0^1(1+x)\mathrm{d}x.$

4. $(1)\ 2\leqslant I\leqslant 4$;　　　　　　$(2)\ \dfrac{2}{5}\leqslant I\leqslant\dfrac{1}{2}.$

5. $\displaystyle\int_0^1 x^5\mathrm{d}x.$

练　习　5.5

1. $(1)\ x\mathrm{e}^x$;　　　　　$(2)\ -\sqrt{1+x^3}$;　　$(3)\ \cos^3 x$;　　　　$(4)\ 2x\sin x^2-\sin x.$

2. $(1)\ \dfrac{1}{2}$;　　　　　$(2)\ 2.$

3. $(1)\ \dfrac{2}{3}(2\sqrt2-1)$;　　$(2)\ \dfrac{1}{2}$;　　　$(3)\ \dfrac{\pi}{3}$;　　　　　$(4)\ 2(\sqrt2-1).$

4. $\dfrac{\cos x}{\sin x-1}.$

5. 极小值为 $\Phi(0)=0.$

6. 略.

练　习　5.6

1. $(1)\ -2$;　　　　　$(2)\ \dfrac{9}{2}$;　　　　　$(3)\ 4$;　　　　　　$(4)\ \dfrac{1}{2}(25-\ln 26)$;

　$(5)\ \dfrac{22}{3}$;　　　　$(6)\ 2-\dfrac{\pi}{2}$;　　　$(7)\ \dfrac{\pi}{4}$;　　　　　$(8)\ \dfrac{1}{2}(\ln 3-\ln 2)$;

　$(9)\ \dfrac{\pi}{4}$;　　　　$(10)\ \dfrac{\pi}{2}.$

2. $(1)\ 1-\dfrac{2}{\mathrm{e}}$;　　　　$(2)\ \dfrac{\pi}{2}-1$;　　　$(3)\ \dfrac{1}{4}(\mathrm{e}^2+1)$;　　$(4)\ \dfrac{\pi}{4}-\dfrac{1}{2}.$

3. (1) 提示:设 $x=\dfrac{\pi}{2}-t$;　　　　(2) 提示:设 $x=\dfrac{\pi}{2}-t.$

4. 略.

练　习　5.7

1. $(1)\ \dfrac{1}{3}$;　　　　　$(2)\ \dfrac{8}{3}$;　　　　　$(3)\ \dfrac{7}{6}$;　　　　　$(4)\ 1$;

　$(5)\ \pi-2.$

2. $(1)V_x = \dfrac{1}{5}\pi$;　　　$(2)V_x = \dfrac{1}{2}\pi^2$;　　$(3)V_x = \dfrac{15}{2}\pi, V_y = \dfrac{124}{5}\pi$.

3. $(1)C(x) = 3x + \dfrac{x^2}{8} + 1, R(x) = 8x - \dfrac{x^2}{2}$;

　　$(2)L(x) = -\dfrac{5}{8}x^2 + 5x - 1, x = 4$ 时，总利润最大，最大利润为 $L(4) = 9$.

练　习　5.8

1. $(1)\displaystyle\int_1^{+\infty} \dfrac{\mathrm{d}x}{x^3} = \dfrac{1}{2}$，收敛；　　　　　　$(2)\displaystyle\int_0^{+\infty} \mathrm{e}^{-3x}\mathrm{d}x = \dfrac{1}{3}$，收敛；

　$(3)\displaystyle\int_1^{+\infty} \dfrac{\mathrm{d}x}{2\sqrt{x}} = +\infty$，发散；　　　　　$(4)\displaystyle\int_0^1 \dfrac{\mathrm{d}x}{\sqrt{x}} = 2$，收敛；

　$(5)\displaystyle\int_0^1 \ln x\mathrm{d}x = -1$，收敛；　　　　　　$(6)\displaystyle\int_{-1}^1 \dfrac{\mathrm{d}x}{\sqrt{1-x^2}} = \pi$，收敛.

2. $(1)30$;　　　　　　　　　　　　　　$(2)\dfrac{16}{105}$.

3. 1.

4. $\sim$ 5. 略.

习　题　五

（A）

1. $(1)-\dfrac{2}{7}(2-x)^{\frac{7}{2}} + C$;　　　　　　$(2)\sqrt{2x-1} + C$;

　$(3)-\dfrac{1}{2}\mathrm{e}^{-2x} + C$;　　　　　　　　$(4)\dfrac{2^{3x}}{3\ln 2} + C$;

　$(5)\ln(1+x^2) + C$;　　　　　　　　$(6)\dfrac{1}{3}(x^2-1)^{\frac{3}{2}} + C$;

　$(7)\ln|\ln x| + C$;　　　　　　　　　$(8)\arcsin x - \sqrt{1-x^2} + C$;

　$(9)\ln|x^2-x+2| + C$;　　　　　　$(10)\ln(\mathrm{e}^x+1) + C$;

　$(11)\dfrac{1}{2}(\arcsin x)^2 + C$;　　　　　$(12)\dfrac{1}{6}\arctan\dfrac{2x+1}{3} + C$;

　$(13)-\mathrm{e}^{\frac{1}{x}} + C$;　　　　　　　　　$(14)-\cos x + \dfrac{1}{3}\cos^3 x + C$;

　$(15)\dfrac{1}{2}x - \dfrac{1}{4}\sin 2x + C$;　　　　　$(16)\arctan \mathrm{e}^x + C$;

　$(17)-\ln|\cos\sqrt{1+x^2}| + C$;　　　$(18)-\dfrac{1}{2}\left(\arctan\dfrac{1}{x}\right)^2 + C$;

　$(19)2\arcsin\sqrt{x} + C$;　　　　　　$(20)\dfrac{1}{\sin x + \cos x} + C$.

2. $(1)2\sqrt{1+x} + \dfrac{2}{3}(1+x)^{\frac{3}{2}} + C$;　　$(2)\dfrac{2}{3}\arctan x^{\frac{3}{2}} + C$;

　$(3)-2\arctan\sqrt{1-x} + C$;　　　　$(4)2\arctan\sqrt{1+x} + C$;

　$(5)2\mathrm{e}^{\sqrt{x}}(\sqrt{x}-1) + C$;　　　　　　$(6)x\mathrm{e}^x + C$;

　$(7)x\arccos x - \sqrt{1-x^2} + C$;　　　$(8)(x+1)\arctan\sqrt{x} - \sqrt{x} + C$;

　$(9)(\ln\ln x - 1)\ln x + C$;　　　　　$(10)\dfrac{1}{2}x(\sin\ln x - \cos\ln x) + C$.

3.(1)$f(x)=\dfrac{3}{4}x^{\frac{4}{3}}$； (2)$f(x)=-\dfrac{1}{2}x^2-\ln|1-x|$；

  (3)$f(x)=x\ln x$.

4.(1)$\dfrac{1}{7}x^7+C$； (2)$x\sec^2 x-\tan x+C$.

5.略.

6.(1)$\dfrac{196}{3}$； (2)$-\dfrac{1}{2}+\ln\dfrac{3}{2}$； (3)$3(e-1)$； (4)$0$；

  (5)$\dfrac{1}{2}\ln 2$； (6)$e-\sqrt{e}$； (7)$\dfrac{\pi}{2}$； (8)2；

  (9)$2(2-\arctan 2)$； (10)$\dfrac{\pi}{6}$； (11)$\dfrac{\pi}{6}$； (12)$\dfrac{1}{2}+\dfrac{\sqrt{3}}{12}\pi$；

  (13)$\left(\dfrac{\sqrt{3}}{3}-\dfrac{1}{4}\right)\pi-\dfrac{1}{2}\ln 2$； (14)$\dfrac{1}{4}(e^2-1)$.

7.(1)2； (2)$\dfrac{1}{2}$.

8.(1)$\dfrac{10}{3}$； (2)$\dfrac{9}{2}$； (3)$\dfrac{\pi}{2}-1$； (4)$\dfrac{3}{2}-\ln 2$.

9.(1)$V_x=\dfrac{\pi^2}{4}$，$V_y=2\pi$； (2)$V_x=\dfrac{128\pi}{7}$，$V_y=\dfrac{64\pi}{5}$.

10.(1)$\displaystyle\int_1^{+\infty}\dfrac{\mathrm{d}x}{x^4}=\dfrac{1}{3}$，收敛； (2)$\displaystyle\int_1^{+\infty}\dfrac{1}{\sqrt[3]{x}}\mathrm{d}x$，发散；

  (3)$\displaystyle\int_1^{+\infty}\dfrac{\mathrm{d}x}{1+x^2}=\dfrac{\pi}{4}$，收敛； (4)$\displaystyle\int_1^{e}\dfrac{\mathrm{d}x}{x\sqrt{1-(\ln x)^2}}=\dfrac{\pi}{2}$，收敛；

  (5)$\displaystyle\int_0^2\dfrac{x}{\sqrt{4-x^2}}\mathrm{d}x=2$，收敛； (6)$\displaystyle\int_1^2\dfrac{x\mathrm{d}x}{\sqrt{x-1}}=\dfrac{8}{3}$，收敛.

11.$\sim$12.略.

13.$f(x)=-(x+1)e^x$.

14.$f(x)=\ln|x|+1$.

15.$\displaystyle\int_0^1 f(x)\mathrm{d}x=e^{-2}-1$.

16.最大值为$F(0)=0$，最小值为$F(4)=-\dfrac{32}{3}$.

17.(1) 总成本函数为$C(x)=\dfrac{1}{8}x^2+4x+1$，

  总收益函数为$R(x)=9x-\dfrac{1}{2}x^2$，

  总利润函数为$L(x)=5x-\dfrac{5}{8}x^2-1$；

  (2) 获得最大利润时的产量$x=4$(万台).

18.略.

(B)

1.(1)D；

  提示：$I_2-I_1=\displaystyle\int_\pi^{2\pi}e^{x^2}\sin x\mathrm{d}x<0$，$I_1>I_2$；

  $I_3-I_2=\displaystyle\int_{2\pi}^{3\pi}e^{x^2}\sin x\mathrm{d}x>0$，$I_3>I_2$；

  $I_3-I_1=\displaystyle\int_\pi^{3\pi}e^{x^2}\sin x\mathrm{d}x=\int_\pi^{2\pi}e^{x^2}\sin x\mathrm{d}x+\int_{2\pi}^{3\pi}e^{x^2}\sin x\mathrm{d}x$

$$= \int_\pi^{2\pi} e^{x^2} \sin x \mathrm{d}x - \int_\pi^{2\pi} e^{(x+\pi)^2} \sin x \mathrm{d}x = \int_\pi^{2\pi} [e^{x^2} - e^{(x+\pi)^2}] \sin x \mathrm{d}x > 0, I_3 > I_1.$$

(2)D.

提示：$\int \dfrac{x}{e^x} \mathrm{d}x = -(x+1)e^{-x}$，则

$$\int_2^{+\infty} \frac{x}{e^x} \mathrm{d}x = -(x+1)e^{-x} \Big|_2^{+\infty} = 3e^{-2} - \lim_{x \to +\infty} (x+1)e^{-x} = 3e^{-2}.$$

2. (1) $\displaystyle\int_0^1 \frac{1}{1+x^2} \mathrm{d}x = \frac{\pi}{4}$;　　(2)$4\ln 2$;　　　　(3) $\dfrac{\pi}{2}$;　　　　　　(4) $\dfrac{1}{\sqrt{1-e^{-1}}}$;

(5) $\dfrac{1}{2}$;　　　　　　(6) $\dfrac{3}{8}\pi$;　　　(7) $\dfrac{3}{2} - \ln 2$;　　　(8)2.

3. (1)$e^2 - 1$;　　　　　　(2) $\dfrac{2}{3}\pi(e^2 + 3)$.

4. $7\sqrt{7}$.

5. $\dfrac{1}{2}$.

提示：原式 $= \lim\limits_{x \to \infty} \dfrac{\displaystyle\int_1^x [t^2(e^{\frac{1}{t}} - 1) - t] \mathrm{d}t}{x} = \lim\limits_{x \to \infty} \dfrac{x^2(e^{\frac{1}{x}} - 1) - x}{1} = \lim\limits_{x \to \infty} \dfrac{(e^{\frac{1}{x}} - 1) - \frac{1}{x}}{\frac{1}{x^2}} = \lim\limits_{y \to 0} \dfrac{e^y - 1 - y}{y^2}$

$$= \lim_{y \to 0} \frac{e^y - 1}{2y} = \lim_{y \to 0} \frac{e^y}{2} = \frac{1}{2}.$$

6. 提示：

(1) 由于 $0 \leqslant g(x) \leqslant 1$，故对任意 $x \in [a,b]$，有

$$0 \leqslant \int_a^x g(t) \mathrm{d}t \leqslant \int_a^x \mathrm{d}t = x - a.$$

(2) 令 $F(u) = \displaystyle\int_a^{a+\int_a^u g(t)\mathrm{d}t} f(x)\mathrm{d}x - \int_a^u f(x)g(x)\mathrm{d}x$，则由(1)的结果及 $f(x)$ 单调增加，得

$$F'(u) = f\Big(a + \int_a^u g(t)\mathrm{d}t\Big)g(u) - f(u)g(u) \leqslant f(a+(u-a))g(u) - f(u)g(u) = 0,$$

所以 $F(u)$ 在$[a,b]$上单调减少. 显然 $F(a) = 0$，故 $F(b) \leqslant 0$，从而

$$\int_a^{a+\int_a^b g(t)\mathrm{d}t} f(x)\mathrm{d}x \leqslant \int_a^b f(x)g(x)\mathrm{d}x.$$

7. 提示：

$$f_1(x) = f(x) = \frac{x}{1+x},$$

$$f_2(x) = f(f_1(x)) = \frac{\dfrac{x}{1+x}}{1 + \dfrac{x}{1+x}} = \frac{x}{1+2x},$$

……

$$f_n(x) = f(f_{n-1}(x)) = \frac{\dfrac{x}{1+(n-1)x}}{1 + \dfrac{x}{1+(n-1)x}} = \frac{x}{1+nx}.$$

$$S_n = \int_0^1 \frac{x}{1+nx} \mathrm{d}x = \frac{1}{n} \int_0^1 \Big(1 - \frac{1}{1+nx}\Big) \mathrm{d}x$$

$$= \frac{1}{n}\Big[1 - \frac{\ln(1+nx)}{n}\Big]\Big|_0^1 = \frac{1}{n}\Big[1 - \frac{\ln(1+n)}{n}\Big],$$

所以

$$\lim_{n\to\infty} nS_n = \lim_{n\to\infty}\left[1 - \frac{\ln(1+n)}{n}\right] = 1 \quad \left(\lim_{n\to\infty}\frac{\ln(1+n)}{n} = 0\right).$$

练 习 6.1

1. (1) 3 阶;   (2) 2 阶;   (3) 1 阶;   (4) 1 阶.

2. (1) 是;   (2) 是;   (3) 是;   (4) 不是;   (5) 是.

3. 满足初始条件的特解为 $y = (2+x)e^x$.

4. $y' = \dfrac{y}{2x}$.

5. $f(x) = \cos x - x\sin x$.

练 习 6.2

1. (1) $y = -\dfrac{1}{x^2+C}$;   (2) $y = x^3 + 3x^2 + C$;

  (3) $y = e^{Cx}$;   (4) $\arcsin y = \arcsin x + C$;

  (5) $2^{-y} + 2^x = C$;   (6) $\tan x \tan y = C$.

2. (1) $y + \sqrt{y^2 - x^2} = Cx^2$;   (2) $y = xe^{Cx+1}$;

  (3) $e^{\frac{x}{y}} = \ln|x| + C$;   (4) $x^2 + y^2 = Cx^4$.

3. (1) $y = e^{-x}(x + C)$;   (2) $y = \dfrac{1}{3}x^2 + \dfrac{3}{2}x + 2 + \dfrac{C}{x}$;

  (3) $y = (x + C)e^{-\sin x}$;   (4) $y = 2 + Ce^{-x^2}$;

  (5) $y = x^3 + Cx$;   (6) $x = \dfrac{1}{y}(y - 1 + Ce^{-y})$.

4. (1) $\arctan y = -\dfrac{1}{2(x^2+1)} + \dfrac{1}{2}$;   (2) $y = \dfrac{2}{3}(4 - e^{-3x})$.

5. $y = 2(e^x - x - 1)$.

练 习 6.3

1. (1) $y = \dfrac{1}{6}x^3 - \cos x + C_1 x + C_2$;   (2) $y = (x - 3)e^x + C_1 x^2 + C_2 x + C_3$;

  (3) $y = C_1 e^x - \dfrac{1}{2}x^2 - x + C_2$;   (4) $y = C_1 \ln|x| + C_2$;

  (5) $y = C_1 e^x + C_2$;   (6) $y = \dfrac{C_1}{4}(x + C_2)^2 + \dfrac{1}{C_1}$.

2. (1) $y = -\ln(x + 1)$;   (2) $y = \sqrt{2x - x^2}$.

3. $y = \dfrac{x^3}{6} + \dfrac{x}{2} + 1$.

练 习 6.4

1. (1) $y = C_1 e^{-x} + C_2 e^{3x}$;   (2) $y = C_1 e^{-2x} + C_2 e^{4x}$;

  (3) $y = (C_1 + C_2 x)e^{-2x}$;   (4) $y = e^{-x}(C_1 \cos 2x + C_2 \sin 2x)$;

  (5) $y = C_1 \cos 2x + C_2 \sin 2x$;   (6) $y = C_1 \cos x + C_2 \sin x + \dfrac{1}{2}(x + 1)e^{-x}$.

2. (1)$y = 4\mathrm{e}^x + 2\mathrm{e}^{3x}$; (2)$y = (2+x)\mathrm{e}^{-\frac{x}{2}}$; (3)$y = 2\cos 5x + \sin 5x$.

3. (1)$y^* = -x + \dfrac{1}{3}$; (2)$y^* = -\dfrac{1}{2}x(x+2)\mathrm{e}^{2x}$; (3)$y^* = \dfrac{1}{8}\cos x$.

练　习　6.5

1. (1)$\Delta y_t = 2, \Delta^2 y_t = 0$; (2)$\Delta y_t = -4t-2, \Delta^2 y_t = -4$;

(3)$\Delta y_t = \dfrac{-2t-1}{t^2(t+1)^2}, \Delta^2 y_t = \dfrac{6t^2+12t+4}{t^2(t+1)^2(t+2)^2}$;

(4)$\Delta y_t = \mathrm{e}^{3t}(\mathrm{e}^3-1), \Delta^2 y_t = \mathrm{e}^{3t}(\mathrm{e}^3-1)^2$.

2. $y_{t+2} - y_t = 3 \cdot 2^t$.

3. (1) 是差分方程,方程的阶为 6;

(2) 是差分方程,方程的阶为 2;

(3) 是差分方程,方程的阶为 2;

(4) 方程可以变为 $0 = 0$,所以不是差分方程.

4. 略.

练　习　6.6

1. (1)$y_t = A2^t$; (2)$y_t = A(-2)^t$; (3)$y_t = A\left(\dfrac{3}{2}\right)^t$.

2. (1)$y_t = 5 \cdot 2^t$; (2)$y_t = 3(-1)^{t+1}$.

3. (1)$y_t = A(-2)^t + 1$; (2)$y_t = A2^t + 3^t$; (3)$y_t = \dfrac{1}{2}t(t+1) + A$;

(4)$y_t = \left(\dfrac{3}{2}\right)^t + A\left(\dfrac{1}{2}\right)^t$.

4. (1)$y_t = 4 + \dfrac{3}{2}\left(\dfrac{1}{2}\right)^t + \dfrac{1}{2}\left(-\dfrac{7}{2}\right)^t$; (2)$y_t = (\sqrt{2})^t 2\cos\dfrac{\pi}{4}t$; (3)$y_t = 4t + \dfrac{4}{3}(-2)^t - \dfrac{4}{3}$.

5. $y_t = A_1 + A_2(-4)^t - \dfrac{7}{50}t + \dfrac{1}{10}t^2$.

习　题　六

(A)

1. (1)$1 + y^2 = C(x^2-1)$; (2)$(\mathrm{e}^x+1)(1-\mathrm{e}^y) = C$; (3)$y\mathrm{e}^{\frac{y}{x}} = C$;

(4)$\sin\dfrac{y}{x} = Cx$.

2. $\dfrac{1+\mathrm{e}^x}{\cos y} = 2\sqrt{2}$.

3. (1)$y = x(\mathrm{e}^x + C)$; (2)$y = \dfrac{4x^3+3C}{3(x^2+1)}$; (3)$y = -\dfrac{1}{4}\mathrm{e}^{-x^2} + C\mathrm{e}^{x^2}$;

(4)$x = Cy - \dfrac{1}{2}y^3$.

4. $y = x^2(\mathrm{e}^x - \mathrm{e})$.

5. (1)$y = \dfrac{1}{9}\mathrm{e}^{3x} + C_1 x + C_2$; (2)$y = -\dfrac{1}{2}x^2 - x + C_1\mathrm{e}^x + C_2$; (3)$y = C_1\ln x + C_2$.

6. (1)$2y^{\frac{1}{4}} = x + 2$; (2)$y = \tan\left(x + \dfrac{\pi}{4}\right)$.

7. (1) $y = (C_1 + C_2 x)e^{2x}$;　　　　　　(2) $y = C_1 e^{3x} + C_2 e^{-x} - \dfrac{2}{3}x + \dfrac{1}{9}$;

　　(3) $y = C_1 e^{-x} + C_2 e^{2x} + \dfrac{x}{3}e^{2x}$;　　(4) $y = C_1 \cos 2x + C_2 \sin 2x - 2x\cos 2x$.

8. $f(x) = (1 + x^2)\big[\ln(1 + x^2) - 1\big]$.

9. $u(x) = \dfrac{x^2}{2} + x + C$.

10. (1) $f'(x) - 2f(x) = 4e^{2x}$;　　　(2) $f(x) = e^{2x} - e^{-2x}$.

11. (1) $y = ax^2 - ax$;　　　(2) $a = 3$.

12. (1) $y = A(-3)^t + \left(\dfrac{1}{5}t - \dfrac{2}{25}\right)2^t$;　　(2) $y = A_1(-3)^t + A_2$;

　　(3) $y = A_1 3^t + A_2(-2)^t + \left(\dfrac{1}{15} - \dfrac{2}{25}t\right)t \cdot 3^t$.

（B）

1. (1) $x = y^2$;　　　　(2) $y = e^{3x} - e^x - xe^{2x}$;　　　　(3) $y(x) = e^{-2x} + 2e^x$.

2. (1) $f(x) = e^x$;　　　(2) $(0,0)$ 是曲线 $y = f(x^2)\displaystyle\int_0^x f(-t^2)\mathrm{d}t$ 的唯一拐点.

3. 提示：曲线的切线方程为 $y - f(x_0) = f'(x_0)(x - x_0)$，切线与 x 轴的交点为 $\left(x_0 - \dfrac{f(x_0)}{f'(x_0)}, 0\right)$，故面积为

$$S = \dfrac{1}{2} \cdot \dfrac{f^2(x_0)}{f'(x_0)} = 4.$$ 于是 $f(x)$ 满足的微分方程为 $f^2(x) = 8f'(x)$，此为可分离变量的微分方程，解得

$$f(x) = \dfrac{-8}{x + C}.$$

又由于 $f(0) = 2$，代入可得 $C = -4$，从而

$$f(x) = \dfrac{8}{4 - x}.$$

练　习　7.1

1. A, B, C, D 分别在第 Ⅳ，Ⅴ，Ⅷ，Ⅲ 卦限.

2. 关于坐标原点对称的点为 $(-1, -2, -3)$;

　关于 x 轴对称的点为 $(1, -2, -3)$,

　关于 y 轴对称的点为 $(-1, 2, -3)$,

　关于 z 轴对称的点为 $(-1, -2, 3)$;

　关于 xOy 面对称的点为 $(1, 2, -3)$,

　关于 yOz 面对称的点为 $(-1, 2, 3)$,

　关于 zOx 面对称的点为 $(1, -2, 3)$.

3. A 点在 xOy 面上；B 点在 zOx 面上；C 点在 z 轴上；D 点在 x 轴上.

4. $C\left(0, 0, \dfrac{14}{9}\right)$.

5. $(x - 1)^2 + (y - 1)^2 + (z + 1)^2 = 3$.

6. (1) 球面；　　(2) 圆柱面；　　(3) 两平行平面；　(4) 两相交平面；

　(5) 抛物柱面；　(6) z 轴.

练　习　7.2

1. (1) $D = \{(x,y) \mid y^2 \neq 2x\}$;　　　　(2) $D = \{(x,y) \mid x^2 + y^2 \leqslant 1\}$;

　(3) $D = \{(x,y) \mid x \geqslant \sqrt{y}$ 且 $y \geqslant 0\}$;　(4) $D = \{(x,y) \mid 1 < x^2 + y^2 \leqslant 4\}$.

2. $f(x,y) = \dfrac{x^2(1-y)}{1+y}$.

3. (1) 2;   (2) 2;   (3) 1;   (4) $\dfrac{8}{\pi}$.

4. 略.

5. (1) 不连续;   (2) 连续.

练 习 7.3

1. (1) $\dfrac{\partial z}{\partial x} = 3x^2 + 2y, \dfrac{\partial z}{\partial y} = 2x + 3y^2$;   (2) $\dfrac{\partial z}{\partial x} = -\dfrac{\tan y}{x^2}, \dfrac{\partial z}{\partial y} = \dfrac{\sec^2 y}{x}$;

(3) $\dfrac{\partial z}{\partial x} = \dfrac{3}{3x - 2y}, \dfrac{\partial z}{\partial y} = -\dfrac{2}{3x - 2y}$;   (4) $\dfrac{\partial z}{\partial x} = 2(x - y)\cos(x^2 - 2xy), \dfrac{\partial z}{\partial y} = -2x\cos(x^2 - 2xy)$;

(5) $\dfrac{\partial u}{\partial x} = yze^{xyz}, \dfrac{\partial u}{\partial y} = xze^{xyz}, \dfrac{\partial u}{\partial z} = xye^{xyz}$;   (6) $\dfrac{\partial u}{\partial x} = \dfrac{z}{y}x^{\frac{z}{y} - 1}, \dfrac{\partial u}{\partial y} = -\dfrac{z}{y^2}x^{\frac{z}{y}}\ln x, \dfrac{\partial u}{\partial z} = \dfrac{x^{\frac{z}{y}}}{y}\ln x$.

2. (1) $f_x(1,0) = 2e, f_y(1,0) = 0$;   (2) $f_x(1,1) = f_y(-1,-1) = -\dfrac{1}{2}$.

3. 略.

4. $\dfrac{\partial^2 z}{\partial x^2} = 6y - 6xy^2, \dfrac{\partial^2 z}{\partial y^2} = -2x^3 + 8, \dfrac{\partial^2 z}{\partial y \partial x} = \dfrac{\partial^2 z}{\partial x \partial y} = 6x - 6x^2 y$.

5. $\dfrac{\partial z}{\partial x} = -\dfrac{y}{x^2}, \dfrac{\partial z}{\partial y} = \dfrac{1}{x}, \dfrac{\partial^2 z}{\partial y \partial x} = -\dfrac{1}{x^2}$.

6. $C_x(4,3) = 270, \quad C_y(4,3) = 160$.

经济含义：当甲、乙两种标号的水泥日产量分别 4t 和 3t 时，如果乙种水泥日产量不变，而甲种水泥的日产量增加 1t，则成本将增加 270 元；如果甲种水泥日产量不变，而乙种水泥的日产量增加 1t，则成本将增加 160 元.

练 习 7.4

1. (1) $dz = 2e^{x^2 + y^2}(xdx + ydy)$;   (2) $dz = \dfrac{2}{x^2 + y^2}(xdx + ydy)$;

(3) $dz = \dfrac{1}{x^2 + y^2}(-ydx + xdy)$;   (4) $du = yzx^{yz - 1}dx + zx^{yz}\ln xdy + yx^{yz}\ln xdz$.

2. $dz\Big|_{(1,-1)} = \dfrac{2}{3}(dx - dy)$.

3. $du\Big|_{(e,1,1)} = dx - edy + edz$.

4. $\Delta z = -0.119, dz = -0.125$.

5. 2.95.

练 习 7.5

1. $\dfrac{dz}{dt} = e^{\sin t + \cos t}(\cos t - \sin t)$.

2. $\dfrac{dz}{dt} = 2(\sin t \cos^3 t - \sin^3 t \cos t) + 2e^{2t} = \dfrac{1}{2}\sin 4t + 2e^{2t}$.

3. $\dfrac{\partial z}{\partial x} = \dfrac{2x}{y^2}\ln(x + y) + \dfrac{x^2}{(x + y)y^2}, \dfrac{\partial z}{\partial y} = -\dfrac{2x^2}{y^3}\ln(x + y) + \dfrac{x^2}{(x + y)y^2}$.

4. $\dfrac{\partial z}{\partial x} = 2(2x + y)^{2x + y}[1 + \ln(2x + y)], \dfrac{\partial z}{\partial y} = (2x + y)^{2x + y}[1 + \ln(2x + y)]$.

5. 略.

6. (1) $\dfrac{\partial w}{\partial x} = 2x f_u + y f_v, \dfrac{\partial w}{\partial y} = -2y f_u + x f_v$;

   (2) $\dfrac{\partial w}{\partial x} = \dfrac{1}{y} f_u, \dfrac{\partial w}{\partial y} = -\dfrac{x}{y^2} f_u + \dfrac{1}{z} f_v, \dfrac{\partial w}{\partial z} = -\dfrac{y}{z^2} f_v$.

7. $\dfrac{\mathrm{d}y}{\mathrm{d}x} = \dfrac{x+y}{x-y}$.

8. $\dfrac{\partial z}{\partial x} = \dfrac{yz - \sqrt{xyz}}{\sqrt{xyz} - xy}, \dfrac{\partial z}{\partial y} = \dfrac{xz - 2\sqrt{xyz}}{\sqrt{xyz} - xy}$.

9. 略.

练 习 7.6

1. (1) 极小值 $f(1,1) = -1$;   (2) 极大值 $f(1,1) = 5$;   (3) 极小值 $f(-2,0) = -\dfrac{2}{e}$.

2. (1) 极大值 $f(1,1) = 1$;   (2) 极小值 $f(2,2) = 3$.

3. 最大体积为 $V = \dfrac{\sqrt{6}}{36} a^3$.

4. 最大面积为 $2ab$.

5. 当甲、乙两种产品的产量分别为 80t,120t 时,有最大利润 42 000 元.

6. 最大值为 $f\left(\dfrac{\sqrt{2}}{2}, \dfrac{\sqrt{2}}{2}\right) = f\left(-\dfrac{\sqrt{2}}{2}, -\dfrac{\sqrt{2}}{2}\right) = \dfrac{1}{2}$,

   最小值为 $f\left(\dfrac{\sqrt{2}}{2}, -\dfrac{\sqrt{2}}{2}\right) = f\left(-\dfrac{\sqrt{2}}{2}, \dfrac{\sqrt{2}}{2}\right) = -\dfrac{1}{2}$.

习 题 七

(A)

1. (1) $\{(x,y) \mid x^2 + y^2 \neq 1\}$;   (2) $\{(x,y) \mid -1 \leqslant x \leqslant 1, -1 \leqslant y \leqslant 1\}$;

   (3) $\{(x,y) \mid y < x\}$;   (4) $\{(x,y) \mid 2 \leqslant x^2 + y^2 \leqslant 4\}$.

2. $f(x,y) = x^2 - 2y^2$.

3. (1) 2;   (2) 5;   (3) e;   (4) 0.

4. 略. $\left(\text{提示:因为 } \left|\dfrac{x+y}{x^2 - xy + y^2}\right| \leqslant \dfrac{1}{|y|} + \dfrac{1}{|x|}.\right)$

5. 不存在.

6. 在点 $(0,0)$ 处连续.

7. (1) $\dfrac{\partial z}{\partial x} = 3x^2 y - y^3, \dfrac{\partial z}{\partial y} = x^3 - 3xy^2$;

   (2) $\dfrac{\partial z}{\partial x} = y[\cos(xy) - \sin(2xy)], \dfrac{\partial z}{\partial y} = x[\cos(xy) - \sin(2xy)]$;

   (3) $\dfrac{\partial z}{\partial x} = -\dfrac{2y}{x^2} \csc \dfrac{2y}{x}, \dfrac{\partial z}{\partial y} = \dfrac{2}{x} \csc \dfrac{2y}{x}$;

   (4) $\dfrac{\partial z}{\partial x} = (1+xy)^x \left[\ln(1+xy) + \dfrac{xy}{1+xy}\right], \dfrac{\partial z}{\partial y} = x^2 (1+xy)^{x-1}$.

8. (1) $\dfrac{\partial^2 z}{\partial x^2} = 0, \dfrac{\partial^2 z}{\partial x \partial y} = 2y e^{y^2}, \dfrac{\partial^2 z}{\partial y^2} = 2x(1+2y^2) e^{y^2}$;

   (2) $\dfrac{\partial^2 z}{\partial x^2} = \dfrac{2xy}{(x^2 + y^2)^2}, \dfrac{\partial^2 z}{\partial x \partial y} = \dfrac{y^2 - x^2}{(x^2 + y^2)^2}, \dfrac{\partial^2 z}{\partial y^2} = -\dfrac{2xy}{(x^2 + y^2)^2}$.

9. $\dfrac{\partial^2 z}{\partial x^2} = -\dfrac{e^z}{(e^z+1)^3}, \dfrac{\partial^2 z}{\partial y^2} = -\dfrac{e^z}{(e^z+1)^3}.$

10. $du = x^y y^z z^x \left[\left(\dfrac{y}{x} + \ln z \right) dx + \left(\dfrac{z}{y} + \ln x \right) dy + \left(\dfrac{x}{z} + \ln y \right) dz \right].$

11. $\dfrac{\partial z}{\partial x} = y e^{-x^2 y^2}, \dfrac{\partial z}{\partial y} = x e^{-x^2 y^2}.$

12. 略.

13. (1) 极小值 $f(6,5) = 90$;   (2) 极大值 $f(1,1) = 2$.

14. $f(3,0) = 9$ 为最大值, $f(0,0) = 0$ 为最小值.

15. 当甲、乙两种产品的日产量分别为 25 件和 17 件时, 成本最低.

16. (1) $x = 1.5, y = 1$; (2) $x = 0.75, y = 1.25$.

17. 略.

(B)

1. (1) D;   (2) A;   (3) A;   (4) D.

2. (1) 0;   (2) $2dx - dy$;   (3) $2(1 - \ln 2)$;

     (4) $-\dfrac{1}{2}(dx + dy)$;   (5) $-\dfrac{1}{3}dx - \dfrac{2}{3}dy.$

     (2) 提示: 由题意知

$$\lim_{\substack{x \to 0 \\ y \to 1}} (f(x,y) - 2x + y - 2) = f(0,1) - 2 \times 0 + 1 - 2 = 0,$$

得 $f(0,1) = 1$. 又由

$$\lim_{\substack{x \to 0 \\ y \to 1}} \frac{f(x,y) - 2x + y - 2}{\sqrt{x^2 + (y-1)^2}} = 0,$$

知当 $x \to 0, y \to 1$ 时,

$$f(x,y) = 2x - y + 2 + o(\sqrt{x^2 + (y-1)^2}).$$

令 $x = \Delta x, y - 1 = \Delta y$, 代入上式得

$$f(0 + \Delta x, 1 + \Delta y) - 1 = 2\Delta x - \Delta y + o(\sqrt{(\Delta x^2) + (\Delta y^2)}),$$

即

$$f(0 + \Delta x, 1 + \Delta y) - f(0,1) = 2\Delta x - \Delta y + o(\sqrt{(\Delta x^2) + (\Delta y^2)}).$$

所以 $dz \big|_{(0,1)} = 2dx - dy.$

3. $f(x,y)$ 在 $(e,0)$ 处取极大值 $f(e,0) = \dfrac{1}{2}e^2.$

4. (1) $C(x,y) = 20x + \dfrac{x^2}{4} + 6y + \dfrac{1}{2}y^2 + 10\,000$;

     (2) 最小总成本为 $C(24,26) = 11\,118$;

     (3) $C_x(24,26) = 32.$

     提示: (1) 设总成本函数为 $C(x,y)$, 由题意得

$$C_x(x,y) = 20 + \frac{x}{2}.$$

对 x 积分得

$$C(x,y) = 20x + \frac{x^2}{4} + D(y).$$

又由题意得

$$C_y(x,y) = D'(y) = 6 + y,$$

对 y 积分得

$$D(y) = 6y + \frac{1}{2}y^2 + C.$$

所以

$$C(x,y) = 20x + \frac{x^2}{4} + 6y + \frac{1}{2}y^2 + C.$$

又由 $C(0,0) = 10\,000$ 得 $C = 10\,000$,所以总成本函数为

$$C(x,y) = 20x + \frac{x^2}{4} + 6y + \frac{1}{2}y^2 + 10\,000.$$

(2) 若 $x + y = 50$,则 $y = 50 - x\,(0 \leqslant x \leqslant 50)$,代入成本函数中,得

$$C(x) = \frac{3x^2}{4} - 36x + 11\,550.$$

令

$$C'(x) = \frac{3}{2}x - 36 = 0,$$

得 $x = 24$,而 $y = 26$,这时总成本最小,最小总成本为 $C(24,26) = 11\,118$.

(3) 总产量为 50 件且总成本最小时甲产品的边际成本为 $C_x(24,26) = 32$.其表示在要求总产量为 50 件,而甲产品为 24 件时,若多生产一件甲产品,则成本会增加 32 万元.

5. 提示:(1) 设利润为 I,则

$$I = PQ - (20Q + 6\,000) = 40Q - \frac{Q^2}{1\,000} - 6\,000,$$

边际利润为

$$I' = 40 - \frac{Q}{500}.$$

(2) 当 $P = 50$ 时,$Q = 10\,000$,此时边际利润为 20.经济意义为:当 $P = 50$ 时,若销量增加 1 个,则利润增加 20 元.

(3) 令 $I' = 0$,得 $Q = 20\,000$,此时 $P = 60 - \frac{Q}{1\,000} = 40$.

6. $y(-1) = 0$ 为极小值,$y(1) = 1$ 为极大值.

提示:由 $x^2 + y^2 y' = 1 - y'$,得 $(1 + y^2)y' = 1 - x^2$,解该微分方程得

$$y + \frac{y^3}{3} = x - \frac{x^3}{3} + C.$$

由 $y(2) = 0$,得 $C = \frac{2}{3}$,即函数 $y = y(x)$ 满足

$$y + \frac{y^3}{3} = x - \frac{x^3}{3} + \frac{2}{3}. \tag{1}$$

在 $x^2 + y^2 y' = 1 - y'$ 中,令 $y' = 0$,得函数的驻点为 $x = \pm 1$.将 $x = \pm 1$ 代入(1) 式得 $y(1) = 1$,$y(-1) = 0$.等式 $x^2 + y^2 y' = 1 - y'$ 两边对 x 求导,得

$$2x + 2y(y')^2 + y^2 y'' = -y''. \tag{2}$$

将 $x = -1$,$y' = 0$,$y = 0$ 代入(2) 式,得 $y''(-1) = 2 > 0$,故 $y(-1) = 0$ 为极小值;

将 $x = 1$,$y' = 0$,$y = 1$ 代入(2) 式,得 $y''(1) = -1 < 0$,故 $y(1) = 1$ 为极大值.

7. $f(u) = \frac{1}{16}e^{2u} - \frac{1}{16}e^{-2u} - \frac{u}{4}$.

提示:设 $u = e^x \cos y$,则

$$\frac{\partial z}{\partial x} = f'(u)e^x \cos y, \quad \frac{\partial z}{\partial y} = -f'(u)e^x \sin y,$$

$$\frac{\partial^2 z}{\partial x^2} = f''(u)e^{2x}\cos^2 y + f'(u)e^x \cos y,$$

$$\frac{\partial^2 z}{\partial y^2} = f''(u)e^{2x}\sin^2 y - f'(u)e^x \cos y.$$

由
$$\frac{\partial^2 z}{\partial x^2} + \frac{\partial^2 z}{\partial y^2} = (4z + e^x \cos y)e^{2x},$$
得
$$f''(u) = 4f(u) + u, \quad 即 \quad z'' - 4z = u.$$

这是一个自变量为 u，因变量为 z 的二阶常系数非齐次线性微分方程，它对应的齐次线性微分方程的通解为
$$z = f(u) = C_1 e^{2u} + C_2 e^{-2u}.$$

微分方程 $z'' - 4z = u$ 的一个特解可设为 $z^* = Au + B$，代入 $z'' - 4z = u$ 可求得 $A = -\frac{1}{4}$，$B = 0$. 故微分方程 $z'' - 4z = u$ 的特解为 $z^* = -\frac{u}{4}$，故 $f''(u) = 4f(u) + u$ 的通解为
$$z = f(u) = C_1 e^{2u} + C_2 e^{-2u} - \frac{u}{4}.$$

由 $f(0) = f'(0) = 0$，得
$$\begin{cases} C_1 + C_2 = 0, \\ C_1 - C_2 = \dfrac{1}{8}, \end{cases}$$

解得 $C_1 = \dfrac{1}{16}$，$C_2 = -\dfrac{1}{16}$. 所以 $f(u) = \dfrac{1}{16} e^{2u} - \dfrac{1}{16} e^{-2u} - \dfrac{u}{4}$.

8. 极小值 $f(0, -1) = -1$.

提示：$f_{xy}(x, y) = 2(y+1)e^x$ 两边对 y 积分，得
$$f_x(x, y) = 2\left(\frac{1}{2}y^2 + y\right)e^x + \varphi(x) = (y^2 + 2y)e^x + \varphi(x),$$

故 $f_x(x, 0) = \varphi(x) = (x+1)e^x$，因此
$$f_x(x, y) = (y^2 + 2y)e^x + e^x(1 + x).$$

两边关于 x 积分，得
$$f(x, y) = (y^2 + 2y)e^x + \int e^x(1 + x)\mathrm{d}x = (y^2 + 2y)e^x + xe^x + \psi(y).$$

由 $f(0, y) = y^2 + 2y + \psi(y) = y^2 + 2y$，得 $\psi(y) = 0$. 所以
$$f(x, y) = (y^2 + 2y)e^x + xe^x.$$

令
$$\begin{cases} f_x = (y^2 + 2y)e^x + e^x + xe^x = 0, \\ f_y = (2y + 2)e^x = 0, \end{cases}$$

求得
$$\begin{cases} x = 0, \\ y = -1. \end{cases}$$

又
$$f_{xx} = (y^2 + 2y)e^x + 2e^x + xe^x, \quad f_{xy} = 2(y+1)e^x, \quad f_{yy} = 2e^x,$$
当 $x = 0$，$y = -1$ 时，
$$A = f_{xx}(0, -1) = 1, \quad B = f_{xy}(0, -1) = 0, \quad C = f_{yy}(0, -1) = 2,$$
于是 $AC - B^2 > 0$，故 $f(0, -1) = -1$ 为极小值.

练　习　8.1

1. (1) $I_1 > I_2$；　　(2) $I_1 < I_2$；　　　(3) $I_1 < I_3 < I_2$.

2. $\dfrac{1}{3}\pi a^3$.

3. $(1)\,0 \leqslant I \leqslant 2$；　$(2)\,36\pi \leqslant I \leqslant 100\pi$.

练　习　8.2

1. $(1)\,0$；　　　　$(2)\,\dfrac{20}{3}$；　　　$(3)\,\dfrac{\pi^2}{4}$；　　　$(4)\,\dfrac{1}{24}$；　　　$(5)\,\pi - \dfrac{4}{9}$.

2. $(1)\,\displaystyle\int_0^1 \mathrm{d}x \int_x^1 f(x,y)\,\mathrm{d}y$；　　　　$(2)\,\displaystyle\int_0^4 \mathrm{d}x \int_{\frac{1}{2}x}^{\sqrt{x}} f(x,y)\,\mathrm{d}y$；

$(3)\,\displaystyle\int_0^1 \mathrm{d}y \int_{e^y}^{e} f(x,y)\,\mathrm{d}x$；　　　$(4)\,\displaystyle\int_0^1 \mathrm{d}y \int_{-\sqrt{1-y^2}}^{y-1} f(x,y)\,\mathrm{d}x$；

$(5)\,\displaystyle\int_0^1 \mathrm{d}x \int_x^{2x} f(x,y)\,\mathrm{d}y$.

3. $\dfrac{7}{2}$.

4. $(1)\,\displaystyle\int_0^{2\pi} \mathrm{d}\theta \int_0^a f(r\cos\theta, r\sin\theta)r\,\mathrm{d}r$；　　$(2)\,\displaystyle\int_{-\frac{\pi}{2}}^{\frac{\pi}{2}} \mathrm{d}\theta \int_0^{2\cos\theta} f(r\cos\theta, r\sin\theta)r\,\mathrm{d}r$；

$(3)\,\displaystyle\int_0^{2\pi} \mathrm{d}\theta \int_1^3 f(r\cos\theta, r\sin\theta)r\,\mathrm{d}r$；　　$(4)\,\displaystyle\int_0^{\frac{\pi}{2}} \mathrm{d}\theta \int_0^{(\cos\theta+\sin\theta)^{-1}} f(r\cos\theta, r\sin\theta)r\,\mathrm{d}r$.

5. $(1)\,\displaystyle\int_0^{\frac{\pi}{2}} \mathrm{d}\theta \int_0^{2\cos\theta} r^3\,\mathrm{d}r, \dfrac{3}{4}\pi$；　　$(2)\,\displaystyle\int_0^{\frac{\pi}{4}} \mathrm{d}\theta \int_{\cos^2\theta}^{\frac{\sin\theta}{\cos^2\theta}} \mathrm{d}r, \sqrt{2}-1$.

6. $(1)\,\pi(e-1)$；　$(2)\,\dfrac{\pi}{4}(2\ln 2 - 1)$；　$(3)\,\dfrac{3}{4}\ln 2$.

7. $(1)\,\dfrac{9}{4}$；　　　$(2)\,\dfrac{\pi^2}{2}$.

8. $\dfrac{32}{3}\pi$.

习　题　八

（A）

1. $(1)\,\displaystyle\int_0^1 \mathrm{d}x \int_{x^2}^{x} f(x,y)\,\mathrm{d}y$；　　$(2)\,\displaystyle\int_0^1 \mathrm{d}y \int_y^{1+\sqrt{1-y^2}} f(x,y)\,\mathrm{d}x$；　　$(3)\,\displaystyle\int_0^1 \mathrm{d}y \int_y^{2-y} f(x,y)\,\mathrm{d}x$.

2. $(1)\,4$；　　　　　　　$(2)\,\dfrac{9}{8}$；

$(3)\,-\dfrac{20}{3}$；　　　　　　$(4)\,\dfrac{3}{2} + \sin 1 + \cos 1 - 2\sin 2 - \cos 2$.

3. $(1)\,\dfrac{1}{15}$；　　　$(2)\,\dfrac{15}{4}\pi$；　　　　$(3)\,\pi(\arcsin a^2 + \sqrt{1-a^2} - 1)$.

4. 8π.

5. πa^3.

6. 略.

（B）

1. $(1)\,D$；　　　　$(2)\,B$；　　　$(3)\,B$；　　　　$(4)\,B$；　　$(5)\,B$.

2. $(1)\,\dfrac{\pi}{12} + \dfrac{\sqrt{3}}{8}$；　　　　　$(2)\,\sqrt[3]{\dfrac{3}{2}}$.

3. (1) $e^2 - 1$;　　　　　　　　　　(2) $\dfrac{2}{3}\pi(e^2 + 3)$.

4. $\dfrac{16}{15}$.

提示：$\displaystyle\iint\limits_{D} xy\,\mathrm{d}\sigma = \int_0^\pi \mathrm{d}\theta \int_0^{1+\cos\theta} r\cos\theta \cdot r\sin\theta \cdot r\,\mathrm{d}r = \dfrac{1}{4}\int_0^\pi \sin\theta\cos\theta\,(1+\cos\theta)^4\,\mathrm{d}\theta$

$\displaystyle\quad\quad\quad = 16\int_0^\pi \sin\dfrac{\theta}{2}\cos\dfrac{\theta}{2}\left(2\cos^2\dfrac{\theta}{2} - 1\right)\cos^8\dfrac{\theta}{2}\,\mathrm{d}\left(\dfrac{\theta}{2}\right)$

$\displaystyle\quad\quad\quad = 16\int_0^{\frac{\pi}{2}} \sin t\cos t(2\cos^2 t - 1)\cos^8 t\,\mathrm{d}t$

$\displaystyle\quad\quad\quad = 32\int_0^{\frac{\pi}{2}} \sin t\cos^{11} t\,\mathrm{d}t - 16\int_0^{\frac{\pi}{2}} \sin t\cos^9 t\,\mathrm{d}t$

$\displaystyle\quad\quad\quad = \dfrac{8}{3} - \dfrac{8}{5} = \dfrac{16}{15}$.

5. $\dfrac{1}{2}$.

6. $\dfrac{416}{3}$.

7. $\dfrac{\pi}{4}(8\ln 2 - 5)$.

提示：由 $\dfrac{\partial f}{\partial y} = 2(y+1)$，得

$$f(x,y) = (y+1)^2 + C(x),$$

再由 $f(y,y) = (y+1)^2 - (2-y)\ln y$，得

$$C(x) = -(2-x)\ln x,$$

所以

$$f(x,y) = (y+1)^2 - (2-x)\ln x.$$

由 $f(x,y) = (y+1)^2 - (2-x)\ln x = 0$，得 $y = -1 \pm \sqrt{(2-x)\ln x}$，故曲线 $f(x,y) = 0$ 关于 $y = -1$ 对称，且其定义域为 $1 \leqslant x \leqslant 2$. 曲线 $f(x,y) = 0$ 与直线 $y = -1$ 的交点为 $(1,-1)$，$(2,-1)$. 所以 $f(x,y) = 0$ 所围成的图形绕 $y = -1$ 旋转所成旋转体的体积为

$$V = \pi\int_1^2 (y+1)^2\,\mathrm{d}x = \pi\int_1^2 (2-x)\ln x\,\mathrm{d}x = -\dfrac{\pi}{2}\int_1^2 \ln x\,\mathrm{d}(2-x)^2 = \dfrac{\pi}{4}(8\ln 2 - 5).$$

8. $\dfrac{\pi}{4} - \dfrac{2}{5}$.

练　习　9.1

1. (1) 发散;　　　(2) 发散;　　　(3) 收敛于 $\dfrac{1}{2}$.

2. (1) 收敛于 $\dfrac{3}{2}$;　(2) 收敛于 $\dfrac{1}{4}$;　(3) 发散;　　　(4) 发散;　　　(5) 发散;　　　(6) 发散.

练　习　9.2

1. (1) 发散;　　　(2) 收敛;　　　(3) 发散;　　　(4) 收敛.

2. (1),(4) 发散;(2),(3),(5) 收敛.

3. (1),(3),(4),(5),(6) 收敛;(2) 发散.

练　习　9.3

1.(1) 条件收敛；　(2) 绝对收敛；　　(3) 条件收敛；　　(4) 绝对收敛；

(5)$a > 1$ 时绝对收敛，$0 < a < 1$ 时发散，$a = 1$ 时条件收敛.

2.(1) 条件收敛；　(2) 发散.

练　习　9.4

1.(1)$[-1,1]$；　　(2)$[-3,3)$；　　　(3)$(-\infty,+\infty)$；　(4)$[-1,1]$；　　(5)$(-5,5]$；　　(6)$(4,6]$.

2.(1)$-\ln(1+x),x \in (-1,1)$；　　(2)$\dfrac{1}{(1-x)^2},x \in (-1,1)$；　　　(3)$\dfrac{1+x}{(1-x)^2},x \in (-1,1)$.

3.$\displaystyle\sum_{n=1}^{\infty} n(n+1)x^n = \dfrac{2x}{(1-x)^3},x \in (-1,1)$；　$\displaystyle\sum_{n=1}^{\infty}\dfrac{n(n+1)}{2^n} = 8$.

练　习　9.5

1.(1)$a^x = \displaystyle\sum_{n=0}^{\infty}\dfrac{(x\ln a)^n}{n!},x \in (-\infty,+\infty)$；

(2)$e^{-\frac{x^2}{2}} = 1 - \dfrac{x^2}{2 \cdot 1!} + \dfrac{x^4}{2^2 \cdot 2!} - \dfrac{x^6}{2^3 \cdot 3!} + \cdots + (-1)^n\dfrac{x^{2n}}{2^n \cdot n!} + \cdots,x \in (-\infty,+\infty)$；

(3)$\ln(a+x) = \ln a + \displaystyle\sum_{n=1}^{\infty}(-1)^{n-1}\dfrac{1}{n}\left(\dfrac{x}{a}\right)^n,x \in (-a,a]$；

(4)$\cos^2 x = \dfrac{1}{2} + \displaystyle\sum_{n=0}^{\infty}(-1)^n\dfrac{(2x)^{2n}}{2(2n)!},x \in (-\infty,+\infty)$.

2.$\dfrac{1}{x} = \dfrac{1}{3}\displaystyle\sum_{n=0}^{\infty}(-1)^n\dfrac{(x-3)^n}{3^n},x \in (0,6)$.

3.$\dfrac{1}{x^2+3x+2} = \displaystyle\sum_{n=0}^{\infty}\left(\dfrac{1}{2^{n+1}} - \dfrac{1}{3^{n+1}}\right)(x+4)^n,x \in (-6,-2)$.

习　题　九

(A)

1.(1) 收敛；　　(2) 收敛；　　(3) 收敛；　　(4) 收敛；

(5) 收敛；　　(6) 发散；　　(7) 发散；　　(8) 收敛.

2.略.

3.(1) 条件收敛；　(2) 绝对收敛；　　(3) 发散；　　　(4) 条件收敛.

4.当 $|a| \geqslant 1$ 时发散，当 $|a| < 1$ 时绝对收敛.

5.(1)$[-1,1]$；　　(2)$(-2,2)$；　　　(3)$[-1,1)$；　　(4)$\left(\dfrac{1}{e},e\right)$；

(5)$(-\infty,+\infty)$；(6)$[1,3]$；　　　(7)$\left(-\dfrac{1}{3},\dfrac{1}{3}\right)$；　(8)$\left(-\dfrac{1}{\sqrt{2}},\dfrac{1}{\sqrt{2}}\right)$.

6.(1)$S(x) = \arctan x,x \in [-1,1]$；

(2)$S(x) = \dfrac{2x}{(1-x^2)^2},x \in (-1,1)$；

(3)$S(x) = \begin{cases} x + (1-x)\ln(1-x), & -1 \leqslant x < 1, \\ 1, & x = 1; \end{cases}$

(4)$S(x) = \dfrac{x(3-x)}{(1-x)^3},x \in (-1,1)$.

7. (1) $\sum\limits_{n=1}^{\infty} \dfrac{1}{(2n+1)!} x^{2n+1}$，$x \in (-\infty, +\infty)$；

(2) $\sum\limits_{n=1}^{\infty} \dfrac{(-1)^{n-1}}{n} x^{n-1}$，$(-1,0) \bigcup (0,1]$；

(3) $\dfrac{1}{2} + \dfrac{1}{2} x^2 + \dfrac{1 \cdot 3}{2 \cdot 4} x^4 + \cdots + \dfrac{1 \cdot 3 \cdot 5 \cdot \cdots \cdot (2n-1)}{2 \cdot 4 \cdot 6 \cdot \cdots \cdot (2n)} x^{2n} + \cdots$，$x \in (-\infty, +\infty)$；

(4) $\sum\limits_{n=0}^{\infty} \left(1 - \dfrac{1}{2^{n+1}}\right) x^n$，$x \in (-1,1)$.

8. $S(x) = \begin{cases} \dfrac{2}{x}(\mathrm{e}^{\frac{x}{2}} - 1), & x \neq 0, \\ 1, & x = 0; \end{cases}$　　　$\dfrac{1}{2}(\mathrm{e}^2 - 1)$.

(B)

1. (1) A；　　　　　(2) D；　　　　　(3) D；　　　　　(4) C.

2. $\dfrac{3-x}{(1-x)^3}$，$x \in (-1,1)$.

提示：令 $a_n = (n+1)(n+3)$，则

$$\lim_{n \to \infty} \dfrac{|a_{n+1}|}{|a_n|} = \lim_{n \to \infty} \dfrac{(n+2)(n+4)}{(n+1)(n+3)} = 1,$$

故该幂级数的收敛半径为 $R = 1$. 当 $x = \pm 1$ 时，

$$\sum_{n=0}^{\infty} (n+1)(n+3) x^n = \sum_{n=0}^{\infty} (\pm 1)^n (n+1)(n+3),$$

此时级数的一般项的极限不为零，故 $x = \pm 1$ 时幂级数发散，所以原幂级数的收敛域为 $(-1,1)$.

$$\sum_{n=0}^{\infty} (n+1)(n+3) x^n = \sum_{n=0}^{\infty} (n+1)[(n+2)+1] x^n = \sum_{n=0}^{\infty} (n+1)(n+2) x^n + \sum_{n=0}^{\infty} (n+1) x^n$$

$$= \left(\sum_{n=0}^{\infty} x^{n+2}\right)'' + \left(\sum_{n=0}^{\infty} x^{n+1}\right)' = \left(\dfrac{x^2}{1-x}\right)'' + \left(\dfrac{x}{1-x}\right)'$$

$$= \left(-x - 1 + \dfrac{1}{1-x}\right)'' + \left(-1 + \dfrac{1}{1-x}\right)'$$

$$= \dfrac{2}{(1-x)^3} + \dfrac{1}{(1-x)^2} = \dfrac{3-x}{(1-x)^3}, \quad x \in (-1,1).$$